现代爆破工程

杨国梁　郭东明　曹　辉　主编

煤炭工业出版社

·北　京·

内 容 提 要

本书共8章，主要内容包括爆破工程概论、炸药爆炸基本理论、爆破器材、岩石爆破机理、掘进爆破技术、露天爆破技术、建（构）筑物拆除爆破技术、特种爆破技术与爆破安全。章末附有复习思考题，便于学生掌握所学知识。

本书可作为高等院校采矿工程、岩土工程、桥梁工程、隧道工程等专业的本科生和研究生教材，也可供水利水电、城市建设、公路工程、铁路工程等专业的师生及工程技术人员参考。

前　　言

随着我国经济建设的发展，爆破技术得到了广泛的应用，各种爆破新方法、新技术层出不穷，极大地促进了这门学科的发展。本书编写宗旨在于为岩土工程相关学科培养工程爆破技术人才教学服务，力争反映国内外爆破技术最新成就和教学内容课程体系改革成果。岩土爆破工程的教学目的，在于使学生在掌握本专业基础理论的基础上，加强在实用爆破技术及工程设计等方面的能力培养。要求掌握各种爆破技术的基本原理、方案设计和施工技术，了解该学科的发展趋向和研究前沿，并通过实践培养一定的设计和科研能力。在编写过程中，借鉴了经典教材的优点，以爆破技术的基本理论和基本原理为重点，结合工程实践，深入浅出，既介绍先进技术和理论研究成果，又充分考虑到工程应用现状，以达到理论联系实际，为爆破工程服务的目的。

近年来爆破技术发展迅猛，各种爆破新技术不断涌现，爆破技术水平日趋成熟，这些都需要反映在新的教材里，才能有利于学生掌握最先进的爆破技术，以更好地为生产实际服务。本教材致力于从爆破理论研究和工程实践中吸取成熟的最新理论和先进技术成果，充实教学内容，突出现代特色。

本书由杨国梁、郭东明、曹辉主编，参加编写的还有硕士研究生李旭光、毕京九。本书共分 8 章，具体编写分工如下：第 1、6、7 章由杨国梁编写，第 4、5 章由郭东明编写，第 2、8 章由曹辉编写，第 3 章由李旭光、毕京九编写。全书由杨国梁负责统稿和定稿。

编者水平有限，书中难免有不妥和疏漏之处，敬请读者批评指正。

编　者

2018 年 7 月

目　　录

1　概论 …… 1

1.1　爆破工程发展现状 …… 1
1.2　爆破工程的特点及分类 …… 6
1.3　爆破工程学科内容 …… 9

2　炸药爆炸基本理论 …… 11

2.1　爆炸的基本特征 …… 11
2.2　炸药的氧平衡及爆轰产物 …… 13
2.3　炸药的热化学参数 …… 17
2.4　炸药的起爆与感度 …… 22
2.5　炸药的爆轰理论 …… 29
2.6　炸药的爆炸性能 …… 32
复习思考题 …… 39

3　爆破器材 …… 40

3.1　工业炸药 …… 40
3.2　起爆器材 …… 53
3.3　起爆方法 …… 66
复习思考题 …… 75

4　岩石爆破机理 …… 76

4.1　岩石的基本性质及其分级 …… 76
4.2　爆炸作用下岩石破坏原理 …… 84
4.3　装药量计算原理 …… 93
4.4　影响爆破作用的因素 …… 98
复习思考题 …… 106

5　掘进爆破技术 …… 107

5.1　掏槽爆破方法 …… 107
5.2　掘进爆破设计 …… 116
5.3　光面爆破与预裂爆破技术 …… 123
5.4　定向断裂控制爆破 …… 133

5.5 掘进爆破实例 …… 138
复习思考题 …… 144

6 露天爆破技术 …… 146

6.1 露天台阶爆破 …… 146
6.2 露天硐室爆破 …… 164
6.3 露天爆破实例 …… 174
复习思考题 …… 183

7 建（构）筑物拆除爆破技术 …… 184

7.1 拆除爆破原理与设计 …… 184
7.2 高耸构筑物拆除爆破 …… 187
7.3 建筑物拆除爆破 …… 197
7.4 水压爆破拆除技术 …… 206
复习思考题 …… 210

8 特种爆破技术与爆破安全 …… 211

8.1 聚能爆破 …… 211
8.2 爆炸加工 …… 218
8.3 爆炸合成新材料 …… 225
8.4 油气井爆破 …… 230
8.5 爆破安全 …… 233
复习思考题 …… 244

参考文献 …… 245

1 概　　论

1.1 爆破工程发展现状

1.1.1 爆破器材的发展

炸药的发明和应用，对人类社会的文明和发展起了十分重要的作用，人们利用炸药爆炸能量代替繁重的体力劳动，创造了大量的物质财富、促进了社会进步。早在公元7世纪，我们的祖先就发明了火药，但是直到1627年，匈牙利首先使用黑火药进行了矿山采掘爆破。1857年至1870年欧洲修建的仙尼斯铁路隧道长12.2 km，就是采用爆破方法开挖的。

工业炸药威力大而价格便宜，近一个世纪发生了两个重大的变革，一是硝化甘油炸药和硝铵炸药的发明和使用，二是含水硝铵类炸药的诞生，两次变革都从实用上、安全上、经济上推动了工程爆破技术的进步和发展，逐步形成了现代工程爆破技术。1867年瑞典人诺贝尔发明了以硅藻土为吸收剂的硝化甘油炸药，并发明了火雷管；同年，瑞典化学家德理森和诺尔宾首次研制成功了硝铵炸药。1870年，欧洲修建长14.9 km的圣哥达隧道时，使用了可钻直径35~40 mm炮眼的风钻和含70%硝化甘油的炸药，这标志着隧道钻爆技术进入到现代工程爆破时代。20世纪以来，爆破器材和爆破技术又有了新的进展。1919年，出现了以泰安为药芯的导爆索；1927年，在瞬发电雷管的基础上研制成功秒延期电雷管；1946年，研制成功毫秒延期电雷管；20世纪50年代初期，铵油炸药得到了推广应用；1956年，库克发明了浆状炸药，解决了硝铵炸药的防水问题，随后发明了乳化炸药；20世纪80年代，研制和推广了导爆管起爆系统，同时美国IRECO公司在世界上首次研究开发成功了露天现场混装乳化炸药技术。混装车运往爆破现场的爆破材料只是原材料或半成品，只是在装填炮孔时才敏化成为爆破剂。在完善和提高传统的电力起爆和非电起爆方法的同时，近年来又开发了电子雷管，具有安全性好、延时精度高（延时时间可按照1 ms量级进行编程设定）的特点，已在各个国家普遍生产和使用。

新中国成立初期，只有3个品种的铵梯炸药和秒延期雷管，1959年生产出抗水型铵梯炸药，1960年开始生产毫秒电雷管，1966年开始生产铵油炸药。1970年以后，在研制和引进的基础上开始生产浆状炸药、乳化炸药和水胶炸药，同时开发生产了非电导爆系统。目前我国工业炸药的品种比较齐全，有胶质炸药、铵梯炸药、铵油炸药（包括改性铵油炸药、膨化硝铵炸药）、浆状炸药、水胶炸药、乳化炸药、液体炸药及工业耐热炸药等。1999年开始了BCJ系列“散装乳化炸药装药车”研制开发工作，已先后研制成功了4种型号的中小直径乳化炸药现场混装车。我国的起爆材料在满足和保证工程爆破需要的同时，在品种、质量和精度上得到不断提高。目前已有适用于各种工程条件下的导火索、导爆索、瞬发雷管、毫秒延期电雷管、非电导爆雷管等不同规格的系列产品。国内也有电子雷管试制产品，其延时间隔5 ms，有63个段别，今后都将在工程爆破中起到重要的作用。

1.1.2 爆破技术的发展

工程爆破行业的变革带来的是爆破技术的发展和创新。青藏铁路建成通车、长江三峡工程混凝土围堰爆破拆除、溪洛渡水电站大坝拱肩槽开挖等大型爆破工程取得成功，一个又一个工程爆破技术科研成果得到鉴定，特别是"精细爆破"理念的酝酿与提出，生动地记录了爆破工程领域近年来所取得的丰硕成果。

1. 围堰爆破拆除工程

三峡工程三期碾压混凝土围堰的爆破拆除是科技进步和工程密切结合的成功范例，也是多种爆破技术和先进爆破器材综合应用的成功实践。该工程进行了大量的科学研究和试验，在2003年碾压混凝土围堰浇筑前，经过多方论证，提出了建拆一体化的设计理念，将堰体硐室爆破药室和堰体排水廊道相结合，建设施工时预置3排354个集中药室和1排376个水平断裂孔。

为了确保爆破成功，工程建设和科研单位进行了大量的研究和模型试验，对爆破器材、爆破振动及水击波、爆破涌浪的影响、安全防护措施等进行了研究，为设计提供科学依据；研制了适合于地面制备站-混装车生产工艺和具有高爆速、高威力、高抗水性能的新型混装乳化炸药；在国内首次大规模采用了混装乳化炸药长距离管道输送、速凝材料堵塞、数码电子雷管起爆、深水气泡帷幕防护等先进技术；成功地使用了超声波驱鱼等技术，有效地避免了爆破对白鲟、达氏鲟和胭脂鱼等珍贵鱼类及其他水中生物的影响，体现了工程建设与生态保护的协调一致。

爆破采用电子雷管毫秒延时顺序起爆技术，精确控制3排集中药室、1排断裂孔、堰块间切割孔的起爆次序和时差，确定堰体逐块在其自身重力和两侧水压力作用下向上游一侧倾倒的拆除方案。该工程设计爆破炮孔（药室）总数达1022个，现场混装的乳化炸药总装药量为191.3t，数码电子雷管959个段别，计2506发。爆破总延期时间为12.888s。

2. 大型水电开挖爆破工程

溪洛渡水电站大坝拱肩槽开挖总方量约为400万 m^3，开挖高度为210 m，开挖轮廓面积约为4.4万 m^2，工程规模大；大坝拱肩槽地质构造复杂，柱状岩石节理裂隙发育、层间层内错动带密集，开挖轮廓面呈扇形扩散的扭面结构，爆破成型难度大。通过精心设计和对钻机改进，形成了大坝拱肩槽开挖精细爆破施工的专项设备，实现了单孔精确定位、个性化爆破装药设计施工工艺。同时贯彻精细爆破理念，建立了以质点振动速度、岩石声波、钻孔窥视、平整度和超欠挖检测的爆破效果定量评价方法。拱肩槽开挖形成的基础面光滑平整，平整度、半孔率整体达到优秀水平，爆破对岩石的损伤得到有效控制。

在三峡工程地下电站Ⅱ层岩锚梁部位开挖时，爆破设计采用了定位导向施工技术，采用钢管定位措施，使钻孔控制标准化，岩锚梁平均超挖控制在2 cm以内。

向家坝地下厂房岩锚梁光面爆破半眼痕率：Ⅱ类围岩100%，Ⅲ类围岩99.2%，Ⅳ类围岩90%~97.3%；岩壁无欠挖，平均超挖仅2.9 cm；不平整度为0~4 cm；排炮台坎一般不大于5 cm，光爆孔孔间距偏差为0~4 cm；由爆破和围岩卸荷造成的影响深度为0.2~0.7 m。

向家坝地下厂房岩锚梁预裂爆破半眼痕率：Ⅱ类围岩98.9%，Ⅲ类围岩94.5%，Ⅳ类围岩87.6%；岩壁无欠挖，平均超挖0~10 cm；不平整度为0~8 cm；排炮台坎一般不大于15 cm；预裂孔孔间距偏差为0~7 cm；由爆破和围岩卸荷造成的影响深度为0.7~0.9 m。

3. 冻土和隧道掘进爆破工程

青藏铁路格拉段全长 1142 km，于 2001 年 6 月 29 日开工，2005 年 10 月全线铺通，2006 年 7 月 1 日正式通车，这是世界上海拔最高的铁路。

青藏铁路建设要解决高原地区、高含量冰冻土爆破和环境保护三大难题。铁道科学院对高含冰量冻土爆破参数、高效钻孔机械以及爆破器材进行了系统研究，提出了一套比较完善的设计施工方法和保护冻土原有的热学和力学状态的施工措施。在海拔 4700 m 以上的昆仑山口高含冰量冻土岩石路堑开挖中，在北施工区用 38 天完成了 69000 m^3 的岩体开挖，在南施工区用 14 天完成了 21000 m^3 的冻土开挖。

青藏铁路风火山段的隧道爆破掘进工程，是世界上海拔最高的高原永久冻土隧道，隧道长 1329 m，隧道通过部位轨面海拔 4905 m。铁路建设施工单位因地制宜地采用上下导坑平行作业全断面开挖方法，合理选择爆破参数，达到了良好的爆破效果。为了减少爆破气体引起的温度升高，他们采用了含盐炮泥填塞的装药结构，有效控制了爆后温度效应。

石太铁路客运专线太行山隧道是近年来完成的最长的铁路隧道。太行山隧道全长 27.8 km，2005 年 6 月 11 日开工，工程采用了长隧短打，11 个工作面同时施工，克服了复杂的地质结构、围岩变化不稳定、通风排烟等难题。2008 年 1 月 12 日太行山隧道胜利贯通，它标志着我国铁路隧道建设又上了一个新台阶。

青藏铁路西格段二线工程东起西宁，横穿柴达木盆地、万丈盐桥后到达格尔木。其间关角隧道全长 32.6 km，是目前国内在建的最长的高原隧道，隧道进出口高程在 3300 m 以上，铁路建设者采取了多种有针对性的工程措施。

4. 露天矿山生产爆破工程

露天深孔台阶爆破技术的发展表现为大孔径钻机，高精度、高可靠性导爆管雷管、数码电子雷管的广泛应用，并采用混装车装药，钻机的数据采集和计算机模拟技术等。

（1）露天深孔台阶爆破技术已在各矿山广泛应用。南芬铁矿采用大区多排深孔毫秒爆破技术，创造了单次装药 300 t、爆破矿岩 81 万 t 的纪录。2005 年 3 月 30 日太钢峨口铁矿采用大区多排深孔毫秒爆破，炮孔总数 871 个，使用炸药 398.7 t，爆破矿岩 130.3 万 t，取得了良好的爆破效果。山西安太堡露天煤矿采用逐孔毫秒延期爆破，布设爆破孔 1285 个，总装药 480 t。

（2）高台阶抛掷爆破技术开始在中国露天煤矿应用。神华准能公司黑岱沟露天矿引进大型迈步式拉斗铲，自 2007 年下半年开始采用高台阶抛掷爆破-拉斗铲倒堆采矿工艺。台阶高 45 m，台阶宽 60 m，采用 70°倾斜钻孔，钻孔直径为 310 mm，采用现场混装重铵油炸药、高精度导爆管雷管逐孔起爆技术，一次爆破装药量为 900～1500 t，抛掷率达 30%。

（3）乳化炸药现场混装车装药爆破技术在大型矿山推广应用。炸药现场混装车是集炸药原材料运输、现场混制、装填为一体的设备。20 世纪 80 年代后期，南芬露天铁矿和德兴铜矿等率先在国内实现了乳化炸药现场混制装药机械化，近年来混装车已在中型和地下矿山逐步推广应用。

（4）爆破优化设计和计算机模拟技术在大型露天矿的开发应用。南芬露天矿以采矿总成本为目标函数，以破碎度等为约束条件建立了爆破优化数学模型，合理分配各车间的成本指标，用非线性规划法求解，为钻孔爆破优化参数提供依据。水厂铁矿对露天矿台阶爆破条件下的爆区地形和地质构造特征、钻孔岩石的物理力学性质、炸药爆炸性能进行了综合分析，在此基础上建立的 Blast-Code 模型，可以由计算机自动地完成爆破设计，并可进行破碎效果和爆堆形态的预测。

5. 地下矿山爆破工程

2005 年 3 月 28 日，北京矿冶研究总院与华锡集团合作，根据广西南丹铜坑矿矿体情况，采用局部充填、强制崩落、强采强出、封闭覆盖的综合开采方案，成功地进行了一次装药量为 150 t 的地下大爆破。在第一爆区采用以线形、环形、方形等不同形式的阶段束状密集深孔为主的爆破方案，局部采用中深孔和小硐室爆破；同时采用预裂降震、柔性阻波墙、实时监测等手段，有效地控制了爆破有害效应。采用 20 段毫秒雷管起爆，起爆总延迟时间 2 s，爆破崩落面积为 6500 m^2，崩落矿量 77 万 t。爆破后临近井巷工程、设施和构筑物及地表民房等均未造成任何破坏。

6. 硐室爆破工程

硐室爆破广泛地应用于各种建设工程。由于硐室爆破具有成本低、施工机具轻便、施工速度快等优点，硐室爆破在矿山、铁道、水利水电、公路等建设工程中获得了广泛应用。

陕西柞水县大西沟铁矿剥离工程，位于海拔 1500 m 的秦岭山脉，地形陡峭，坡度多在 50°~60°，于 2005 年 6 月 28 日实施爆破，一次爆破总装药量为 963 t，爆破方量 122 万 m^3，抛掷率达到 57.68%，爆破效果达到设计技术要求。

宁夏大峰煤矿硐室爆破工程位于宁夏北部贺兰山脉腹地的汝箕沟矿区。大峰煤矿是瓦斯影响较为严重的高危矿井之一，地下煤炭自燃已近百年，矿井废弃后地下煤层持续自燃，火区面积继续扩大，产生大量一氧化碳、二氧化碳等有害气体，不安全因素和危险性高，施工难度大。硐室爆破采用以条形药包为主、集中药包为辅的布药方式，设计硐室开挖总长度为 8900 m，开挖工程量为 24500 m^3，一次装药量 5400 t，爆破岩石体积为 632.9 万 m^3，是中国近 15 年来装药量超过 5000 t 硐室爆破工程。2007 年 12 月 20 日实施爆破，爆破后山头下落近 40 m，爆破效果良好。

7. 城镇建筑物拆除爆破

近年来，中国城镇建筑物拆除控制爆破技术有了较大发展，其主要特点是爆破拆除的烟囱、冷却塔等构筑物高度高，高层建筑物，结构多样化；爆破拆除的施工环境复杂，环境保护意识的强化对爆破拆除有害效应控制的要求越来越高。

为贯彻国务院节能减排的战略决策，全国要关停一大批 20 世纪 70 年代、80 年代改扩建的火力发电机组，包括 25 万 kW 的机组，相应的一批高烟囱和冷却塔采用爆破方法拆除。据不完全统计，到目前采用爆破方法拆除 150 m 以上的高烟囱已超过 10 座，90 m 高的冷却塔 10 余座。

为了控制结构的倒塌范围，不少工程已采用双向或是大量单向多缺口的折叠爆破拆除方案，减少了建筑物倒塌范围，有效地控制了塌落着地产生的振动。武汉市王家墩商务区两栋 19 层框剪结构大楼采用了双向三折的爆破方法，爆堆不超过原建筑占地范围 6 m，效果十分理想。为解决爆破所产生的粉尘污染，广东宏大爆破工程有限公司研制开发“活性水”“活性雾”，采用“活性泡沫”浸没塌落的建筑，通过“活性雾”的方式包围捕捉扬尘，减尘降尘技术达到国际先进水平。其研究成果已成功应用于广州天河城两塔楼爆破拆除工程、青岛远洋宾馆爆破拆除工程，均获得了良好的减尘效果。

8. 爆炸加工技术

爆炸加工是利用炸药爆炸时所释放的能量，对金属毛料或半成品进行加工的一种方法，它是近几十年发展起来的一种新的金属加工方法。爆炸加工所涉及的领域很多，传统的爆炸成型、爆炸焊接、爆炸硬化、爆炸消除残余应力、爆炸切割技术在不断延伸扩展，可以说在一些加工工艺上形成了一套完整的生产技术和规范。据不完全统计，全国各种爆炸加工技术及产品的年总产值已超过100亿元。

爆炸焊接是已经很成熟的焊接工艺，广泛地应用于各种标准化的复合金属材料生产。各种标准的不锈钢复合板、钛钢、锆钢复合材料已经广泛地用于化工设备、舰船、航空航天、军工、机械、冶金产业中。

利用爆炸产生的高温高压条件新发展的加工技术——爆炸合成或分解材料新工艺，如爆炸粉末烧结、爆炸改性、爆炸热处理、肉类冲击波嫩化、植物纤维冲击破碎等，标志着爆炸技术应用发展的新领域。同时，传统的爆炸成型技术也正在应用于地下深层油井的整形与修补，连铸结晶器的精密成型，爆炸焊接也向着超厚、超薄、超大、材料多样化（如脆性材料）发展。新兴的爆炸烧结技术正用于精细陶瓷、快淬合金的研究，爆炸合成的金属间化合物、金刚石、氮化硼、C-B-N超硬材料，通过爆炸改性的化学触媒、光触媒材料等，这都提出了许多爆炸加工的发展方向，也提出了许多有待研究的爆炸力学与其他学科交叉的理论与技术问题。

为满足国民经济建设的需要，加强对全国爆炸加工行业的管理工作，规范行业的市场行为，促进我国爆炸加工行业可持续健康发展，中国工程爆破协会爆炸加工行业委员会于2007年12月26日在北京成立，开创了中国工程爆破爆炸加工的新局面。

9. 精细爆破

基于大量工程实践和理论研究工作，结合国内外爆破行业的技术发展现状，谢先启院士和卢文波教授提出了“精细爆破”概念。中国工程爆破协会于2008年3月30日在武汉组织召开了“精细爆破”研讨会，“精细爆破”作为一个有别于传统“控制爆破”的概念，它的适时提出意义十分深远，“精细爆破”代表了工程爆破技术发展的方向。

精细爆破是通过定量化的爆破设计和精心的爆破施工，使炸药爆炸能量释放与介质破碎、抛掷等过程得到精密控制，既要达到预期的爆破效果，又要使爆破有害效应得到有效控制。

基于运动学和结构力学分析对高层框架结构楼房单向或多向折叠爆破、钢筋混凝土高烟囱定向或双向折叠爆破倒塌的控制，包括爆破缺口高度和范围的确定、缺口起爆时差等关键参数的选择和精确控制的设计理念、拱肩槽开挖工程中钻孔机具的改进和精确施工工艺、爆破器材的选型及爆破效果的评价方法的科学性都无疑是对精细爆破概念的最好诠释。

随着爆破理论研究的深化和相关技术的发展，特别是计算机技术的广泛应用、爆破器材的不断更新、检测技术的进步以及钻爆机具的改进，为精细爆破的实现提供了强有力的技术支撑，高质量的工程要求和环境保护的需要，将促使更多、更好的精细爆破施工实例的出现。

10. 抗震救灾中的爆破作业

2008年5月12日在四川省汶川县发生的特大地震，是新中国成立以来破坏性最强、波及范围最广、救灾难度最大的一次地震灾害。地震震级达里氏8级，最大烈度达11度。灾区总面积44万km^2，受灾人口4624万。地震灾害造成的巨大破坏，举国震惊，世人关注。人员伤亡惨重；房屋大面积倒塌，北川县城、汶川映秀等一些城镇几乎夷为平地；基础设施严重损毁，邻近公路、铁路受损中断，电力、通信、供水等系统大面积瘫痪；次生灾害多发；山体崩塌、滑坡、泥石流频发，阻塞江河形成较大堰塞湖。

排除高危目标隐患是灾区排险工作中的首要任务，高危目标采用爆破方法拆除，爆破作业效率高，速度快。爆破拆除高危建（构）筑物与常规爆破拆除作业不同，是一种带有风险的排险作业，不能按常规的方法去组织实施，必须在最短的时间内拆除目标，且要保证爆破效果。爆破部位已经有很多的裂缝或破损，有的无法进行穿孔作业，爆破装药不得不直接利用已有缝隙或死角，进行半裸露装药爆破和炮孔爆破。

据不完全统计，成都军区工程兵、南京工程兵学院、北海舰队陆战队、四川川投爆破工程有限公司、重庆市爆破公司、西南交通大学爆破公司、成都地区路桥工程公司的抗震救灾爆破作业队累计拆除高危建筑物一千多座，疏通导流爆破数千次，加宽、加深导流槽，尽快消除堰塞湖溃坝危险。

1.2 爆破工程的特点及分类

1.2.1 爆破工程的特点

工程爆破涉及的领域广阔、内容丰富、方法手段各异，且作业环境条件复杂，其基本特点可以归纳为以下几个方面：

（1）工程爆破是一种高风险的涉及爆炸物品的特种行业。首先，炸药和雷管等爆破器材是工程爆破作业中必不可少的物质保证，购买、运输、储存、使用炸药等爆炸物品是爆破工作者必然经常涉及的事情。其次，由于炸药爆炸是瞬时完成的，一项工程爆破通常是在几秒钟内完成且是不可重复的。

（2）工程爆破外部环境特定且复杂。工程爆破都是在特定的条件下进行的，其外部环境复杂且要求严格。如城市建筑物拆除爆破通常是在闹市区和交通要道地区内进行的，且与保留建筑物毗邻或结构相互连接，又有市政铺设的各种管道和线路，等等。在这样复杂的环境条件下进行拆除爆破，就会对爆破设计、防护、环保、施工扰民等环节提出了更高更难的要求。

（3）对爆破器材有特定的严格要求。尽管不同工程爆破使用的爆破器材品种会有所不同，但是对爆破器材的质量、性能等要求却是一致的。例如，大区微差爆破对雷管的准爆率和延时精度及炸药爆炸性能的可靠性等方面均有很高要求。

（4）工程爆破施工环节多而复杂。爆破工作者应首先熟悉被爆对象的工程地质、结构以及爆破要求，搜集有关资料；然后再着手设计施工，如钻孔、装药、爆破网路的连接、起爆、警戒、震动监测等诸多环节，每一个环节都必须精确，以获得良好的爆破效果和确保安全。

1.2.2 爆破工程的分类

工程爆破常用的分类方法主要有按药包形状分类、按装药方式与装药空间形状分类、按爆破技术分类3种分类方法。

1. 按药包形状分类

（1）集中药包法：当药包的最长边长不超过最短边长的4倍时，称为集中药包。集中药包起爆后产生的冲击波以均匀辐射状作用到周围的介质上。集中药包通常应用在硐室法爆破和药壶法爆破中。

（2）延长药包法：当药包的最长边长大于最短边长或直径的4倍时，称为延长药包。延长药包起爆后，爆炸冲击波以柱面波的形式向四周传播并作用到周围的介质上。延长药包常常应用于深孔爆破、炮眼爆破和药室中的条形药包爆破中。

（3）平面药包法：当药包的直径大于其厚度的3倍或4倍时，称为平面药包。人们通常预先把炸药做成油毛毡或毛毯形状，应用时将其切割成块，包裹在介质表面，主要用于机械零件的爆炸加工。平面药包起爆后，大多数能量都散失到空气中，只是在与炸药接触的介质表面上受到爆炸作用，爆炸冲击波可以近似为平面波。

（4）异形药包法：为了某种特定的爆破作用，可以将炸药做成特定的形状。其中应用最广的是聚能爆破法，它是将装药的一端加工成圆锥形的凹穴或沟槽，使爆轰波按其表面聚焦在它的焦点或轴线上，形成高能射流。这种药包可用来切割金属板材、大块岩体的二次破碎以及在冻土中穿孔等。

2. 按装药方式与装药空间形状分类

（1）硐室法：又可分为集中装药硐室和条形装药硐室，这是大量土石方挖掘工程中的常用方法之一。该方法需要的施工机械比较简单，不受气候和地理条件的限制，工效高。

（2）药壶法：即在普通炮孔底部，装入少量炸药进行不堵塞的爆破，使孔底部扩大成圆壶形，以求达到装入较多药量的爆破方法。药壶法属于集中药包类，适用于中等硬度的岩石，能在工程量不大、钻孔机具不足的条件下，以较少的炮孔爆破较多的土石方量。随着机械化施工水平的提高，药壶爆破的应用逐步在减少。

（3）炮孔法：通常根据钻孔孔径和深度的不同，把孔深大于4 m、孔径大于50 mm的爆破称为中深孔爆破，反之称为浅孔爆破或炮眼法爆破。从装药结构看，这是属于延长药包一类，是工程爆破中应用最广、数量最大的一种爆破法。

（4）裸露药包法：直接将炸药敷设在被爆破物体表面上并加简单覆盖的爆破作业，这是一种最简单最方便的爆破施工方法。这样的爆破法对于清除危险物、交通障碍物以及破碎大块岩石的二次爆破是简便而有效的。

3. 按爆破技术分类

（1）定向爆破：使爆破后土石方碎块按预定的方向飞散、抛掷和堆积，或使被爆破的建筑物按设计方向倒塌和堆积的爆破。它的技术关键是要准确地控制爆破所要破坏的范围以及抛掷和堆积的方向与位置。

（2）轮廓控制爆破：预裂和光面爆破是常用的轮廓控制爆破技术，其目的都是为了在爆破后获得平整的岩面，以保护围岩不受破坏。二者的不同在于预裂爆破是要在完整的岩体进行爆破开挖之前，施行预先的爆破，使沿着开挖部分和不需要开挖的保留部分的分界线裂开一道裂缝，用于隔断爆破作用对保留岩体的破坏，并在预裂爆破后形成新的平整岩面；光面爆破则是在主爆体爆破之后，利用密集钻孔和减弱装药进行的爆破，以求得到平整的坡面或轮廓面。

（3）微差爆破：微差爆破是在相邻炮孔或排孔间以及深孔内以毫秒级的时间间隔顺序起爆的一种起爆方法。由于相邻炮孔起爆的间隔时间很短，先爆孔为相邻的后爆孔增加了新的自由面，以及由于爆破应力波在岩体中的相互叠加作用和岩块之间的碰撞，使爆破的岩体破碎质量、爆堆成型质量好，可以降低炸药单耗和地震效应。

（4）特殊条件下的爆破技术：对于某种不常见的特殊情况，如森林灭火、抢堵洪水和泥石流、疏通河道、水下压缩淤泥地基等，用常规方法难以解决，或因时间紧迫以及工作条件恶劣而不能进行正常施工，这时需要我们采用新的爆破方案，认真进行设计计算和施工，以解决工程难题。

对于爆破工作者来说，掌握上述几种爆破方法并不困难，但要灵活运用这些方法去解决工程中的各种复杂问题，却有相当的难度。一个合格的爆破工程师，首先要熟悉各种介质的物理力学性质、爆破作用原理、爆破方法、起爆方法、爆破参数计算原理、施工工艺方面的知识，同时还要掌握爆破时所产生的地震波、空气冲击波、飞石和破坏范围等爆破作用规律，以及相应的安全防护知识。

1.2.3 爆破工程的分级

爆破作业是一种高风险的涉及爆炸物品的特种行业，《民用爆炸物品安全管理条例》规定：国家对民用爆炸物品的生产、销售、购买、运输和爆破作业实行许可证制度。炸药和起爆器材的生产、储存、购买、运输、使用都必须遵守中华人民共和国《民用爆炸物品安全管理条例》和《爆破安全规程》（GB 6722—2014）的有关规定，爆破作业和爆破器材使用应当得到审批许可。

《民用爆炸物品安全管理条例》规定，在城市、风景名胜区和重要工程设施附近实施爆破作业的，爆破作业单位应向爆破作业所在地设区的市级人民政府公安机关提出申请，提交《爆破作业单位许可证》和具有相应资质的安全评估企业出具的爆破设计、施工方案评估报告。实施爆破作业时，应由具有相应资质的安全监理企业进行监理。

1. 爆破工程分级

《爆破安全规程》（GB 6722—2014）规定，爆破工程按工程类别、一次爆破总药量、爆破环境复杂程度和爆破物特征，分A、B、C、D四个级别，实行分级管理。

根据《爆破安全规程》（GB 6722—2014）规定，将爆破工程分级列于表1-1。

表1-1 爆破工程分级

作业范围	分级计量标准	级别			
		A	B	C	D
岩土爆破[a]	一次爆破药量 Q/t	$100 \leq Q$	$10 \leq Q < 100$	$0.5 \leq Q < 10$	$Q < 0.5$
拆除爆破	高度 H[b]/m	$50 \leq H$	$30 \leq H < 50$	$20 \leq H < 30$	$H < 20$
	一次爆破药量 Q[c]/t	$0.5 \leq Q$	$0.2 \leq Q < 0.5$	$0.05 \leq Q < 0.2$	$Q < 0.05$
特种爆破[d]	单张复合板使用药量 Q/t	$0.4 \leq Q$	$0.2 \leq Q < 0.4$	$Q < 0.2$	

注：a. 表中药量对应的级别指露天深孔爆破。其他岩土爆破相应级别对应的药量系数：地下爆破0.5；复杂环境深孔爆破0.25；露天硐室爆破5.0；地下硐室爆破2.0；水下钻孔爆破0.1；水下炸礁及清淤、挤淤爆破0.2。

b. 表中高度对应的级别指楼房、厂房及水塔的拆除爆破；烟囱和冷却塔拆除爆破相应级别对应的高度系数为2和1.5。

c. 拆除爆破按一次爆破药量进行分级的工程类别包括：桥梁、支撑、基础、地坪、单体结构等；城镇浅孔爆破也按此标准分级；围堰拆除爆破相应级别对应的药量系数为20。

d. 金属破碎爆破与爆炸加工、油气井爆破、钻孔雷爆等特种爆破按D级进行分级管理。

B、C、D级一般岩土爆破工程，遇下列情况应相应提高一个工程级别：①距爆区1000 m范围内有国家一、二级文物或特别重要的建（构）筑物、设施；②距爆区500 m范围内有国家三级文物、风景名胜区、特别重要的建（构）筑物、设施；③距爆区300 m范围内有省级文物、医院、学校、居民楼、办公楼等重要保护对象。

B、C、D级拆除爆破及城镇浅孔爆破工程，遇下列情况应相应提高一个工程级别：①距爆破拆除物或爆区5 m范围内有相邻建（构）筑物或需要重点保护的地表、地下管线；②爆破拆除物倒塌方向安全长度不够，需要折叠爆破时；③爆破拆除物或爆区处于闹市区、风景名胜区时。

矿山内部且对外部环境无安全危害的爆破工程不实行分级管理。

2. 爆破作业单位分级

按照《爆破作业单位资质条件和管理要求》（GA 990—2012）规定，爆破作业单位分为非营业性爆破作业单位、营业性爆破作业单位。非营业性爆破作业单位指仅为本单位合法的生产活动需要，在限定区域内自行实施爆破作业的单位。营业性爆破作业单位是指具有独立法人资格，承接爆破作业项目设计施工和/或安全评估和/或安全监理的单位。

营业性爆破作业单位的资质等级由高到低分为：一级、二级、三级、四级，从业范围分为设计施工、安全评估、安全监理。爆破作业单位应当按照其资质等级承接爆破作业项目，非营业性爆破作业单位不分级。

3. 爆破作业人员

爆破作业人员指从事爆破作业的爆破工程技术人员、爆破员、安全员和保管员。

爆破工程技术人员指具有爆破专业知识和实践经验并通过考核，获得从事爆破工作资格证书的技术人员。爆破工程技术人员分为高级/A、高级/B、中级/C 和初级/D。爆破工程技术人员只能承担相应等级及以下的爆破作业项目。爆破员、安全员和保管员不分级。

1.3 爆破工程学科内容

爆破工程主要研究爆破理论及其在岩石介质破碎、开挖，和城市拆除工程等领域的应用。随着经济建设的发展，爆破技术在国民经济建设和国防工程各部门得到了广泛的应用；各种爆破技术名目繁多，新方法新技术层出不穷，极大地促进了这门学科的发展，使爆破的含义已远远超出世人对其的传统理解和认识。

爆破的物质基础，包括爆破器材和施工机械等。常用工业炸药、起爆器材及其起爆方法，具体如电雷管起爆方法和非电导爆管起爆法的连接网络，这些都是实施各种爆破方法的物质条件；爆破工程施工中所涉及的钻孔、装药、挖运及其破碎机械等机械设备对改进施工条件、促进施工现代化具有重要影响。

爆破理论，包括炸药及爆炸基本理论和岩石爆破机理等内容。炸药及爆炸作用的基本概念，阐述与爆破技术密切相关的炸药特性的感度及起爆传爆原理、氧平衡爆炸功及其炸药的主要性能；岩石爆破机理，则通过研究爆破作用下岩石破坏过程、爆破漏斗理论和成组药包作用，推出装药量计算原理，并深入分析包括工程地质在内的影响爆破作用的因素。爆破理论模型研究成果也为爆破过程数值模拟奠定了基础。

爆破技术，包括岩石爆破技术、建（构）筑物爆破拆除技术和特种爆破技术等内容。掘进爆破技术和台阶爆破技术的炮眼布置、爆破参数设计是爆破技术的核心，光面爆破、大区毫秒延时爆破和预裂爆破等技术构成了控制爆破技术的主要内容；烟囱水塔类高耸建筑物拆除技术、房屋类建筑拆除技术的爆破方案选择、控制原理和参数设计是拆除爆破的重点，基础地坪拆除技术、水压爆破技术和静态破碎等技术丰富了拆除爆破的方法；特殊形状药包的应用、金属破碎和切割技术、爆炸合成新材料、油气井爆破技术、软地基处理技术等特种爆破技术，进一步拓展了爆破技术的应用范围。

爆破安全，包括早爆、拒爆的预防和处理，爆破地震波效应及减震技术，空气冲击波、飞石及其防护技术，噪声、粉尘等环境危害的预防和减灾措施，以及相关的爆破测试技术等。

工程爆破主要研究内容，如图 1-1 所示。

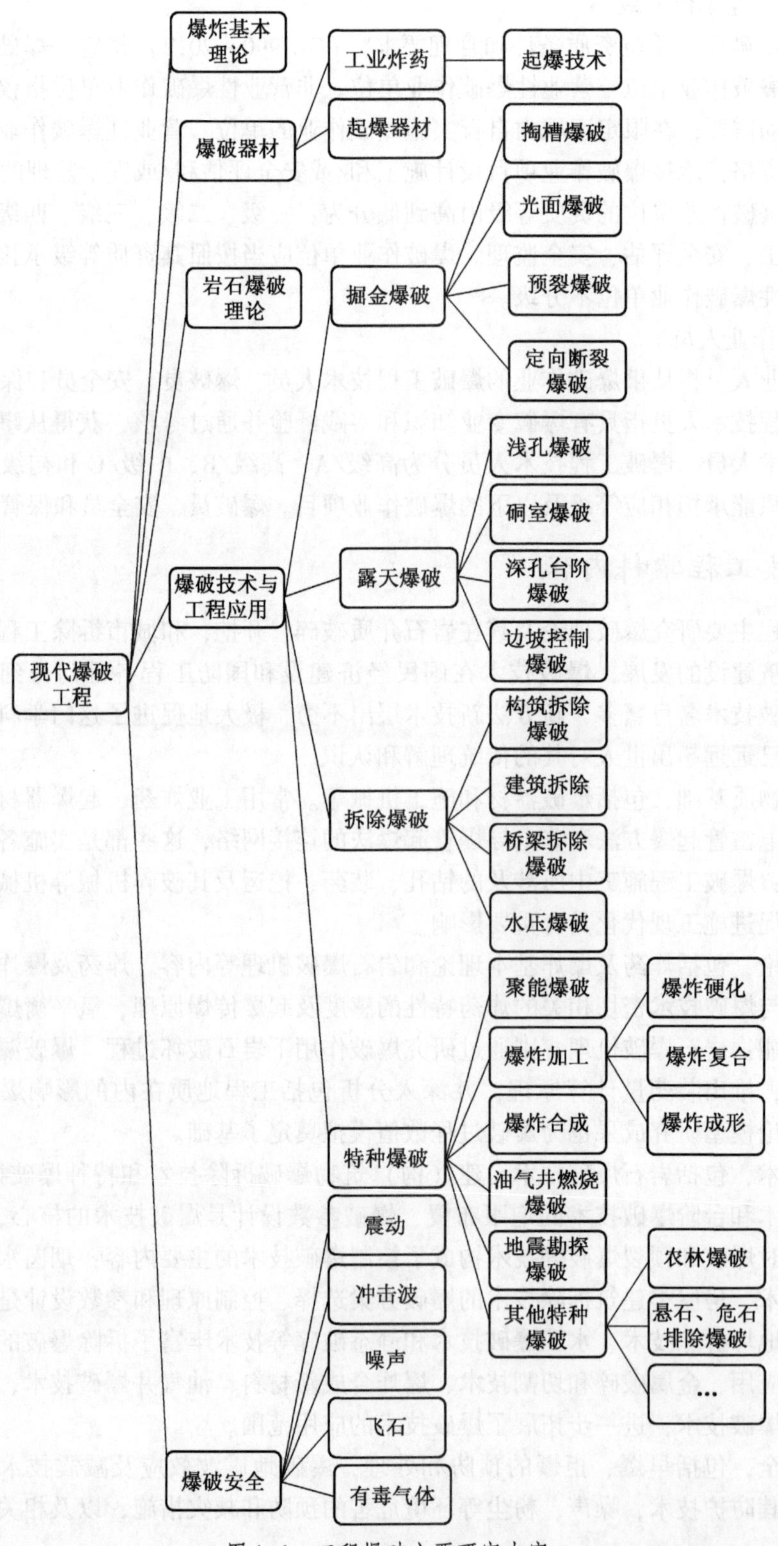

图 1-1　工程爆破主要研究内容

2 炸药爆炸基本理论

2.1 爆炸的基本特征

2.1.1 爆炸的定义

爆炸是物质系统的迅速变化过程。在爆炸过程中，物质系统瞬间放出巨大的能量，对系统周围介质做功，产生巨大的破坏作用，并伴随有强烈的声、光、热和电磁波等效应。各种爆炸现象按其作用产生的原因可分为物理爆炸、核爆炸和化学爆炸三类。

（1）物理爆炸，是指由物理原因造成的爆炸，爆炸过程中不发生化学变化。例如，锅炉爆炸、氧气瓶爆炸和轮胎放炮等都是物理爆炸。

（2）核爆炸，是指由核裂变或核聚变引起的爆炸。核爆炸放出能量极大，相当数万吨至数千万吨梯恩梯当量爆炸能，并辐射出很强的各种射线。

（3）化学爆炸，是指由化学变化造成的爆炸，炸药爆炸、瓦斯或煤尘爆炸、汽油与空气混合物的爆炸等都是化学爆炸。化学爆炸是工业生产和现代战争中广泛使用的类型。

2.1.2 爆炸的条件

炸药爆炸的三个基本特征包括反应的放热性、生成气体产物和反应的高速性，这是构成爆炸的必要条件，又称为爆炸的三要素。

1. 反应的放热性

放出大量热能是形成爆炸的必要条件，吸热反应或放热不足都不能形成爆炸。从各种草酸盐的反应热效应与其爆炸性的比较可以证实这一点。

$$(NH_4)_2C_2O_4 \longrightarrow 2NH_3+H_2O+CO+CO_2-263.3\ \text{kJ} \quad (\text{不爆炸})$$

$$CuC_2O_4 \longrightarrow 2CO_2+Cu+23.9\ \text{kJ} \quad (\text{爆炸性不明显})$$

$$HgC_2O_4 \longrightarrow 2CO_2+Hg+72.4\ \text{kJ} \quad (\text{爆炸})$$

$$Ag_2C_2O_4 \longrightarrow 2CO_2+2Ag+123.5\ \text{kJ} \quad (\text{爆炸})$$

对于同一种化合物，由于激起反应的条件和热效应不同，也有类似的结果。例如，硝酸铵，在常温至 150 ℃时的反应为吸热反应；加热到 200 ℃时，分解反应虽为放热反应，但放热量不大，仍然不能构成爆炸；若迅速加热到 400~500 ℃，或用起爆药柱强力起爆，由于放热量增大，就会引起爆炸。其爆炸反应方程式为

$$NH_4NO_3 \longrightarrow 0.75N_2+0.5NO_2+2H_2O+118.0\ \text{kJ}$$

$$NH_4NO_3 \longrightarrow N_2+0.5O_2+2H_2O+126.4\ \text{kJ}$$

2. 生成气体产物

炸药爆炸放出的能量必须借助气体介质才能转化为机械功。因此，生成气体产物是炸药做功不可缺少的条件。在炸药能量转化的过程中，放出的热能先转化为气体的压缩能，后者在气体膨胀过程中转化为机械功。即使物质的反应热很大，但如果没有气体生成，就不会具有爆炸性。例如，铝热剂反应方程式为

$$2Al+Fe_2O_3 \longrightarrow Al_2O_3+2Fe+8290\ kJ$$

铝热剂单位放热量要比梯恩梯高，并能形成 3000 ℃高温，可使生成产物熔化，但却不能形成爆炸。若浸湿铝热剂或在松散铝热剂中含有空气，就可能产生类似爆炸现象。

虽然炸药爆炸放出的热量不可能全部转化为机械功，但生成气体越多，热量利用率越高。

3. 反应的高速性

炸药爆炸反应中，在反应区内炸药变成爆炸气体产物的时间只需要 1.0×10^{-6} ~ 1.0×10^{-5} s。爆炸过程的高速度决定了炸药能够在很短时间内释放大量能量，使得单位体积内聚集很高的热能，使反应产物被迅速的加热到 2000~3000 ℃的高温，从而具有极大的威力。这是爆炸反应区别燃烧及其他化学反应的一个显著特点。如果从单位质量放出的能量比较，炸药还不及一般的燃料。例如，单位质量煤在空气中燃烧可放出 10032 kJ/kg 的热量，比单位炸药放出的热量（2900~6300 kJ/kg）多很多，但在煤的燃烧过程中，所产生的热量通过热传导和热辐射不断散失，所以不会发生爆炸。

2.1.3 炸药化学反应的形式

炸药的化学反应是一种氧化还原反应。由于环境和引起化学反应的条件不同，一种炸药可能有不同形式的化学反应，即热分解、燃烧和爆炸。

1. 热分解

炸药在常温条件下，若不受其他外界能量作用，常常以缓慢速度的形式进行热分解反应，环境温度越高，分解越显著。热分解的特点是：炸药内各点温度相同；在全部炸药内反应同时进行，没有集中的反应区；分解时，既可以吸热，也可以放热，决定于炸药类别和环境温度。但当温度较高时，所有炸药的分解反应都伴随有热量放出。例如，硝酸铵在常温或温度低于 150 ℃时，其分解反应为吸热反应；当加热至 200 ℃左右，分解时将放出热量，具体如下：

$$NH_4NO_3 \longrightarrow 0.5N_2+NO+2H_2O+36.1\ kJ \quad (150\ ℃)$$

$$NH_4NO_3 \longrightarrow N_2O+2H_2O+52.5\ kJ \quad (200\ ℃)$$

分解反应若为放热反应，如果放出热量不能及时散失，炸药温度就会不断升高，促使反应速度不断加快和放出更多的热量，最终引起炸药的燃烧和爆炸。因此，在储存、加工和使用炸药时，要随时注意通风，防止由于炸药分解产生热积累而导致意外爆炸事故的发生。

衡量炸药在不同温度条件下的化学安定性指标称为炸药的热安定性。

2. 燃烧

燃烧是可燃元素（如碳、氢等）被激烈氧化的反应。炸药在加热条件下也会产生燃烧，但与其他可燃物燃烧的区别在于炸药燃烧时不需要外界供氧。炸药的快速燃烧又称爆燃，其燃烧速度可达 100 m/s。

燃烧与缓慢分解反应不同，燃烧不是在全部物质内同时展开的，而只在局部区域内进行并在物质内传播。进行燃烧的区域称为燃烧区或称为反应区。反应区沿物质向前传播，其传播的速度称为燃烧速度。

炸药在燃烧过程中，若燃烧速度保持定值就称为稳定燃烧，否则就称为不稳定燃烧。炸药燃烧主要靠热传导来传递能量。因此，稳定燃烧速度不可能很高，一般为 1.0×10^{-3} ~

10 m/s，最高只能达到 10^2 m/s，低于炸药内的声速，且燃烧速度受环境条件影响较大。约束条件下药柱燃烧时，燃烧产物向外部空间排出，燃烧反应区则向尚未反应的炸药内部传播，二者运动方向相反。

3. 爆炸

在炸药爆炸的过程中，化学反应区只在反应区内进行并在炸药内传播，反应区的传播速度称为爆炸速度。燃烧与爆炸的主要区别在于：燃烧靠热传导来传递能量和激起化学反应，受环境影响较大；而爆炸则靠冲击波的作用来传递能量和激起化学反应，基本上不受环境影响；爆炸反应也比燃烧反应更为激烈，放出热量和形成温度也高；燃烧产物的运动方向与反应区传播方向相反，而爆炸产物的运动方向则与反应区传播方向相同，故燃烧产生的压力较低，而爆炸则可产生很高的压力；燃烧速度是亚音速的，爆炸速度是超音速的。

爆炸同样存在稳定爆炸和不稳定爆炸两种情况，爆炸速度保持定值的称为稳定爆炸，否则为不稳定爆炸。稳定爆炸又称为爆轰。爆炸是爆轰的不理想状态。爆轰速度可达 2000~9000 m/s，产生压力可达 $1.0\times10^3 \sim 1.0\times10^4$ MPa。

炸药上述三种化学变化的形式，在一定条件下，都是能够相互转化的：缓慢分解可发展为燃烧、爆炸；反之，爆炸也可转化为燃烧、缓慢分解。

炸药燃烧与爆轰的主要特征及区别见表 2-1。

表 2-1　炸药燃烧与爆轰的区别

变化过程	燃　　烧	爆　　轰
传播速度	每秒几毫米至几米（低于炸药中音速），受外界压力影响大	每秒几百米至几千米（高于炸药中音速），受外界压力影响小
传播的性质	热传导、扩散、辐射	冲击波
对外界的作用	燃烧点压力升高不大，在一定条件下才对周围介质产生爆破作用	爆炸点有剧烈的压力突跃，无须封闭系统便能对周围介质产生强烈的爆破作用
产物运动方向	与波阵面的运动方向相反	与波阵面的运动方向一致

2.2　炸药的氧平衡及爆轰产物

2.2.1　炸药的氧平衡

1. 氧平衡的概念

炸药内的主要元素是碳、氢、氧、氮，有些炸药还含有氯、硫、金属及其他成分。若炸药内只含有前四种元素，无论是单质炸药还是混合炸药，都可以把它们写成通式 $C_aH_bO_cN_d$，a、b、c、d 分别代表一个炸药分子中碳、氢、氧、氮原子的个数。单质炸药的通式通常按 1 mol 写出，混合炸药则按 1 kg 写出。

炸药爆炸的化学反应，是氧化反应，而且所需氧元素是由炸药本身提供。按理想氧化反应生成的产物应为 H_2O、CO_2 和其他元素的高级氧化物，由于氮和多余的游离氧量不足，在生成产物中，除 H_2O、CO_2、N_2 外，还会有 H_2、CO、固体碳和其他氧化不完全的产物。

炸药内含氧量与可燃氧化所需氧量之间的关系称为氧平衡。氧平衡用每克炸药中剩余或不足氧量的克数或百分数来表示。一些炸药及物质的氧平衡见表 2-2。

表 2-2　一些炸药和物质的氧平衡

物质名称	分子式	原子量或分子量	氧平衡/%
硝酸铵	NH_4NO_3	80	20.0
硝酸钾	KNO_3	101	39.6
硝酸钠	N_aNO_3	85	47.0
乙二醇	$C_2H_4(OH)_2$	62	-129.0
泰安 PETN	$C_5H_8(ONO_2)_4$	316	-10.1
黑索金 RDX	$C_3H_6N_3(NO_2)_3$	222	-21.6
奥克托金 HMX	$C_4H_8N_4(NO_2)_4$	296	-21.6
特屈儿	$C_6H_2(NO_2)_4NCH_3$	287	-47.7
梯恩梯 TNT	$C_6H_2(NO_2)_3CH_3$	227	-74.0
二硝基甲苯 DNT	$C_6H_3(NO_2)_2CH_3$	182	-114.4
硝化棉 NC	$C_{24}H_{31}(ONO_2)_9O_{11}$	504	-38.5
石蜡	$C_{18}H_{38}$	254.5	-346.0
木粉	$C_{15}H_{22}O_{10}$	362	-137.0
轻柴油	$C_{18}H_{32}$	224	-342.0
沥青	$C_{30}H_{22}O_{11}$	294	-276.0

2. 氧平衡的计算

炸药发生爆炸反应时，若碳、氢原子完全氧化，则：

$$C+O_2 \longrightarrow CO_2$$

$$H_2+1/2\ O_2 \longrightarrow H_2O$$

即 a 个原子的碳生成 CO_2 需 $2a$ 个氧，b 个原子的氢生成水，需要 $b/2$ 个氧。这样炸药本身所含的氧原子 c 与（$2a+b/2$）之差，就反映了炸药的氧平衡状态。

若炸药的通式为 $C_aH_bO_cN_d$，单质炸药的氧平衡按下式计算：

$$OB = \frac{c - \left(2a + \dfrac{b}{2}\right)}{M} \times 16 \times 100\% \tag{2-1}$$

式中　OB——炸药的氧平衡；

　　　M——炸药的摩尔量。

混合炸药的通式按 1 kg 炸药所含各元素比例写出，其氧平衡计算式为

$$OB = \frac{c - \left(2a + \frac{b}{2}\right)}{1000} \times 16 \times 100\% \tag{2-2}$$

混合炸药也可按各组分百分率与其氧平衡乘积的总和来计算：

$$OB = \sum m_i k_i \tag{2-3}$$

式中　m_i、k_i——第 i 组分的百分率与其氧平衡值。

［例题 1］计算梯恩梯炸药的氧平衡。

解答：梯恩梯即三硝基甲苯 $C_6H_2(NO_2)_3CH_3$，其通式为 $C_7H_5O_6N_3$，其中 $a=7$、$b=5$、$c=6$、$d=3$，代入式（2-1）可得

$$OB = \frac{6 - \left(2 \times 7 + \frac{5}{2}\right)}{227} \times 16 \times 100\% = -74\%$$

3. 氧平衡的分类

根据氧平衡值的大小，可将氧平衡分为正氧平衡、负氧平衡和零氧平衡三种类型。

（1）正氧平衡（$OB>0$）。炸药内的含氧量除将可燃元素充分氧化之后尚有剩余，这类炸药称为正氧平衡炸药。正氧平衡炸药未能充分利用其中的氧量，且剩余的氧和游离氮化合时，将生成氮氧化物有毒气体，并吸收热量。

（2）负氧平衡（$OB<0$）。炸药内的含氧量不足以使可燃元素充分氧化，这类炸药称为负氧平衡炸药。这类炸药因氧量欠缺，未能充分利用可燃元素，放热量不充分，并且生成可燃性 CO 等有毒气体。

（3）零氧平衡（$OB=0$）。炸药内的含氧量恰好够可燃元素充分氧化，这类炸药称为零氧平衡炸药。零氧平衡炸药因氧和可燃元素都能得到充分利用，故在理想反应条件下，能放出最大热量，而且不会生成有毒气体。

由此可见，氧平衡对炸药的爆炸性能，如放出热量、生成气体的组成和体积、有毒气体含量、气体温度、二次火焰（如 CO 和 H_2 在高温条件下和有外界供氧时，可以二次燃烧形成二次火焰）以及做功效率等有着多方面的影响。

在配制混合炸药时，通过调节其组成和配比，应使炸药的氧平衡接近于零氧平衡，这样可以充分利用炸药的能量和避免或减少有毒气体的产生。

2.2.2　炸药的爆轰产物

1. 炸药的爆炸反应方程式

由于爆炸反应是在高温高压条件下进行的，很难测定在爆炸瞬间的爆炸产物的组成，且产物受炸药本身的组分和配比、炸药密度、起爆条件、可逆二次反应等影响。因此，精确确定爆炸产物组分是很困难的，只能近似建立炸药的爆炸反应方程式。

爆炸反应大多数是氧化反应，为建立近似的爆炸反应方程式，根据炸药内含氧量的多少，可将通式为 $C_aH_bO_cN_d$ 的炸药分为三类：第一类炸药为零氧或正氧平衡炸药 $c \geqslant 2a+b/2$。第二类炸药为只生成气体产物的负氧平衡炸药 $a+b/2 \leqslant c < 2a+b/2$，第三类炸药为可能生成固体碳的负氧平衡炸药 $c < a+b/2$，并按以下方法建立其爆炸反应方程式。

第一类炸药：生成产物应为充分氧化的产物，即 H 氧化成 H_2O、C 氧化成 CO_2、N 与

多余的 O 游离。因此，这类炸药的爆炸反应方程式为

$$C_aH_bO_cN_d = a\,CO_2 + \frac{b}{2}H_2O + \frac{1}{2}\left(c - 2a - \frac{b}{2}\right)O_2 + \frac{d}{2}N_2$$

例如，硝化甘油炸药 $C_3H_5(ONO_2)_3$ 的爆炸反应方程式为

$$C_aH_bO_cN_d = 3CO_2 + 2.5H_2O + 0.25O_2 + 1.5N_2$$

第二类炸药：含氧量不足以使可燃元素充分氧化，但生成产物均为气体，无固体碳。建立这类炸药近似爆炸反应方程的原则为：首先使 H 全部氧化成 H_2O，多余的 O 将 C 全部氧化成 CO，再多余的 O 将部分 CO 氧化成 CO_2。因此，可按以下步骤写出爆炸反应方程式：

第一步 $$C_aH_bO_cN_d = \frac{b}{2}H_2O + aCO + \frac{1}{2}\left(c - a - \frac{b}{2}\right)O_2 + \frac{d}{2}N_2$$

第二步 $$C_aH_bO_cN_d = \frac{b}{2}H_2O + \left(c - a - \frac{b}{2}\right)CO_2 + \left(2a - c + \frac{b}{2}\right)CO + \frac{d}{2}N_2$$

例如，泰安炸药 $C_5H_8(ONO_2)_4$ 的爆炸反应方程式为

第一步 $$C_5H_8(ONO_2)_4 = 4H_2O + 5CO + 1.5O_2 + 2N_2$$

第二步 $$C_5H_8(ONO_2)_4 = 4H_2O + 3CO_2 + 2CO + 2N_2$$

第三类炸药：由于严重缺氧，有可能生成固体碳。确定该类炸药爆炸反应方程式的原则：首先使 H 全部氧化成 H_2O，多余的氧使一部分 C 氧化成 CO，剩余的碳游离出来。因此，其爆炸反应方程式为

$$C_aH_bO_cN_d = \frac{b}{2}H_2O + \left(c - \frac{b}{2}\right)CO + \frac{1}{2}\left(a - c + \frac{b}{2}\right)O_2 + \frac{d}{2}N_2$$

例如，TNT 炸药 $C_6H_2(NO_2)_3CH_3$ 的爆炸反应方程式为

$$C_7H_5O_6N_3 = 2.5H_2O + 3.5C + 3.5CO + 1.5N_2$$

以上确定炸药爆炸反应方程式的方法是按最大放热原则进行的，即以炸药爆炸生成产物时放出的热量最大为原则，且忽略了可能产生的可逆反应。

2. 爆轰产物与有毒气体

爆轰产物是指炸药爆轰时，化学反应区反应终了瞬间的化学反应产物。爆轰产物组成成分很复杂，炸药爆炸瞬间生成的产物主要有：H_2O、CO_2、CO 和氮氧化物等气体，若炸药内含硫、氯和金属等时，产物中还会有硫化氢、氯化氢和金属氯化物等。爆轰产物的进一步膨胀，或同外界空气、岩石等其他物质相互作用，其组分要发生变化或生成新的产物。爆轰产物是炸药爆炸借以做功的介质，它是衡量炸药爆轰反应热效应及爆炸后有毒气体生成量的依据。

炸药爆炸生成的气体产物中，CO 和氮氧化物都是有毒气体。炸药内含硫或硫化物时，还会生成 H_2S、SO_2 等有毒气体。上述有毒气体进入人体呼吸系统后能引起中毒，就是所说的炮烟中毒。而且某些有毒气体对煤矿井下瓦斯起催爆作用（如氧化氮），或引起二次火焰（如 CO），氮氧化物的毒性比 CO 大 6.5 倍。

影响有毒气体生成量的主要因素有：

(1) 炸药的氧平衡。正氧平衡内剩余氧量会生成氮氧化物，负氧平衡会生成 CO，零氧平衡生成的有毒气体量最少。

(2) 化学反应的完全程度。即使是零氧平衡炸药，如果反应不完全，也会增加有毒气体含量。

(3) 若炸药外壳为涂蜡纸壳，由于纸和蜡均为可燃物，能夺取炸药中的氧，在氧量不充裕的情况下，将形成较多的 CO。若爆破岩石内含硫时，爆轰产物与岩石中的硫作用，生成 H_2S、SO_2 有毒气体。

2.3 炸药的热化学参数

2.3.1 爆热

单位质量炸药在定容条件下爆炸所释放的热量称为爆热，其单位是 kJ/kg 或 kJ/mol。爆热是爆轰气体产物膨胀做功的能源，是炸药的一个重要参数，提高炸药的爆热对于爆破工程具有重要的实际意义。表 2-3 列出了一些炸药的爆热值。

表 2-3 一些炸药的爆热值

炸药名称	爆热值/($kJ \cdot kg^{-1}$)	装药密度/($g \cdot cm^{-3}$)
梯恩梯	4222	1.5
黑索金	5392	1.5
泰安	5685	1.65
特屈儿	4556	1.55
雷汞	1714	3.77
硝化甘油	6186	1.6
硝酸铵	1438	—
(80∶20) 铵梯炸药	4138	1.3
(40∶60) 铵梯炸药	4180	1.55

炸药爆热理论计算的基础是爆炸反应方程式的确立和盖斯定律的应用。

1. 生成热

由元素生成 1 kg 或 1 mol 化合物所放出（或吸收）的热量称作该化合物的生成热。一般规定，吸热时生成热为负，放热时为正。温度标准一般取 18 ℃（有时取 25 ℃），单位是 kJ/mol 或 kJ/kg。生成热分定容生成热和定压生成热。前者是反应过程在定容条件下产生的生成热，而后者则是反应在 0.1 MPa 的恒压下产生的生成热。

例如，在定容条件下，生成的反应方程为

$$2H_2+O_2 \longrightarrow 2H_2O(\text{气})+479.9\ kJ$$

$$N_2+O_2 \longrightarrow 2NO-180.6\ kJ$$

上式表示，气态水的生成热为+479.9/2 kJ/mol=+239.9 kJ/mol，即生成水的过程是放热的；NO 的生成热为-180.6/2 kJ/mol=-90.3 kJ/mol，即生成 NO 的过程是吸热的。表2-4 列出了一些炸药和化合物的定容生成热。

2. 盖斯定律

表 2-4　一些炸药和化合物的定容生成热

物质名称	定容生成热/(kJ·mol⁻¹)	物质名称	定容生成热/(kJ·mol⁻¹)
硝酸铵	354.83	木粉	2005.48
硝酸钾	489.56	轻柴油	946.09
硝酸钠	463.02	沥青	594.53
硝化乙二醇	233.41	淀粉	948.18
乙二醇	444.93	甲铵硝盐	339.60
泰安 PETN	512.50	水（气）	240.70
黑索金 RDX	-87.34	水（液）	282.61
奥托金 HNX	-104.84	二氧化硫	297.10
特屈儿	-41.49	二氧化碳	395.70
梯恩梯 TNT	56.52	一氧化碳	113.76
二硝基甲苯 DNT	53.4	二氧化氮	-17.17
硝化棉 NC	2720.16	一氧化氮	-90.43
叠氮化铅 LA	-448.00	硫化氢	20.16
雷汞 MP	-273.40	甲烷	74.10
二硝基氮酚 DDNP	-198.83	氯化钠	410.47
石蜡	558.94	三氧化二铝	1666.77

盖斯定律认为，化学反应的热效应同反应进行的途径无关，当热力过程一定时，热效应只取决于反应的初态和终态。图 2-1 是盖斯定律的图解。

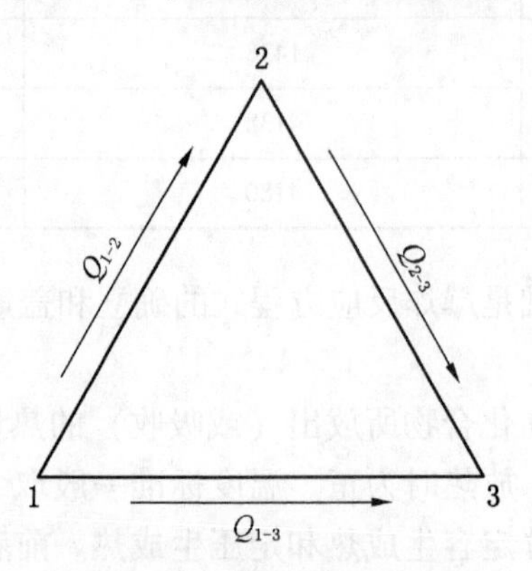

1—元素；2—炸药；3—爆轰产物

图 2-1　盖斯三角形图解

图 2-1 中的 1、2、3 分别表示在标准状态下的元素、炸药和爆轰产物。根据盖斯定律，从状态 1 到状态 3，同状态 1 经由状态 2 再到状态 3 的热效应相等，即：

$$Q_{1-3} = Q_{1-2} + Q_{2-3} \tag{2-4}$$

式中　Q_{1-3}——爆轰产物的生成热；

Q_{1-2}——炸药的生成热；

Q_{2-3}——炸药的爆热。

由此可知，爆热值为

$$Q_{2-3} = Q_{1-3} - Q_{1-2} \tag{2-5}$$

显然，只要知道爆轰产物的成分及其生成热和炸药的生成热，就能计算出炸药的爆热值。需要注意的是，应用盖斯定律时，不同途径的各个反应都应在同样条件（定容或定压）下进行。因此，使用表格的数据进行计算时，必须用同样条件的数据，并要注意其温度和物质的状态。通常认为，炸药的爆轰是在定容绝热压缩条件下进行的，故其爆热通常是指定容爆热 Q_v。如果计算出的爆热是定压爆热 Q_p，则可按下式换算：

$$Q_v = Q_p + \Delta nRT \tag{2-6}$$

式中 Q_v——定压爆热，kJ/mol；

Q_p——定容爆热，kJ/mol；

R——气体常数，$R=8.306$ kJ/(mol·K)；

T——计算热效应时取定的温度，K；

Δn——产物中气体摩尔数 n_2 与炸药中气体摩尔数 n_1 之差；凝聚炸药的 $n_1=0$，故 $\Delta n=n_2$。

［例题 2］ 计算 2 号岩石炸药的爆热。炸药配比为：NH_4NO_3，85%；TNT，11%；木粉 $C_{15}H_{22}O_{10}$，4%。

解答：首先计算 1 kg 炸药的生成热。

1 kg 炸药含 NH_4NO_3 的摩尔数为 $850÷80=10.625$；

1 kg 炸药含 TNT 的摩尔数为 $110÷227=0.485$；

1 kg 炸药含木粉 $C_{15}H_{22}O_{10}$ 的摩尔数为 $40÷372=0.110$。

由表 2-3 查得，在定容条件下，NH_4NO_3 的生成热为 354.83 kJ/mol，TNT 的生成热为 56.52 kJ/mol，木粉 $C_{15}H_{22}O_{10}$ 的生成热为 2005.47 kJ/mol，因此，1 kg 炸药的总生成热为

$$Q_{1-2}=10.625\times354.83+0.485\times56.52+0.110\times2005.047=4018.11\text{ kJ}$$

然后计算爆炸产物的总定容生成热。列出 1 kg 炸药的爆炸反应方程式，该炸药为正氧平衡炸药，其爆炸反应方程式为

$$10.625NH_4NO_3+0.485C_7H_5N_3O_6+0.11C_{15}H_{22}O_{10} = C_{5.045}H_{47.345}N_{22.705}O_{35.885} = 5.045CO_2+23.675H_2O+1.116O_2+11.353N_2$$

由表 2-4 查得，生成产物中定容生成热为 CO_2 为 395.70 kJ/mol，H_2O 为 240.70 kJ/mol，O_2、N_2 的生成热为零。则爆炸产物的总生成热为

$$Q_{1-3}=5.045\times395.70+23.675\times240.7=7694.88\text{ kJ/kg}$$

则由盖斯定律得炸药的爆热为

$$Q_v=Q_{1-3}-Q_{1-2}=7694.88-4018.11=3676.77\text{ kJ/kg}$$

炸药的爆热也可使用高强度爆热弹的实验装置测得。

3. 影响爆热的因素分析

（1）炸药的氧平衡。零氧平衡时，炸药内可燃元素能完全氧化并放出最大热量。但是，即使对于零氧平衡炸药，放出的热量也不同，炸药中含氧量越多，单位质量放出的热量也越大。此外，由盖斯定律可知，炸药的生成热越小，爆热就越高。

（2）装药密度。对缺氧较多的负氧平衡炸药，增大装药密度可以增加爆热，这是因为装药密度增加，爆压增大，使二次可逆反应向增加爆热的方向发展。增大装药密度对其他

炸药影响不大。

（3）附加物影响，在炸药中加入细金属粉末不仅能与氧生成金属氧化物，而且能与氮反应生成金属氮化物，这些反应是剧烈的放热反应，从而增加爆热。

（4）装药外壳影响。增加外壳强度或重量，能阻止气体产物的膨胀，提高爆压，从而提高爆热。装药外壳对缺氧严重的炸药影响较大。

（5）炸药化学反应的完全程度。炸药反应越完全，放热越充分，则爆热越高。

2.3.2 爆容

1 kg 炸药爆炸生成气体产物在标准状态下的体积称为爆容，其单位为 L/kg。爆轰气体产物是炸药放出热能借以做功的介质。爆容越大，炸药做功能力越强。因此，爆容是炸药爆炸做功能力的一个重要参数。

爆炸反应方程确定后，按阿伏加得罗定律很容易计算炸药的爆容；若炸药的通式 $C_aH_bO_cN_d$ 是按 1 mol 写出的，则爆容计算公式为

$$V=\frac{22.4\sum n_i\times 1000}{M} \tag{2-7}$$

式中　$\sum n_i$——气体产物的总摩尔数；

M——炸药的摩尔量。

若炸药通式是按 1 kg 写出的，则

$$V_0=22.4\sum n_i \tag{2-8}$$

［例题 3］求硝酸铵的爆容。

解答：硝酸铵属于第一类炸药，其爆炸反应方程式为

$$NH_4NO_3 = 2H_2O+0.5O_2+N_2$$

则将 $\sum n_i=3.5$、$M=80$ 代入式（2-7），有：

$$V_0=\frac{22.4\times 3.5\times 1000}{80}=980\ \text{L/kg}$$

2.3.3 爆温

炸药爆炸时释放出的能量将爆炸产物定容加热达到的最高温度称为爆温。爆温是炸药的重要参数之一，研究炸药的爆温具有重要的实际意义。一方面它是炸药热化学计算所必需的参数；另一方面在实际爆破工程中，对其数值有一定的要求。如对于具有瓦斯与煤尘爆炸危险工作面的爆破，必须使用煤矿许用炸药，这类炸药的爆温就有严格的控制范围，一般应在 2000 ℃以内；而对于其他爆破，为提高炸药的做功能力，则要求爆温高一些。

1. 炸药爆温的理论计算

爆温的计算方法常采用卡斯特法，即利用爆热和爆炸产物的平均热容来计算爆温。为使计算简化，首先假设爆炸过程近似视为定容、绝热的过程，爆炸反应放出的能量全部用来加热爆炸产物；且爆炸产物的热容只是温度的函数，与爆炸时所处的压力等其他条件无关。

根据上述假定，炸药的爆热与爆温的关系可以写为

$$Q_v=\bar{c}_vt=t\sum c_{jv}n_j \tag{2-9}$$

式中　Q_v——爆热，(J · mol)；

t——所求的爆温，℃；

$\bar{c}_v$——0~t ℃范围内全部爆炸产物的平均热容，J/(mol · ℃)；

c_{jv}、n_j——爆炸产物中 j 类型产物的定容热容和摩尔数。

产物热容与温度的关系为：

$$c_{jv} = a_j + b_j t \quad (2-10)$$

各种产物的 a_j、b_j 值列于表 2-5 中。

令 $\sum n_j a_j = A$，$\sum n_j b_j = B$，并将式（2-10）代入式（2-9），可得：

$$t = \frac{-A + \sqrt{A^2 + 4BQ_v}}{2B} \quad (2-11)$$

表 2-5　爆炸产物的 a_j、b_j 值

爆炸产物	a_j	$b_j \times 10^{-3}$	爆炸产物	a_j	$b_j \times 10^{-3}$
双原子气体	20.1	1.88	水蒸气	16.7	9.0
三原子气体	41.0	2.43	Al_2O_3	99.9	28.18
四原子气体	41.8	1.88	NaCl	118.5	0.0
五原子气体	50.2	1.88	C	25.1	0.0

2. 改变爆温的途径

使用炸药时，有时需要调整和改变炸药的爆温，例如煤矿用炸药要求其爆温低一些。在不改变爆炸产物热容的情况下，提高产物的生成热和减小炸药的生成热，可以提高爆温；反之则降低爆温。

为提高爆温，一般加入高热值的金属粉末，如铝、镁等，它们的爆炸产物生成热很大，而产物的热容却增加不多。为达到降低爆温的目的，一般向炸药中加入附加物，以改变炸药中氧与可燃元素的比例，使之产生不完全氧化的产物，从而减少产物的生成热，有的附加物不参与爆炸反应，只是增加产物的总热容量。例如，可在煤矿许用炸药中加入氯化物等物质。

2.3.4　爆压

爆压是指爆轰结束，爆炸产物在炸药初始体积内达到热平衡后的流体静压值，单位为 MPa。爆压反映炸药爆炸瞬间的猛烈破坏程度。

计算爆压的关键在于选择产物的状态方程，一般可利用阿贝尔状态方程来计算，即：

$$p = \frac{V_0 T}{273} \cdot \frac{\rho}{1 - \alpha\rho} \quad (2-12)$$

式中　p——爆压，kg/cm^2；

V_0——爆容，L/kg；

T——爆温，K；

ρ——炸药密度，g/cm^3；

α——气体分子的余容，L/kg，α 由图 2-2 查得。

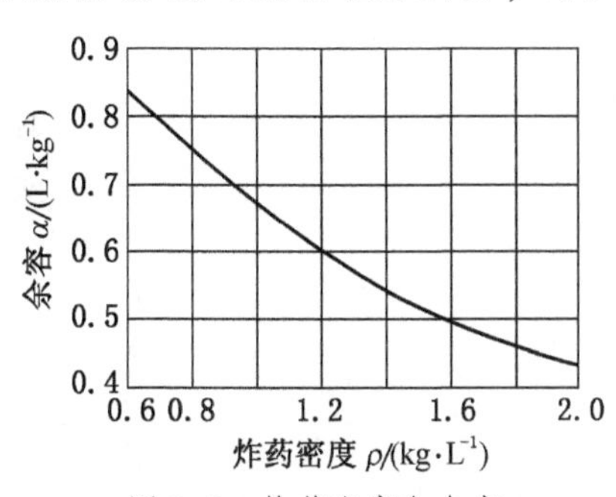

图 2-2　炸药密度和余容

2.4 炸药的起爆与感度

2.4.1 炸药起爆机理

要使炸药发生爆炸，必须施以某种外界作用并供给足够能量，来激发或活化一部分炸药分子。激发炸药爆炸的过程称为起爆。使炸药活化发生爆炸反应所需的活化能称为起爆能或初始冲能。

通常，工业炸药的起爆能有以下三种形式：

（1）热能。利用加热作用使炸药起爆，如直接加热、火焰、电火花或电线灼热起爆等。工业雷管多利用这种形式的起爆能。

（2）机械能。通过撞击、摩擦、针刺等机械作用使炸药分子间产生强烈的相对运动，并在瞬间产生热效应，使炸药起爆。这种形式多用于武器。

（3）爆炸冲能。利用起爆药爆轰产生的爆轰波及高温高压气体产物流的动能，可以使猛炸药起爆。利用雷管或起爆药柱等产生的爆炸冲能可使一般炸药起爆。

起爆能是否能使炸药起爆，不仅与起爆能量多少有关，而且还取决于能量的集中程度。根据活化能理论，化学反应只是在具有活化能量的分子互相接触和碰撞时才能发生。活化分子具有比一般分子更高的能量，故比较活泼。因此，为了使炸药起爆，就必须有足够的外能使部分炸药分子变为活化分子。活化分子的数量越多，其能量同分子平均能量相比越大，则爆炸反应速度也越高。图 2-3 表示炸药爆炸反应过程中能量的变化。能量级Ⅰ是炸药 A 的分子平均能量，能量级Ⅱ是爆炸产物 C 的分子平均能量，能量级Ⅲ则是炸药分子碰撞发生化学反应后所具有的最低能量。显然，为了使炸药分子的能量从Ⅰ提高到Ⅲ以达到活化状态，就必须使能量增加 E，E 就是活化能。起爆时，外能转化为炸药分子活化能，造成足够数量的活化分子，并因它们的互相接触、碰撞而发生爆炸反应。

图 2-3 中 ΔE 表示反应过程终了释放出的热能，说明该过程为放热反应。许多炸药的活化能约为 125~250 kJ/mol。相应地，爆炸反应释放出来的热能约在 840~1250 kJ/mol 之间，远大于所需活化能量，完全足以生成更多的新的活化分子，自动加速反应的进行。因此，外能越大越集中，炸药局部温度越高，形成的活化分子越多，则引起炸药爆炸的可能性越大。反之，如果外能均匀地作用于炸药整体，则需要更多的能量才能引起爆炸。这一点对于热点起爆过程尤为重要。

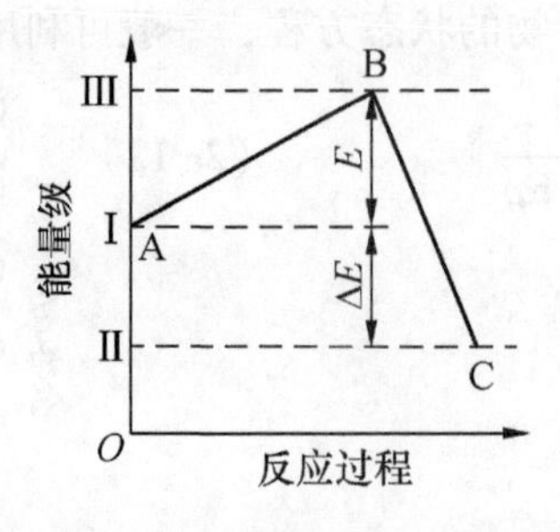

图 2-3 炸药爆炸时能量变化示意图

1. 热能起爆机理

炸药在均匀加热作用下的爆炸又称为热爆炸，其过程是化学反应自动加速到爆炸的过程。热爆炸理论既是炸药起爆机理的基础，同时对炸药的热加工和大量炸药的安全储存具有十分重要的实际意义。

在一定条件下，炸药发生化学变化时总要产生大量的热，即在一定温度下，炸药发生分解反应时常伴有热量放出，它的放热性随外界温度的升高或者是自催化作用的加剧而不断地增加。如果外界的通风和散热条件较好，且炸药的药量又较少，那么炸药自身和环境的温度及压力不会升得过高，此时炸药较难发生爆炸；反之，如果炸药反应时所放出的热量大于向环境散失的热量，炸药内部出现热积累，其自身的温度和环境压力就会升高，致使炸药的热分解反应加速，放热加剧，从而使环境温度和压力上升，最终结果必然导致炸药爆炸。

因此，炸药发生热爆炸的条件：一是放热量大于散热量，即炸药中能产生热积累；二是炸药受热分解反应的放热速度大于环境介质的散热速度。

炸药在热作用下发生爆炸的过程是一个从缓慢变化到突然升温爆炸的过程。即炸药的温度随时间的变化开始是缓慢上升的，其分解的反应速度也是逐渐增加的，只有经过一定的时间后温度才会突然上升，从而出现爆炸。因此，在炸药爆炸前，还存在一段反应加速期，称为爆炸延时期或延迟时间。炸药爆炸反应时间主要取决于延迟时间，其本身反应时间很短。使炸药发生爆炸的温度称为爆发点。显然，爆发点并不是指爆发瞬间的炸药温度，而是指炸药分解自行加速时的环境温度。爆发点越高，延迟时间越短。其间存在以下关系：

$$\tau = c\mathrm{e}^{\frac{E}{RT}} \tag{2-13}$$

式中 τ——延迟时间；

c——与炸药成分有关的常数；

E——炸药的活化能；

R——通用气体常数；

T——爆发点。

2. 机械能起爆机理

在机械作用下，炸药发生爆炸的机理是非常复杂的。在诸多假设理论中，目前得到公认的是布登提出的热点学说：炸药在受到机械作用时，绝大部分的机械能量首先转化为热能，由于机械作用不可能是均匀的，因此，热能不是作用在整个炸药上，而只是集中在炸药的局部范围内，并形成热点，在热点处的炸药首先发生热分解，同时放出热量，放出的热量又促使炸药的分解速度迅速增加。如果炸药中形成热点数目足够多，且尺寸又足够大，热点的温度升高到爆发点后，炸药便在这些点被激爆，最后引起部分炸药乃至整个炸药的爆炸。

热点学说认为，热点形成和发展经过了热点的形成阶段、热点的成长阶段（速燃）、低爆轰阶段（燃烧转变为低爆轰）和稳定爆轰阶段。

至于在机械作用下热点形成的原因，主要有：①炸药内部的空气间隙或者微小气泡等在机械作用下受到的绝热压缩，压缩气泡温度升高形成热点；②受摩擦作用后，在炸药的颗粒之间、炸药与容器内壁之间出现的局部加热，摩擦生成的热量集中在一些突出点上，使温度升高而形成热点；③液体炸药的高速冲击造成黏滞性流动而产生的热量。热点扩展和成长为爆炸的条件为：热点温度不低于 300~600 ℃，视炸药品种而定；热点半径应为 $1.0\times10^{-5}\sim1.0\times10^{-3}$ cm；热点作用时间在 1.0×10^{-7} s 以上；热点具有足够大的热量，应大于 $4.18\times10^{-10}\sim4.18\times10^{-8}$ J。

3. 爆炸冲能起爆

在爆破工程中常利用起爆药的爆炸冲能引爆炸药，例如，用雷管的爆炸使工业炸药起爆。爆炸冲能起爆机理同机械起爆相似，由于瞬间爆轰波（或强冲击波）的作用，首先在炸药某些局部造成热点，然后由热点周围炸药分子的爆炸再进一步扩展。

2.4.2 炸药的感度

炸药在外界起爆能作用下发生爆炸反应与否以及发生爆炸反应的难易程度叫作炸药的感度，炸药的感度以激起炸药爆炸反应所需起爆能的多少来衡量。感度与所需起爆能成反比。炸药对某些形式起爆能的感度过高，就会在炸药生产、运输、储存、使用过程中造成危险；而使用炸药时，感度过低，则难于起爆，影响炸药的适用性。

炸药对不同形式的起爆能具有不同的感度。例如，梯恩梯对机械作用的感度较低，但对电火花的感度则较高；氮化铅对机械能比对热能更敏感，而二硝基重氮酚则相反。为研究不同形式的起爆能起爆作用的难易程度，将炸药感度区分为：热感度、机械感度、起爆冲能感度、冲击波感度和静电感度等。

1. 热感度

炸药的热感度是指在热能作用下引起炸药爆炸的难易程度。热感度包括加热感度和火焰感度两种。

（1）加热感度。加热感度用来表示炸药在均匀加热条件下发生爆炸的难易程度，通常采用炸药在一定条件下确定出的爆发点来表示。爆发点低的炸药容易因受热而发生爆炸，其加热感度高。表 2-6 列出了一些炸药的爆发点。

表 2-6 一些炸药的爆发点

炸药名称	爆发点/℃	炸药名称	爆发点/℃
二硝基重氮酚	170~175	泰安	205~215
胶质炸药	180~200	黑索金	215~235
雷汞	170~180	梯恩梯	290~295
特屈儿	195~200	硝铵类炸药	280~320
硝化甘油	200~205	氮化铅	330~340

爆发点一般采用测定炸药在规定时间（5 min）内起爆所需加热的最低温度来表示。爆发点测定仪如图 2-4 所示。测定时，用电热丝加热使温度上升（到预计爆发点），然后将装有 0.05 g 炸药试样的铜管迅速插入合金浴（低熔点的伍德合金，熔点 65 ℃）中，插入深度要超过管体的 2/3。如在 5 min 内不爆炸，则需将温度升高 5 ℃再试；如不到 5 min 就爆炸，则需将温度降低 5 ℃再试。如此反复试验，直到求出被试炸药的爆发点。

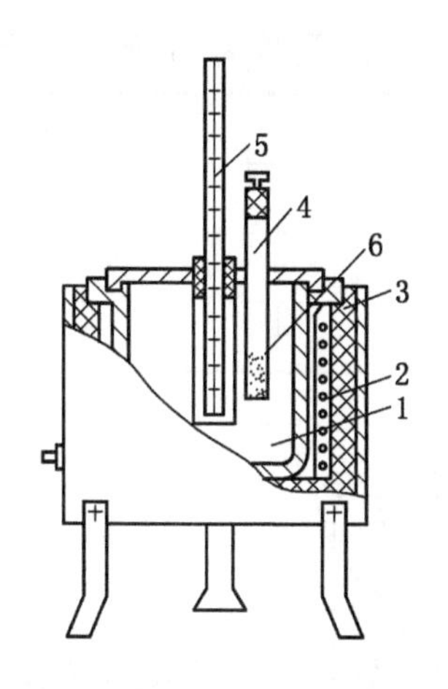

1—合金浴锅；2—电热丝；3—隔热层；4—铜试管；5—温度计；6—炸药

图 2-4 爆发点测定器

（2）火焰感度。炸药在明火（火焰、火星）作用下发生爆炸的难易程度称作火焰感度。常用炸药对导火索喷出的火焰的最大引爆距离来表示，单位为 mm。将 0.05 g 炸药试样装入火帽中，调节导火索与火帽中炸药的距离，点燃导火索，导火索燃到最后的末端喷出火焰可以引爆炸药的最大距离即为所求。一般采用 6 次平行测试的平均值。6 次 100% 全爆的最大距离叫上限距离，它表征炸药的火焰感度。6 次 100% 全部不爆的最小距离叫下限距离，它表征炸药的安全性。

2. 机械感度

在军工火工品中，常利用冲击或摩擦等机械作用来起爆弹药中的引信。而在炸药生产、运输和使用中，不可避免地会遇到各种机械作用，因此，研究炸药对机械作用的感度，在安全方面有着重要的意义。

（1）冲击感度。炸药冲击感度的试验方法和表示方法有多种，其基本原理是相同的。猛炸药冲击感度常用立式落锤仪（图 2-5）来测定。测定时将 0.05 g 炸药试样置于撞击器内上、下两击柱之间，让 10 kg 重锤自 25 cm 的高度自由下落而撞击在上击柱上。采用 25 次平行试验中炸药样品发生爆炸的百分率来表示该炸药的撞击感度。猛炸药的撞击、摩擦感度见表 2-7。

表 2-7　猛炸药的撞击、摩擦感度

炸药名称	粉状梯恩梯	特屈儿	黑索金	2 号岩石炸药	2 号煤矿炸药
撞击感度/%	28	44~52	75~80	32~40	32~40
摩擦感度/%	0	24	80	16~20	24~36

起爆药的撞击感度很高，用上述的装置来测定不合适，可用弧形落锤仪（图 2-6）进行测量。起爆药的撞击感度常用在试验时重锤使受试炸药 100% 爆炸的最小落高作为上限距离（mm）和 100% 不爆炸的最大落高作为下限（mm）。试验药量 0.02 g，平行试验次数 10 次以上。上限距离表示起爆药的撞击感度，下限距离表示安全条件。表 2-8 列出了几种起爆药的撞击感度。

表2-8 起爆药的撞击感度

起爆药名称	锤质量/g	上限距离/mm	下限距离/mm
雷汞	450	80	55
氮化铅	975	235	65~70
二硝基氮酚	500	—	225

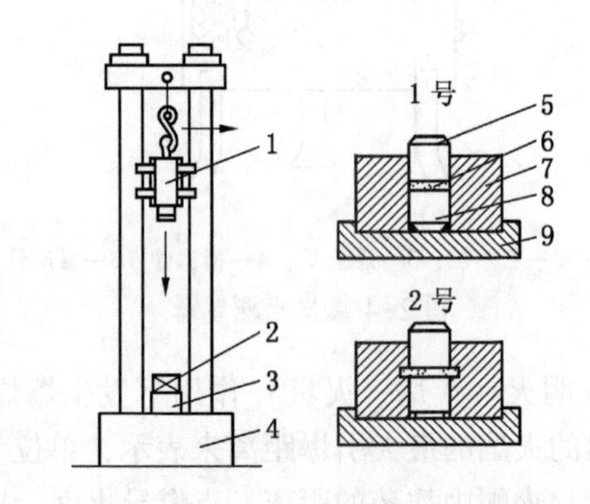

1—落锤；2—撞击器；3—钢钻；4—基础；5—上击柱；
6—炸药；7—导向套；8—下击柱；9—底座

图2-5 立式落锤仪

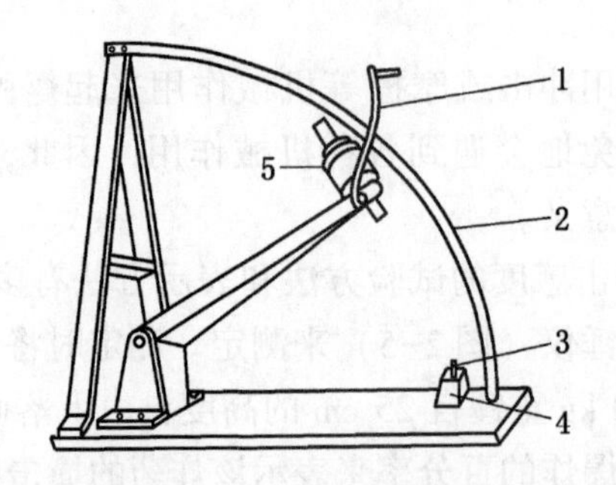

1—手柄；2—有刻度的弧架；3—击柱；4—出柱和火帽定位器；5—落锤

图2-6 弧形落锤仪

（2）摩擦感度。炸药摩擦感度通常利用摆式摩擦仪来测定（图2-7）。施加静荷载的击柱之间夹有炸药试样，在摆锤打击下，上、下两击柱间发生水平移动以摩擦炸药试样，观察爆炸的百分率。炸药试样质量0.02 g，摆锤质量1500 g，摆角90°，平行试验25次。试验方法和感度表示方法与冲击感度相类似。一些炸药的摩擦感度见表2-7。

3. 起爆冲能感度

炸药对起爆冲能的感度又称为爆轰感度或起爆感度。引爆炸药并保证其稳定爆轰所应采取的起爆装置（雷管、起爆药柱等）取决于炸药的起爆感度。引爆炸药时，炸药受到起爆装置爆炸产生的冲击波（即激发冲击波）和高温爆炸产物的作用。因此，炸药的起爆感度与热感度、冲击感度有关。

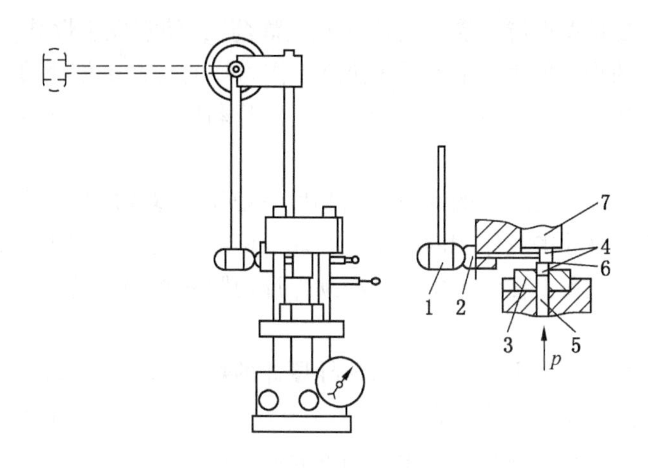

1—摆锤；2—击柱；3—角度标盘；4—测定装置（上下击柱）；
5—油压机；6—压力表；7—顶板

图 2-7　摆式摩擦仪

引爆炸药并使之达到稳定爆轰所需的最低起爆冲能即临界冲能，并可用它来表示炸药的起爆感度。凡是用雷管能够直接引爆的炸药（称为具有雷管感度的炸药），临界冲能可以采用引爆炸药所需的最小起爆药量（又称为极限起爆药量）来表示，并用它来比较各种炸药的相对起爆感度。

猛炸药的极限起爆药量的实验方法为：将 1 g 受试炸药以 50 MPa 的压力压入 8 号铜质雷管壳中，然后装入定量的起爆药，扣上加强帽，以 30 MPa 的压力压药，并插入导火索，将装好的雷管垂直放在 ϕ40 mm× 4 mm 的铅板上并引爆雷管。观察爆炸后的铅板，如果铅板被击穿且孔径大于雷管外径，则表示猛炸药完全爆轰，否则，说明猛炸药没有完全爆轰。通过增减起爆药量反复试验即可测出该炸药爆炸所需最小起爆药量，表 2-9 列出几种猛炸药的最小起爆药量。

对起爆感度较低的工业炸药，用少量的起爆药是难以使其爆轰的，这类炸药的起爆感度不能用最小起爆药量来表示，而只能用引爆炸药使之达到稳定爆轰所需起爆药柱的最小药量来表示。起爆药柱用猛炸药制作，以雷管引爆。

表 2-9　几种猛炸药的最小起爆药量　　g

起爆药名称	受试炸药		
	梯恩梯	特屈儿	黑索金
雷汞	0. 24	0. 19	0. 19
氮化铅	0. 16	0. 10	0. 05
二硝基重氮酚	0. 163	0. 17	0. 13

4. 冲击波感度

炸药在冲击波作用下发生爆炸的难易程度称为冲击波感度。常用炸药的冲击波感度试验方法为隔板试验（图 2-8）。试验时，利用有机玻璃、软钢、铝等作隔板，改变其厚度来调节冲击波的强度。采用直径 41 mm、高 50. 8 mm、质量 100 g 的特屈儿作为主发药柱，爆炸时产生的冲击波经隔板传入受试药柱（被发炸药），使它发生爆炸。通过一系列试验，找出爆炸频数50%的隔板厚度（称作隔板值），作为炸药对冲击波感度的指标，传入受试药柱并能引爆它的冲击波称为激发性冲击波。引爆炸药所需激发冲击波的最小压力称为临界压力。

炸药爆炸时，通过介质产生的冲击波引起另一处炸药爆炸的现象称为殉爆。炸药殉爆的难易性决定于炸药对冲击波作用的感度。在炸药储存和运输过程中，必须防止炸药发生殉爆，以确保安全。但在工程爆破中，则必须保证炮眼内相邻药卷完全殉爆，以防止产生半爆，降低爆破效率。

首先，爆炸的炸药称为主动装药，被诱导爆炸的炸药称为被动装药。主动装药能诱导被动装药爆炸的最大距离称为殉爆距离（图2-9）。殉爆距离决定于主动装药的炸药性质和药量、被动装药对冲击波的感度及装药间的介质性质。

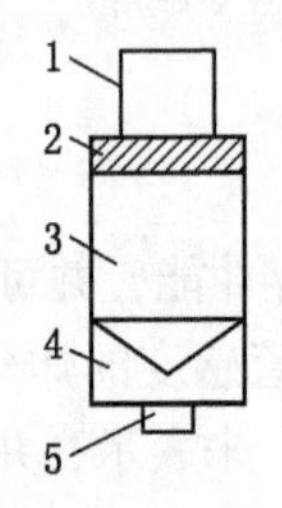

1—受试炸药；2—隔板；3—主发炸药；
4—平面波发生器；5—起爆药柱

图2-8　隔板试验

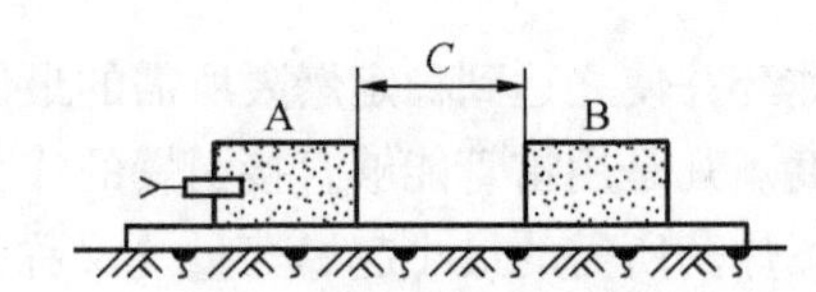

A—主动装药；B—被动装药；C—殉爆距离

图2-9　殉爆距离

药卷间的殉爆距离一般可通过试验来确定（图2-9）。试验时，将同一种炸药的两个药卷沿轴线隔一定距离平放在坚实的砂土上，其中一个药卷装有雷管作为主动装药，另一个药卷作被动装药，然后引爆。根据形成的炸坑以及有无残留的炸药和药卷来判断殉爆情况。通过一系列试验，找出相邻药卷能殉爆的最大距离。在炸药说明书中，都列有殉爆距离，使用者只需抽样检验，判定炸药在储存过程中有无变质即可。

5. 静电感度

炸药的静电感度指在静电火花作用下炸药发生爆炸的难易程度。炸药属于绝缘物质，比电阻在10^{12} Ω/cm以上，介电常数同一般绝缘材料差不多。在炸药生产以及在爆破地点利用装药器经管道输送进行装药时，炸药颗粒之间或炸药与其他绝缘物体之间经常发生摩擦，同样也能产生静电，并形成很高的静电电压。例如，用压气把硝铵炸药通过软管吹入炮眼内时，由于炸药颗粒间相互摩擦，可能产生电容相当于500 μF、电位达35 kV的静电。当静电电量或能量聚集到足够大时，就会放电产生电火花而引燃或引爆炸药。

高电压静电放电产生电火花时，形成高温、高压的离子流，并集中大量能量，这种现象类似于爆炸，同样能在炸药中产生激发冲击波。炸药对静电火花作用的感度，可用使炸药发生爆炸所需最小放电电能来表示，或用在一定放电电能条件下所发生的爆炸频数来表示。

2.5 炸药的爆轰理论

爆轰是炸药爆炸的理想过程，也是其化学反应最充分的形式。建立在流体动力学基础上爆轰理论的基本观点是：

（1）炸药的爆轰是冲击波在炸药中传播而引起的。

（2）炸药在冲击波作用下的快速化学反应所释放出的能量又支持冲击波的传播，使其波速保持稳定。

（3）爆轰参数是以流体动力学为基础计算的。

2.5.1 爆轰波结构

在正常条件下，炸药一旦起爆后，就首先在起爆点发生爆炸反应而产生大量高温、高压和高速的气流，并能够在周围介质（炸药）中激发冲击波。冲击波波阵面所到之处，其高能量使炸药分子活化而产生化学反应。化学反应所释放出来的能量的一部分补偿冲击波传播时的能量损耗，并可阻止稀疏波对冲击波头的侵蚀。因此，冲击波得以维持并以固有波速和波阵面压力继续向前传播，其后紧跟着一个炸药化学反应区以同等速度向前传播。这种在炸药中传播并伴随有高速化学反应的冲击波叫作爆轰波，也称为反应性冲击波。这个过程叫做爆轰过程。

爆轰波具有冲击波的一般特性，但由于伴随有炸药的化学反应，反应释放出的能量支持冲击波的传播，补偿冲击波在传播中的能量衰减，因此，爆轰波具有传播速度稳定的特点。爆轰波传播的速度称为爆速。爆速是炸药爆轰的一个重要参数。爆轰波波头结构的经典模型为 Z-N-D 模型，这是一个理想的模型，如图 2-10 所示。

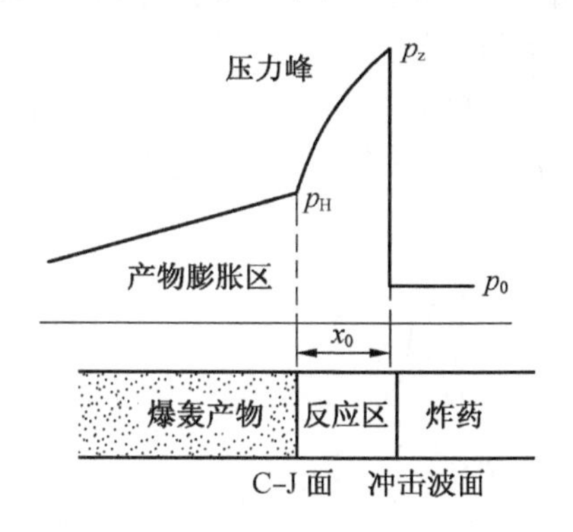

图 2-10 爆轰波的 Z-N-D 模型

爆轰波最前端的压力为冲击波压力 p_z，炸药在受到 p_z 作用下，开始进行化学反应。在化学反应结束时爆轰波的压力为 p_H，称为爆轰压力，炸药中相对于 p_z 的位置称为冲击波阵面。冲击波阵面前的炸药尚未受冲击波的作用，处于初始状态，其压力、密度、温度、内能为 p_0、ρ_0、T_0、E_0，而炸药中相对于 p_H 的位置为化学反应结束面，也称为爆轰波波阵面，常叫做 C-J 面，C-J 面上的状态参数称作炸药的爆轰参数，分别为：p_H、ρ_H、T_H、E_H、u_H（u_H 为质点运动速度）等，C-J 面后的物质成分已完全变成了炸药的爆轰产物。在冲击波波头和 C-J 面之间为化学反应区，在化学反应区内，由于化学反应和放出热量，介质的状态参数将相应发生变化，与冲击波波头相比较，压力逐渐下降，比容和温度逐渐增加，当反应结束时，因放热量减少，温度开始下降。因此，反应区内不同截面上的状态参数是不同的。前沿冲击波和后跟的化学反应区构成了一个完整的爆轰波面，以同一速度沿爆炸物传播。

2.5.2　爆轰波稳定传播条件

假定爆轰波的传播过程是绝热过程，则爆轰波内的物质应符合质量守恒、动量守恒和能量守恒定律，这样我们可以得出与冲击波相同的基本方程：

$$D_H = V_0\sqrt{\frac{p_H - p_0}{V_0 - V_H}} \tag{2-14}$$

$$u_H = \sqrt{(p_H - p_0)(V_0 - V_H)} \tag{2-15}$$

只是能量方程有些差别，因为在C-J面上的炸药已反应完毕变为爆轰产物，其内能已减少，有一部分已变成化学反应方程的热量，即爆热 Q_v，因此能量方程变为

$$E_H - E_0 = \frac{1}{2}(p_H + p_0)(V_0 - V_H) + Q_v \tag{2-16}$$

在冲击波头上，炸药受到冲击压缩，但尚未发生化学反应，没有热量放出，故冲击波头的能量方程为：

$$E_z - E_0 = \frac{1}{2}(p_z + p_0)(V_0 - V_z) \tag{2-17}$$

若已知爆轰产物的状态函数 $E=E$（p、V），就能在 p-V 坐标面上画出与冲击绝热方程相对应的冲击绝热曲线。

在图2-11中，画出了式（2-16）、式（2-17）相对应的两条曲线，分别称为冲击波头冲击绝热线（曲线Ⅰ）和爆轰波的冲击绝热线（曲线Ⅱ）。冲击波头冲击绝热线通过（p_0、V_0）点，而爆轰波头冲击绝热曲线不通过该点，并位于冲击波头冲击绝热曲线的上方，原因是爆轰波头冲击绝热方程右方多了一项反应热。

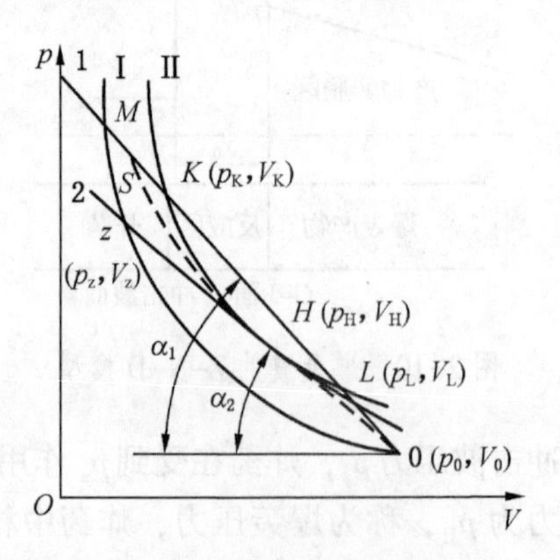

图2-11　爆轰波的冲击绝热和波速关系曲线

因为冲击波头参数和爆轰参数必须满足相应的冲击绝热方程，所以点（p_z、V_z）必须落在冲击波头冲击绝热曲线上，点（p_H、V_H）则必须落在爆轰波头冲击绝热曲线上。

因冲击波头和爆轰波头是以相同的速度 D 传播的，所以点（p_z、V_z）和点（p_H、V_H）还必须落在代表波速的波速线上。该直线方程为

$$p_z = p_0 + \frac{D^2}{V_0^2}(V_0 - V_z) \tag{2-18}$$

$$p_H = p_0 + \frac{D^2}{V_0^2}(V_0 - V_H) \tag{2-19}$$

因此，若已知爆速 D，则 p_z、V_z 和 p_H、V_H 可由其对应的冲击绝热线与波速线的交点来确定。自 0 点（p_0、V_0）可作无数条代表不同爆速并与两条冲击绝热相交的波速线。实际上，由于对于同一爆速，只能对应有唯一状态的爆轰产物。因此，只有当爆速为 D_H 时，气体状态由 p_0、V_0 突跃到 p_z、V_z 后开始化学反应，反应进行后沿直线 2 变化，反应结束时，与爆轰波的冲击绝热线交于唯一的交点 H，气体状态为 H（p_H、V_H）。而其他波速线（直线 1）与爆轰波的冲击绝热线都有两个交点，即反应结束时，气体的状态不是唯一的，因此其代表的爆炸是不稳定的。

因此，在所有通过 0 点的波速线当中，能代表稳定爆炸的只有一条，即与爆轰波头冲击绝热曲线相切的波速线，它代表的爆速是所有波速线中最小的，即速度为 $D_H = u_H + c_H$。切点 H 称为 C-J 点，它是爆轰波的冲击绝热曲线、波速线和等熵线的公切点，该点的状态参数称为 C-J 参数或爆轰参数。

因此，稳定爆炸的条件是反应终了气体的流速与音速之和必须等于爆速，即

$$u + c = D \tag{2-20}$$

该条件即为爆轰波的稳定传播条件，又称为 C-J 条件。

由于稀疏波和化学反应区都以当地音速（$u+c$）的速度跟随在冲击波头后传播，如果 $u+c > D$，稀疏波就会侵入反应区，减少对冲击波头的能量补充，使爆轰波不能稳定传播而降低爆速；如果 $u+c < D$，由于连续性的原因，反应区内也有部分区域存在着 $u+c < D$ 的情况，而这部分区域释放的化学能不可能传送到冲击波头上，故从支持冲击波头能量的观点来看，它是无效的，结果也会使爆轰波不能稳定传播而降低爆速。因此，稳定爆炸条件必须满足式（2-20），即满足 C-J 条件。

2.5.3 爆轰波参数计算

而大多数工业和军用炸药是凝聚体炸药，即固体或液体炸药，以上的公式不能采用。但多数研究人员认为对于凝聚体炸药的密度比气体炸药大，其爆轰产物的密度也大得多，此时已不能用理想气体的状态方程。为此许多研究者提出了许多凝聚体炸药爆轰产物的状态方程式，对其爆轰参数进行理论计算。通常的近似计算以下式作为凝聚炸药的近似状态方程：

$$pV^r = A \tag{2-21}$$

式中 A——与炸药性质有关的常数；

r——凝聚炸药的多方指数。

在形式上，该方程与理想气体等熵方程完全一样，但其物理意义确有着本质区别。引入上式的状态方程后，可以得到与气体爆轰参数计算式相同的结果，只是绝热指数 K 换成了多方指数 r。因此，可得凝聚炸药的爆轰参数计算公式：

$$D_H = \sqrt{2(r^2 - 1)Q_v} \tag{2-22}$$

$$p_H = \frac{1}{r+1}\rho_0 D_H^2 \tag{2-23}$$

$$\rho_H = \frac{r+1}{r}\rho_0 \tag{2-24}$$

$$u_H = \frac{1}{r+1}D_H \tag{2-25}$$

$$T_H = \frac{rD_H^2}{nR\,(r+1)^2} \tag{2-26}$$

多方指数 r 受炸药爆轰产物的组成、炸药密度和爆轰参数等因素影响，目前还没有一个精确的计算公式。但实际计算中，通常将 r 视为常数，并取 $r=3$ 被认为是一个很好的近似。这样可以得到如下简明的结果：

$$D_H = 4\sqrt{Q_v} \tag{2-27}$$

$$p_H = \frac{1}{4}\rho_0 D_H^2 \tag{2-28}$$

$$\rho_H = \frac{4}{3}\rho_0 \tag{2-29}$$

$$u_H = \frac{1}{4}D_H \tag{2-30}$$

$$c_H = \frac{3}{4}D_H \tag{2-31}$$

由于爆轰产物状态方程的精确确定目前尚存困难，以上的计算仍属近似估算。尤其是按式（2-27）计算出的爆速值与实际偏差较大，必要时须经实际测定或按经验式估算。

此外，按以上给出的公式计算出的爆轰参数，都是在一维轴向流动条件下的理想爆轰参数，反应区放出的热量全部用来支持爆轰波的传播，但在实际情况下，存在有径向流动，使爆轰波的有效能量利用区小于反应区，支持爆轰波传播的能量减少，从而使爆速降低，也使爆轰参数相应降低。

［例题 4］已知 2 号岩石炸药的实测爆速 $D=3600$ m/s，炸药密度 $\rho_0=1$ g/cm^3。计算炸药爆轰参数。

解答：

$$P_H = 1/4\times1\times3600^2\times10^3 = 3240\ \text{MPa}$$

$$\rho_H = 4/3\rho_0 = 4/3\times1 = 1.33\ \text{g/cm}^3$$

$$u_H = 1/4D = 1/4\times3600 = 900\ \text{m/s}$$

$$c_H = D-u_H = 3600-900 = 2700\ \text{m/s}$$

2.6 炸药的爆炸性能

炸药爆炸时形成的爆轰波和高温、高压的爆轰产物，将对周围介质产生强烈的冲击和压缩作用，使周围介质（例如岩石）发生变形、破坏、运动和抛掷。炸药对周围介质的各种机械作用统称为爆炸作用。炸药的爆炸作用可分为两部分：利用炸药爆炸产生冲击波或应力波形成的破坏作用称为炸药爆炸的动作用；利用爆炸气体产物的流体静压或膨胀功形成的破坏或抛掷作用称为炸药爆炸的（准）静作用。简称炸药的动作用和静作用。

一般来说，炸药都具有动和静两种作用。但不同类型的炸药，这两种作用的表现程度不同。如火炸药几乎不存在动作用，铵油炸药的动作用也较弱；而猛炸药的动作用则表现很明显。此外，同一种炸药，随装药结构、爆炸条件的不同，其动和静两种爆炸作用的表现程度也不同。根据爆破工程要求合理选择炸药或装药结构，首先要了解炸药动作用和静作用特性，以及动、静作用的破坏机理及其表现形式。有关炸药爆炸性能方面的内容很多，这里只讨论与工程爆破关系密切的一些性能，如炸药的爆力、猛度、爆速、殉爆距离以及聚能效应等。

2.6.1 炸药的爆力

一般地说，炸药的爆力系指其所具有的总能量，即炸药爆炸对周围介质所作机械功的总和，又称为炸药的做功能力或者威力。它反映了爆生气体产物膨胀做功的能力，是衡量炸药爆炸作用的重要指标。在工程爆破中，采用标准的试验方法对炸药的爆力进行测试和比较。

1. 炸药的做功能力

炸药做功能力是相对衡量炸药爆力的重要指标之一，通常指炸药爆炸产物做绝热膨胀直到其温度降到炸药爆炸前的温度时，对周围介质所做的功来表示。求算炸药所做的功，一般都假设炸药在做功过程中没有热量损失，热能全部转变成机械功，按照热力学的定律，可按下式进行计算：

$$A = \eta Q_v \tag{2-32}$$

式中 Q_v——炸药的爆热，J/mol；

η——热能转变成功的效率，$\eta = 1 - \left(\dfrac{V_1}{V_0}\right)^{K-1}$；

V_1——爆炸产物膨胀前的体积，即等于爆炸前炸药的体积，L；

V_0——爆炸产物膨胀到常温常压时的体积，约等于炸药的比热容，L/kg；

K——绝热指数。

式（2-32）表明，炸药的做功能力正比于爆热，且和炸药的爆容有关，爆容越大，热效率越大。而爆炸产物的组成对爆容和绝热指数 K 都有影响，从而影响炸药的做功能力。因此，炸药的爆力决定于热化学参数和爆炸产物的组成。

2. 炸药爆力的测定方法

炸药的爆力是表示炸药爆炸做功的一个指标，它表示炸药爆炸所产生的冲击波和爆轰气体作用于介质内部，对介质产生压缩、破坏和抛移的做功能力。炸药的爆力越大，破坏岩石的量就越多。爆力的大小取决于炸药的爆热、爆温和爆炸生成气体的体积。炸药的爆热、爆温越高，生成气体的体积越多，则爆力就越大。炸药爆力常用的测定方法有铅铸扩孔法和爆破漏斗法两种。

（1）铅铸扩孔法。又称特劳茨铅铸试验。铅铸为 99.99% 的纯铅铸成的圆柱体，直径 200 mm，高 200 mm，重 70 kg，沿轴心有 ϕ25 mm、深 125 mm 的圆孔，如图 2-12a 所示。实验时，称取 10 g 炸药，装入直径 24 mm 锡箔纸筒内，然后插入雷管，一起放入铅铸孔的底部，上部空隙用干净的并经 144 孔/cm^2 筛选过的石英砂填满。爆炸后，圆孔扩大成如图 2-12c 所示的梨形。用量筒注水测出爆炸前后的体积差值，并减去雷管扩孔容积（8 号雷管的扩孔值为 28.5 mL）就作为炸药的爆力值，单位为 mL。在规定的条件下测得扩孔值大的炸药，其爆力就大，一般工业炸药说明书中的爆力值都是采用此法测定。因环境温度对扩孔值有影响，实验时规定温度为 15 ℃，不同温度时的校正值见表 2-10。

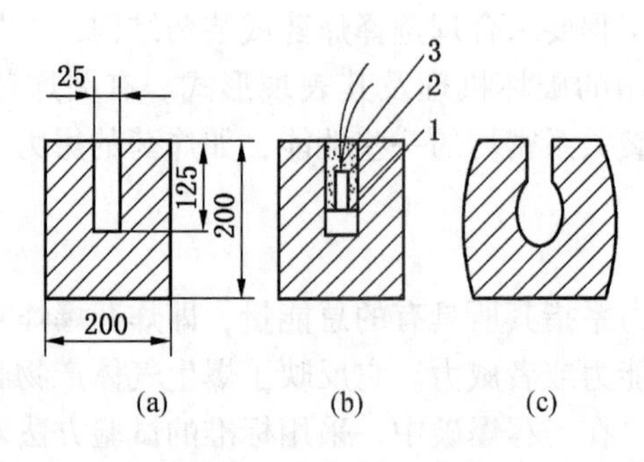

1—炸药；2—雷管；3—石英砂

图 2-12　铅铸扩孔实验

表 2-10　不同温度下扩孔值修正

温度/℃	-20	-15	-10	-5	0	+5	+8	+10	+15	+20	+25	+30
修正值/%	+14	+12	+10	+7	+5	+3.5	+2.5	+2	0	-2	-4	-6

（2）爆破漏斗法。装药在岩土内爆炸时，若炸药距自由面的距离（即最小抵抗线）不超过某个限度，就会在地面形成锥体抛掷漏斗。抛掷漏斗坑的大小可用来判断炸药的做功能力，当岩土介质相同，试验条件一样时，抛掷漏斗坑的大小便取决于炸药的做功能力，并可用形成单位体积的抛掷漏斗坑的炸药消耗量作为评价指标。

试验时在均匀的介质中设置一个炮孔，将一定量的被试炸药（0.5 kg 集中药包）以相同的条件装入炮孔中，并进行填塞，引爆后形成爆破漏斗，然后在地面沿两个相互垂直的方向测量漏斗的直径，取其平均值，并同时测量漏斗的可见深度。这种方法的缺点是岩土性质变化大，即便是同一地点其力学性能也不尽相同，漏斗体积也难以准确测定；因此，这种方法误差较大，重复性差。

2.6.2　炸药的猛度

炸药的猛度指爆炸瞬间爆轰波和爆炸气体产物直接对与之接触的固体介质局部产生破碎的能力。猛度的大小表示炸药爆炸产生冲击波和应力波的作用强度，主要取决于爆速，爆速越高，猛度越大，岩石被粉碎得越厉害。

猛度的试验测定方法有多种，其基本原理都是找出与爆轰压或冲量相关的某个参量作为猛度的相对指标。炸药猛度的试验方法一般采用铅柱压缩法。

铅柱压缩法的试验装置如图 2-13a 所示。试验操作步骤是：在钢板中央、放置 $\phi40\times60$ mm 铅柱，上放 $\phi41\times10$ mm 圆钢板片一块；炸药的试验量为 50 g，装入 $\phi40$ mm 纸筒内，装药密度为 1 g/cm^3，用纸作外壳，药面放一中心带孔的厚纸板，插入 8 号雷管，插入深度为 15 mm；将这个药柱正放在钢板上，用线绷紧，然后引爆；爆炸后，铅柱被压缩成蘑菇形，如图 2-13b 所示，量出铅柱压缩前后的高度差，单位为 mm，用来表示该炸药在受试密度下的猛度。一般工业炸药性能指标中的猛度值就是指铅柱压缩量。

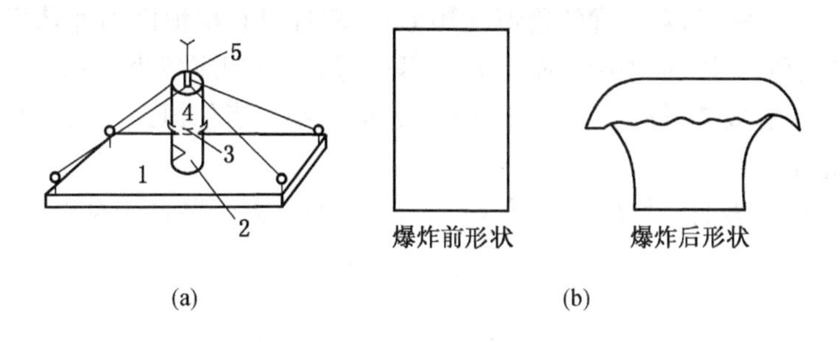

1—钢砧；2—铅柱；3—钢片；4—受试炸药；5—雷管

图 2-13　铅柱压缩实验

这个方法，由于简单易行，只要试验条件相同，试验结果就可供比较，所以在生产实践中普遍采用。其缺点是铅柱压缩值与炸药实际猛度之间没有精确的比例关系。

2.6.3　炸药的爆速及影响因素

爆速就是爆轰波的传播速度。如果炸药的爆速在增长到最大值后始终是稳定的，那么，炸药的爆炸就能进行到底，这就是稳定爆炸；反之，如果在传爆过程中爆速是逐渐衰减的，那么，炸药的爆炸就不能进行到底，这就是不稳定传爆。可见，炸药爆速的变化反映了炸药爆炸反应的完全程度，因此，它是衡量炸药爆炸性能的重要标志。

1. 影响炸药爆速的因素

炸药理想爆速主要决定于炸药密度、爆轰产物组成和爆热。从理论上讲，仅当药柱为理想封闭，爆轰产物不发生径向流动，炸药在冲击波波阵面后反应区释放出的能量全部都用来支持冲击波的传播，爆轰波以最大速度传播时，才能达到理想爆速。实际上炸药是很难达到理想爆速的，炸药的实际爆速都低于理想爆速。爆速除了与炸药本身的化学性质如爆热、化学反应速度有关外，还受装药直径、装药密度、装药外壳、起爆冲能等影响。

（1）装药直径的影响。实际爆破工程中大量应用的是圆柱形装药，炸药爆轰时，冲击波沿装药轴向前传播，在冲击波波阵面的高压下，必然产生侧向膨胀，这种侧向膨胀以稀疏波的形式由装药边缘向轴心传播，稀疏波在介质中的传播速度为介质中的声速。装药直径影响爆速的机理，可用图 2-14 所示无外壳约束的药柱在空气中爆轰的情况来说明。

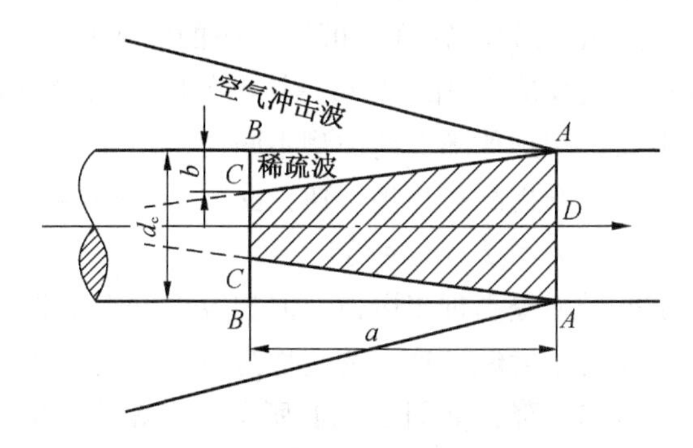

图 2-14　爆轰产物的径向膨胀

当药柱爆轰时，由于爆轰产物的径向膨胀，除在空气中产生空气冲击波外，同时在爆轰产物中产生径向稀疏波向药柱轴心方向传播。此时，厚度为 a 的反应区 $ABBA$ 分为两部分：稀疏波干扰区 ABC 和未干扰的稳恒区 $ACCA$，而且只有稳恒区内炸药反应释放出的能量对爆轰波传播有效，因而冲击波的强度将下降，爆速也相应减小。稳恒区的大小，表明支持冲击波传播的有效能量的多少，决定了爆速的大小。当稳恒区的长度小于反应区的宽度时，便不能稳定爆轰。

理论和试验研究表明，炸药爆速随装药直径 d_c 的增大而提高，并存在下列经验公式：

$$D = D_H\left(1 - \frac{a}{d_c}\right) \tag{2-33}$$

图 2-15 表明了爆速随药柱直径变化的关系，当装药直径增大到一定值后，爆速就接近于理想爆速 D_H。接近理想爆速的装药直径 d_L 称为极限直径，此时爆速不随装药直径的增大而变化。当装药直径小于极限直径时，爆速将随装药直径减小而减小。当装药直径小到一定值后便不能维持炸药的稳定爆轰，能维持炸药稳定爆轰的最小装药直径称为炸药的临界直径 d_K。炸药在临界直径时的爆速称为炸药的临界爆速。

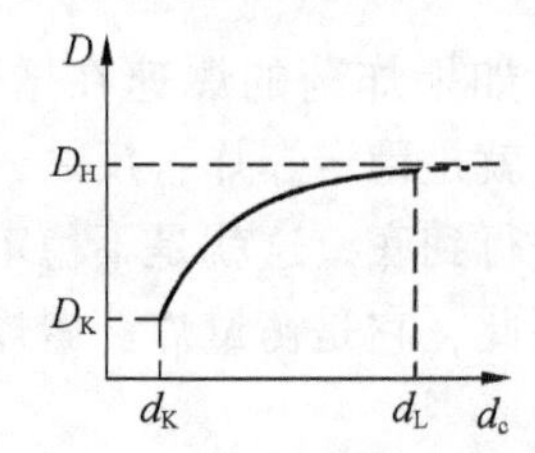

图 2-15　爆速与药柱直径的关系

因此，为保证炸药能稳定爆轰，实际应用中的装药直径必须大于炸药的临界直径。临界直径与炸药性质有很大关系：起爆药的临界直径最小，一般为 10^{-2} mm 量级；其次为高猛单质炸药，一般为几个毫米量级；硝酸铵和硝铵类混合炸药的临界直径则较大，硝酸铵可达 100 mm，而铵梯炸药一般为 12~15 mm。

对于同一种炸药，当密度不同时，临界直径也不同。对于多数单质炸药，密度越大，临界直径越小，但对混合炸药，尤其是硝铵类炸药，密度超过一定限度后，临界直径随密度增大而显著增加。

（2）装药密度的影响。增大装药密度，可使炸药的爆轰压力增大，化学反应速度加快，爆热增大，爆速提高。且反应区相对变窄，炸药的临界直径和极限直径都相应减小，理想爆速也相对提高。但其影响规律随炸药类型不同而变化。

对单质炸药，因增大密度既提高了理想爆速，又减小了临界直径，在达到结晶密度之前，爆速随密度增大而增大，如图 2-16a 所示。

对混合炸药，增大密度虽能提高理想爆速，但相应也增大了临界直径。当药柱直径一定时，存在有使爆速达最大的密度值，这个密度称为最佳密度。超过最佳密度后，再继续增大装药密度，就会导致爆速下降，如图 2-16b 所示。当爆速下降到临界爆速，或临界直径增大到药柱直径时，爆轰波就不能稳定传播，最终导致熄爆。

（3）装药外壳的影响。装药外壳可以限制炸药爆轰时反应区爆轰产物的侧向飞散，从而减小炸药的临界直径，当装药直径较小时，爆速距理想爆速较大时，增加外壳可以提高爆速，其效果与加大装药直径相同。例如硝酸铵的临界直径在玻璃外壳时为 100 mm，而

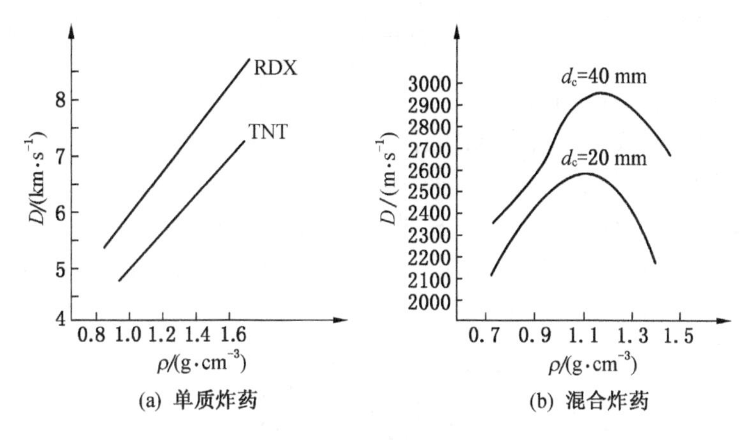

图 2-16 炸药爆速与密度的关系

采用 7 mm 厚的钢管时仅为 20 mm。装药外壳不会影响炸药的理想爆速，所以当装药直径较大时，爆速已接近理想爆速时，外壳作用不大。

（4）起爆冲能的影响。起爆冲能不会影响炸药的理想爆速，但要使炸药达稳定爆轰，必须供给炸药足够的起爆能，且激发冲击波速度必须大于炸药的临界爆速。

试验研究表明：起爆能量的强弱，能够使炸药形成差别很大的高爆速或低爆速稳定传播，其中高爆速即是炸药的正常爆轰速度。例如当梯恩梯的颗粒直径为 1.0~1.6 mm、密度为 1.0 g/cm^3、装药直径为 21 mm 时，在强起爆能时爆速为 3600 m/s，而在弱起爆条件下，爆速仅为 1100 m/s。当硝化甘油的装药直径为 25.4 mm 时，用 6 号雷管起爆时的爆速为 2000 m/s，而用 8 号雷管起爆时的爆速为 8000 m/s 以上。低爆速现象形成的原因是由于炸药在起爆能较低时，不能产生爆轰反应，而其中的空气间隙和气泡受到绝热压缩形成热点，使部分炸药进行反应并支持冲击波的传播，从而形成炸药的低爆速。

2. 爆速的测定方法

在进行爆破工作时，必须经常进行炸药的爆速测定，才能把握爆破的效果、质量和安全。目前，工程上常用的方法有导爆索对比法和电测法两种。

（1）导爆索对比法。这是一种古老而简便的对比测定法，又称道特里茨法。其原理是利用已知爆速的标准导爆索同待测炸药卷相对比，再求出待测炸药一段长度的平均爆速，装置如图 2-17 所示。取一段长度（通常为 1 m）的标准导爆索，中点 M，两端分别插入待测炸药药卷的 A、B 处，插入深度为药卷半径，A、B 两点距离为 L（常取 200 mm）。药卷直径为 30~40 mm，长度 300~400 mm；一端插入起爆雷管。将导爆索中点 M 对准铅板（厚 3~5 mm，宽 40 mm、长 400 mm）上划线标记，M 点与标记线重合，用细绳捆扎牢固。起爆后爆轰波沿药卷传播，首先引爆 A 端导爆索，向 M 点传播；沿药卷连续传播的爆轰波又传至 B 端，同样引爆 B 端导爆索。两股爆轰波相遇于 N 点，由于爆轰波的相遇，能量加强，在铅板上留下较深的爆痕，NM 的距离为 Δh（爆后实测）。爆轰波从 A—N 和 A—B—N 所用得时间相等，即：

$$t_{AN} = t_{AB} + t_{BN}$$

故

$$(0.5 + \Delta h)/d = (0.5 - \Delta h)/d + L/D$$

化简后得：

$$D = \frac{Ld}{2\Delta h} \tag{2-34}$$

式中　D——待测炸药爆速，m/s；

L——A、B 端距离，一般为 0.2 m；

d——标准导爆索爆速，m/s。

此方法简单易做，但精确度不高，相对误差为 3%～5%。测定时应注意，雷管与 A 点应有一定的距离，一般为雷管直径的 3～4 倍，以便避免起爆时不稳定爆速带来误差。

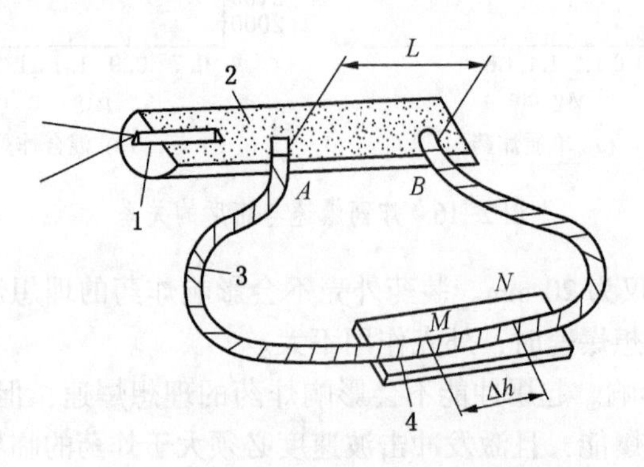

1—雷管；2—待测药卷；3—导爆索；4—铅板

图 2-17　导爆索法测爆速

（2）电测法。此方法采用电子计时仪器，记录爆轰波在一段长度的药卷中传播的时间，再量得该段药卷长度，然后计算爆速。常用电子计时仪器有数字爆速仪等。

多段爆速仪原理是利用仪器记录时间，用距离/时间＝速度的公式计算。距离是两对探针间的长度，时间为被测信号通过两对探针的时间间隔，即仪器所显示的数字。按测量需要，在被测炸药爆轰波传播方向上，设 A、B 两端点。A 点为第一对探点，获得第一个脉冲信号后，打开闸门，开启时标信号进入开始计数；B 点为第二对探点，获得第二个脉冲后，信号关闭，停止计数。所以仪器计下的数字就是 A 点至 B 点探针的时间间隔。计数器计下的数字存储在计数器中，由显示选通开关控制，再经译码显示电路分别显示测量结果。

以上两种方法所测试到的爆速为炸药的平均爆速，对于炸药瞬时爆速的测试，需要采用高速摄影仪或者 X 射线记录仪等获得炸药爆炸的轨迹，然后计算瞬时爆速。

电测法测爆如图 2-18 所示。

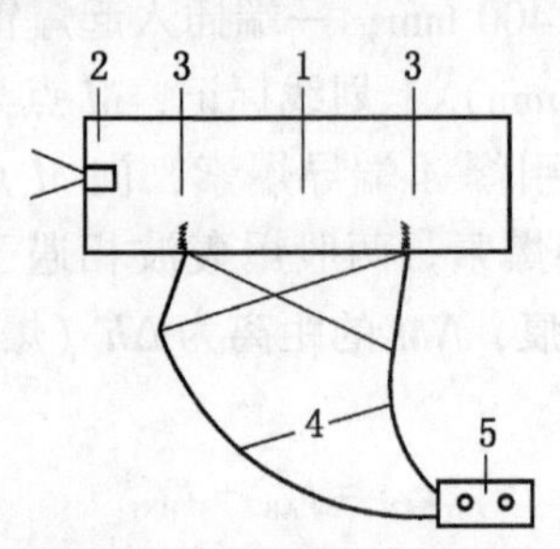

1—炸药；2—雷管；3—探针；4—导线；5—示波器

图 2-18　电测法测爆速

复习思考题

1. 炸药爆炸必须具备哪三个基本要素？为什么？

2. 炸药化学反应的基本形式是什么？各有何特点？

3. 什么叫炸药的氧平衡？氧平衡有几种类型？配制炸药时为什么要选用零氧平衡？

4. 求下列炸药的氧平衡，写出它们的爆炸反应方程式并计算爆容：①奥托金；②1 号岩石炸药（硝酸铵 82%，梯恩梯 14%，木粉 4%）；③铵油炸药（硝酸铵 92%，柴油 4%，木粉 4%）。

5. 炸药爆炸生成的有毒气体有哪些？影响其生成量的主要因素是什么？

6. 什么是炸药的爆热？

7. 什么叫炸药的起爆和起爆能？起爆能的常见形式有几种？

8. 什么叫炸药的感度？炸药的感度可分为几种，各如何表示？

9. 试述影响炸药爆速的因素。

10. 何谓炸药的做功能力和猛度？它们有何区别，如何测定？

3 爆破器材

3.1 工业炸药

工业炸药是指用于非军事目的民用炸药。20世纪初，以硝酸铵为主的混合炸药出现以来，由于其爆炸及安全性能更适合于矿山生产及各类爆破工程，因此得到了广泛应用，从而形成了以硝酸铵为主的多品种混合炸药占据绝大部分市场份额的局面。

作为一种工业产品，炸药应满足下列基本要求：

（1）爆炸性能好，具有足够的爆炸威力，能满足各种爆破工程需要；

（2）具有合适的感度，既能保证使用、运输、搬运等环节的安全，又能方便顺利地起爆；

（3）具有一定的化学安定性，在储存中不变质、不老化、不失效，且具有一定的稳定储存期；

（4）其组分配比应达到零氧平衡或接近零氧平衡，爆炸生成的有毒气体少；

（5）原材料来源广，成本低廉，便于生产加工，且操作安全。

1. 按应用范围和成分分类

（1）起爆药。其特点是极敏感，受外界较小能量的作用立即发生爆炸反应，反应速度在极短的时间内增长到最大值，工业上常用它制造雷管，用来起爆其他类型的炸药。最常用的起爆药有二硝基重氮酚（DDNP）、雷汞和氮化铅等。

（2）猛性炸药。猛性炸药，简称猛炸药，按组分又分为单质猛炸药和混合炸药。

单质猛炸药是指化学成分为单一化合物的猛炸药，又称爆炸化合物。它的敏感度比起爆药低，爆炸威力大，爆炸性能好。工业上常用的单质猛炸药有梯恩梯（TNT）、黑索金（RDX）、泰安等，用于雷管中的加强药、导爆索和导爆管的芯药以及混合炸药的敏化剂等。

混合炸药是由爆破性物质和非爆破性物质成分按一定的比例混制而成，其感度低于起爆药，激起爆轰的过程较起爆药长，但爆后释放的能量比起爆药大。

混合炸药是工程爆破中用量最大的炸药。工业上常用的有粉状硝铵类炸药（如铵梯炸药、铵油炸药、铵松蜡炸药和重铵油炸药等）、含水硝铵类炸药（如浆状炸药、水胶炸药和乳化炸药等）、硝化甘油炸药现场混装炸药等。现场混装炸药具有随混随用，工期短、减少炸药长途运输和辗转装卸危险、节省爆破费用等优点。

（3）发射药。发射药的特点是对火焰极敏感，可在敞开环境下爆燃，而在密闭条件下爆炸，其爆炸威力很弱；吸湿性很强，吸水后敏感性大大下降。常用的发射药有黑火药，可用于制造导火索和矿用火箭弹。

2. 按使用条件分类

第一类是准许在地下和露天爆破工程中使用的炸药，包括有瓦斯和矿尘爆炸危险的工作面。第二类是准许在地下和露天爆破工程中使用的炸药，但不包括有瓦斯和矿尘爆炸危险的工作面。第三类是只准许在露天爆破工程中使用的炸药。

第一类是安全炸药，又称作煤矿许用炸药。第二类和第三类是非安全炸药。第一类和第二类炸药每千克炸药爆炸时所产生的有毒气体不能超过《爆破安全规程》（GB 6722—2014）所允许的量。同时，第一类炸药爆炸时还必须保证不会引起瓦斯或煤尘爆炸。

按其用途分三类：第一类即煤矿许用型，第二类即岩石型，第三类即露天型。

3. 按主要化学成分分类

（1）硝铵类炸药，以硝酸铵为其主要成分，加上适量的可燃剂、敏化剂及其附加剂的混合炸药均属此类。这是目前国内外工程爆破中用量最大、品种最多的一类混合炸药。

（2）硝化甘油类炸药，以硝化甘油或硝化甘油与硝化乙二醇混合物为主要爆炸成分的混合炸药均属此类。硝化甘油类炸药就其外观状态来说，分为粉状和胶质；就耐冻性能来说，可分为耐冻和普通。

（3）芳香族硝基化合物类炸药，凡是苯及其同系物，如甲苯、二甲苯的硝基化合物以及苯胺、苯酚和萘的硝基化合物均属此类。例如，梯恩梯、黑索金、二硝基甲苯磺酸钠（DNTS）等。这类炸药在工程爆破中用量不大。

（4）液氧炸药，由液氧和多孔性可燃物混合而成。这类炸药在工程爆破中基本上不使用。

（5）其他工业炸药，指不属于以上四类的工业炸药，例如黑火药和雷管起爆药等。

3.1.1 起爆药

起爆药是炸药的一大类别，它对机械冲击、摩擦、加热、火焰和电火花等的作用都非常敏感，因此，在较小的外界初始冲能（如火焰、针刺、撞击、摩擦等）作用下即可被激发而发展为爆轰。而且起爆药的爆轰成长期很短，借助于起爆药这一特性，可安全、可靠和准确地激发猛炸药，使它迅速达到稳定的爆轰。下面为几种常见起爆药的结构成分、性能及适用范围。

1. 雷汞

雷汞［$Hg(CNO)_2$］为白色或灰白色微细晶体，50 ℃以上即自行分解，160~165 ℃时爆炸。雷汞流散性较好，耐压性差（压力超过 50 MPa 即被压死）。雷汞有甜的金属味，其毒性与汞相似。它的粉尘能使黏膜发生痛痒，长期连续作用能使皮肤痛痒，甚至引起湿疹病，使人长白发，牙根出血，头晕无力等。干燥雷汞，对撞击、摩擦、火花极敏感；潮湿的或压制的雷汞感度有所降低。湿雷汞易与铝作用，生成极易爆炸的雷酸盐，故铝质雷管壳内不能装雷汞做起爆药。工业用雷汞雷管均用铜壳或纸壳，但库存或使用过程中，应防止雷汞受潮，以免产生拒爆。

2. 氮化铅

氮化铅［$Pb(N_3)_2$］通常为白色针状晶体，它与雷汞、二硝基重氮酚相比较，热感度低，起爆威力大，并且不因潮湿而失去爆炸能力，可用于水下爆破。氮化铅在有 CO_2 存在的潮湿环境中与铜金属会发生作用，生成极敏感的氮化铜。因此，铜质雷管壳中不宜装作起爆药用的氮化铅。

3. 二硝基重氮酚

二硝基重氮酚简称 DDNP，分子式为 $C_6H_2(NO_2)_2N_2O$，为黄色或黄褐色晶体，安定性好，在常温下长期储存于水中仍不降低其爆炸性能。干燥的二硝基重氮酚，在 75 ℃时开始分解，温度升至 170~175 ℃时爆炸。二硝基重氮酚对撞击、摩擦的感度均比雷汞和氮化铅低，其热感则介于两者之间。二硝基重氮酚的原料来源广、生产工艺简单、安全性好、成本低，且具有良好的起爆性能，目前国产工业雷管主要用二硝基重氮酚做起爆药。

3.1.2 单质猛炸药

指化学成分为单一化合物的猛炸药。它的敏感度比起爆药低，爆炸威力大，爆炸性能好。工业上常用的单质炸药有 TNT、黑索金和泰安等，常用于做雷管的加强药、导爆索和导爆管的芯药，以及混合炸药的敏化剂等。

1. 梯恩梯（TNT）

梯恩梯，即三硝基甲苯 $CH_3C_6H_2(NO_2)_3$，纯净的 TNT 为五色针状结晶，熔点为 80.75 ℃，工业生产的粉状 TNT 为浅黄色鳞片状物质，其液态密度为 1.465 g/cm^3，铸装密度为 1.55~1.56 g/cm^3，即熔融时体积约膨胀 12%。吸湿性弱，几乎不溶于水。热安定性好，常温下不分解，遇火能燃烧，密闭条件下燃烧或大量燃烧时，很快转为爆炸。梯恩梯的机械感度较低，但若混入细砂类硬质掺合物则容易引爆。梯恩梯的做功能力为 285~300 mL，猛度为 19.9 mm，爆速为 6.850 m/s，密度为 1.595 g/cm^3。工业上多用梯恩梯作为硝铵类炸药的敏化剂。

2. 黑索金（RDX）

黑索金即环三亚甲基三硝胺（CH_2）$_3$（NNO_2）$_3$，白色晶体，熔点为 204.5 ℃，爆发点 230 ℃，不吸湿，几乎不溶于水，热安定性好，其机械感度比 TNT 高。黑索金的做功能力为 500 mL，猛度为 16 mm，爆速为 8300 m/s，爆热值为 5350 kJ/kg。由于其爆炸威力大、爆速大，工业上多用黑索金做雷管的加强药和导爆索芯药等。

3. 泰安（PETN）

泰安即季戊四醇四硝酸酯 $C(CH_2NO_3)_4$，白色晶体，熔点 140.5 ℃，爆发点 225 ℃。泰安的做功能力为 500 mL，猛度为 15 mm，爆速为 8400 m/s。泰安的爆炸性能与黑索金相似，用途也相同。

4. 硝化甘油（NG）

硝化甘油即三硝酸酯丙三醇 $C_3H_3(ONO_2)_3$，系无色或微带黄色的油状液体，不溶于水，在水中不失去爆炸性。做功能力 500 mL，猛度 23 mm。硝化甘油有毒，应避免皮肤接触。机械感度高，爆发点 200 ℃，在 50 ℃时开始挥发，13.2 ℃时冻结，此时极为敏感。

3.1.3 混合炸药

1. 铵梯炸药

（1）铵梯炸药的成分。铵梯炸药的主要成分是硝酸铵和梯恩梯（TNT）。硝酸铵是氧化剂；梯恩梯是还原剂，又是敏化剂。少量木粉起疏松作用，可以阻止硝酸铵颗粒之间的黏结。

①硝酸铵。它是一种白色结晶、具有爆炸性成分的物质，经强力起爆后爆速可达 2000~3000 m/s，做功能力为 165~230 mL。硝酸铵也是一种化学肥料，其来源广、价格低。硝酸铵非常容易吸潮变硬，固结成块体。当迅速对其加热到温度高于 400~500 ℃时，硝酸铵分解并产生爆炸。

②梯恩梯。梯恩梯是负氧平衡炸药，同硝酸铵配合后可获得零氧平衡或接近零氧平衡的铵梯炸药，配制后的炸药的爆轰性能也得到改善，具有足够的威力，可被工业雷管起爆。

③木粉。它的作用有两方面：一是作为可燃剂，与氧化剂中分解出来的氧进行氧化反应，生成气体氧化物，放出热量；二是作为疏松剂，依靠自身的弹性，调节炸药密度，起疏松作用，并防止硝酸铵发生结块。

（2）铵梯炸药品种。铵梯炸药根据其用途不同可分为岩石硝铵炸药和露天硝铵炸药及煤矿许用硝铵炸药等类型。

①岩石硝铵炸药。其适用于岩石巷道和硐室掘进，由硝酸铵、梯恩梯和木粉三种成分组成。根据梯恩梯含量不同可制成不同型号，其爆炸威力和价格成本也不同。为适应有水工作面爆破作业的需要，再加入沥青、石蜡，组成抗水岩石铵梯炸药。

②露天硝铵炸药。其适用于露天矿松动爆破，与岩石硝铵炸药不同之处是梯恩梯含量低，成本更低些。

表 3-1 和表 3-2 分别列出了岩石硝铵炸药和露天岩石硝铵炸药的组成和技术规格。

表 3-1　岩石硝铵炸药的组成及技术规格

组成、性能及爆炸参数		1 号岩石硝铵炸药	2 号岩石硝铵炸药	2 号抗水岩石硝铵炸药	3 号抗水岩石硝铵炸药	4 号抗水岩石硝铵炸药
组成成分	硝酸铵/%	82±1. 5	85±1. 5	84±1. 5	86±1. 5	81. 2±1. 5
	梯恩梯/%	14±1	11±1	11±1	7±1	18±1
	木粉/%	4±0. 5	4±0. 5	4. 2±0. 5	6±0. 5	
	沥青/%			0. 4±0. 1	0. 5±0. 1	0. 4±0. 1
	石蜡/%			0. 4±0. 1	0. 5±0. 1	0. 4±0. 1
密度/($g \cdot cm^{-3}$)		0. 95~1. 1	0. 95~1. 1	0. 95~1. 1	0. 9~1	0. 95~1. 1
爆炸性能	爆速/($m \cdot s^{-1}$)		3600	3750		
	爆力/mL	350	320	320	280	360
	猛度/mm	13	12	12	10	14
	殉爆距离/cm	6	5	5	4	8
爆炸参数	氧平衡值/%	+0. 52	+3. 38	+0. 37	+0. 71	+0. 43
	比容/($L \cdot kg^{-1}$)	912	924	921	931	902
	爆热/($kJ \cdot kg^{-1}$)	4078	3688	3512	3877	4216
	爆压/MPa			3306	3587	

表 3-2　露天岩石硝铵炸药的组成及技术规格

组成、性能及爆炸参数		1 号岩石硝铵炸药	2 号岩石硝铵炸药	2 号抗水岩石硝铵炸药	3 号抗水岩石硝铵炸药	4 号抗水岩石硝铵炸药
组成成分	硝酸铵/%	82±2	86±2	88±2	84±2	86±0. 2
	梯恩梯/%	10±1	5±1	3±0. 5	10±1	5±1
	木粉/%	8±1	9±1	9±0. 1	5±1	8. 2±1
	沥青/%				0. 5±0. 1	0. 4±0. 1
	石蜡/%				0. 5±0. 1	0. 4±0. 1
密度/($g \cdot cm^{-3}$)		0. 85±1. 1	0. 85±1. 1	0. 85±1. 1	0. 85±1. 1	0. 8±0. 9

表 3-2（续）

组成、性能及爆炸参数		1 号岩石硝铵炸药	2 号岩石硝铵炸药	2 号抗水岩石硝铵炸药	3 号抗水岩石硝铵炸药	4 号抗水岩石硝铵炸药
爆炸性能	猛度/mm	11	8	5	11	8
	殉爆距离/cm	4	3	2	4	3
	爆力/mL	300	250	230	300	250
	爆速/$(m \cdot s^{-1})$	3600	3525	3455	3000	3525
爆炸参数	氧平衡值/%	-2.04	+1.08	+2.96	-0.61	-0.30
	比容/$(L \cdot kg^{-1})$	932	935	944	927	936
	爆热/$(kJ \cdot kg^{-1})$	3869	3740	3465	3971	3852
	爆温/K	2578	2496	2474	2628	2545
	爆压/MPa	3306	3170	3045	3306	3169

③煤矿硝铵炸药。对于煤矿硝铵炸药，除要求其有毒气体生成量符合规定外，还必须保证它在爆炸时不致引起瓦斯和煤尘爆炸。因此，在这一类炸药中需加入 15%～20% 的消焰剂。通常采用食盐作消焰剂。

④高威力硝铵炸药。在工业炸药中，通常将猛度大于 16 mm、爆速高于 4000 m/s 的炸药称为高威力炸药；猛度为 10～16 mm、爆速为 3000～4000 m/s 的炸药称为中威力炸药；猛度小于 10 mm、爆速低于 3000 m/s 的炸药称为低威力炸药。

在高威力炸药中，除含梯恩梯作为敏化剂外，还增加有威力更大的高级炸药（如黑索金）或铝粉等。前者可增大炸药爆速，后者可提高炸药爆热。也有通过加大炸药密度来增大炸药爆速，达到提高炸药爆炸威力的目的。

在工业炸药中，铵梯炸药是比较安全的。它对撞击、摩擦等比较钝感，用火焰和火星不太容易点燃它。但当它受到强烈的撞击、摩擦和铁制工具的敲打时，也能引起爆炸。在大气中裸露的少量铵梯炸药，一般不会由燃烧转为爆炸。但如放在封闭的容器里，遇到火源就很容易由燃烧转为爆炸。铵梯炸药很容易从空气中吸潮，含有食盐时，吸潮性更强。吸潮结块的炸药爆炸时生成的有毒气体量显著增加。

2. 铵油炸药

（1）铵油炸药成分。铵油炸药是一种无梯炸药，最广泛使用的一种铵油炸药是含粒状硝酸铵 94% 和轻柴油 6% 的氧平衡混合物，它是一种可以自由流动的产品。为了减少炸药的结块现象，也可适量加入木粉作为疏松剂。最适合做成炸药用的粒状硝酸铵密度范围在 1.40～1.50 g/cm 之间。常使用两个品种的硝酸铵，一种是细粉状结晶的硝酸铵，另一种是多孔粒状硝酸铵。后者表面充满空穴，吸油率较高，松散性和流动性都比较好，不易结块，适用于机械化装药，多用于露天矿深孔爆破；前者则多用于地下矿山。

（2）铵油炸药主要特点：

①成分简单，原料来源充足，成本低，制造使用安全。一般矿山均可自己制造，甚至可在露天爆破工地现场拌和。在爆炸威力方面低于铵梯炸药。

②感度低，起爆比较困难。采用轮辗机热加工且加工细致、颗粒较细、拌和均匀的细粉状铵油炸药可由普通雷管直接起爆。采用冷加工，且加工粗糙、颗粒较粗、拌和较差的

粗粉状铵油炸药，需借助大约10%的普通炸药制成炸药包辅助起爆，雷管不能直接起爆。

③吸潮及固结的趋势更为强烈。吸潮、固结后的爆炸性能严重恶化，故最好不要储存，现做现用。容许的储存期一般为15 d（潮湿天气为7 d）。

铵油炸药在炮孔中的散装密度取决于混合物中粒状硝酸铵自身的密度和粒度大小，一般约为0.78~0.85 g/cm³。表3-3列出了常用的几种铵油炸药的成分、配比和性能。

表3-3　常用的几种铵油炸药的成分、配比和性能

成分与性能		92-4-4细粉状铵油炸药	100-2-7粗粉状铵油炸药	露天细粉状铵油炸药	露天粗粉状铵油炸药
成分	硝酸铵/%	92	91.7	89.5±1.5	94.2
	柴油/%	4	1.9	2±0.2	5.8
	木粉/%	4	6.4	8.5±5	
性能	爆速/(m·s⁻¹)	3600	3300	3100	—
	爆力/mL	280~310	—	240~280	—
	猛度/mm	9~13	8~11	8~10	≥7
	殉爆距离/cm	4~7	3~6	≥3	≥2

（3）铵油炸药加工工艺流程。铵油炸药的性能不仅取决于它的配比，而且也取决于生产工艺。生产铵油炸药应力求做到“干、细、匀”，即炸药的水分含量要低、粒度要细、混合均匀，以保证质量。根据所用原料以及加工条件的不同，铵油炸药生产工艺流程也不同。细粉状铵油炸药生产工艺流程如图3-1所示。

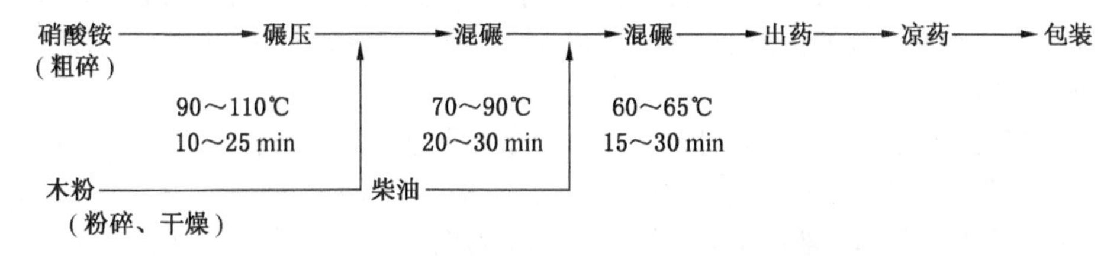

图3-1　细粉状铵油炸药生产工艺流程图

在生产铵油炸药过程中，不论采用哪种工艺都必须特别注意防火。这是因为铵油炸药易燃，且燃着后不易扑灭。铵油炸药燃烧时产生大量有毒气体，密闭条件下还可转变为爆炸。

铵梯炸药和铵油炸药的优点虽然非常突出，然而所含硝酸铵易溶于水或从空气中吸潮而失效，因此限制了这两类炸药的使用范围。在研制抗水硝铵类炸药方面，当前国内外主要采取两个不同的途径：一是用憎水性物质包裹硝酸铵颗粒；二是用溶于水的胶凝物来制造抗水性强的含水炸药。

3.1.4　含水硝铵类炸药

乳化炸药、浆状炸药和水胶炸药统称为含水硝铵类炸药。它们的共同特点是：抗水性强，可用于水中爆破。由于将氧化剂溶解成硝酸盐水溶液，当其饱和后，便不再吸收水分，起到以水抗水的作用。

1. 浆状炸药

浆状炸药是以硝酸铵为主体成分的浆糊状含水炸药。1956 年，浆状炸药首次出现于加拿大铁矿公司的某个露天铁矿中，并且爆破效果良好。浆状炸药的主要成分如下：

（1）氧化剂水溶液。浆状炸药的氧化剂主要采用硝酸铵，有时可加入少量硝酸钾或硝酸钠。制造浆状炸药时，将硝酸铵溶解于水中成为饱和水溶液，可使氧化剂同还原剂的混合更均匀，接触更良好，提高炸药密度并使炸药的爆炸性能得到改善。由于密度高（可达 1.65 g/cm^3），体积威力大而起爆感度下降，故需配制一定数量的敏化剂。水分在浆状炸药中虽然起重要作用，但因爆炸时水分汽化热的损失大，故炸药最大做功能力随水分含量的上升而下降。经验表明，水分含量以 10%～20% 为适宜。

（2）敏化剂。浆状炸药含水使起爆感度下降，为了使它能够顺利起爆，需加入敏化剂以提高其起爆感度。敏化剂可分为下列几类：猛炸药，如梯恩梯、硝化甘油等；金属粉，如铝粉、镁粉等；柴油等可燃物；发泡剂，如亚硝酸钠等。

（3）胶凝剂。在浆状炸药中，胶凝剂起增稠作用，使浆状炸药中不溶于水的固体颗粒呈悬浮状态从而将氧化剂水溶液、不溶于水的敏化剂颗粒和其他组分胶结在一起。胶凝剂使浆状炸药保持应有的理化性质和流变特性，并赋予浆状炸药以抗水性能。我国早期曾经用白芨和玉竹做胶凝剂。由于白芨和玉竹在浆状炸药中的含量高达 2%～2.4%，它们又都是重要的中药材，现已逐渐被槐豆胶、田菁胶、皂角、胡里仁粉以及聚丙烯酰胺等所替代，并取得良好的胶凝效果。

在浆状炸药中，除上述几种主要成分外，还有交联剂（助胶剂）、表面活性剂和安定剂等。交联剂的作用是促使胶凝剂分子中的基因互相键合，进一步联结成为巨型结构，以提高炸药的胶凝效果和稠化程度，从而增强其抗水能力。常用的交联剂为硼砂或硼砂与重铬酸钾的混合物水溶液。表面活性剂起乳化作用和增塑作用，以提高耐冻能力。表面活性剂一般采用十二烷基苯磺酸钠或十二烷基磺酸钠。安定剂的作用是阻止炸药变质，一般采用尿素做安定剂。

浆状炸药的突出优点是：抗水性强，适合于水孔爆破；炸药密度大，又有一定流动性，能充满整个炮孔，炸药的爆破作用增强，适用于坚硬岩石爆破；制造使用安全；原料来源广，成本低。但浆状炸药一般属于非雷管感度，需要用猛炸药制作的起爆药包来起爆。

2. 水胶炸药

水胶炸药是在浆状炸药的基础上发展起来的含水炸药。它也是由氧化剂（硝酸铵为主）的水溶液、敏化剂（硝酸钾胺、铝粉等）和胶凝剂等基本成分组成的含水炸药。由于它采用了化学交联技术，故呈凝胶状态。水胶炸药与浆状炸药的主要区别在于用硝酸钾胺这种水溶性的敏化剂取代或部分取代了猛炸药，因而使爆轰感度大为增加，并且具有威力高、安全性好、抗水性强、价格低廉等优点。可用于井下小直径（35 mm）炮眼爆破，尤其适用于井下有水且坚硬岩石中的深孔爆破。非安全型水胶炸药适用于无瓦斯和煤尘爆炸危险的工作面，安全型水胶炸药可用于有瓦斯和煤尘爆炸危险的爆破工作面。

3. 乳化炸药

乳化炸药也称乳胶炸药，是在水胶炸药的基础上发展起来的一种新型抗水炸药。它由氧化剂水溶液、燃料油、乳化剂、稳定剂、敏化发泡剂、高热剂等成分组成。乳化炸药与浆状炸药和水胶炸药不同，属于油包水型结构，而后二者属于水包油型结构。乳化炸药的主要成分如下：

(1) 氧化剂水溶液。通常可采用硝酸铵和硝酸钠的过饱和水溶液做氧化剂，它在乳化炸药中所占的重量百分率可达 80% ~95%。加入硝酸钠的目的主要是要降低“析晶”点。实验表明，硝酸钠对硝酸铵的比例以 1∶5~1∶6 为宜。实验表明，含水率在 8% ~16% 范围内制成的乳状液经敏化后都具有炸药的特性。氧化剂水溶液构成“内相（水相)”。

(2) 燃料油。使用适当黏度的石油产品与氧化剂配成零氧平衡，可提供较多的爆炸能。选用柴油同石蜡或凡士林的混合物使其黏度为 3. 1Pa · s 为宜。油蜡质微粒能使炸药具有优良的抗水性。

(3) 乳化剂。乳化炸药的基质是油包水型的乳化液。石蜡、柴油构成的极薄油膜覆盖于硝酸盐过饱和水溶液的微滴的外表。在乳化剂作用下互不相溶的乳化液和水溶液互相紧密吸附，形成具有很高的比表面积的乳状液，并使氧化剂同还原剂的耦合程度增强。油包水型粒子的尺寸非常微细，一般为 2 μm 左右，因而极有利于爆轰反应。具有一定黏性的油蜡物质互相连接，形成“外相（油相）”。

(4) 敏化剂。乳化炸药同浆状炸药和水胶炸药一样，同属含水炸药。为保证炸药的起爆感度，必须采用较理想的敏化剂。爆炸物成分、金属（铝、镁）粉、发泡剂或空心微珠都可以作为敏化剂。空心玻璃微珠、空心塑料微珠或膨胀珍珠岩粉等密度较低材料能够长久保持微细气泡，故多被用于商用乳化炸药。

乳化炸药的主要特性如下：

(1) 密度可调范围较宽。乳化炸药同其他两类含水硝铵炸药一样，具有较宽的密度可调范围。根据加入含微孔材料数量的多少，炸药密度变化于 0. 8~1. 45 g/cm^3 之间。这样，就使乳化炸药适用范围较宽，从控制爆破用的低密度炸药到水孔爆破的高密度炸药等，可制成多种不同品种。

(2) 爆速高。乳化炸药因氧化剂同还原剂耦合良好而具有较高的爆速，一般可达 4000~5500 m/s。

(3) 起爆敏感度高。乳化炸药的起爆敏感度较高，通常只用一个 8 号雷管即可引爆。

这是因为氧化剂水溶液微滴可通过搅拌加工到微米级的尺寸，加之吸留微气泡充足、均匀，故可制成雷管敏感型炸药。

(4) 猛度较高。由于其爆速和密度均较高，故其猛度比 2 号岩石硝铵炸药高约 30%，达到 17~19 mm。然而，乳化炸药做功能力却并不比铵油炸药高，故在硬岩中使用的乳化炸药应加入热值较高的物质，如铝粉、硫黄粉等。

(5) 抗水性强。乳化炸药的抗水性比浆状炸药或水胶炸药更强。

表 3-4 列出了部分国产乳化炸药的组分与性能。

3. 1. 5 煤矿许用炸药

我国的大多数煤矿都是瓦斯矿井，尤以高瓦斯、煤与瓦斯突出矿井居多。由于煤矿井下采掘工作面以及瓦斯隧道掘进工作面的空气中大部分都有瓦斯或煤尘，当其在空气中的含量达到一定浓度时，一旦遇到电火花、明火及爆破作业，就可能引起爆炸。因此，用于煤矿生产以及瓦斯隧道掘进中的炸药应当具备一定的安全条件，对于不同瓦斯等级的煤矿所使用的炸药，也应具有相应的安全等级。煤矿生产中，引燃、引爆瓦斯煤尘的因素，除电气火花和明火外，主要来自爆破作业；爆破引燃、引爆瓦斯煤尘的原因主要有三方面，即空气冲击波的发火作用、炽热或燃烧的固体颗粒的发火作用和气态爆炸产物的发火作用，其中后二者的发火作用是主要的因素。

表3-4 部分国产乳化炸药的组分与性能

项目		RL-2	EL-103	RJ-1	MRY-3	CLH
组成部分	硝酸铵/%	65	53~63	50~70	60~65	50~70
	硝酸钠/%	15	10~15	5~15	10~15	15~30
	尿素/%	2.5	1.0~2.5	—	—	—
	水/%	10	9~11	8~15	10~15	4~12
	乳化剂/%	3	0.5~1.3	0.5~1.5	1~2.5	0.5~2.5
	石蜡/%	2	1.8~3.5	2~4	（蜡-油）3~6	（蜡-油）2~8
	燃料油/%	2.5	1~2	1~3	—	—
	铝粉/%	—	3~6	—	3~5	—
	亚硝酸钠/%	—	0.1~0.3	0.1~0.7	0.1~0.5	—
	甲胺硝酸盐/%	—	—	5~20	—	—
	添加剂/%	—	—	0.1~0.3	4.0~1.0	0~4，3~15
性能	猛度/mm	12~20	16~19	16~19	16~19	15~17
	爆力/mL	302~304	—	301	—	295~330
	爆速/($m \cdot s^{-1}$)	(ϕ35) 3600~4200	4300~4600	4500~5400	4500~5200	4500~5500
	殉爆距离/cm	5~23	12	9	8	—

矿井瓦斯等级是按照平均日产1 t煤的瓦斯涌出量和涌出形式来分级。矿井的瓦斯等级越高，发生爆炸等灾害的危险性就越大。一般地说，井下空气中的瓦斯浓度在4%~5%时，就有发生爆炸的危险。我国《爆破安全规程》（GB 6722—2014）规定，当爆破工作面瓦斯浓度达到1%时，就应停止爆破作业，加强通风，以防止局部瓦斯浓度升高。

所谓煤尘，是指在热能的作用下能够发生爆炸的细煤粉。我国通常把0.75~1.0 mm以下的煤粉称作煤尘。煤尘不仅可以单独爆炸，而且可参与瓦斯一起爆炸，其危害更大。

1. 煤矿许用炸药的要求

允许用于有瓦斯和煤尘爆炸危险工作面的炸药为煤矿许用炸药，它应该符合以下要求：

（1）应对能量要有一定的限制，其爆热、爆温、爆压和爆速都要求低一些，使爆炸后不致引起空气的局部高温，这就有可能使瓦斯、煤尘的发火率降低。

（2）应有较高的起爆感度和较好的传爆能力，以保证其爆炸的完全性和传爆的稳定性，这样就使爆炸产物中未反应的炽热固体颗粒大大减少，从而提高其安全性。

（3）其有毒气体生成量应符合国家规定，氧平衡应接近于零。一般地说，正氧平衡的炸药在爆炸时易生成氧化氮和初生态氧，容易引起瓦斯发火。而负氧平衡的炸药，爆炸反应不完全，会增加未反应的炽热固体颗粒，容易引起二次火焰，不利于防止瓦斯发火。

（4）其炸药组分中不能含有金属粉末，以防爆炸后生成炽热固体颗粒。

为使炸药具有上述特性，应在煤矿许用炸药组分中添加一定量的消焰剂，常用的消焰剂是氯化钠或其他类似的物质。

2. 煤矿许用炸药的品种、分级与检验方法

(1) 煤矿许用炸药的分级。我国煤矿许用炸药按瓦斯安全性进行分级，煤矿许用炸药的瓦斯安全性分为五级。各个级别的许用炸药瓦斯安全性（巷道试验）的合格标准如下：

一级煤矿许用炸药：100 g 发射臼炮检定合格，可用于低瓦斯矿井。

二级煤矿许用炸药：150 g 发射臼炮检定合格，可用于高瓦斯矿井。

三级煤矿许用炸药：450 g 发射臼炮检定合格，或者 150 g 悬吊检定合格，可用于瓦斯与煤尘突出矿井。

四级煤矿许用炸药：250 g 悬吊检定合格，可用于瓦斯与煤尘突出矿井。

五级煤矿许用炸药：450 g 悬吊检定合格，可用于瓦斯与煤尘突出矿井。

(2) 煤矿许用炸药的常用种类。根据炸药的组成和性质，煤矿许用炸药可分为五类：

①粉状硝酸铵类许用炸药。通常以梯恩梯为敏感剂，多为粉状，其中 1 号和 2 号煤矿铵梯炸药为一级，3 号煤矿铵梯炸药为二级。表 3-5 中所列出的各品种均属此类。

②许用含水炸药。这类炸药包括煤矿许用乳化炸药和许用水胶炸药。多数是二、三级煤矿许用炸药，少数可达四级煤矿许用炸药的标准。这类炸药是近 30 年来发展起来的新型许用炸药。由于它们组分中含有较大量的水、爆温较低，有利于安全，同时调节余地较大，因此有极好的发展前景。

表 3-5 煤矿硝铵炸药的组分与性能

组成及性能		1 号煤矿硝铵炸药	2 号煤矿硝铵炸药	3 号煤矿硝铵炸药	1 号抗水煤矿硝铵炸药	2 号抗水煤矿硝铵炸药	3 号抗水煤矿硝铵炸药	2 号煤矿铵油炸药
组成成分%	硝酸铵	68±1.5	71±1.5	67±1.5	68.6±1.5	72±1.5	67±1.5	78.2±1.5
	梯恩梯	15±0.5	10±0.5	10±0.5	15±0.5	10±0.5	10±0.5	
	木粉	2±0.5	4±0.5	3±0.5	1±0.5	2.2±0.5	2.6±0.5	3.4±0.5
	食盐	15±1.0	15±1.0	20±1.0	15±1.0	15±1.0	20±1.0	15±1.0
	沥青				0.2±0.05	0.4±0.1	0.2±0.05	
	石蜡				0.2±0.05	0.4±0.1	0.2±0.05	
	轻柴油							3.4±0.5
爆炸性能	水分/%	0.3	0.3	0.3	0.3	0.3	0.3	0.3
	密度/($g\cdot cm^{-3}$)	0.95~1.1	0.95~1.1	0.95~1.1	0.95~1.1	0.95~1.1	0.95~1.1	0.85~0.95
	猛度/mm	12	10	10	12	10	10	8
	爆力/mL	290	250	240	290	250	240	230
	殉爆距离/cm	6	5	4	6	4	4	3
	爆速/($m\cdot s^{-1}$)	3509	3600	3262	3675	3600	3397	3269

③离子交换炸药。含有硝酸钠和氯化铵的混合物，称为交换盐或等效混合物。在通常情况下，交换盐比较安定，不发生化学变化，但在炸药爆炸的高温高压条件下，交换盐就会发生反应，进行离子交换。生成氯化钠和硝酸铵：

$$NaNO_3+NH_4Cl \longrightarrow NaCl+NH_4NO_3$$

在这爆炸瞬间生成的氯化钠，就作为高消焰剂弥散在爆炸点周围，有效地降低爆温和抑制瓦斯燃烧；与此同时生成的硝酸铵，则作为氧化剂加入爆炸反应。离子交换炸药还具有一种“选择爆轰”的独特性质，在不同的爆破条件下，它会自动调节消焰剂的有效数量和作用。例如，在密封状态下，炸药爆炸强烈、交换盐的反应更完全，生成的氯化钠更多，其消焰降温的作用更强。反之，在裸露状态下爆炸反应进行的较弱，交换盐的反应也不完全，生成的硝酸铵减少，但爆炸释放的能量保持在较低的程度，甚至有可能造成爆轰的中断，因而避免了裸露药包爆炸时引起瓦斯的爆炸事故。该炸药可达五级煤矿许用炸药的标准。

④被筒炸药。用含消焰剂较少、爆轰性能较好的煤矿硝铵炸药作药芯、其外再包裹一个用消焰剂做成的“安全被筒”，这样的复合装药结构，就是通常所说的“被筒炸药”。被筒炸药整个炸药的消焰剂含量可高达50%。当被筒炸药的药芯爆炸时，安全被筒的食盐被炸碎，并在高温下形成一层食盐薄雾，笼罩着爆炸点，更好地发挥消焰作用。该炸药可达五级煤矿许用炸药的标准，因而这种炸药可用在瓦斯和煤尘突出矿井。

⑤当量炸药。盐量分布均匀，而且安全性与被筒炸药相当的炸药称为当量炸药。当量炸药的含盐量要比被筒炸药高，爆力、猛度和爆热远比被筒炸药低。

由于矿井瓦斯等级不同，对煤矿许用炸药的要求也不同，矿井瓦斯等级高的，要求使用相应的高安全等级的煤矿许用炸药。煤矿许用炸药的安全等级是指在特定条件下，炸药爆破对瓦斯、煤尘的引爆能力而言的。在相同的条件下，炸药的安全等级越低，爆破时引爆瓦斯、煤尘的可能性就越大。

3.1.6 现场混装炸药

1. 现场混装炸药技术的发展

现场混装炸药，也称散装炸药或无包装炸药。民用炸药现场混装技术的发展，大约开始于30年前。20世纪70年代中期，现场混装铵油炸药及其装药车首先出现在一些工业与矿业技术发达国家的大型露天矿山。1980年前后，现场混装浆状炸药装药车投入工业应用，但由于乳化炸药的随后迅速崛起，现场混装浆状炸药很快被混装乳化炸药技术取代。

20世纪80年代中期，美国IRECO公司在世界上首次研究成功了露天现场混装乳化炸药技术，装药车装载硝酸铵水溶液（保温）等炸药原料，到爆破现场后制备可泵送乳化炸药，应用于露天矿山大直径炮孔装药爆破作业，成为第一代露天现场混装乳化炸药技术。在矿山爆破作业现场附近建设固定式地面站，制备乳化炸药的水相、油相原料溶液和其他添加剂，然后将这两相热溶液和添加剂分别泵入或装入装药车上相应的保温料仓，装药车驶入爆破作业现场后，在车上制备乳胶基质并装填炮孔。第一代现场混装乳化炸药技术的装药车上，车制乳胶基质的现场化学敏化必须在温度高于40 ℃时进行，低于此温度时，敏化速度太慢，不能满足现场混装使用要求。此外，车载乳胶基质制备系统的工况条件恶劣，制备出的乳胶基质质量波动较大，甚至达不到基本的技术要求，直接影响装药车的综合作业效率，因此在一定程度上限制了现场混装乳化炸药技术优越性的发挥。

大约在20世纪80年代末，ICI炸药公司率先发展了新的第二代露天现场混装乳化炸药技术。90 年代初，乳胶基质在 40 ℃以下的化学敏化成药技术开发成功，可以在常温和低温下快速敏化成药。基于此项技术突破，以 ICI 炸药公司为代表的多家炸药公司，在整个 90 年代，先后致力于采用安全有效的化学敏化新技术，使非爆炸性乳胶基质在炮孔内快速敏化成为乳化型爆破剂，从而研究成功了全新的“地下现场混装乳化炸药技术及其装药车”。同样基于乳胶基质常温和低温下快速敏化成药技术、“乳胶基质远程配送”技术概念的提出及其发展，更加值得关注。目前，现场混装铵油炸药及其装药车、露天现场混装乳化炸药及其装药车，已经得到广泛应用；第二代露天现场混装乳化炸药技术，在不同国家和地区已经或正在取代第一代技术；“地下现场混装乳化炸药技术及其装药车”“乳胶基质远程配送”技术系统的应用与发展，更适用于地下和露天爆破装药作业，使乳化炸药获得了更加广泛的应用。

2. 现场混装乳化炸药的技术先进性

现场混装乳化炸药技术采用可泵送乳胶基质，80%～90% 的组分是硝酸铵等硝酸盐，所泵送的乳胶体在泵送喷出过程中才与敏化剂混合，当乳胶混合体装填到炮孔内 10～20 min后，敏化反应才能完成，符合“本质安全”要求。乳胶体真正被敏化成乳化炸药后才具有可被起爆体引爆的爆炸性，在此前还不是炸药，不能被引爆，因此装填炸药的安全性大大提高；同时由于运输和储存过程中都是不能被引爆的乳胶体，也相应改善了炸药运输和储存的安全性。

现场混装乳化炸药技术的发展和应用，还可减少爆破作业对环境的不良影响，提高地下爆破作业效率。现代民用炸药组分中含有大量硝酸铵、硝酸钠等硝酸盐，它们易溶于水，生成铵、硝酸根和钠离子（NH_3^+、NO_3^-、Na^+），而铵离子、硝酸根离子释放出氮（N），形成对某些植物或微生物生长不利的富营养物质。现场混装乳化炸药技术减少了乳胶基质半成品在运输、储存和使用过程中的泄漏，而乳胶基质本身的油包水（W/O）结构也可阻止硝酸盐溶于水，基本上消除了民用炸药对环境的直接污染。

与铵油、硝化甘油炸药比较，乳化炸药的有毒气体、特别是含氮炮烟排放量少得多。现场混装乳化炸药爆破炮烟中 CO 和氮氧化物含量大幅度减少，氮氧化物生成量仅为粉状硝铵类炸药的 1/4。此外，在隧道掘进中采用现场混装乳化炸药技术，整个断面所有炮孔都可以装填乳化炸药，改变以前在周边孔装填传统光面炸药的做法，最大限度减少爆破有毒气体生成量。

3. 乳化炸药现场混装技术与设备

研制和应用露天与地下现场混装乳化炸药技术，即由装药车装载炸药原料或半成品驶入爆破作业现场后用车载系统将其连续制备成炸药，并完成炮孔装填，实现采掘爆破的机械化、高效率作业，最大限度地提高炸药制备、运输和使用安全性，已成为当前现场混装炸药的发展方向。

可泵送的乳化炸药现场装填设备包括地面供应站和泵送装药小泵组两部分。地面供应站由一个或多个储存料槽组成，提供乳胶体和敏化剂。泵送装药机上有乳胶体和敏化剂两个小型泵组料罐，由气动装药泵送系统按比例将乳胶体和敏化剂泵入装药软管中。其中敏化剂由乳胶体泵带动的敏化剂小泵输送到装药软管内壁起到输送润滑作用，然后在喷嘴处使乳胶体和敏化剂进行充分混合，混合后的药剂以 15～20 kg/min 速度从炮孔底部往炮孔口装填，刚注入炮孔内的药剂还不是炸药，在 10～15 min 内完成敏化反应后才能成为可被起爆体引爆的乳化炸药。在装填炸药前先用装药软管把起爆体推送到炮孔底部，然后从孔底向外注入药剂，同时自动将输药管推出孔外。现场混装乳化炸药过程如图 3-2 所示。

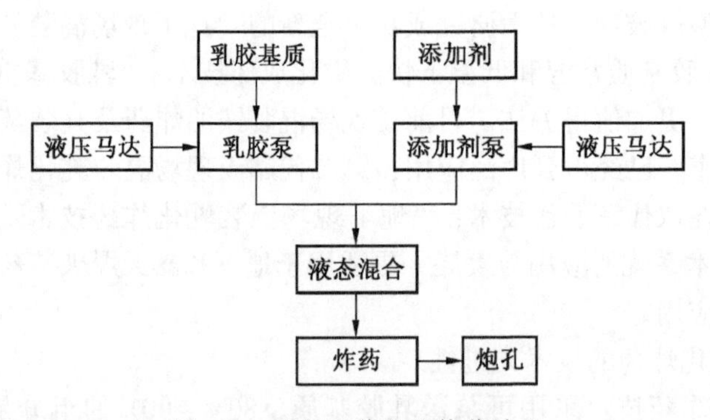

图 3-2　现场混装乳化炸药过程

1997 年以来，澳大利亚 Orica 公司、德国 EPG 集团公司、挪威 Dyno Nobel 公司、南非 AECL 公司、原北京矿冶研究总院，先后公开报道了各自的“现场混装乳化炸药装药车”。虽然这些“装药车”的外观、型号甚至名称各有不同，但它们的系统组成和核心技术是基本相同或相似的。该系统的主要组成包括：一个可储存非爆炸性乳胶基质的可移动式储箱，一台体积计量泵，发泡剂、润滑水输送泵及相应的储罐，两根将乳胶基质装入炮孔的软管，一台监控系统工作参数与运转安全的可编程控制器（PLC）。

针对矿山、隧道和其他地下工程中的主要爆破作业类型，可采用不同类型的自行式车辆底盘，主要研发了两种现场混装乳化炸药装药车：

（1）现场混装系统，该系统无自行底盘，主要用于小断面巷道或隧道掘进。Orica 公司的 MiniPump 现场混装系统的技术参数和设备如图 3-3 所示。

项目	指标
装药量	650 kg
总质量	1350 kg
单台泵装药速率	15 kg/min
装药软管（内径×长）	15 mm×80 m
外形尺寸（长×宽×高）	1.2 m×1.2 m×1.6 m
装填孔径	25~62 mm
压气压力	600 kPa
单台泵压气消耗量	20 L/min
添加剂箱	3×20 L

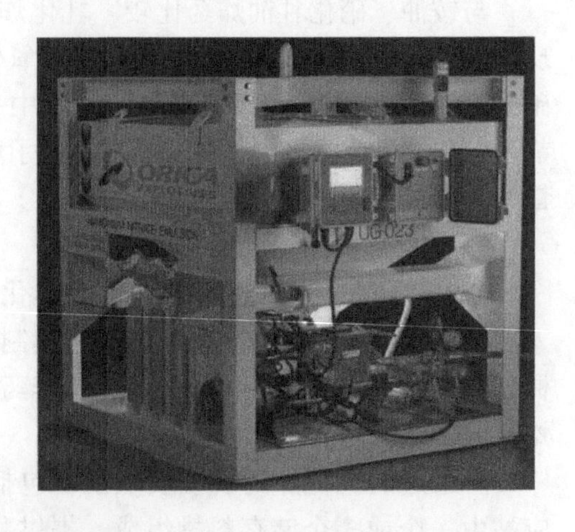

图 3-3　MiniPump 现场混装系统

（2）普通工程车底盘装药车，主要用于隧道掘进和回采爆破作业，以及露天作业。

原北京矿冶研究总院 1999 年开始了 BCJ 系列“中小直径散装乳化炸药装药车”研制开发工作，已先后研制成功了 BCJ-1 ~ BCJ-4 四种型号的中小直径乳化炸药现场混装车，填补了我国在这一技术领域的空白。其中，BCJ-1 主要用于铁路、公路大中型断面的隧道掘进爆破作业；BCJ-2 主要用于特大型、大型硐库开挖爆破作业；BCJ-3 主要用于中小型露天矿山和采石场爆破作业；BCJ-4 主要用于地下矿山巷道掘进和采场回采爆破作业。

BCJ-1 型装药车选用工程系列汽车吊底盘，经改造后配置装药系统而成，如图3-4 所示。作为一种专用工程车辆，主要适用于铁路、公路隧道、水工隧洞掘进爆破装药作业。该型装药车选用国产低污染柴油发动机驱动，装药作业设计配置了两套的液压动力系统，一套是直接从发动机取力的柴油发动机-液压系统，另一套为电动机-液压系统。装药系统操作由 PLC 控制，根据爆破设计要求，自动完成每个炮孔的装药作业循环。

BCJ-1 型装药车（图 3-4）的技术参数：

图 3-4　BCJ-1 型装药车

装药参数：乳胶基质料仓容积 600~1000 kg；装药速率 15~20 kg/min；装填炮孔直径 35~90 mm；现场混装乳化炸药密度 0.95~1.25 g/cm^3；爆速 4000~4600 m/s。

工作斗参数：最大作业高度 8~10 m；最大作业半径 5~6 m；最大荷载 3000 kN；回转角度 360°。

行驶参数：最高行驶速度 30km/h；最大爬坡度 12°；最小转弯半径 6.2 m。

3.2　起爆器材

为了利用炸药爆炸的能量，必须采用一定的器材和方法，使炸药按照工程需要，准确而可靠地发生爆轰反应。使炸药获得必要引爆能量所用的器材被称作起爆器材。爆破中使用的起爆器材主要有雷管、导爆索、导爆管、继爆管、导火索和起爆药柱（或起爆弹）等。

3.2.1　雷管

爆破工程通常采用雷管直接引爆炸药。雷管有火雷管、电雷管、非电导爆管雷管等。

1. 火雷管

火雷管是一种最简单、最便宜的起爆器材。火雷管的起爆过程是通过火焰来引爆雷管中的起爆药，使雷管爆炸，再激起炸药的爆炸。火雷管由管壳、起爆药、加强药和加强帽组成，如图 3-5 所示。

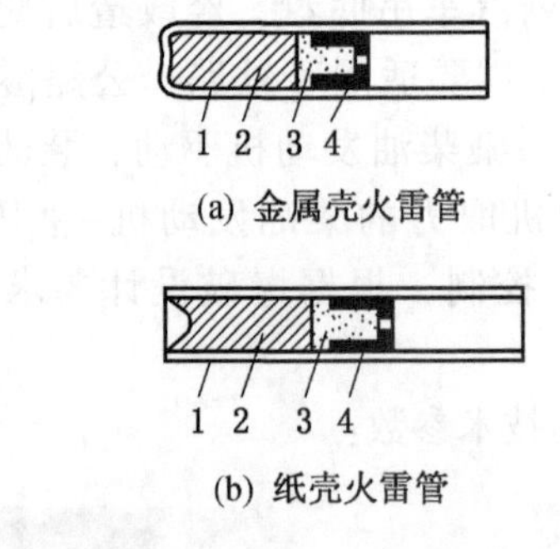

(a) 金属壳火雷管

(b) 纸壳火雷管

1—管壳；2—加强药；3—起爆药；4—加强帽

图 3-5　火雷管构造

（1）管壳。通常用金属（铜、铝、铁）、纸或塑料制成圆管状，使雷管各部分连成一个整体。管壳具有一定的机械强度，可以保护起爆药和加强药不直接受到外部能量的作用，同时又可为起爆药提供良好的封闭条件。金属管壳一端开口供插入导火索，另一端封闭，冲压成聚能穴（图 3-5a），起定向增加起爆能力的作用。纸管壳则为两端开口，先将加强药一端压制成圆锥形状或半球形凹穴，再在凹穴表面涂上防潮剂（图3-5b）。

（2）起爆药和加强药。起爆药是火雷管组成的关键部分，它在火焰作用下发生爆轰。我国目前采用二硝基重氮酚（DDNP）做起爆药。通常的起爆药虽敏感，但爆炸威力低，为使雷管爆炸后有足够的爆炸能起爆炸药，雷管中除装起爆药外，还装有加强药，加强雷管的起爆能力。加强药一般采用猛炸药装填，我国火雷管中加强药分二次装填，头遍药压装钝化黑索金，钝化目的是降低机械感度和便于成型。二遍药是未经钝化处理的黑索金，其目的是提高感度，容易被起爆药引爆。

（3）加强帽。它是中心带有直径 1.9~2.1 mm 小孔的金属（钢或铁镀铜）罩。其中间的小孔为传火孔，导火索产生的火花通过小孔点燃起爆药。加强帽可以起到防止起爆药飞散掉落及阻止爆炸产物飞散，维持爆炸产物压力，加强起爆能力的作用。同时，也能起到防潮作用和提高压药使用时的安全性。

2. 电雷管

电雷管即利用电能引爆的一种雷管。其结构主要由一个电点火装置和一个火雷管组合而成。常用的电雷管品种有瞬发电雷管、延期电雷管以及特殊电雷管等。延期电雷管又分为秒延期电雷管和毫秒电雷管（又称毫秒延期电雷管）。

（1）瞬发电雷管，是在起爆电流足够大的情况下通电即爆的电雷管。结构上分药头式和直插式两种。药头式（图 3-6b）的电点火装置包括脚线（国产电雷管采用多股铜线或镀锌铁线用聚氯乙烯绝缘）、桥丝（有康铜丝和镍铬丝）和引火药头；直插式（图 3-6a）的电点火装置没有引火药头，桥丝直接插入起爆药内，并取消加强帽。

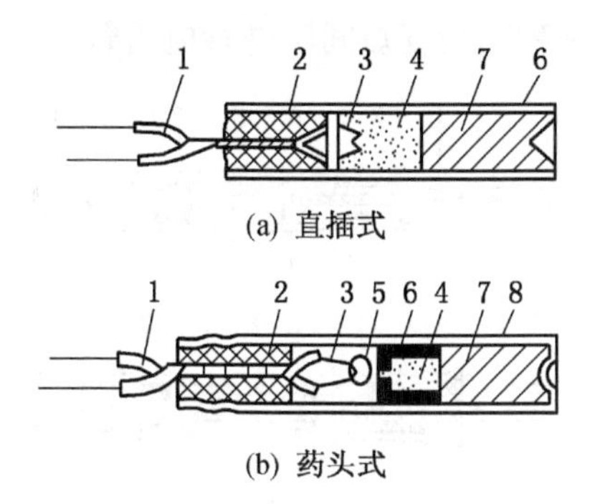

1—脚线；2—密封塞；3—桥丝；4—起爆药；5—引火药头；
6—加强帽；7—加强药；8—管壳
图 3-6 瞬发电雷管

电雷管作用原理：电流经脚线流经桥丝，由电阻产生热能点燃引火药头（药头式）或起爆药（直插式）。一旦引燃后，即使电流中断也能使起爆药和加强药爆炸。

（2）秒延期电雷管，又被称为迟发雷管，即通电后要经数秒延时后才发生爆炸。其结构（图 3-7）特点是，在瞬发电雷管的点火药头与起爆药之间，加了一段精制的导火索作为延期药，依靠导火索的长度控制秒量的延迟时间。国产秒延期电雷管分 7 个延迟时间组成系列。这种延迟时间的系列，称为雷管的段别，即秒延期电雷管分为 7 段，其规格列于表 3-6 中。

表 3-6 国产秒延期电雷管的延迟时间

雷管段别	1	2	3	4	5	6	7
延迟时间/s	≤0.1	1.0±0.5	2.0±0.6	3.1±0.7	4.3±0.8	5.6±0.9	7±1.0
标志（脚线颜色）	灰蓝	灰白	灰红	灰绿	灰黄	黑蓝	黑白

秒延期电雷管分整体壳式和两段壳式。整体壳式是由金属管壳将点火装置、延期药和普通火雷管装成一体，如图 3-7a 所示；两段壳式的电点火装置和火雷管用金属壳包裹，中间的精制导火索露在外面，三者连成一体，如图 3-7b 所示。包在点火装置外面的金属壳在药头旁开有对称的排气孔，其作用是及时排泄药头燃烧所产生的气体。为了防潮，排气孔用蜡纸密封。

（3）毫秒延期电雷管，又称毫秒电雷管。通电后经毫秒量级的间隔时间延迟后爆炸，延期时间短且精度高。使用氧化剂、可燃剂和缓燃剂的混合物做延时药，并通过调整其配比达到不同的延时间隔。国产毫秒电雷管的结构有装配式（图 3-8a）和直填式（图 3-8b）。

国产毫秒雷管的延期药多用硅铁 FeSi（还原剂）和铅丹 Pb_2O_4（氧化剂）的机械混合物（两者比例为 3∶1），并掺入适量（0.5%～4%）的硫化锑（缓燃剂）用以调整药剂的燃速。为便于装药，常用酒精、虫胶等作黏合剂造粒。部分国产毫秒电雷管各段别延期时间见表 3-7，其中第一系列为精度较高的毫秒电雷管；第二系列是目前生产中应用最广泛的一种；第三、四系列，段间延迟时间为 100 ms、300 ms，实际上相当于小秒量秒延期电雷管；第五系列是发展中的一种高精度短间隔毫秒电雷管。

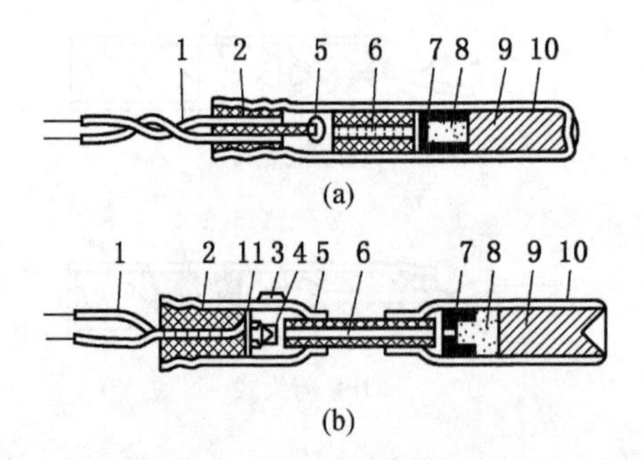

1—脚线；2—密封塞；3—排气孔；4—引火药头；5—点火部分管壳；6—精制导火索；
7—加强帽；8—起爆药；9—加强药；10—普通雷管部分管壳；11—纸垫

图 3-7　秒延期电雷管

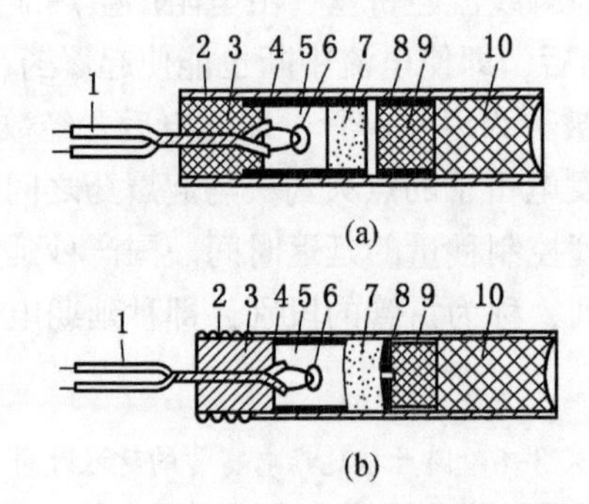

1—脚线；2—管壳；3—塑料塞；4—长内管；5—气室；
6—引火药头；7—压装延期药；8—加强帽；9—起爆药；10—加强药

图 3-8　毫秒延期电雷管

表 3-7　部分国产毫秒电雷管的延期时间　ms

段别	第一系列	第二系列	第三系列	第四系列	第五系列
1	<5	<13	<13	<13	<14
2	25±5	25±10	100±10	300±20	10±2
3	50±5	50±10	200±20	600±40	20±3
4	75±5	75±1520	300±20	900±50	30±4
5	100±15	100±15	400±30	1200±60	45±6
6	125±5	150±20	500±30	1500±70	60±7
7	150±5	200±2025	600±40	1800±80	80±10
8	175±5	250±25	700±40	2100±90	110±15
9	200±5	310±30	800±40	2400±100	150±20
10	225±5	380±35	900±40	2700±100	200±25
11		460±40	1000±40	3000±100	
12		550±45	1100±40	3300±100	

表 3-7（续） ms

段别	第一系列	第二系列	第三系列	第四系列	第五系列
13		655±50			
14		760±55			
15		880±60			
16		1020±70			
17		1200±90			
18		1400±100			
19		1700±130			
20		2000±150			

（4）抗杂散电流电雷管。因电器设备或导线的漏电或大容量设备产生的感应电流，使地层或金属设备、管道带电，常称为杂散电流。当爆破地点存在杂散电流时，普通电雷管会有误爆的危险。在这种条件下，应当使用抗杂散电流电雷管。抗杂散电流电雷管主要有以下几种形式：

①无桥丝电雷管。在电雷管的电点火元件中取消桥丝，使脚线直接插在点火药头上，点火药中加入一定导电成分，当脚线两端电压较小时，点火药电阻很大，电流很小，点火药升温小，不足以引起点火药燃烧；当电压很大时，电流很大，点火药电阻减小，点火药升温高，被点燃，雷管被引爆。这种雷管在杂散电流影响下不会被引爆。此外，还有利用电极的高压放电来点燃的无桥丝电雷管。

②低阻率桥丝电雷管。这种雷管桥丝电阻较低，增大桥丝直径或长度，只有大电流才能引爆雷管。

③电磁雷管。电磁雷管的脚线绕在一个环状磁芯上呈闭合回路，放炮时将单根导线穿过环状磁芯，用其两端接至高频发爆器，高频电流由环状磁芯产生感应电流引爆雷管。图3-9为由磁芯、接收器和点火回路组成的电磁雷管，这种雷管可用于水下遥控爆破。

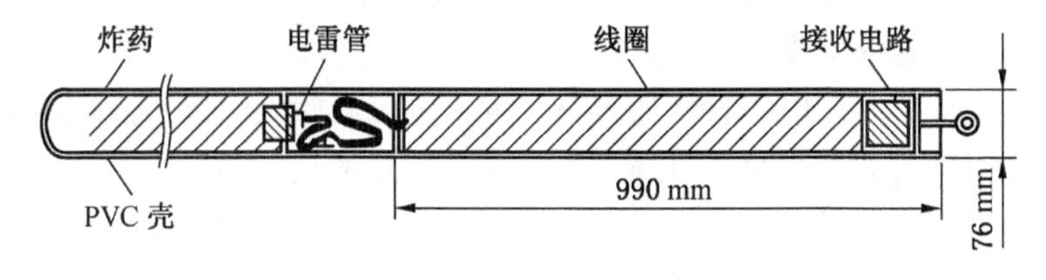

图 3-9 电磁雷管的组成

（5）无起爆药雷管。普通的工业雷管均装有对冲击、摩擦和火焰感度都很高的起爆炸药，常常使得雷管在制造、储存、装运和使用过程中产生爆炸事故。国内近年研制成功的无起爆药雷管，它的结构与原理和普通工业雷管一样，只是用一种对冲击和摩擦感度比常用的起爆药低的猛炸药来代替起爆药，大大提高了雷管在制造、储存、装运和使用过程中的安全性，而起爆性能并不低于普通工业雷管。国内目前生产的各种无起爆药雷管结构如图3-10所示。

（6）电雷管主要性能参数。为保证电雷管的安全准爆和进行电爆网路计算，需要确定

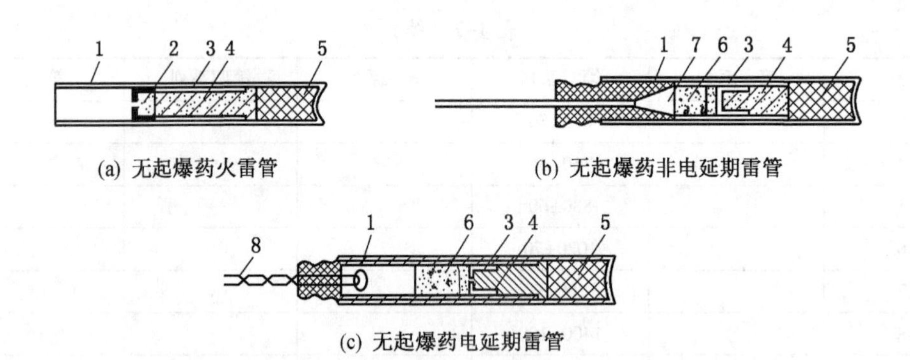

1—雷管壳；2—点火药；3—起爆元件；4—低密度猛炸药；
5—加强药；6—延期药；7—气室；8—脚线

图 3-10　无起爆药雷管结构

的主要性能参数有雷管电阻、最大安全电流、最小发火电流、雷管反应时间、发火冲能和雷管的起爆能力等。这些性能参数也是检验电雷管的质量，选择起爆电源和测量仪表的依据。

①电雷管全电阻。指每发电雷管的桥丝电阻与脚线电阻之和，它是进行电爆网路计算的基本参数。在设计网路的准备工作中，必须对整批电雷管逐个进行电阻测定，在同一网路中选择电阻值相等或近似的同批雷管。

②电雷管安全电流。也称最大安全电流，给电雷管通以恒定直流电，5 min 内不致引爆雷管的电流最大值。国产电雷管的最大安全电流，康铜桥丝为 0.3～0.55 A，镍铬合金桥丝为 0.125 A。按安全规程规定，取 30 mA 作为设计采用的最大安全电流值，故一切测量电雷管的仪表，其工作电流不得大于此值。爆破环境杂散电流的允许值也不应超过此值。

③最小发火电流。给电雷管通以恒定的直流电，能准确地引爆雷管的最小电流值，称为电雷管的最小发火电流，一般不大于 0.7 A。若通入的电流小于最小发火电流，即使通电时间较长，也不一定能引爆电雷管。

④电雷管的反应时间。电雷管从通入最小发火电流开始到引火头点燃的这一时间，称为电雷管的点燃时间 t_B；从引火头点燃开始到雷管爆炸的这一时间，称为传导时间 θ_B。t_B 与 θ_B 之和称为电雷管的反应时间。t_B 取决于电雷管的发火冲能的大小，合理的 θ_B 可为敏感度有差异的电雷管成组起爆提供条件。

⑤发火冲能。电雷管在点燃 t_B 时间内，每欧姆桥丝所提供的热能，称为发火冲能。在 t_B 内，若通过电雷管的直流电流为 I，则发火冲能为

$$K_B = I^2 t_B \tag{3-1}$$

发火冲能是表示电雷管敏感度的重要特性参数。一般用发火冲能的倒数作为电雷管的敏感度。设电雷管的敏感度为 B，则：

$$B = 1/K_B \tag{3-2}$$

式中　t_B——点燃时间，ms；

　　　I——通入电雷管电流，A。

国产部分电雷管的性能参数见表3-8。

表3-8 国产部分电雷管的性能参数

桥丝材料及直径/μm	引火头	桥丝电阻/Ω	最大安全电流/A	最小发火电流/A	额定发火冲能/(A^2·ms)		桥丝熔化冲能/(A^2·ms)	传导时间/ms	20发准爆电流/A	制造厂家
					上限	下限				
康铜50	桥丝直插DDNP	0.76~0.94	0.03	0.35	12	—	37	2.6~5.1	—	抚顺11厂
康铜50	桥丝直插DDNP	0.73~0.98	0.35	0.425	19	9	56	2.1~4.9	—	阜新12厂
镍铬40	桥丝直插DDNP	—	0.125	0.2	3.2	2.2	15.4	2.2~7.2	—	开滦602厂
康铜50	桥丝直插DDNP	0.73~0.85	0.275	0.475	16.3	10.9	68	2.1~3.2	—	大同矿务局化工厂
康铜50	桥丝直插DDNP	0.8~1.2	0.35	0.45	15.7	10.9	54.4	2.2~2.4	—	淮南煤矿化工厂
康铜50	桥丝直插DDNP	0.65~0.90	0.35	0.425	16.3	10.9	46.2	2.2~2.5	—	徐州矿务局化工厂
猛白铜50	桥丝直插DDNP	0.79~1.14	0.325	0.425	13.2	8.4	45.6	—	—	淮北矿务局化工厂
康铜50	桥丝直插DDNP	0.69~0.91	0.275	0.45	18.7	9.5	66.6	2.6~5.2	1.8	淄博局525厂
镍铬铜40	桥丝直插DDNP	1.6~3.0	0.15	0.2	2.9	2	10.3	2.4~4.3	0.8	峰峰607厂

3. 非电导爆管毫秒雷管

导爆管毫秒雷管是用塑料导爆管引爆而延期时间以毫秒数量级计量的雷管。它的结构如图3-11所示。它与毫秒延期电雷管的主要区别在于：不用毫秒电雷管中的电点火装置，而用一个与塑料导爆管相连接的塑料连接套，由塑料导爆管的爆轰波来点燃延期药。部分国产非电导爆管雷管的性能参数见表3-9。

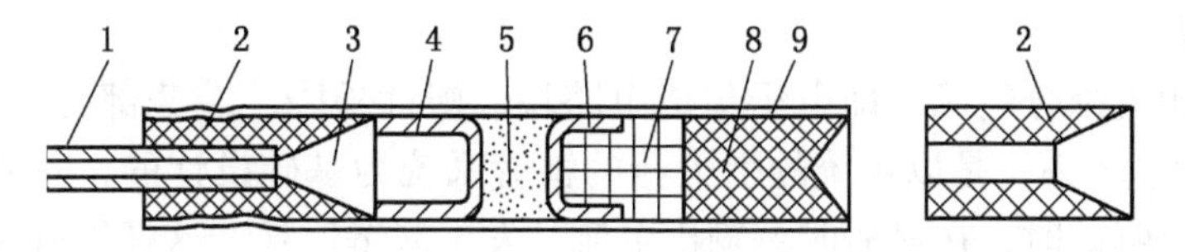

1—塑料导爆管；2—塑料连接套；3—消爆空腔；4—空信帽；
5—延期药；6—加强帽；7—起爆药；8—加强药；9—金属管壳

图3-11 导爆管毫秒雷管结构

表 3-9　部分国产非电导爆管雷管的性能参数　　ms

段别	第一系列	第二系列	第三系列	段别	第一系列	第二系列	第三系列
1	0	0	0	16	1020	375	400
2	25	25	25	17	1200	400	450
3	50	50	50	18	1400	425	500
4	75	75	75	19	1700	450	550
5	110	100	100	20	2000	475	600
6	150	125	125	21		500	650
7	200	150	150	22			700
8	250	175	175	23			750
9	310	200	200	24			800
10	380	225	225	25			850
11	460	250	250	26			950
12	550	275	275	27			1050
13	650	300	300	28			1150
14	760	325	325	29			1250
15	880	350	350	30			1350

高精度导爆管雷管是非电导爆管雷管的最新高端产品。该雷管采用双层导爆管聚乙烯高强塑料导爆管，具有±1 ms 以内误差延期时间精度和良好的抗拉、抗折及耐温耐水性能。可广泛适用于各种爆破工程中，由于可实现逐孔起爆，提高了爆破效率，改善了爆破效果。

4. 电子雷管

电子雷管，是一种可随意设定并准确实现延期发火时间的新型电雷管，具有雷管发火时刻控制精度高、延期时间可灵活设定两大技术特点。电子雷管的延期发火时间，由其内部的一只微型电子芯片控制，延时控制误差达到微秒级。雷管的延期时间在爆破现场由爆破员设定，并在现场对整个爆破系统实施编程。电子爆破系统延期时间以 1 ms 为单位，可在 0~8000 ms 范围内为每发雷管任意设定延期时间。

(1) 电子雷管的组成及特点。电子雷管的起爆能力与 8 号雷管相同，其外形尺寸与瞬发雷管一样，只是雷管的长度尺寸是统一的。雷管的段别（延期时间）在其装入炮孔并组成起爆网路后，用编码器自由编程设定。电子雷管与传统延期雷管的根本区别是管壳内部的延期结构和延期方式。电子雷管内引火头前面的电子延期芯片取代了电和非电雷管引火头后面的延期药。

电子雷管由五部分组成，即电子集成电路块、塑性外壳、装药部分、电缆和连接器，如图 3-12 所示。该系统是以传统的引火药的雷管系统为基础设计的，具有两个延期定时开关。当要进行爆破时，在最后时刻输出电流，发出起爆信号，这样以确保工作面在电子系统发出起爆信号后才准确起爆，起爆时先释放出电容中电流，点热引火头桥丝，接着引爆雷管。

电子雷管生产过程中，在线计算机为每发雷管分配一个识别（ID）码，打印在雷管的

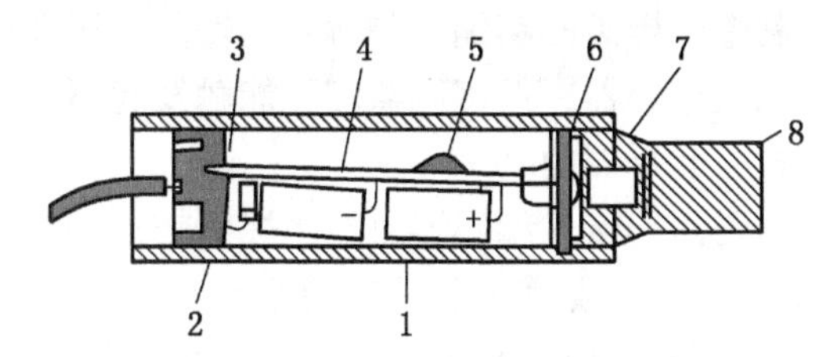

1—壳体；2—管塞；3—导线；4—PCB；5—集成电路块；
6—电桥开关；7—引火头；8—装药部分

图 3-12 电子雷管

标签上并存入产品原始电子档案。ID 码是雷管上可以见到的唯一标志，在其投入使用时，编码器对其予以识别。依据 ID 码，电子雷管计算机管理系统可以对每发雷管实施全程管理，直至完成起爆使命。此外，管理系统还记录了每发雷管的全部生产数据，如制造日期、时间、机号、元器件号和购买用户等，有利于在流通过程中示踪管理。

电子雷管具有下列技术特点：

①电子延时集成芯片取代传统延期药，雷管发火延时精度高，准确可靠，有利于控制爆破效应，改善爆破效果；

②前所未有地提高了雷管生产、储存和使用的技术安全性；

③使用雷管不必担忧段别出错，操作简单快捷；

④可以实现雷管的国际标准化生产和全球信息化管理。

（2）电子雷管的起爆系统。电子雷管起爆系统基本上由三部分组成，即雷管、编码器和起爆器。

①编码器。编码器的功能，是在爆破现场对每发雷管设定所需的延期时间。具体操作方法：首先将雷管脚线接到编码器上，编码器会立即读出对应该发雷管的 ID 码；然后，爆破技术员按设计要求，用编码器向该发雷管发送并设定所需的延期时间。爆区内每发雷管的对应数据将按一定的格式存储在编码器中。

编码器首先记录雷管在起爆回路中的位置，然后是其 ID 码。在检测雷管 ID 码时，编码器还会对相邻雷管之间的连接、支路与起爆回路的连接、雷管的电子性能、雷管脚线短路或漏电与否等技术情况予以检测。对网路中每发雷管的这些检测工作只需 1 s，如果雷管本身及其在网路中的连接情况正常，编码器就会提示操作员为该发雷管设定起爆延期时间。

编码器可提供下列三种雷管延期时间设定模式：一是，输入绝对延时发火时间，在此模式下，操作员只需简单地按键设定每发雷管所想要的发火时刻。为帮助输入，编码器会显示相邻前一发已设定雷管的发火时刻。

二是，输入相邻雷管发火延时间隔，按这种输入模式，雷管的发火时刻设定方法与非电雷管地表延期回路相似，所选定的延期间隔加上其前一发雷管的发火时刻，即为该发雷管的发火时刻。编码器操作员可以随意设定 3 个间隔时间，因此很容易实现在一个炮孔内采用几段延期时间的雷管。

三是，输入延期段数，延期段数输入模式，编码器操作员只需为每发雷管设定一个号码，在起爆回路中雷管按其号码顺序发火，相邻号码雷管之间的延期间隔取 25 ms，或任何其他间隔时间，可以随意选择。

②起爆器。起爆器控制整个爆破网路编程与触发起爆。起爆器的控制逻辑比编码器高一个级别，即起爆器能够触发编码器，但编码器却不能触发起爆器，起爆网路编程与触发起爆所必需的程序命令设置在起爆器内。

起爆器通过双脚线与编码器连接，编码器放在距爆区较近的位置，爆破员在距爆区安全距离处对起爆器进行编程，然后触发整个爆破网路。起爆器会自动识别所连接的编码器，首先将它们从休眠状态唤醒，然后分别对各个编码器及编码器回路的雷管进行检查。起爆器从编码器上读取整个网路中的雷管数据，再次检查整个起爆网路，起爆器可以检查出每只雷管可能出现的任何错误，如雷管脚线短路、雷管与编码器正确连接与否。起爆器将检测出的网路错误存入文件并打印出来，帮助爆破员找出错误原因和发生错误的位置。

只有当编码器与起爆器组成的系统没有任何错误，且由爆破员按下相应按钮对其确认后，起爆器才能触发整个起爆网路。当出现编码器本身的电量不足时，起爆器会向编码器提供能量。整个网路内雷管的起爆编程可在 5 min 内完成。

（3）电子雷管及其起爆系统的安全性。电子雷管本身的安全性，主要决定于它的发火延时电路。传统延期雷管靠简单的电阻丝通电点燃引火头，而电子雷管的引火头点燃，通常除靠电阻、电容、晶体管等传统元件外，关键是还有一块控制这些元件工作的可编程电子芯片。电子点火芯片的点火安全度为传统电阻丝的点火安全度 1.0×10^5 倍。与传统电雷管相比，电子雷管受一个微型控制器的控制，该微型控制器只接受起爆器发送的数字信号。电子雷管及其起爆系统的发火体系是可检测的，且发火动作由程序完成。其编码器还具备测试与分析功能，可以对雷管和起爆回路的性能进行连续检测，会自动识别线路中的短路情况和对安全发火构成威胁的漏电（断路）情况，自动监测正常雷管和缺陷雷管的 ID 码，并在显示屏上将每个错误告知使用者。

3.2.2 导火索

导火索为点燃火雷管的配套材料，它能以较稳定的速度连续传递火焰，引爆火雷管。

1. 导火索的结构

导火索以粉状或粒状黑火药为芯药，直径为 2.2 mm 左右。芯药内有 3 根芯线，其作用是保证生产时装药均匀，并保证燃烧速度稳定。芯药外包缠内层线、内层纸、中层线、沥青、外层纸、外层线和涂料层，缠紧成索状（图 3-13），外径为 5.2~5.8 mm。包缠物的作用是防止油、水或其他物质侵蚀芯药，影响其燃速，既保证导火索柔软，使用方便，又防止芯药密度改变或断药，或在火焰到达雷管之前从导火索侧面喷火，减弱喷火强度等（喷火强度要求达到 40 mm）。因此，在加工或使用导火索时不能有弯折、损坏包缠的行为。

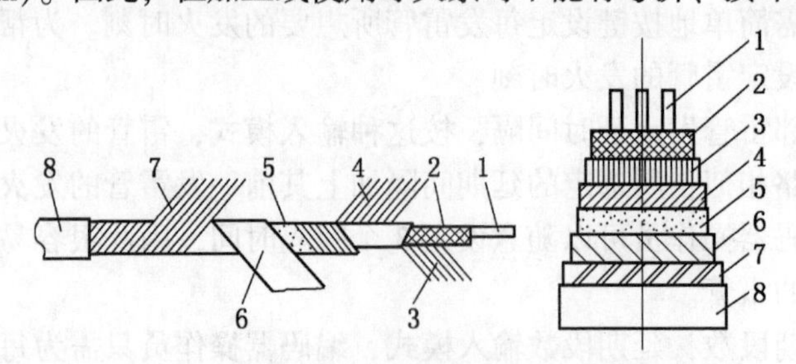

1—芯线；2—芯药；3—内层线；4—内层纸；5—中层线；
6—沥青；7—外层线；8—外层线和涂料层

图 3-13 导火索结构示意图

2. 导火索的性能

导火索的喷火强度和燃速，是保证火雷管起爆可靠、准确和安全的主要条件。国产普通导火索的燃速 100~125 m/s，它是一项重要的质量标准。燃速发生变化的导火索不得使用。导火索在燃烧过程中不得有断火、透火、外壳燃烧或爆燃等现象发生。

每盘导火索长度一般为 250 m。

3. 导火索质量检验的内容与方法

(1) 外观检查。导火索外观要均匀，无损伤、变形、发霉、油污、折痕、散头等现象，索头要有金属罩封严。

(2) 喷火强度试验。从待试导火索中，剪取长度为 100 m 的导火索 20 段做试样。

取一对试样，插入内径为 6~7 mm、长度为 150~200 mm、内壁干净的玻璃管的两端，中间相距 40 mm。点燃其中一段，当燃烧终了瞬间，喷出火焰，应将另一段喷燃。试验 10 次，均能满足要求时，导火索的喷火强度合格。

(3) 燃速测定。将一盘被试导火索两端索头剪去 5 cm，然后剪成 1 m 长索段 10 根，铺在地上，同时点燃一端，用电子秒表计时，并观察其燃烧情况；至另一端喷火时，记下导火索的燃烧时间。燃烧时间为每米 (100~125)s±10 s 为合格。

(4) 耐水性能试验。把一根导火索试样两端用防潮剂浸封，盘成直径小于 250 mm 的索卷，浸入 1 m 深的常温 (20±10)℃静水中，2 h 后取出擦去表面水分，剪去两端索头 50 mm，剩下部分按规定长度做燃速试验。凡经检验不符合规定标准的，一律不能使用。导火索起爆法是一种简单、廉价的起爆方法。它是利用导火索的燃烧产生的火花来引爆火雷管，再由火雷管的爆炸激发工业炸药爆炸。

4. 导火索起爆法

导火索起爆法，就是利用导火索的燃烧产生的火花来引爆火雷管，再由火雷管的爆炸激发工业炸药爆炸的起爆方法。

起爆雷管的组装。根据现场实际需要，将导火索切成一定长度的段。切割导火索所用刀具要锋利干净，不能有油污或锈蚀，避免弄脏芯药；切口不能斜，应当垂直轴线；切取长度应等于从炮孔内起爆药包处到孔口的长度加上孔外的一段附加长度，并要保证每段导火索的长度相等，不允许导火索的长度不足或长度不等。然后，将切好的导火索缓慢地插入火雷管内，直至紧密地接触加强帽为止，不允许转动。金属管壳火雷管，在距管口 5 mm以内用管钳将管口夹紧；纸壳火雷管，则用胶布固定，使导火索不能在雷管内转动或脱离。导火索起爆法的缺点是：在爆破工作面点火，安全性差；无法在起爆前用仪表检查起爆准备工作的质量，不能精确地控制起爆时间；导火索燃烧时，工作面存在有毒气体。介于以上缺点，导火索起爆法目前已趋于淘汰。

3.2.3 导爆索与继爆管

1. 导爆索

导爆索是以黑索金或泰安为药芯，以棉线、麻线或人造纤维为被覆材料的传递爆轰波的一种索状起爆器材。导爆索的结构与导火索相似，不同之处在于导爆索用黑索金或泰安做芯药，最外层表面涂成红色作为与导火索相区别的标志。根据使用条件不同，导爆索分为三类，分别为普通导爆索、安全导爆索、油井导爆索。普通导爆索是目前生产和使用最多的一种导爆索，它有一定的抗水性，能直接引爆工业炸药；安全导爆索爆轰时火焰很小，温度较低，不会引爆瓦斯和煤尘；油井导爆索专门用以引爆油井射孔弹，其结构与普通导爆索相似。为了保证在油井内高温、高压条件下的爆轰性能和起爆能力，油井导爆索增强了塑料涂层，并增大了索芯药量和密度。

普通导爆索质量标准：外表无严重损伤，无油污和断线；索头不散，并罩有金属或塑料防潮帽；外径不大于6.2 mm；能被工业雷管起爆，一旦被引爆能完全爆轰；用2 m长的导爆索能完全引爆200 g的TNT药块；在0.5 m深的静水中浸2 h，仍然传爆可靠；在50 ℃条件下保温6 h，外观及传爆性能不变；在-40 ℃条件下冷冻2 h，打水手结仍能被工业雷管引爆，爆轰完全。

当导爆索与铵油炸药配合使用时，应对导爆索做耐油试验，浸油时间和方法，可视具体的应用条件确定。一般是将导爆索卷解散，铺在铵油炸药上面，然后又铺置铵油炸药在导爆索上，压置24 h后，导爆索仍保持良好的传爆性能为合格。

导爆索爆速在6500 m/s以上，单纯的导爆索起爆网路中各药包几乎是齐发起爆。使用继爆管可以实现导爆索网络毫秒延期起爆。

2. 继爆管

继爆管的结构如图3-14所示，它基本上由消爆管和不带电点火器的毫秒延期雷管所构成。

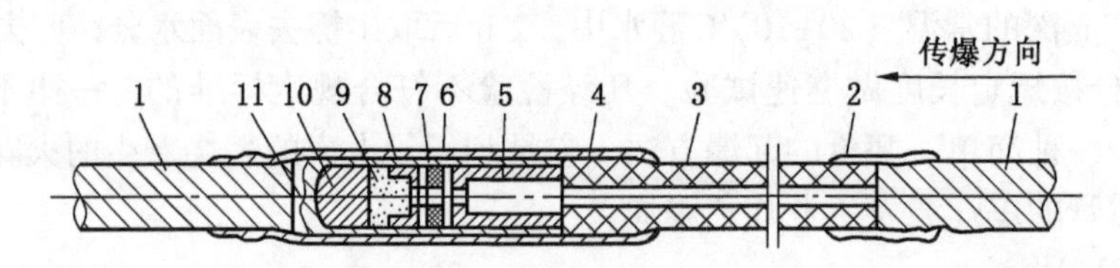

1—导爆索；2—连接管；3—消爆管；4—外套管；5—大内管；6—纸垫；
7—延期药；8—加强帽；9—起爆药；10—加强药；11—雷管壳

图3-14 继爆管结构

继爆管的工作原理是，首端（爆源方向）导爆索爆炸的冲击波和高温气体产物通过消爆管和大内管的气室后，压力和温度下降，形成一股热气流，它可以点燃延期药而又不致击穿延期药而发生早爆。经过若干毫秒时间间隔后，延期药引爆起爆药、加强药，从而引爆连接在尾端的导爆索。这样，两根导爆索之间经过一个继爆管后，就可以实现延迟一段爆轰时间。

单向继爆管首、尾两端的导爆索不可接错，否则会发生拒爆。双向继爆管消爆管两端都装有延期药和起爆药，呈对称结构，两个方向都可以传爆。在使用时不致因方向接错而发生拒爆事故。

3.2.4 导爆管与连通器具

导爆管是20世纪70年代初由瑞典诺列尔（Nonel）公司首先发明制造的一种新型传爆器材，具有安全可靠、轻便、经济、不受杂散电流干扰和便于操作等优点。它与击发元件、起爆元件和连接元件等部件组合成起爆系统，因为起爆不用电能，故称为非电起爆系统（瑞典又称Nonel起爆系统）。目前在我国冶金矿山、水电交通和城市拆除等工程中得到广泛的应用。

1. 导爆管的结构

导爆管是高压聚乙烯熔后挤拉出的空心管子，外径为（2.95±0.15）mm，内径为（1.4±0.1）mm，在管的内壁涂有一层很薄而均匀的高能炸药（91%的奥克托金或黑索金、9%的铝粉与0.25%~0.5%的附加物的混合物），药量为14~16 mg/m。

2. 导爆管传爆原理

当导爆管被击发后，管内产生冲击波，并进行传播，管壁内表面上薄层炸药随冲击波的传播而产生爆炸，所释放出的能量补偿冲击波在波动过程中能量的消耗，维持冲击波的强度不衰减。也就是说，导爆管传爆过程是冲击波伴随着少量炸药产生爆炸的传播过程，并不是炸药的爆轰过程。导爆管中激发的冲击波（导爆管传爆速度）以（1950±50）m/s的速度稳定传播，发出一道闪电似的白光，声响不大。冲击波传过后，管壁完整无损，对管线通过的地段毫无影响，即使管路铺设中有相互交叉或叠堆，也互不影响。

3. 塑料导爆管的性能

（1）起爆感度。工业雷管、普通导爆索等一切能够产生冲击波的起爆器材都可以激发塑料导爆管的爆轰。

（2）传爆速度。国产塑料导爆管的传爆速度一般为（1950±50）m/s，也有传爆速度为（1580±30）m/s的塑料导爆管。

（3）传爆性能。国产塑料导爆管传爆性能良好，一根长达数千米的塑料导爆管，中间不要使用中继雷管接力，或导爆管内的断药长度不超过15 mm时，都可正常传爆。

（4）耐火性能。火焰不能激发导爆管。用火焰点燃单根或成捆导爆管时，它只像塑料一样缓慢地燃烧。

（5）抗冲击性能。一般的机械冲击不能激发塑料导爆管。

（6）抗水性能。将导爆管与金属雷管组合后，具有很好的抗水性能，在水下80 m深处放置48 h还能正常起爆。若对雷管加以适当的保护措施，还可以在水下135 m深处起爆炸药。

（7）抗电性能。塑料导爆管能抗30 kV以下的直流电。

（8）破坏性能。塑料导爆管传爆时，不会损坏自身的管壁，对周围环境不会造成破坏。

（9）强度性能。国产塑料导爆管具有一定的抗拉强度，在50~70 N拉力作用下，导爆管不会变细，传爆性能不变。

总之，塑料导爆管具有传爆可靠性高、使用方便、安全性好等优点，而且可以作为非危险品运输。

连通器具的功能是实现导爆管到导爆管之间的冲击波传播。我国现用的连通器具多由连接块或多路分路器为主体构成。图3-15所示为由连接块为主体构成的连通器具。主发导爆管所连接的一个6号传爆雷管插入连接块中并用连接块上的两块活动的塑料卡子将主发导爆管夹住。这个传爆雷管四周可以紧贴四根被发导爆管。从主发导爆管传播来的冲击波在连接块内引爆传爆雷管，转而激发这4个被发导爆管。后者可以通到起爆雷管（孔内药包的），也可以通到另一个连接块。

图3-16所示为由多路分路器为主体构成的连通器具。它的作用原理跟连接块不一样。它不是通过传爆雷管，而是利用密闭容器中的空气冲击波来实现对被发导爆管的激发。通常一根主发导爆管可以通过一个多路分路器激发几根到几十根被发导爆管。

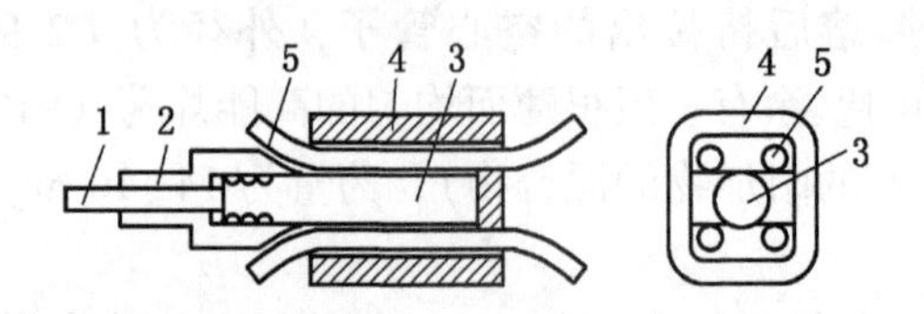

1—主发导爆管；2—连接块上的塑料卡子；3—传爆雷管；
4—接块主体；5—被发导爆管

图 3-15 由连接块构成的连通器具

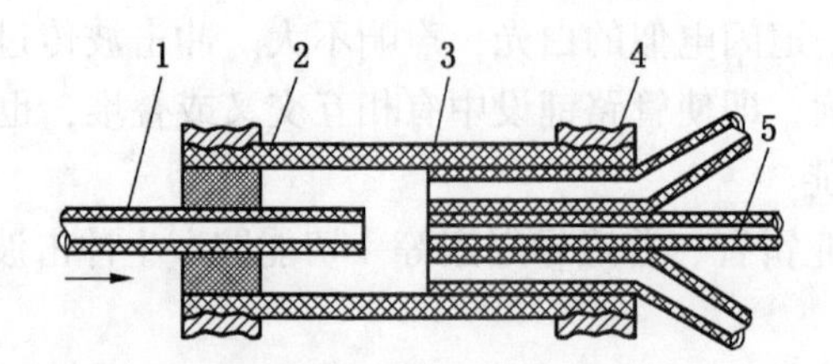

1—主发导爆管；2—塑料塞；3—壳体；4—金属箍；5—被发导爆管

图 3-16 由多路分路器为主体构成的连通器具

图 3-17 所示为塑料四通管连通器具。它的实质是用一根塑料四通管将四根导爆管（开口）夹紧，主发导爆管中的空气冲击波到达套管底端，然后反射回来并激发各被发导爆管。

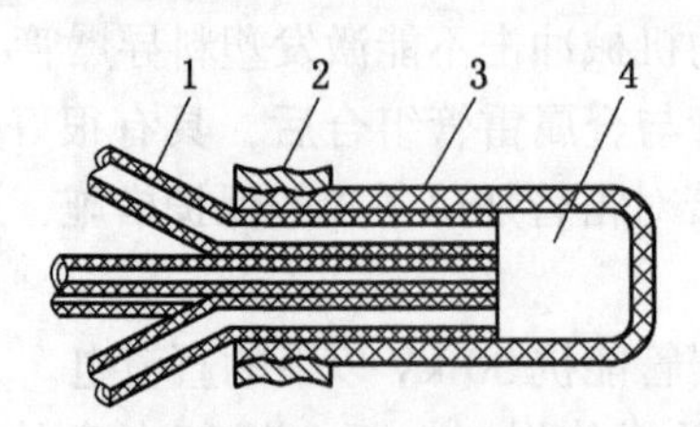

1—导爆管；2—金属箍；3—塑料套管；4—空气间隙

图 3-17 塑料四通管连通器具

3.3 起爆方法

利用起爆器材，并辅以一定的工艺方法引爆炸药的过程被称作起爆。起爆所采用的工艺、操作和技术的总和称作起爆方法。现行的起爆方法主要分成两大类：一类是电起爆法，另一类是非电起爆法。前者采用电能来起爆工业炸药，如电雷管起爆法等；后者采用非电的能量起爆工业炸药，如导火索起爆法、导爆索起爆法和导爆管起爆法等。

工程爆破中选用起爆方法时，要根据环境条件、炸药的品种、爆破规模、经济技术效果、是否安全可靠以及作业人员掌握起爆技术的熟练程度来确定。

3.3.1 电雷管起爆法

利用电雷管通电后起爆产生的爆炸能引爆炸药的方法称为电雷管起爆法。它是通过由电雷管、导线和起爆电源三部分组成的起爆网路来实施的。

1. 导线

根据导线在起爆网路中的不同位置，划分为脚线、端线、连接线、区域线（支线）和主线（母线）。

（1）脚线。雷管出厂就带有长 2 m、直径为 0.4~0.5 mm 的铜芯或铁芯塑料皮绝缘脚线。

（2）端线：是指用来接长或替换原雷管脚线，使之能引出炮孔口的导线，或用来连接同一串联组（即将炮孔内雷管脚线引出孔外的部分）。常用截面为 0.2~0.4 mm^2 多股铜芯塑料皮线。

（3）连接线：是指连接各串联组或各并联组的导线，常用截面为 1.6~2.5 mm^2 的铜芯或铝芯塑料线。

（4）区域线：是指连接线至主线之间的导线，常用截面为 6~35 mm^2 的铜芯或铝芯塑料线。

（5）主线：是指连接电源与区域线的导线。因它不在崩落范围内，一般用动力电缆或专设的爆破电缆，可多次重复使用。

2. 起爆电源

起爆电源是指引爆电雷管所用的电源。直流电、交流电和其他脉冲电源都可用作起爆电源，如干电池、蓄电池、照明线、动力线以及专用的发爆器等。煤矿常用的是防爆型发爆器和 220 V 或 380 V 交流电源。

（1）220 V 或 380 V 交流电源。交流电源对于起爆线路长、药包多、起爆网路复杂、准爆电流要求高的起爆是理想电源。设计网路时除注意电流、电压外，还应保证有足够的功率供给起爆网路。

（2）发爆器。最常见的是电容式起爆器，通过振荡电路将低压直流电变为高频交流电，经变压器升压后，再由二极管整流变为高压直流电对电容器充电，电压达到规定值时，接通开关向电爆网路放电起爆。因其所提供的电流有限，不足以起爆并联数较多的电爆网路，一般只用来起爆串联网路。部分国产电容式发爆器的性能指标列于表 3-10 中。

表 3-10　部分国产电容式发爆器的性能指标

型号	引爆能力/发	峰值电压/V	主电容量/μF	输出冲能/(A^2·ms)	供电时间/ms	最大外阻/Ω	生产厂家
MFB-80A	80	950	40×2	27	4~6	260	开封煤矿厂
MFB-100	100	1800	20×4	25	2~6	320	抚顺煤研所工厂
MFB-100/200	100	1800	20×4	24	2~6	340/720	奉化煤矿专用设备厂
MFB-100	100	1800	20×4	≥18	4~6	320	渭南煤矿专用设备厂
MFB-150	150	800~1100	40×3		3~6	470	淮南矿务局冶金厂
MFB-100	100	900	40×2	25	3~6	320	渭南专用设备厂
MFB-100	100	900	40×2	>30	3~6	320	沈阳新兴防爆电器厂
FR_{82}-150	150	1800~1900	30×4	>20	2~6	470	营口市有线电厂

3. 电雷管的准爆条件和准爆电流

爆破工程中，经常需要同时引爆许多电雷管，需要将电雷管按一定的连接方式一起引爆。由于每个电雷管的电性能参数存在差异，特别是桥丝电阻、发火冲能和传导时间的差异，电雷管的引爆必须满足一定的条件。

《爆破安全规程》明确规定，电爆网络流经每个雷管的电流应满足：一般爆破，交流电不小于2.5 A，直流电不小于2 A；硐室爆破，交流电不小于4 A，直流电不小于2.5 A。

对于串联电路，网路中所有雷管的起爆条件为最敏感的电雷管爆炸之前，最钝感的电雷管必须被点燃。即最敏感的电雷管的爆发时间τ_{min}。必须大于或等于最钝感电雷管的点燃时间t_{Bmax}。

$$\tau_{min} = t_{Bmin} + \theta_{min} \geqslant t_{Bmax} \tag{3-3}$$

式中 t_{Bmin}——最敏感电雷管的点燃时间；

θ_{min}——电雷管传导时间差异范围的最小值；

t_{Bmax}——最钝感电雷管的点燃时间。

直流电源起爆。若将以上准爆条件公式两边都乘以电流强度的平方，则有：

$$I^2 t_{Bmin} + I^2 \theta_{min} \geqslant I^2 t_{Bmax} \tag{3-4}$$

式中 $I^2 t_{Bmin}$、$I^2 t_{Bmax}$——感度最高和感度最低的电雷管的发火冲能。

准爆条件式可变化为

$$I_{DC} \geqslant \sqrt{\frac{K_{Bmax} - K_{Bmin}}{\theta_{min}}} \tag{3-5}$$

式中 I_{DC}——直流串联准爆电流；

K_{Bmax}——最钝感雷管的标称发火冲能；

K_{Bmin}——最敏感雷管的标称发火冲能；

θ_{min}——电雷管传导时间差异范围的最小值。

交流电源引爆。考虑交流电电流强度波动性，以及当在$\left(\frac{T}{2} - \frac{\theta}{2}\right) \sim \left(\frac{T}{2} + \frac{\theta}{2}\right)$期间通电时，电流的有效值最小，如图3-18所示，将最不利的情况代入串联准爆条件，得到交流电的串联准爆电流：

$$I_{AC} \geqslant \sqrt{\frac{K_{smax} - K_{smin}}{\theta_{min} \pm \frac{1}{\omega}\sin\omega \cdot \theta_{min}}} \tag{3-6}$$

式中 I_{AC}——交流串联准爆电流强度，A，此时，I_{AC}为交流电表所测的值。

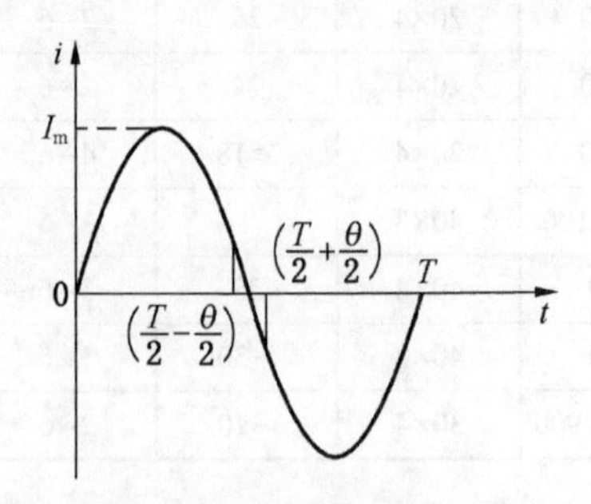

图3-18 交流电有效值最小时通电

4. 电爆网路的连接和计算

电爆网路的连接有串联、并联和串并联三种方式。

(1) 串联。串联网路的优点是网路简单，操作方便，易于检查，网路所要求的总电流小。串联网路总电阻为

$$R_0 = R_m + nr \tag{3-7}$$

式中 R_m——导线电阻；

r——雷管电阻；

n——串联电雷管数目。

串联总电流为

$$I = I_d = \frac{U}{R_m + nr} \geqslant I_{准} \tag{3-8}$$

式中 I_d——通过单个电雷管的电流；

U——电源电压。

当通过每个电雷管的电流大于串联准爆条件要求的准爆电流时，串联网路中的电雷管将全部被引爆。

由式 (3-8) 可看出，在串联网路中，要进一步提高做功能力，应当提高电源电压和减小电雷管的电阻，这样雷管数目可以相应地增大。

(2) 并联。并联网路的特点是所需要的电源电压低，而总电流大，常在立井爆破施工中采用。并联线路总电阻为

$$R_0 = R_m + \frac{r}{m} \tag{3-9}$$

式中 m——并联电雷管数目。

通过每一个电雷管的电流 I_d 为

$$I_d = \frac{I}{m} = \frac{U}{mR_m + r} \geqslant I_{准} \tag{3-10}$$

当此电流 I_d 满足准爆条件时，并联线路的电雷管将被全部引爆。

对于并联电爆网路，提高电源电压 U 和减小电阻 R_m 是提高起爆能力的有效措施。

采用电容式发爆器作爆破电源时，很少采用并联网路，因为电容式发爆器的特点是输出电压高、输出电流小，与并联网路的特点要求恰好相反。

如果用电容式发爆器作电源，采用并联网路时，应按下式进行设计计算：

$$K_\chi \geqslant m^2 K_{smax} \tag{3-11}$$

式中 K_χ——电容式发爆器的输出冲能；

m——并联电雷管数目；

K_{smax}——最钝感电雷管的标称发火冲能。

即

$$\frac{U^2C}{2R}\left(1 - e^{\frac{-2t}{RC}}\right) \geqslant m^2 K_{smax} \tag{3-12}$$

由于是并联线路，不存在串联准爆条件，不需用式 (3-4) 进行准爆条件验算，但应满足最钝感电雷管点燃时间小于放电电源降到最小发火电流时的放电时间这个条件。将此

条件并联网路等值电流 mI_0 和等值冲能 mK_{smax} 代入后为：

$$R \leqslant \frac{-K_{smax}+\sqrt{K_{smax}^2+\dfrac{I_0^2C^2U^2}{m^2}}}{I_0^2C} \tag{3-13}$$

（3）混合联。混合联是在一条电爆网路中，由串联和并联组合的混合联方法。它进一步可分为串并联和并串联两类。

串并联是将若干个电雷管串联成组，然后再将若干串联组又并联在两根导线上，再与电源连接，如图 3-19 所示。并串联一般是在每个炮孔中装两个电雷管且并联，再将所有炮孔中的并联雷管组又串联，而后通过导线与电源连接，如图 3-20 所示。

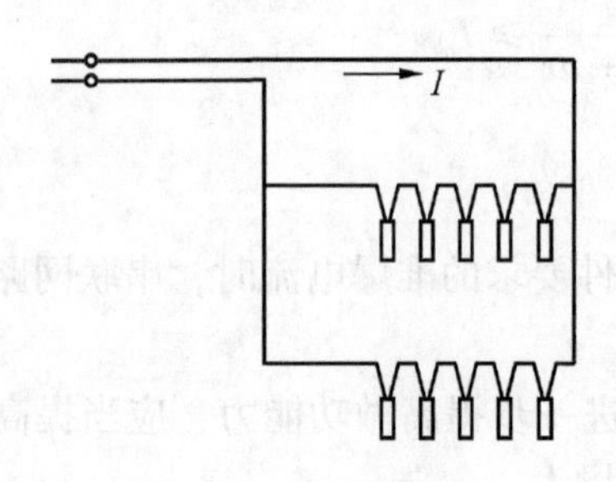

图 3-19　串并联网路

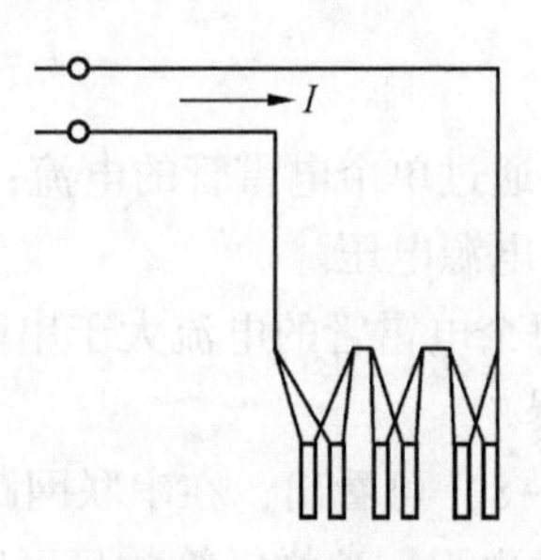

图 3-20　并串联网路

混联电爆网路的基本计算式如下：

网路总电阻：

$$R = R_m + \frac{n'r}{m'} \tag{3-14}$$

网路总电流：

$$I = \frac{U}{R_m + \dfrac{n'r}{m'}} \tag{3-15}$$

每个电雷管所获得的电流：

$$i = \frac{I}{m'} = \frac{U}{m'R_m + n'r} \geqslant I_{准} \tag{3-16}$$

式中　n'——串并联时，为一组内串联的雷管个数；并串联时，为串联组的组数；

m'——串联时，为一组内并联的雷管个数；串并联时，为并联组的组数。

其他符号意义同前。

在电爆网路中，电雷管的总数 N 是已知的，$N=m'n'$，即 $n'=\dfrac{N}{m'}$，将 n' 值代入式（3-16），得

$$i = \frac{m'U}{m'^2R_m + N_r} \tag{3-17}$$

为了能在电爆网路中满足每个电雷管均获得最大电流的要求，必须对混联网路中串联或并联进行合理分组。从式（3-17）可知，当 U、N_r 和 R_m 固定不变时，则通过各组或每

个电雷管的电流为 m' 的函数。为求得最合理的分组组数 m' 值，可将式（3-17）对 m' 进行微分，并令其值等于零，即可求得 m' 的最优值（此时电爆网路中，每个电雷管可获得最大电流值），即

$$m' = \sqrt{\frac{N_r}{R_m}} \tag{3-18}$$

计算后应取整数。

混联网路的优点是，具有串联和并联的优点，同时可起爆大量电雷管。在大规模爆破中，混联网路还可以采用多种变形方案，如串并并联、并串并联等方案。

5. 电雷管起爆法优缺点

电雷管起爆法使用范围十分广泛，无论是露天或井下、小规模或大规模爆破，还是其他工程爆破中均可使用。它具有其他起爆法所不及的优点如下：

（1）从准备到整个施工过程中，从挑选雷管到连接起爆网路等所有工序，都能用仪表进行检查；并且能按设计计算数据，及时发现施工和网路连接中的质量和错误，从而保证了爆破的可靠性和准确性。

（2）能在安全隐蔽的地点远距离起爆药包群，使爆破工作在安全条件下顺利进行。

（3）能准确地控制起爆时间和药包群之间的爆炸顺序，因而可保证良好的爆破效果。

（4）可同时起爆大量雷管等。

电雷管起爆法有如下缺点：

（1）普通电雷管不具备抗杂散电流和抗静电的能力。所以在有杂散电流的地点或露天爆破遇有雷电时，危险性较大，此时应避免使用普通电雷管。

（2）电雷管起爆准备工作量大，操作复杂，作业时间较长。

（3）电爆网路的设计计算、敷设和连接要求较高，操作人员必须要有一定的技术水平。

（4）需要可靠的电源和必要的仪表设备等。

6. 电雷管起爆法的操作要点

实践证明，接头不紧牢会造成整条网路的电阻变化不定，因而难以判断网路电阻产生误差的原因和位置。为了保证有良好的接线质量，应注意下述几点：

（1）接线人员开始接线应先擦净手上的泥污，刮净线头的氧化物、绝缘物，露出金属光泽，以保证线头接触良好；作业人员不准穿化纤衣服。

（2）接头牢固扭紧，线头应有较大接触面积。

（3）各个裸露接头彼此应相距足够距离，更不允许相互接触，形成短路，为防止接头接触岩石、矿石或落入水中，可应用绝缘胶布缠裹。

整条线路连接好后，应由专人按设计进行复核。

3.3.2 导爆索起爆法

导爆索起爆法，是利用一种导爆索爆炸时产生的能量去引爆炸药的一种方法，但导爆索本身需要先用雷管将其引爆。由于在爆破作业中，从装药、堵塞到连线等施工程序上都没有雷管，而是在一切准备就绪，实施爆破之前才接上起爆雷管，因此，施工的安全性要比其他方法好。此外，导爆索起爆法还有操作简单，容易掌握，节省雷管，不怕雷电和杂散电流的影响，在炮孔内实施分段装药爆破简单等优点，因而在爆破工程中被广泛采用。

实践证明，经水或油浸渍过久的导爆索，会失去接受和减弱传递爆轰的能力，所以在铵油炸药的药卷中使用导爆索时，必须用塑料布包裹，使其与油源隔离开，避免被炸药中的柴油浸蚀而失去爆轰性能。

导爆索传递爆轰波的能力有一定的方向性，顺传播方向最强。因此在连接网路时，必须使每一支路的接头迎着传爆方向，夹角应大于90°。

导爆索与导爆索之间的连接，应采用图3-21所示的搭结、水手结和T形结等方式。

图3-21 导爆索间的连接形式

因搭结的方法最简单，所以被广泛采用。搭接长度一般为10~20 cm，不得小于10 cm。搭接部分用胶布捆扎。有时为了防止线头芯药散失或受潮引起拒爆，可在搭接处增加一根短导爆索。

在复杂网路中，由于导爆索连接头较多，为了防止弄错传爆方向，可以采取三角形连接法。这种方法不论主导爆索的传爆方向如何，都能保证可靠起爆。

导爆索与雷管的连接方法比较简单，可直接将雷管捆绑在导爆索的起爆端，要注意使雷管的聚能穴端与导爆索的传爆方向一致。导爆索与药包的连接则可采用图3-22所示的方式，将导爆索的端部折叠起来，防止装药时将导爆索扯出。

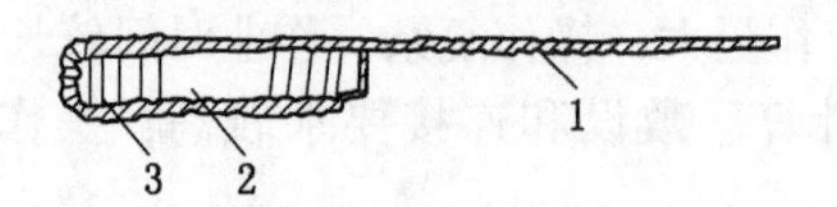

1—导爆索；2—药包；3—胶布

图3-22 导火索与药包连接

在敷设导爆索起爆网路时必须注意，凡传爆方向相反的两条导爆索平行敷设或交叉通过时，两根导爆索的间距必须大于40 cm。导爆索的爆速一般为6500~7000 m/s，因此，导爆索网路中，所有炮孔内的装药几乎同时爆炸。若在网路中接入继爆管，可实现毫秒延时爆破，从而提高导爆索网路的使用范围。

3.3.3 导爆管起爆法

导爆管起爆法具有操作简单轻便，使用安全可靠，能抗杂散电流、静电和雷电，原料广泛、运输安全等优点。但不能用仪表检测网路连接质量，不适用于有瓦斯与矿尘爆炸危险的矿山。

1. 导爆管起爆法网路组成及起爆原理

导爆管起爆法的主体是塑料导爆管。起爆网路由击发元件、传爆元件、连接元件和起爆元件组成。

(1) 网路组成。网路中的击发元件用来击发导爆管，击发元件有击发枪、电容击发器、普通雷管和导爆索等。现场爆破多用后两种。传爆元件由导爆管与非电雷管装配而成。在网路中，传爆元件爆炸后可击爆更多的支导爆管，传入炮孔实现成组起爆，如图3-23 所示。

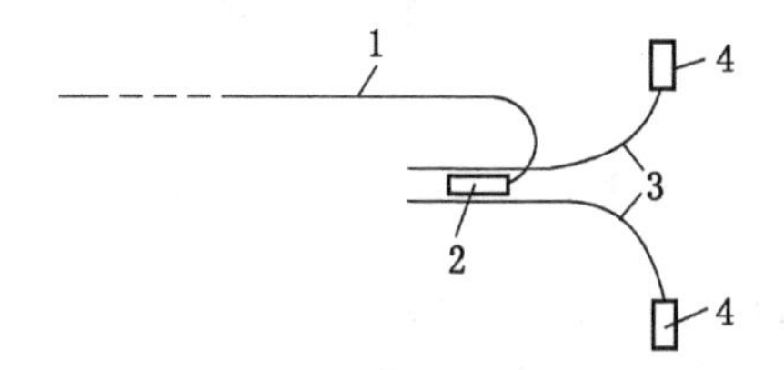

1—主导爆管；2—非电导爆管雷管；3—支导爆管；4—起爆雷管

图 3-23 传爆元件

起爆元件多用 8 号雷管与导爆管装配而成。根据需要，可用瞬发或延发非电雷管，它装入药卷，置于炮孔中起爆炮孔内的所有装药。

连接元件有塑料连接块，用来连接传爆元件与起爆元件。在爆破现场，塑料连接块很少被采用，多用工业胶布，既方便、经济，又简单可靠。

（2）起爆原理。主导爆管被击发产生冲击波，引爆传爆雷管，再击发导爆管产生冲击波，最后引爆起爆雷管和起爆炮孔内的装药。

2. 导爆管网路的连接形式

导爆管网路常用的基本连接形式有：

（1）簇联法。传爆元件的一端连接击发元件，另一端的传爆雷管外表周围簇联各支导爆管（即起爆元件），如图 3-24 所示。簇联支导爆管与传爆雷管多用工业胶布缠裹。

（2）串联法。导爆管的串联网路如图 3-25 所示，即把各起爆元件依次串联在传爆元件的传爆雷管上，每个传爆雷管的爆炸完全可以击发与其连接的分支导爆管。

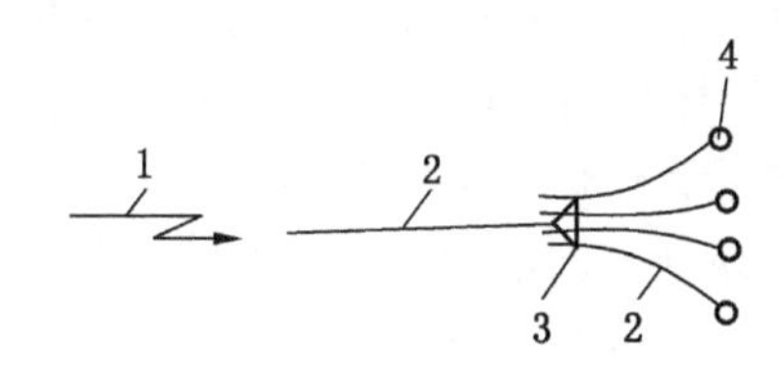

1—击发；2—导爆管；3—分流传爆元件；4—炸药包

图 3-24 导爆管簇联网路

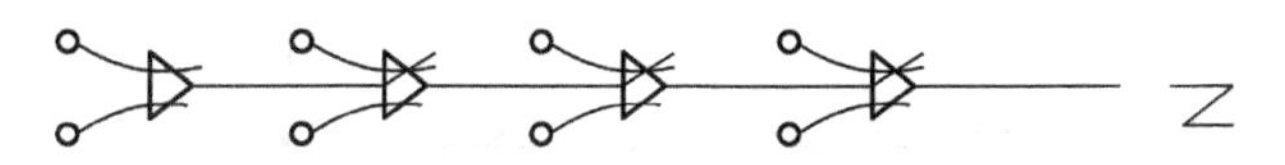

图 3-25 导爆管串联网路

（3）并联法。导爆管并联起爆网路的连接如图 3-26 所示。

（4）闭合环连接法。将串联网路连成闭合环形式，环内所联的分支雷管可受到来自两个方向的起爆冲击波。为了增加网络可靠性，环内可设搭桥辅助连接。

3. 导爆管起爆网路的延时

典型的导爆管网路，必须通过使用非电延期雷管才能实现毫秒延时爆破。导爆管起爆

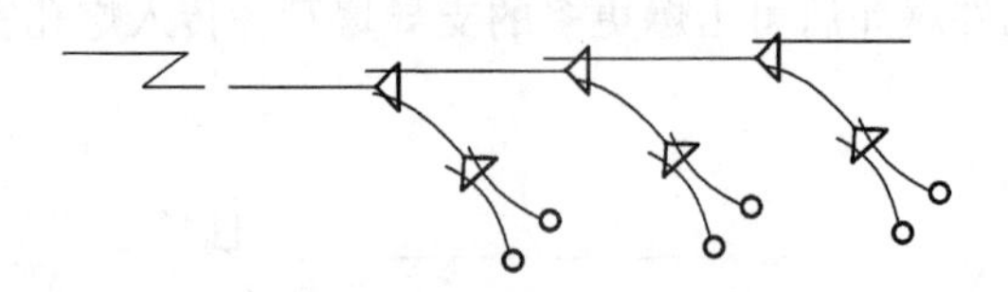

图 3-26　导爆管并联起爆网路

的延时网路，一般分为孔内延时网路和孔外延时网路。

（1）孔内延时网路。在这种网路中传爆雷管（传爆元件）全用瞬发非电雷管，而装入炮孔内的起爆雷管（起爆元件）是根据实际需要使用不同段别的延时非电雷管。当干线导爆管被击发后，干线上各传爆瞬发非电雷管顺序爆炸，相继引爆各炮孔中的起爆元件，通过孔内各起爆雷管的延期后，实现毫秒延时爆破。

（2）孔外延时网路。在这种网路中，炮孔内的起爆非电雷管用瞬发非电雷管，而网路中的传爆雷管按实际需要用延时非电雷管。孔外延时网路，生产上一般不用。

但必须指出，使用典型导爆管延期网路时，不论孔内延时和孔外延时，在配备延时非电雷管时和决定网路长度时，都必须遵照下述原则：网路中，在第一响产生的冲击波到达最后一响的位置之前，最后一响的起爆元件必须被击发，并传入孔内。否则，第一响所产生的冲击波有可能赶上并超前网路的传爆，破坏网路，造成拒爆，这是因为冲击波的传播速度大于导爆管的传爆速度造成的。

4. 导爆管与导爆索联合起爆网路

暴露着大量的传爆雷管的导爆管起爆网路，安全性和可靠性较差，存在产生拒爆的可能性。导爆管与导爆索联合起爆网路，广泛地应用于地下深孔落矿爆破和露天台阶深孔爆破中，其网路可靠，可实现毫秒延时起爆，连接简单，且安全性好。

导爆管与导爆索起爆网路由击发元件（火雷管）、传爆元件（导爆索）、连接元件（工业胶布等）和起爆元件（导爆管与非电延期雷管装配）四部分组成。传爆元件用导爆索，由于其传爆速度快，是导爆管传爆速度的 3 倍多，所有起爆元件可看成是同时被击发的，这给炮孔内的延期雷管实现延时起爆创造了良好的条件。第一响炮孔群爆破所产生的冲击波对后继响炮没有任何影响，因为所有后继炮孔群也同时被击发。导爆管与导爆索联合网路如图 3-27 所示。

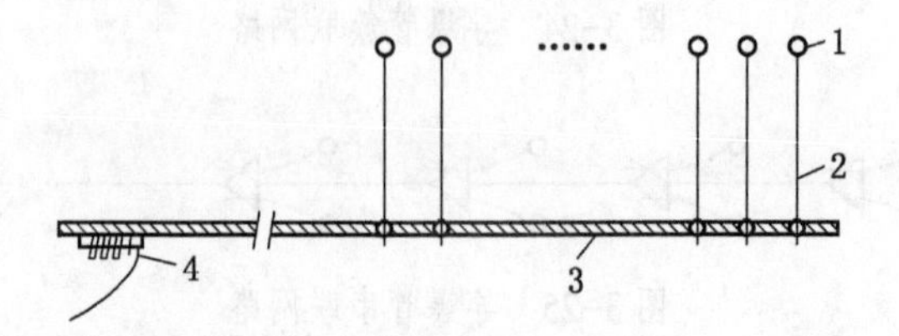

1—炮孔；2—导爆管起爆雷管；3—导爆索；4—雷管

图 3-27　导爆管与导爆索联合网路

5. 导爆管与电雷管联合起爆网路

拆除爆破中经常用到导爆管与电雷管联合起爆网路。下面介绍由电雷管引爆的复式闭合环导爆管网路。该网络中将导爆管雷管分别用四通连成两个独立的分片回路，每个分片连成复式闭合环，平行的两环间用四通多点搭桥联接形成导爆管复式多重闭合环网路；在闭合环网络中留下多个起爆点，采用主干线并串连电雷管起爆。这样，只要有一个起爆点、一根传爆导爆管有效爆轰，就会使整个网络可靠起爆。导爆管与电雷管联合起爆网路如图 3-28 所示。

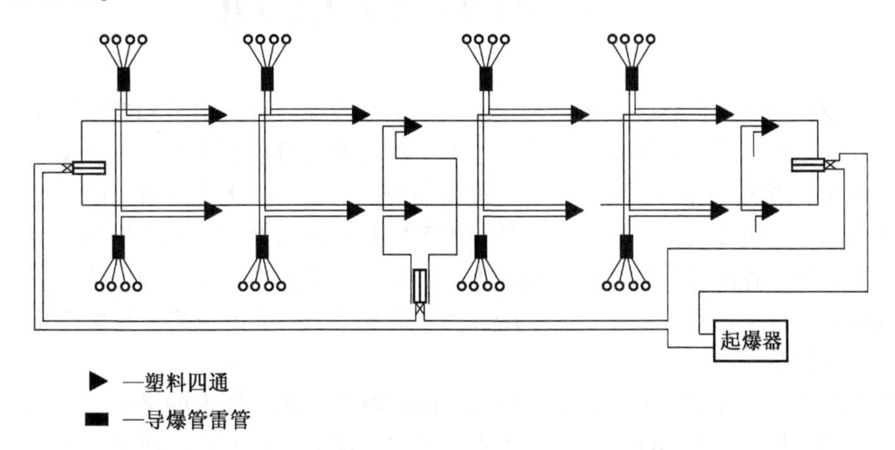

图 3-28　导爆管与电雷管联合起爆网路

复 习 思 考 题

1. 请叙述工业炸药的分类。工程爆破对工业炸药有什么要求？
2. 什么是铵油炸药？铵油炸药品种及用途。
3. 叙述工业雷管的分类及各自的优缺点。
4. 什么是导爆索？它有几种？
5. 什么是导爆管？什么是导爆管非电起爆系统？
6. 简要叙述起爆器材的检验方法。
7. 根据起爆原理和使用器材不同，起爆方法分几种？
8. 简述电雷管最小准爆电流、安全电流、点燃时间和传导时间的物理含义。
9. 电爆网路有哪几种连接方式？

4 岩石爆破机理

岩石爆破机理是现代爆破技术的理论基础，也是各种爆破新工艺和新方法发展的理论依据。在采矿工程、道路交通建设、水利水电工程以及其他土石方工程中，爆破是应用最为广泛、最为有效的一种破岩手段。为了提高爆破技术水平、优化爆破参数，必须了解岩石在爆破作用下的破碎机理、装药量的计算原理以及各种因素对爆破效果的影响。由于岩石是一种非均质、各向异性的介质，爆炸本身又是一个高温高压高速的变化过程，炸药对岩石破坏的整个过程在几十微秒到几十毫秒内就完成了，因此研究岩石爆破作用机理是一项非常复杂和困难的工作。

随着爆破理论研究的深入、相关科学发展的影响以及测试技术的进步，加之各类工程对爆破规模和质量要求的不断提高，极大促进了岩石爆破作用原理的研究，随着一些新的学说和理论体系的建立，出现了很多计算模型和计算公式。尽管这些理论成果还有待于完善，但它们基本上反映了岩石爆破作用中的基本规律，对爆破实践具有一定的指导意义和应用价值。

4.1 岩石的基本性质及其分级

4.1.1 岩石分类

岩石是长年地质作用的产物，是一种或几种矿物组成的天然集合体。岩石种类繁多，按其成因可分为：岩浆岩、沉积岩和变质岩三大类。另外，第四纪以来，由于风化、流水等自然现象和各种地质作用的结果，形成各种土壤堆积物，这些堆积物尚未硬结成岩，一般统称松散沉积物。

1. 岩浆岩

岩浆岩也称火成岩，是由埋藏在地壳深处的岩浆（主要成分为硅酸盐）上升冷凝或喷出地表形成的岩石。常见的岩浆岩有花岗岩、闪长岩、辉绿岩、玄武岩、流纹岩、火山角砾岩等。直接在地下凝结形成岩浆岩的称为侵入岩，按其所在地层深度可分为深成岩和浅成岩；喷出地表形成的岩浆岩称作火山岩，也称为喷出岩。

岩浆岩的特性与其产状和结构构造密切相关。侵入岩的产状多为整体块状，火山岩的整体性较差，常伴有气孔和碎屑。岩浆岩体由结晶的矿物颗粒组成，一般来说，结晶颗粒越细、结构越致密，则其强度越高、坚固性越好。

根据岩浆岩中二氧化硅含量、矿物成分、结构和产状的不同，可分为酸性岩、中性岩、基性岩。

2. 沉积岩

沉积岩也称水成岩，是地表母岩经风化剥离或溶解后，再经过搬运和沉积，在常温常压下固结形成的岩石。常见的沉积岩有石灰岩、砂岩、页岩、砾岩等。沉积岩的坚固性除与矿物颗粒成分、粒度和形状有关外，还与胶结成分和颗粒间胶结的强弱有关。从胶结成分来看，以硅质成分最为坚固，铁质成分次之，钙质成分和泥质成分最差。从颗粒间胶结强弱来看，组织致密、胶结牢固和孔隙较少的岩石，坚固性最好；而胶结不牢固，存在许多结构弱面和孔隙的岩石，坚固性最差。

按结构和矿物成分的不同，沉积岩又分为碎屑岩、黏土岩、化学岩及生物岩。

3. 变质岩

变质岩是由已形成的岩浆岩、沉积岩在高温、高压或其他因素作用下，其矿物成分和排列经某种变质作用而形成的岩石。一般来说，它的变质程度越高、矿物重新结晶越好、结构越紧密，坚固性越好。由岩浆岩形成的变质岩称为正变质岩，常见的有花岗片麻岩；由沉积岩形成的变质岩称为副变质岩，常见的有大理岩、板岩、石英岩、千枚岩等。

4.1.2 岩石基本性质

岩石的基本性质从根本上说取决于其生成条件、矿物成分、结构构造状态和后期的地质及气候作用。

1. 岩石的主要物理性质

用来定量评价岩石的物理力学性质的参数有很多，与爆破相关的主要参数有岩石的密度、重度、孔隙率、风化程度和波阻抗。

密度 ρ 指岩土的颗粒质量与所占体积之比。一般常见岩石的密度在 1100~3000 kg/m^3 之间。重度 γ 指包括孔隙和水分在内的岩土总重力与总体积之比。密度与重度相关，密度大的岩石其重度也大。随着重度（或密度）的增加，岩石的强度和抵抗爆破作用的能力也增强，破碎岩石和移动岩石所耗费的能量也增加。孔隙率指岩土中孔隙体积（气相、液相所占体积）与岩土的总体积之比。常见岩石的孔隙率一般在 0.1%~30%之间。随着孔隙率的增加，岩石中冲击波和应力波的传播速度降低。

岩石风化程度指岩石在地质内应力和外应力的作用下发生破坏疏松的程度。一般来说随着风化程度的增大，岩石的孔隙率和变形性增大，其强度和弹性性能降低。所以，同一种岩石常常由于风化程度的不同，其物理力学性质差异很大。岩石的风化程度用未风化、轻微风化、中等风化和严重风化划分。

岩石波阻抗指岩石中纵波波速 c 与岩石密度 ρ 的乘积。岩石的这一性质与炸药爆炸后传给岩石的总能量及这一能量传递给岩石的效率有直接关系。通常认为选用的炸药波阻抗若与岩石波阻抗相匹配（接近一致），则能取得较好的爆破效果。

2. 岩石的主要力学特性

岩石的力学性质可视为其在一定力场作用下的性态的反映。岩石在外力作用下将发生变形，这种变形因外力的大小、岩石物理力学性质的不同会呈现弹性、塑性、脆性性质。当外力继续增大至某一值时，岩石便开始破坏，岩石开始破坏时的强度称为岩石的极限强度。因受力方式的不同而有抗拉、抗剪、抗压等极限强度。岩石与爆破有关的主要力学特性如下。

（1）岩石的变形特征。岩石受力后发生变形，当外力解除后既有恢复原状的弹性性能，又有不完全恢复原状而留有一定残余变形的塑性性能。脆性是坚硬岩石的固有特征。岩石在外力作用下，不经显著的残余变形就发生破坏的性能。岩石因其成分、结晶、结构等的特殊性，不像一般固体材料那样有明显的屈服点，而是在所谓的弹性范围内呈现弹性和塑性，甚至在弹性变形开始就呈现出塑性变形。

（2）岩石的强度特征。岩石强度是指岩石在受外力作用发生破坏前所能承受的最大应力，是衡量岩石力学性质的主要指标。除了单轴抗压强度和单轴抗拉强度，岩石抗剪强度也是一个重要的强度指标。抗剪强度用发生剪断时剪切面上的极限应力τ表示，则：

$$\tau = \sigma \tan\varphi + c \tag{4-1}$$

式中 σ——岩石试件承受的压应力；

c——岩石的内聚力；

φ——内摩擦角。

矿物的组成、颗粒间连接力、密度以及孔隙率是决定岩石强度的内在因素。试验表明，岩石具有较高的抗压强度，较小的抗拉和抗剪强度。一般抗拉强度比抗压强度小一个数量级，抗剪强度比抗拉强度略大。

（3）弹性模量E。岩石在弹性变形范围内，应力与应变之比称为弹性模量。对于非线性弹性体岩石，可用初始模量、切线模量及割线模量表示。

（4）泊松比ν。岩石试件单向受压时，横向应变与纵向应变之比。一般岩石在弹性范围内，ν=0.15~0.35。由于岩石的组织成分和结构构造的复杂性，尚具有与一般材料不同的特殊性，如各向异性、不均匀性、非线性变形，等等。表4-1列出了几种常见岩石的物理力学性质参数。

表4-1 岩石的物理力学性质参数

物理力学性质	岩浆岩		沉积岩		变质岩			
	花岗岩	辉绿岩	砂岩	石灰岩	砾岩	大理岩	片麻岩	千枚岩
密度/（kg·m^{-3}）	2630~3300	2700~2900	1200~3000	1700~3100	2000~3300	2500~3300	2500~2800	2500~3300
抗压强度/MPa	75~200	160~250	4.5~180	10~200	40~250	70~140	80~180	120~140
抗拉强度/MPa	2.1~5.7	4.5~7.1	0.2~5.2	0.6~11.8	1.1~7.1	2.0~4.0	2.2~5.1	3.4~4.0
抗剪强度/MPa	5.1~13.5	10.8~17.0	0.3~10.0	0.9~16.5	2.7~17.1	4.8~9.6	5.4~12.2	8.1~9.5
抗弯强度/MPa	6.4~19.7	13.5~21.3	0.5~18.2	1.8~35.0	4.0~21.3	7.0~14.0	6.6~18.0	10.2~12.0
泊松比	0.36~0.02	0.16~0.02	0.30~0.05	0.50~0.04	0.36~0.05	0.36~0.16	0.30~0.05	0.16
纵波波速/（m·s^{-1}）	3000~6800	5200~6800	900~4200	2500~6700	300~650	3000~6500	3700~6500	3000~6500
内摩擦角/℃	70~87	85~87	27~85	27~85	70~87	75~87	70~87	75~87
动弹性模量/GPa	50~94	86~114	5~91	10~94	33~114	50~82	50~91	71~78
静弹性模量/GPa	14.5~69	67~79	27.9~54	21~84	30~114	10~34	15~70	22~34

3. 岩石的动态特性

1）应力波及其分类

岩石爆破过程的主要力学特点是爆炸应力波及其作用。岩石在受到爆炸或其他冲击荷载作用时，内部质点就会产生扰动现象，其内部的应力也是以波动方式传播的，这就是应力波。

应力波按其传播的途径不同可分为两大类：一类是在岩体内传播的，称作体积波；一类是沿着岩体内、外表面传播的称作表面波。体积波按照波传播方向与质点扰动方向的关系又可以分为纵波和横波两种。纵波又称 P 波，其传播方向和质点的运动方向一致，这种波在传播过程中会引起物体产生压缩和拉伸变形。横波又称 S 波，其传播方向和质点的运动方向垂直。在传播过程中它会引起物体产生剪切变形。

表面波可分为瑞利波和勒夫波两类。瑞利波简称 R 波，其传播方式与纵波相似，受扰动的质点按椭圆轨迹做后退运动，会引起物体产生压缩和拉伸变形。勒夫波简称 Q 波，与横波相似，波动中扰动质点在传播方向上作横向振动。

岩石爆破过程中的体积波特别是纵波能使岩石产生压缩和拉伸变形，是爆破时造成岩石破裂的重要原因。表面波特别是瑞利波，携带较大的能量（约为整个爆源能量的2/3），是造成地震破坏的主要原因。图 4-1 给出应力波传播引起的介质变形立体示意图。

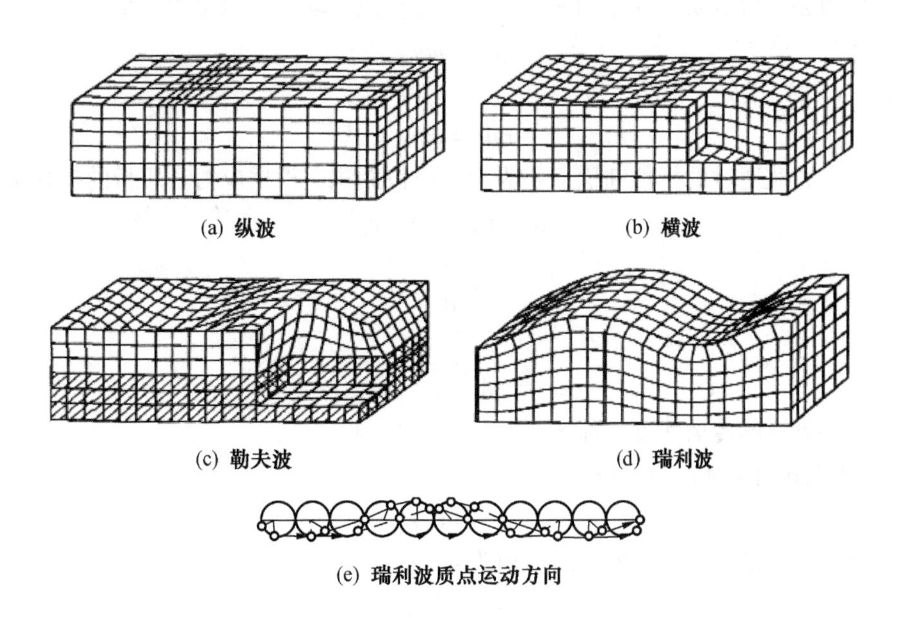

图 4-1　应力波传播引起的介质变形立体示意图

2）冲击荷载特性及应力波的传播

冲击荷载是一种动荷载，它的特点是加载的载荷瞬时就上升到最高值，然后就急剧地下降，其加载的时间通常是以毫秒或微秒来计算。概括起来说冲击荷载的特点是加载的速度快和作用时间短。爆破是一种强冲击荷载，它不但加载的速度快和作用时间短，而且加

载的强度高达 1×10^4 甚至 1×10^5 个大气压力。若将物体受冲击载荷作用下的情况和一般静荷载相比，其主要特征如下：

在冲击荷载作用下，承受荷载作用的物体的自重非常重要。冲击荷载作用下所产生力的大小，作用的持续时间和力的分布状态等，主要取决于加载体和受载体之间的相互作用。

在冲击荷载作用下，在承载体中承受的应力是局部性的，也就是说在冲击荷载作用下，承载物体受载的某一部分的应力应变状态可以独立存在，因此，在承载体内部具有明显的应力不均匀性。

在冲击荷载作用下，承载体的反应是动态的。

当炸药在岩体中爆炸时，引起的瞬间巨大压力以极高的速度冲击药包四周的岩石，在岩石中激发出传播速度比声速还大的冲击波，使临近药包周围的岩石产生熔融、压碎和破裂。在离药包稍远的地点，由于波的衰减，这些非弹性过程终止，而开始出现弹性效应，衰减后的冲击波已变成只能引起岩石质点振动而不能引起岩石破裂的弹性扰动，这种弹性扰动以弹性应力波或地震波的形式向外传播。

在研究应力波的传播过程中，所引起的应力以及应力波本身的传播速度和质点运动速度存在着一定的关系。假如在一维岩石杆件的一端受爆炸荷载作用，则在岩石杆件任意一点上作用于波的传播方向的力为 F，引起的应力为 σ，力的作用时间为 t，在该力作用下的岩石的质量为 m，岩石质点的运动速度为 v_p，那么根据动量守恒定律可得：

$$Ft = mv_p \tag{4-2}$$

将式（4-2）微分，得：

$$F\mathrm{d}t = \mathrm{d}mv_p \tag{4-3}$$

若截取应力波通过的杆件断面面积为一个单位面积，根据应力和质量的概念可推得：

$$\sigma \mathrm{d}t = \rho \cdot \mathrm{d}S \cdot v_p$$

$$\sigma = \frac{\mathrm{d}s}{\mathrm{d}t} v_p \rho \tag{4-4}$$

$$\frac{\mathrm{d}s}{\mathrm{d}t} = C_p$$

式中　C_p——纵波的传播速度，m/s。

将 C_p 代入式（4-4）中，得

$$\sigma = \rho C_p v_p \tag{4-5}$$

同理可以推出横波所产生的剪应力值为：

$$\tau = \rho C_s v_s \tag{4-6}$$

式中　C_s——横波的传播速度，m/s；

v_s——横波中介质质点运动速度，m/s。

众所周知，纵波和横波在弹性介质中的传播速度取决于该介质的密度和弹性模量，在无限介质的三维传播情况下，其纵波和横波的传播速度为：

$$C_p = \left[\frac{E(1-\mu)}{\rho(1+\mu)(1-2\mu)}\right]^{\frac{1}{2}} \tag{4-7}$$

$$C_s = \left[\frac{E}{2\rho(1+\mu)}\right]^{\frac{1}{2}} = \left[\frac{G}{\rho}\right]^{\frac{1}{2}} \tag{4-8}$$

式中　E——介质的杨氏弹性模量，kPa；

μ——介质的泊松比；

G——介质的剪切模量，kPa。

3）冲击荷载作用下岩石强度特性

岩石在爆炸作用下承受的是一种荷载持续时间极短、加载速率极高的动态冲击型荷载。试验资料表明，在这种情况下岩石的力学性质发生很大变化，它的动力学强度比静力学强度增大很多，变形模量也明显变大，且变化规律非常复杂。表4-2给出了几种岩石在爆破动、静载作用下强度比较的试验资料。

表4-2　几种岩石爆破动载强度和静载强度试验对比（动载速率 $1.0\times10^{7}\sim1.0\times10^{8}$ MPa/s）

岩石	密度/($kg\cdot m^{-3}$)	应力波平均速度/($m\cdot s^{-1}$)	抗压强度/MPa		抗拉强度/MPa		荷载持续时间/ms
			静载	动载	静载	动载	
大理岩	2700	4500~6000	90~110	120~200	5~9	20~40	10~30
砂岩	2600	3700~4300	100~140	120~200	8~9	50~70	20~30
辉绿岩	2800	5300~6000	320~350	700~800	22~32	50~60	20~50
石英-闪长岩	2600	3700~5900	240~330	300~400	20~30	20~30	30~60

4.1.3　岩石的可爆性

1. 岩石分级

岩石的分类和分级是两个不同的概念。前者从岩石成因和成分上区分其本质差别，后者则从具体工程特性如可钻性、可爆性和稳定性等方面对其进行等级划分。土石方工程经常需要将一部分岩石开挖掉，而将另一部分岩石保留和加固。对于需要爆破开挖的岩石，松软的易开挖，坚硬的难爆破。对需要保留的岩石，松软的容易遭受破坏而影响安全，坚固的就不易遭受破坏。所以，在工程建设中不但要了解岩石的种类及性质，还要根据岩石的坚固程度对岩石进行分级。我国1998年颁布实施的《全国统一城镇控制爆破工程、硐室大爆破工程预算定额》（GYD-102—98），采用土建中的岩石分级法，按岩石坚固性系数 f 将土壤和岩石进行分类（表4-3）。

表4-3　岩石普氏分级表

项目分类	普氏分类	土壤及岩石名称	天然湿度下平均密度/($kg\cdot m^{-3}$)	极限抗压强度/MPa	坚固性系数 f
土壤	Ⅰ、Ⅱ、Ⅲ、Ⅳ	砂、腐殖土、泥炭；轻壤土和黄土类土；黏土、粗砾石、碎石和卵石；重黏土、硬黏土	600~1900		0.5~1.5
松石	Ⅴ	矽藻岩和软白垩岩、胶结力弱的砾岩、各种不坚实的片岩、石膏	2100~2600	<20	1.5~2.0

表 4-3（续）

项目分类	普氏分类	土壤及岩石名称	天然湿度下平均密度/(kg·m^{-3})	极限抗压强度/MPa	坚固性系数 f
次坚石	Ⅵ	凝灰岩和浮石、松软多孔和裂隙严重的石灰岩和泥质石灰岩、中等硬度的片岩、中等硬度的泥灰岩	1100~2700	20~40	2~4
	Ⅶ	石灰质胶结的带有卵石和沉积岩的砾石、风化的和有大裂缝的黏土质砂岩、坚实的泥板岩、坚实的泥灰岩	2000~2800	40~60	4~6
	Ⅷ	花岗石砾岩、泥灰质石灰岩、黏土质砂岩、砂质云母片岩、硬石膏	2200~2900	60~80	6~8
普坚石	Ⅸ	严重风化的软弱的花岗岩、片麻岩和正长岩；滑石化的蛇纹岩；致密的石灰岩；含有卵石、沉积岩的硅质胶结的砾岩；砂岩；砂质石灰质片岩；菱镁矿	2400~3000	80~100	8~10
	Ⅹ	白云岩、坚固的石灰岩、大理岩、石灰质胶结的致密砾石、坚固的砂质片岩	2600~2700	100~120	10~12
特坚石	Ⅺ	粗粒花岗岩、非常坚硬的白云岩、蛇纹岩、石灰质胶结的含有火成岩之卵石的砾石、石灰胶结的坚固砂岩、粗粒正长岩	2600~2900	120~140	12~14
	Ⅻ	具有风化痕迹的安山岩和玄武岩、片麻岩、非常坚固的石灰岩、硅质胶结的含有火成岩之卵石的砾岩、粗面岩	2600~2900	140~160	14~16
	XⅢ	中粒花岗岩、坚固的片麻岩、辉绿岩、玢岩、坚固的粗面岩、中粗正长岩	2500~3100	160~180	16~18
	XⅣ	非常坚固的细粒花岗岩、花岗片麻岩、闪长岩、高硬度的石灰岩、坚固的玢岩	2700~3300	180~200	18~20
	XⅤ	安山岩、玄武岩、坚固的角页岩、高硬度的辉绿岩和闪长岩、坚固的辉长岩和石英岩	2800~3100	200~250	20~25
	XⅥ	拉长玄武岩和橄榄玄武岩、特别坚固的辉长辉绿岩、石英岩和玢岩	3000~3300	>250	>25

岩石坚固性系数，是苏联学者 M. M 普洛托季亚可洛夫于 1926 年提出的划分岩石等级的指标。根据普氏“岩石的坚固性在各方面的表现是趋于一致”的观点，普氏系数 f 可由下式确定：

$$f = \frac{R}{10} \tag{4-9}$$

式中 R 为岩石极限抗压强度，MPa。

根据 f 值划分的岩石工程分级，不仅可以确定岩石的开挖方法、判断岩石爆破的难易程度，而且可作为爆破设计施工合理选择爆破参数的依据。普氏系数虽具有很大的局限性，但目前仍是工程中广泛使用的岩石分级依据。

2. 岩石可爆性分级

岩石可爆性是指岩石对爆破作用的抵抗或爆破岩石的难易性。岩石可爆性分级，是根据岩石可爆性的定量指标，将岩石划分为爆破性难易的等级。它是制定爆破定额、选择爆破参数、进行爆破设计的重要依据。

岩石可爆性分级与其他岩石分级一样，选择、确定分级的判据和指标是对岩石做出科学分级的关键。国内外研究者已经做了大量工作，根据岩石爆破性的主要影响因素，提出了许多不同的判据和指标，以及分级方法。其中主要判据包括：岩石强度、单位炸药消耗量、工程地质参数、岩石的弹性波速度、岩石波阻抗、爆破岩石质点位移、临界速度、爆破功指数、岩石弹性变形能系数，等等。但是，由于炸药爆炸瞬间产生巨大的能量，以及岩石结构构造的复杂性，加之测试手段尚未完善，等等，因而迄今为止，一个完整的岩石分级体系，以及这种体系付诸生产应用和实践，还有待进一步的工作。

（1）按岩石波阻抗分级方法。岩体的波阻抗不仅与岩石的物理力学性质有关，而且还取决于岩石的裂隙构造特征。岩石的波阻抗是纵波速度和岩石密度的乘积，这种指标是在现场岩体中测定的，并且测试仪器和测试方法比较简单。苏联的哈努耶夫研究了岩石的波阻抗作为爆破性分级依据。

表 4-4 列出了按岩石波阻抗的可爆性分级指标。

表 4-4　岩石波阻抗的可爆性分级

裂隙等级	裂隙程度	裂隙平均间距/m	成块程度	裂隙面积/($m^2 \cdot m^{-3}$)	普氏系数 f	重度/($kN \cdot m^{-3}$)	岩体波阻抗 1.0×10^6[$kg \cdot (m^{-2} \cdot s^{-1})$]	炸药单耗/($kg \cdot m^{-3}$)	岩石可爆性
Ⅰ	极度裂隙	<0.1	碎块	33	<8	<25	<5	<0.35	易爆
Ⅱ	强烈裂隙	0.1~0.5	中块	33~9	8~12	25~26	5~8	0.35~0.45	中等可爆
Ⅲ	中等裂隙	0.5~1.0	大块	9~6	12~16	26~27	8~12	0.45~0.65	难爆
Ⅳ	轻微裂隙	1.0~1.5	很大块	6~2	16~18	27~30	12~15	0.65~0.90	很难爆
Ⅴ	极少裂隙	>1.5	特大块	2	≥18	≥30	≥15	≥0.90	特难爆

（2）岩石可爆性综合分级方法。东北工学院钮强等提出的分级方法主要考虑了爆破漏斗体积、爆破块度分布状况及岩石波阻抗和可爆性的关系。标准条件如下：在测定分级矿山爆破现场选择有代表性的岩石地段，在比较完整的具有一个自由面的岩体上垂直钻孔，炮孔直径 45 mm，孔深 1 m，孔间距 2 m；采用 2 号岩石硝铵炸药，每孔装药量 0.45 kg，

连续装药，炮泥填塞，1 支 8 号雷管起爆。测试方法：装药前用声波仪测定岩体弹性纵波速度。装药爆破后测定爆堆岩石的大块率（大于 300 mm 为大块），小块率（小于 50 mm 为小块），平均合格率（50～100 mm，100～200 mm 和 200～300 mm 的块度累计平均值），并测定和核算爆破漏斗的体积。

经过对我国 63 种岩石的爆破性试验，应用数理统计方法对矿山实际试验所得数据的爆破漏斗体积 V(单位：m^3)，爆破漏斗内岩石大块率 K_d(单位:%)，小块率 K_x(单位:%)，平均合格率 K_p(单位:%)，岩体波阻抗（ρc，$1.0\times10^6\ kg/m^2\cdot s$）与岩石可爆性指数 F 之间的关系进行多元化回归分析，得到的计算结果如下：

$$F=\ln\left[\frac{e^{67.22}K_d^{7.42}\ (\rho c)^{2.03}}{e^{38.44V}K_p^{1.89}K_x^{4.75}}\right] \tag{4-10}$$

于是，按照岩石爆破性指数 F 值大小，将岩石爆破性分为五级，每级又分为两个亚级，具体分级结果见表 4-5。

表 4-5　岩石可爆性综合分级方法

爆破等级	爆破性指数 F		可爆性	代表性岩石
Ⅰ	Ⅰ$_1$	<29	极易爆	千枚岩、破碎性砂岩、泥质板岩、破碎性白云岩
	Ⅰ$_2$	29.001～38.000		
Ⅱ	Ⅱ$_1$	38.001～46.000	易爆	角砾岩、泥沙岩、米黄色白云岩
	Ⅱ$_2$	46.001～53.000		
Ⅲ	Ⅲ$_1$	53.001～60.000	中等	阳起石石英岩、黄斑岩、大理岩、灰白色白云岩
	Ⅲ$_2$	60.001～68.000		
Ⅳ	Ⅳ$_1$	68.001～74.000	难爆	磁性石英岩、角闪斜长片麻岩
	Ⅳ$_2$	74.001～81.000		
Ⅴ	Ⅴ$_1$	81.001～86.000	极难爆	矽卡岩、花岗岩、矿体浅色砂岩
	Ⅴ$_2$	>86		

4.2　爆炸作用下岩石破坏原理

4.2.1　岩石爆破机理的几种学说

关于岩石爆破破碎的机理有多种理论和学说，比较流行的有爆轰气体压力作用学说、应力波作用学说以及应力波和爆轰气体压力共同作用学说。

1. 爆轰气体压力作用学说

这种学说从静力学观点出发，认为岩石的破碎主要是由于爆轰气体的膨胀压力引起的。这种学说忽视了岩体中冲击波和应力波的破坏作用，其基本观点如下：

药包爆炸时，产生大量的高温高压气体，这些爆炸气体产物迅速膨胀并以极高的压力作用于药包周围的岩壁上，形成压应力场。当岩石的抗拉强度低于在切向衍生的拉应力时，将产生径向裂隙。作用于岩壁上的压力引起岩石质点的径向位移，由于作用力的不等引起径向位移的不等，导致在岩石中形成剪切应力。当这种剪切应力超过岩石的抗剪强度时，岩石就会产生剪切破坏。当爆轰气体的压力足够大时，爆轰气体将推动破碎岩块作径向抛掷运动。

2. 应力波作用学说

这种学说以爆炸动力学为基础，认为应力波是引起岩石破碎的主要原因。这种学说忽视了爆轰气体的破坏作用，其基本观点如下：

爆轰波冲击和压缩药包周围的岩壁，在岩壁中激发形成冲击波并很快衰减为应力波。此应力波在周围岩体内形成裂隙的同时向前传播，当应力波传到自由面时，产生反射拉应力波（图 4-2）。当拉应力的强度超过自由面处岩石的动态抗拉强度时，从自由面开始向爆源方向产生拉伸片裂破坏，直至拉伸波的强度低于岩石的动态抗拉强度处时停止。

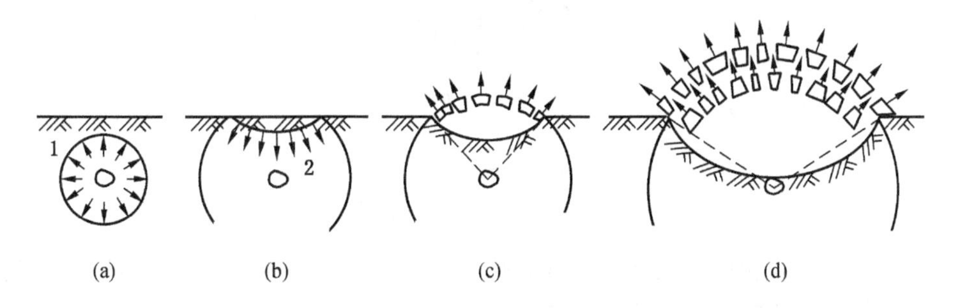

1—压应力波波头；2—反射拉应力波波头

图 4-2　反射拉应力波破坏过程示意图

应力波作用学说只考虑了拉应力波在自由面的反射作用，不仅忽视了爆轰气体的作用，而且也忽视了压应力的作用，对拉应力和压应力的环向作用也未考虑。实际上爆破漏斗形成主要是由里向外的爆破作用所致。

3. 应力波和爆轰气体压力共同作用学说

这种学说认为，岩石的破坏是应力波和爆轰气体共同作用的结果。这种学说综合考虑了冲击波和爆轰气体在岩石破坏过程中所起的作用，更切合实际而为大多数研究者所接受。其观点如下：

爆轰波波阵面的压力和传播速度大大高于爆轰气体产物的压力和传播速度。爆轰波首先于药包周围的岩壁上，在岩石中激发形成冲击波并很快衰减为应力波。冲击波在药包附近岩石中产生“压碎”现象，应力波在压碎区域之外产生径向裂隙。随后，爆轰气体产物压缩被冲击波压碎的岩石，爆轰气体“楔入”产生的裂隙中，使之继续延伸和进一步扩张。当爆轰气体的压力足够大时，爆轰气体将推动破碎岩块作径向抛掷。对于不同性质的岩石和炸药，应力波与爆轰气体的作用程度是不同的。在坚硬岩石、高猛炸药、耦合装药或装药不耦合系数较小的条件下，应力波的破坏作用是主要的；在松软岩石、低猛度炸药、装药不耦合系数较大的条件下，爆轰气体的破坏作用是主要的。

4.2.2　单个药包的爆破作用

为了分析岩体的爆破破碎机理，通常假定岩石是均匀介质，并将装药简化为在一个自由面条件下的球形药包。球形药包的爆破作用原理是其他形状药包爆破作用原理的基础。

1. 爆破的内部作用

当药包在岩体中的埋置深度很大，其爆破作用达不到自由面时，这种情况下的爆破作用即为内部作用。岩石的破坏特征随着其距离药包中心距离的变化而发生明显的变化。根据岩石的破坏特征，可将耦合装药下受爆炸影响的岩石分为三个区域，即粉碎区、破裂区、震动区（图 4-3）。

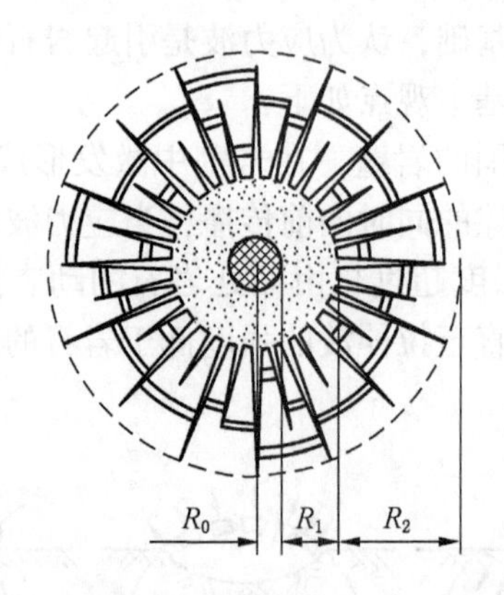

R_0—药包半径；R_1—粉碎区半径；R_2—破碎区半径

图 4-3　爆破的内部作用

(1) 粉碎区。当密闭在岩体中的药包爆炸时，爆轰压力在数微秒内急剧增高到数万兆帕，并在药包周围的岩石中激发起冲击波，其强度远远超过岩石的动态抗压强度。在冲击波的作用下，对于坚硬岩石，在此范围内受到粉碎性破坏，形成粉碎区；对于松软岩石（如页岩、土壤等)，则被压缩形成空腔，空腔表面形成较为坚实的压实层，这种情况下的粉碎区又称为压缩区。研究表明：对于球形装药，粉碎区半径一般是药包半径的 1.28~1.75 倍；对于柱形装药，粉碎区半径一般是药包半径的 1.5~3.05 倍。虽然粉碎区的范围不大，但由于岩石遭到强烈粉碎，能量消耗却很大。

(2) 破裂区。在粉碎区形成的同时，岩石中的冲击波衰减成压应力波。在应力波的作用下，岩石在径向产生压应力和压缩变形，而切向方向将产生拉应力和拉伸变形。由于岩石的抗拉强度仅为其抗压强度的 1/10~1/50，当切向拉应力大于岩石的抗拉强度时，该处岩石被拉断，形成与粉碎区贯通的径向裂隙，如图 4-4 所示。随着径向裂隙的形成，作用在岩石上的压力迅速下降，药室周围的岩石随即释放出在压缩过程中积蓄的弹性变形能，形成与压应力波作用方向相反的拉应力，使岩石质点产生反方向的径向运动。当径向拉应力大于岩石的抗拉强度时，该处岩石即被拉断，形成环向裂隙，如图 4-4 所示。

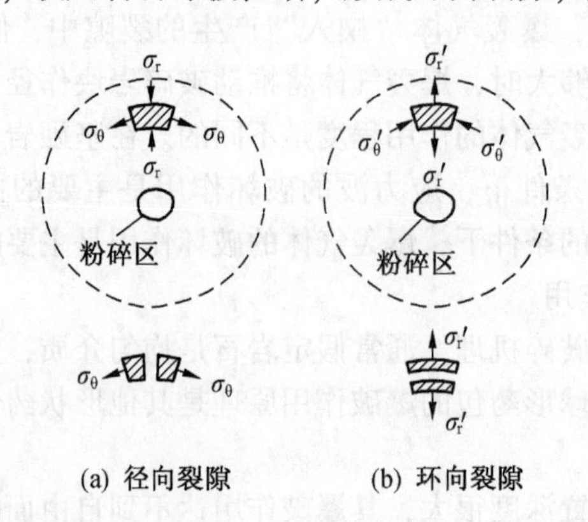

(a) 径向裂隙　　(b) 环向裂隙

σ_r—径向压应力；σ_θ—切向拉应力；σ_r'—径向压应力；σ_θ'—切向拉应力

图 4-4　破裂区径向裂隙和环向裂隙形成示意图

在径向裂隙和环向裂隙形成的过程中，由于径向应力和切向应力的作用，还可形成与径向成一定角度的剪切裂隙，应力波的作用在岩石中首先形成了初始裂隙，接着爆轰气体的膨胀、挤压和气楔作用使初始裂隙进一步延伸和扩展。当应力波的强度与爆轰气体的压力衰减到一定程度后，岩石中裂隙的扩展趋于停止。在应力波和爆轰气体的共同作用下，随着径向裂隙、环向裂隙的形成、扩展和贯通，在紧靠粉碎区处就形成了一个裂隙发育的区域，称为破裂区。

（3）震动区。在破裂区外围的岩体中，应力波和爆轰气体的能量已不足以对岩石造成破坏，应力波的能量只能引起该区域内岩石质点发生弹性振动，这个区域称为震动区。在震动区，由于地震波的作用，有可能引起地面或地下建筑物的破裂、倒塌，或导致路堑边坡滑坡，隧道冒顶、片帮等灾害。

2. 爆破的外部作用

（1）霍布金逊效应引起的破坏。压应力波传播到自由面，一部分或全部反射回来成为与传播方向相反的拉应力波，这种效应叫作霍布金逊效应。图 4-5 表示霍布金逊效应的破碎机理中应力波的合成过程。图 4-5A 中的分图 a 表示压缩应力波正好到达自由面的情况，这时的峰值压力为 P_a。图 4-5A 中的分图 b 表示经过一定时间后，假如前面没有自由面存在，则应力波阵面必然会到达 $H_1'F_1'$ 的位置。但是，由于前面有自由面存在，压缩应力波经过反射成为拉伸应力波并返回到 $H_1''F_1''$ 的位置。在 $H_1''H_2$ 平面上，在受到 $F_1''H_1''$ 拉伸应力作用的同时，又受到 $F_1''H_2$，压缩应力的作用。合成的结果，在这个面上就受到拉伸合应力 $H_1''F_1''$ 的作用。这种拉伸应力引起岩石沿 H_2H_1'' 平面成片状裂开，片裂的过程如图 4-5B 所示。

过去把爆破时岩石的片落当作岩石破碎的主要过程，但近年来的研究表明，片落现象的产生主要与药包的几何形状、药包的大小和入射波的波长有关。对装药量较大的药室爆破，片落现象形成的破碎范围比较大；而对装药量较小的深孔爆破或浅眼爆破，产生片落现象可能性较小。

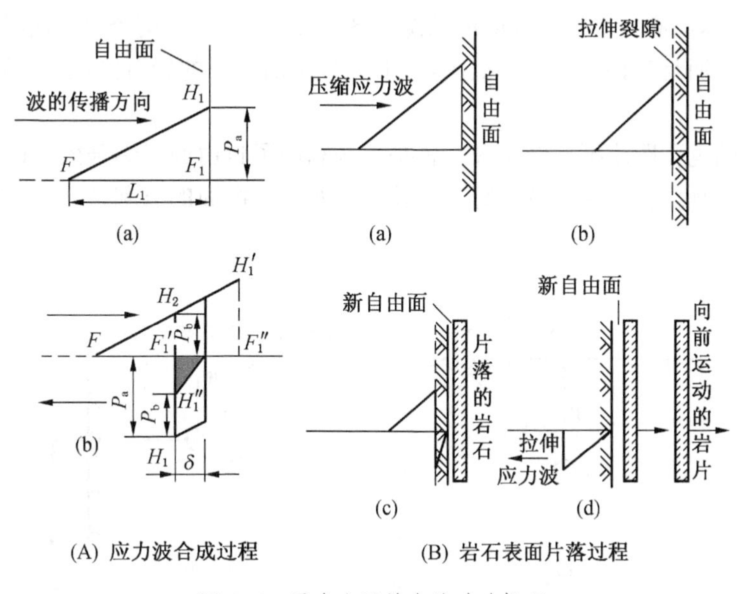

图 4-5　霍布金逊效应的破碎机理

（2）反射拉应力波引起的径向裂纹的延伸。当反射拉伸应力波的强度减小到不足以引起片落时，也还能在破碎岩石方面起到一定的作用。如图 4-6 所示，从自由面反射回来的拉伸应力波使原先存在于径向裂隙梢上的应力场得到加强，故裂隙继续向前延伸。当径向裂隙同反射应力波阵面成 90°角时，反射拉伸效果最好。当交角为 θ 时，存在一个 $\sin\theta$ 方向的拉伸分量，促使径向裂隙扩展和延伸，或者造成一条分支裂隙。垂直于自由面方向的径向裂隙，则不会因反射拉伸应力波的影响而继续扩展和延伸。

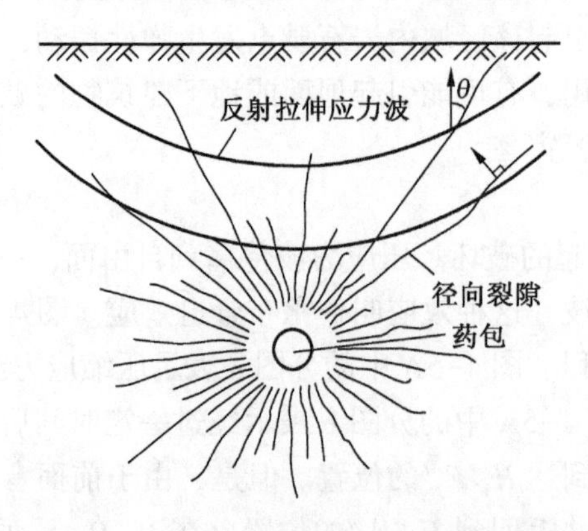

图 4-6　反射拉伸波对径向裂隙的影响

岩石是一种充满各种节理、裂隙等不连续界面的非均匀物质，研究表明爆破过程产生的新自由面仅占爆堆岩石碎块表面的 1/3，所以爆破所产生的拉应力波只是将岩石中原有的裂隙进一步扩张。

（3）两个自由面的爆破破碎。自由面的作用是非常重要的。增加自由面的个数，可以在明显改善爆破效果的同时，显著地降低炸药消耗量。合理地利用地形条件或人为地创造自由面，往往可以达到事半功倍的效果。图 4-7 形象地说明了自由面个数对爆破效果的影响。图 4-7a 表示只有一个自由面时的情况，图 4-7b 表示具有两个自由面时的情况，如果岩石是均质的，而且条件相同，那么图 4-7b 条件下所爆下的岩石体积几乎为图 4-7a 条件下的两倍。

目前流行的宽孔距小抵抗线爆破，正是充分利用了自由面对爆破效果的影响作用，通过调整孔间起爆顺序，人为地造成每个炮孔享受两个自由面的有利条件，从而明显改善爆破效果。

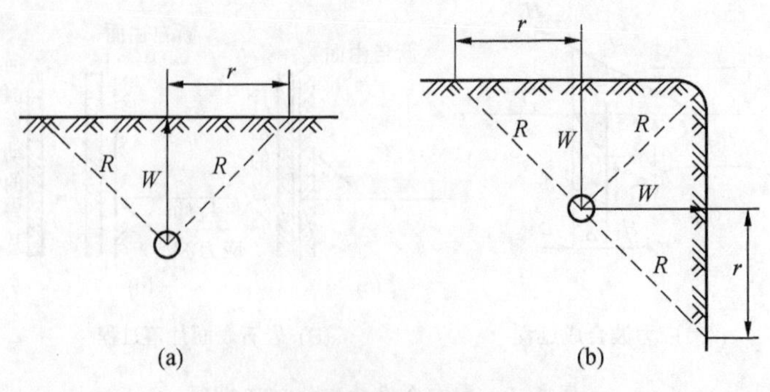

图 4-7　自由面对爆破效果的影响

3. 爆破漏斗

当单个药包在岩体中的埋置深度不大时，可以观察到自由面上出现了岩体开裂、鼓起或抛掷现象。这种情况下的爆破作用叫作爆破的外部作用，其特点是在自由面上形成了一个倒圆锥形爆坑，称为爆破漏斗，如图 4-8 所示。

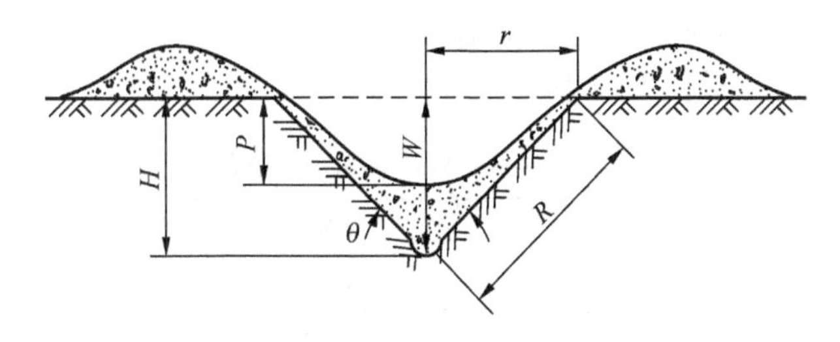

图 4-8 爆破漏斗的几何要素

1）利文斯顿爆破漏斗

利文斯顿根据大量的爆破漏斗试验提出了以能量平衡为准则的爆破漏斗理论。利文斯顿爆破漏斗理论认为：假若炸药在地表深处爆炸时，其绝大部分能量传递给岩石。当药包逐渐移向地表附近爆炸时，其传递给岩石的能量将相对减少，而传递给空气的能量将相对增加。另外，从传给地表附近岩石的爆破能量来看，药包深度不变增加重量；或者药包重量不变而减少埋藏深度，二者的爆破效果是相同的。

利文斯顿据此将爆破范围划分为四个区域：弹性变形区、冲击变形区、破碎区与空爆区。

当药包埋在地表以下足够深时，炸药的能量将消耗在岩石中，在地表处观察不到破坏。在药包以上的区域称为弹性变形区。如果药包重量增加或埋深减小则地表岩石就可能发生破坏。使岩石开始发生破坏的埋深称为临界埋深 L_e，而对应于临界埋深的炸药量称为临界药量 Q_e，此条件定为弹性变形的上限。在临界深度由于岩石特性不同表现出三种破坏形式：脆性岩石呈冲击式破坏、塑性岩石呈剪切式破坏、松散无内聚力岩石则呈疏松式破坏。

当药量不变，继续减少药包埋深时，药包上方的岩石破坏就变成冲击式破坏。漏斗体积逐渐增大。当爆破漏斗体积 V 达到最大值时，冲击破坏的上限与炸药能量利用率最高点相吻合，亦即达到了冲击破裂区的上限。此时药包能量被充分利用，对应的药包埋置深度即为最佳埋深 L_j 与最大岩石破碎量相对应的装药量称为最佳药量 Q_j。

当药包埋深进一步减少时，爆破能量超出达到最佳破坏效应所要求的能量，此时岩石的破坏范围可划分为破碎带与空爆带。

以岩石在药包临界深度破坏为前提的利文斯顿弹性变形方程，其关系式如下：

$$L_e = E_b (Q_e)^{1/3} \tag{4-11}$$

式中 E_b——岩石的弹性变形系数；

L_e——药包临界埋深；

Q_e——临界药量。

定义最佳埋深比 $\Delta_j = L_j/L_e$，则与最大岩石破碎量和冲击式破坏上限相关的最佳药包埋深 L_j 为：

$$L_j = \Delta_j E_b (Q_j)^{1/3} \tag{4-12}$$

式中 L_j——药包最佳埋深；

Q_j——最佳药量。

当处于最佳埋深比的条件时，药包爆炸后大部分能量用于岩石破碎过程，只有少量能量消耗于无用功，综合爆破效果亦达到最佳值。

利文斯顿爆破漏斗指标，见表4-6。

表4-6 利文斯顿爆破漏斗指标

岩石名称	E_b	Δ_0	炸药名称
硬砂岩	1.58	0.54	硝化甘油
磁铁矿	1.72	0.45	硝化甘油
冻结的铁矿层	1.13	0.83	铵油炸药
冻土	0.77	0.93	铵油炸药
黄铁铝锌矿	1.98	0.42	乳化炸药

利文斯顿建立的爆破漏斗理论为研究与掌握爆破现象创造了一个极其有用的试验研究工具。实际应用时根据给定的炸药与岩石组合条件，通过一系列爆破漏斗试验可以确定弹性变形系数 E_b 与最佳埋深比 Δ_j，并据此由式（4-12）计算出任何重量药包的最佳埋深 L_j，进而推算出药包中心埋深 L、台阶高度、炮孔孔网参数与装药量等爆破工艺参数。

根据球状药包在重量不变的条件下，埋置深度对岩石破坏程度的影响，得出同种炸药在同一岩石中且处于最佳埋深 L_j 时，小型爆破漏斗试验与大直径深孔爆破两者的爆破漏斗参数与药包重量 Q 满足下列相似关系：

$$\frac{L_{j1}}{L_{j0}} = \sqrt[3]{\frac{Q_1}{Q_0}} \quad \frac{R_{j1}}{R_{j0}} = \sqrt[3]{\frac{Q_1}{Q_0}} \quad \frac{V_{j1}}{V_{j0}} = \frac{Q_1}{Q_0} \tag{4-13}$$

式中 L——药包埋深；

R——爆破漏斗半径；

V——爆破漏斗体积。

各参数下标0、1分别对应于小型爆破漏斗试验与大直径深孔爆破。

上述关系式说明：通过小型爆破漏斗试验求得最佳爆破漏斗参数后，即可利用利文斯顿爆破漏斗相似理论推出大直径炮孔爆破时的最佳爆破漏斗参数，这也是爆破漏斗试验在工程爆破实践中得于广泛应用的理论基础。

2）爆破漏斗的几何要素

（1）自由面是指被爆破的介质与空气接触的面，又称临空面。

（2）最小抵抗线是指药包中心距自由面的最短距离。爆破时，最小抵抗线方向的岩石最容易破坏，它是爆破作用和岩石抛掷的主导方向。习惯上用 W 表示最小抵抗线。

（3）爆破漏斗半径是指形成倒锥形爆破漏斗的底圆半径。常用 r 表示爆破漏斗半径。

（4）爆破漏斗破裂半径又称破裂半径，是指从药包中心到爆破漏斗底圆圆周上任一点的距离。图4-8中的 R 表示爆破漏斗破裂半径。

（5）爆破漏斗深度是指爆破漏斗顶点至自由面的最短距离。图4-8中的 H 表示爆破漏斗深度。

（6）爆破漏斗可见深度是指爆破漏斗中渣堆表面最低点到自由面的最短距离，如图4-8中P所示。

（7）爆破漏斗张开角即爆破漏斗的顶角，如图4-8中的θ。

3）爆破作用指数

爆破漏斗底圆半径与最小抵抗线的比值称为爆破作用指数，即

$$n=\frac{r}{W} \tag{4-14}$$

爆破作用指数n在工程爆破中是一个重要参数。爆破作用指数n值的变化，直接影响到爆破漏斗的大小、岩石的破碎程度和抛掷效果。

4）爆破漏斗的分类

根据爆破作用指数n值的不同，将爆破漏斗分为以下四种。

（1）标准抛掷爆破漏斗。如图4-9a所示，当$r=W$，即$n=1$时，爆破漏斗为标准抛掷爆破漏斗，漏斗的张开角$\theta=90°$。形成标准抛掷爆破漏斗的药包叫作标准抛掷爆破药包。

（2）加强抛掷爆破漏斗。如图4-9b所示，当$r>W$，即$n>1$时，爆破漏斗为加强抛掷爆破漏斗，漏斗的张开角$\theta>90°$。形成加强抛掷爆破漏斗的药包，叫作加强抛掷爆破药包。

（3）减弱抛掷爆破漏斗。如图4-9c所示，当$0.75<n<1$时，爆破漏斗为减弱抛掷爆破漏斗，漏斗的张开角$\theta<90°$。形成减弱抛掷爆破漏斗的药包叫做减弱抛掷爆破药包，减弱抛掷爆破漏斗又叫作加强松动爆破漏斗。

（4）松动爆破漏斗。如图4-9d所示，当$0<n<0.75$时，爆破漏斗为松动爆破漏斗，这时爆破漏斗内的岩石只产生破裂、破碎而没有向外抛掷的现象。从外表看，没有明显的漏斗出现。

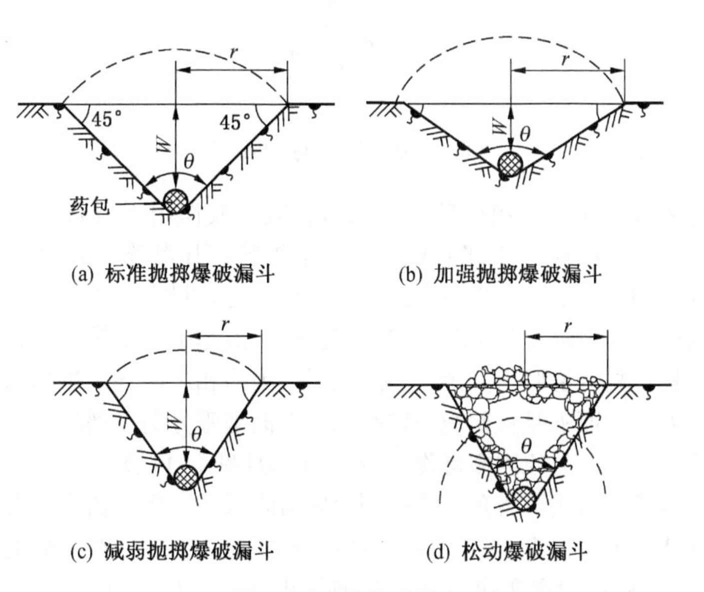

图4-9　各种爆破漏斗

4.2.3 成组药包爆破作用分析

工程中常用多个炮孔的成组药包进行爆破。成组药包爆破是单个药包爆破的组合，通过调整群药包的药包间距和起爆时间顺序，采用诸如光面爆破、预裂爆破、毫秒爆破、挤压爆破等爆破技术，可以充分发挥单个药包的爆破作用，达到单个药包分次起爆所不能达到的爆破效果。研究成组药包的爆破作用机理，对于合理选择爆破参数具有重要指导意义。

1. 单排成组药包的齐发爆破

由于对岩石的爆破破坏过程难以进行直接观测，为了了解成组药包爆破时应力波的相互作用情况，有人在光学活性材料如有机玻璃中用微型药包进行了模拟爆破试验，用高速摄影装置将光学材料试块的爆破破坏过程记录下来。高速摄影记录表明，当多个药包齐发爆破时，在最初几微秒时间内应力波以同心球状从各起爆点向外传播。经过一定时间后，相邻两药包爆轰引起的应力波相遇，并产生相互叠加，于是在模拟材料试块中出现复杂的应力变化情况。应力重新分布，沿炮眼连心线的拉力得到加强，而炮眼连心线中段两侧附近则出现应力降低区。

应力波破坏理论认为，在两个药包爆轰波阵面相遇时发生相互叠加，结果沿炮眼连心线的$\sigma_{压}$加强，而两药包的$\sigma_{拉}$合成为$\sigma_{合}$，如图 4-10 所示。如果炮眼相距较近，$\sigma_{合}$的值超过岩石动抗拉强度，则沿炮眼连心线将会产生径向裂隙，将两炮眼连通。

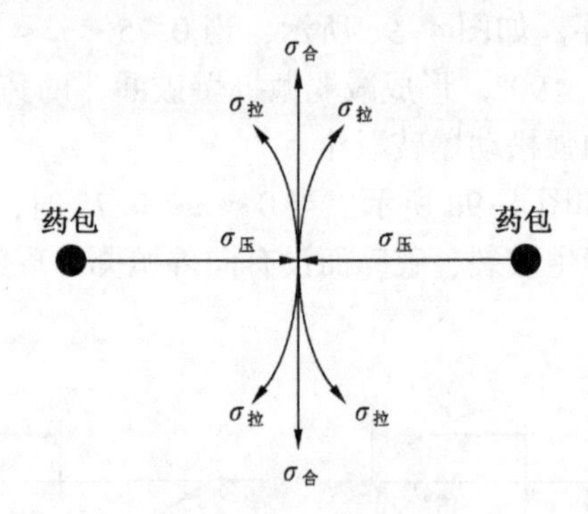

图 4-10　应力加强的分析

应力波和爆轰气体联合作用爆破理论认为，应力波作用于岩石中的时间虽然极其短暂，然而爆轰气体产物在炮眼中却能较长时间地维持高压状态。在这种准静态压力作用下，炮眼连心线上的各点上均产生很大的切向拉伸应力。最大应力集中在炮眼连心线同炮眼壁相交处，因而拉伸裂隙首先出现在炮眼壁，然后沿炮眼连心线向外延伸，直至贯通两个炮眼，这种解释更具有说服力。生产实际证明，因为相邻两齐发爆破的炮眼间的拉伸裂隙是从炮眼向外发展，而不是从两炮眼连心线中点向炮眼方向发展的。

至于产生应力降低区的原因则可作如下解释。如图 4-11 所示，由于应力波的叠加作用，在辐射状应力波作用线成直角相交处产生应力降低区。先分析左边药包的情况。取某一点的岩石单元体，单元体沿炮眼的径向方向出现压应力，在法线方向上则出现衍生拉应力$\sigma_{\theta A}$。同样，右边药包的爆轰也将产生类似结果$\sigma_{\theta B}$。左右两个炮眼药包的齐发起爆，使所取岩石单元体中由左边炮眼药包爆轰引起的压应力正好同由右边炮眼药包爆轰所引起的拉应力互相抵消，这样就形成了应力降低区。

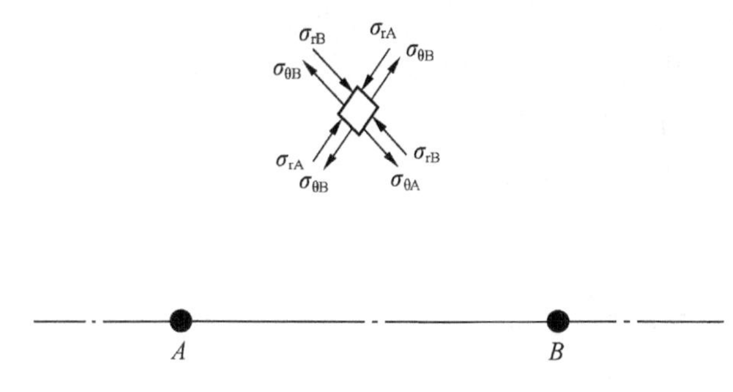

图 4-11 应力降低的分析

由此看来，适当增大眼距，并相应地减小最小抵抗线，使应力降低区处在岩石之外，有利于减少岩石大块的产生。此外，相邻两排炮眼的三角形布置比矩形布置更为合理。

2. 多排成组药包

多排成组药包同时爆破所产生的应力波相互作用的情况比单排时更为复杂。在前后排各两个炮眼所构成的四边形岩石中，从各炮眼药包爆轰传播过来的应力波互相叠加，造成应力极高的状态，因而使岩石破碎效果得到改善。然而在另一方面，多排成组药包齐发爆破时，只有第一排药包的爆破具有两个自由面的优越条件，而后排药包的爆破则因自由面数较少而受到较大的夹制作用，所以爆破效果不好。实际上在多排成组药包爆破时，前后排药包间采用毫秒爆破技术可以获得良好的爆破效果。

4.3 装药量计算原理

4.3.1 体积公式

目前，在岩土工程爆破中，精确计算装药量的问题尚未得到十分圆满的解决。工程技术人员更多的是在各种经验公式的基础上，结合实践经验确定装药量。其中，体积公式是装药量计算中最为常用的一种经验公式。

针对不同岩石恰当地确定炸药的装药量，是爆破设计中极为重要的一项工作。它直接关系爆破效果的好坏和成本的高低，进而影响凿岩爆破甚至铲装运等工作的综合经济技术效果。

1. 体积公式的计算原理

在一定的炸药和岩石条件下，爆破破碎的土石方体积与所用的装药量成正比，这就是体积公式的计算原理。装药量体积公式为

$$Q = qV \tag{4-15}$$

式中 Q——装药量，kg；

q——爆破单位体积岩石的炸药消耗量，kg/m^3；

V——被爆落的岩石体积，m^3。

2. 集中药包的药量计算

（1）集中药包的标准抛掷爆破。根据体积公式的计算原理，对于采用单个集中药包进行的标准抛掷爆破，其装药量可按照下式来计算：

$$Q_b = q_b V \tag{4-16}$$

式中 Q_b——形成标准抛掷爆破漏斗的装药量，kg；

q_b——形成标准抛掷爆破漏斗的单位体积岩石的炸药消耗量，一般称为标准抛掷爆破单位用药量系数，kg/m^3；

V——标准抛掷爆破漏斗的体积，m^3，其大小为

$$V = \frac{1}{3}\pi r^2 W \tag{4-17}$$

式中 r——爆破漏斗底圆半径，m；

W——最小抵抗线，m。

对于标准抛掷爆破漏斗，$n=r/W=1$，即 $r=W$，所以：

$$V = \frac{\pi}{3}W^2 W = \frac{\pi}{3}W^3 = 1.047W^3 \approx W^3 \tag{4-18}$$

将式（4-18）代入式（4-16），得：

$$Q_b = q_b W^3 \tag{4-19}$$

式（4-19）即集中药包的标准抛掷爆破装药量计算公式。

（2）集中药包的非标准抛掷爆破。在岩石性质、炸药品种和药包埋置深度都不变动的情况下，改变标准抛掷爆破的装药量，就形成了非标准抛掷爆破。当装药量小于标准抛掷爆破的装药量时，形成的爆破漏斗底圆半径变小，$n<1$ 为减弱抛掷爆破或松动爆破；当装药量大于标准抛掷爆破的装药量时，形成的爆破漏斗底圆半径变大，$n>1$ 为加强抛掷爆破。可见非标准抛掷爆破的装药量是爆破作用指数的函数，因此可以把不同爆破作用的装药量用下面的计算通式来表示：

$$Q = f(n) q_b W^3 \tag{4-20}$$

式中 $f(n)$——爆破作用指数函数。

对于标准抛掷爆破 $f(n)=1.0$，减弱抛掷爆破或松动爆破 $f(n)<1$，加强抛掷爆破 $f(n)>1$。

$f(n)$ 仍具体的函数形式有多种，我国工程界应用较为广泛的是苏联学者鲍列斯阔夫提出的经验公式：

$$f(n) = 0.4 + 0.6n^3 \tag{4-21}$$

鲍列斯阔夫公式适用于抛掷爆破装药量的计算。将式（4-21）代入式（4-20），得到集中药包抛掷爆破装药量的计算通式：

$$Q_p = (0.4 + 0.6n^3) q_b W^3 \tag{4-22}$$

应用式（4-22）计算加强抛掷爆破的装药量时，结果与实际情况比较接近。

由于集中药包松动爆破的单位用药量约为标准抛掷爆破单位用药量的1/3~1/2，集中药包松动爆破的装药量公式可以表示为

$$Q = (0.33 \sim 0.5) q_b W^3 \tag{4-23}$$

3. 柱状药包的药量计算

柱状药包，也称延长药包，是爆破工程中应用最广泛的药包形式。

（1）柱状药包垂直于自由面。柱状药包垂直于自由面的形式是浅眼爆破最常用的形式（图4-12）。这种情况下炸药爆炸时易受到岩体的夹制作用，虽然仍能形成爆破漏斗，但

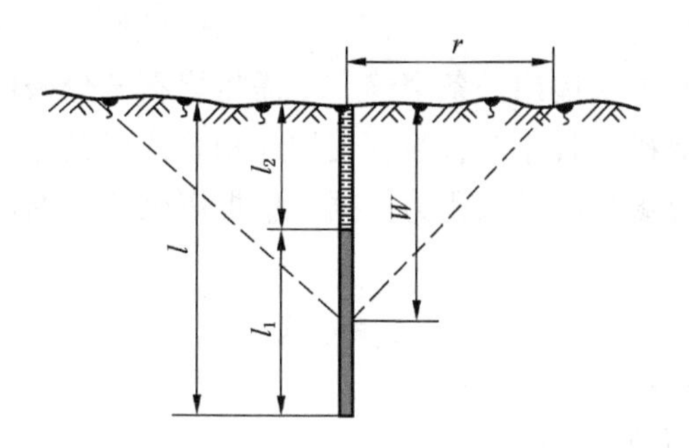

图 4-12　柱状装药垂直于自由面

易残留炮根。计算装药量时，仍可按体积公式来计算。

$$Q = f(n) q_b W^3 \tag{4-24}$$

式中　Q——装药量，kg；

W——最小抵抗线，$W = l_2 + \frac{1}{2} l_1$，$l_1$ 为装药长度，m，l_2 为堵塞长度，m。

在浅眼爆破中，由于凿岩机所钻的眼径较小，炮眼内往往容纳不下由式（4-19）计算所得的装药量。在这种情况下，需要多打炮眼以容纳计算的药量。在隧道及井巷爆破设计时，常用式（4-15）计算每个掘进循环的总装药量，然后根据断面尺寸和循环进尺确定单孔装药量。

（2）柱状药包平行于自由面。深孔爆破靠近边坡的炮孔装药属于柱状药包平行于自由面情况。爆破后形成的爆破漏斗是个 V 形横截面的爆破沟槽。设 V 形沟槽的开口宽度为 $2r$，沟槽深度 W，当 $r=W$ 时，$n=r/W=1$，称为标准抛掷爆破沟槽，如图 4-13 所示。根据体积公式计算装药量（不考虑端部效应）：

$$Q = q_b V = q_b \times 1/2 \times 2rWl = q_b W^2 l$$

即

$$Q = q_b W^2 l \tag{4-25}$$

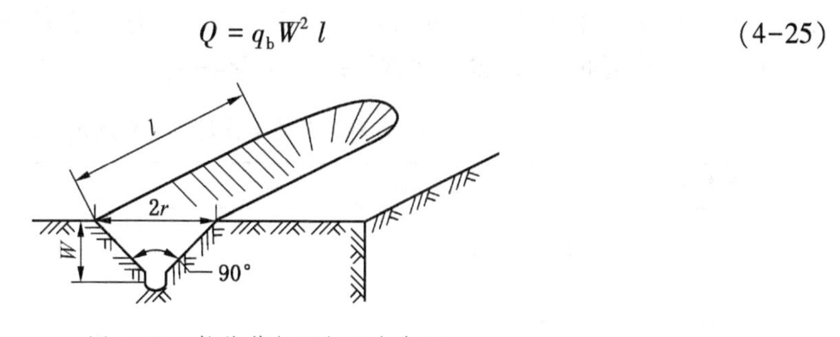

图 4-13　柱状药包平行于自由面

对于形成非标准抛掷爆破沟槽的情况，装药量的计算公式应考虑爆破作用指数 n 的影响，于是：

$$Q = q_b f(n) W^2 l \tag{4-26}$$

式中　Q——柱状药包的装药量，kg；

$f(n)$——与爆破作用指数有关的经验公式；

l——柱状药包的装药长度，m。

4.3.2 面积和其他公式

体积公式不适用于只要求爆出一条窄缝，不需将岩石充分破碎的情况，如在使用预裂爆破、光面爆破和切割爆破等技术时，需要使用面积公式或其他公式计算药量。

面积公式是以所需爆破切断的面积为依据，根据爆破产生断面与装药量呈正比确定装药量 Q：

$$Q = q_m A \tag{4-27}$$

式中 Q——装药量，kg；

A——爆破切断面面积，m^2；

q_m——破碎单位面积所需的炸药量，kg/m^2。

爆破切断面积 A 可由装药长度与所切割介质的厚度（单药包）或孔距（多药包）之积确定，q_m 与介质性质、炸药性能和爆破条件等因素有关，其确定方法类似于 q。

与面积公式类似，还有线装药计算式：

$$Q = q_S L \tag{4-28}$$

式中 L——爆破切断长度，m；

q_S——破碎单位长度所需的炸药量，kg/m。

对于一些既需要破碎岩石，又要形成一定的切割面的特殊爆破，可采取面积-体积综合药量计算式：

$$Q = q_s A + q_b V \tag{4-29}$$

4.3.3 单位炸药消耗量确定方法

单位炸药消耗量 q_b 是指单个集中药包形成标准抛掷爆破漏斗时，爆破每 1 m^3 岩石或土壤所消耗的 2 号岩石铵梯炸药的质量，确定 q_b 的途径主要有以下几个：

1. 查表

对于普通的岩土爆破工程，q_b 的值可由表 4-7 查出。拆除爆破中有关砖混结构、钢筋混凝土结构的单位炸药消耗量可从相关表格中查出。这些表都是对 2 号岩石铵梯炸药而言，使用其他炸药时应乘以炸药换算系数 e（表 4-8）。

表 4-7 各种岩石的单位用药量系数 q_b 值

岩石名称	岩体特征	f值	q_b 值
各种土壤	松散的坚实的	<1.0 1~2	1.0~1.1 1.1~1.2
土夹石	致密的	1~4	1.2~1.4
页岩 千枚岩	风化破碎完整，风化轻微	2~4 4~6	1.0~1.2 1.2~1.3
板岩泥灰岩	泥质，薄层，层面张开，较破碎较完整，层面闭合	3~5 5~8	1.1~1.3 1.2~1.4
砂岩	泥质胶结，中薄层或风化破碎者钙质胶结，中厚层，中细粒结构，裂隙不甚发育硅质胶结，石英质砂岩，厚层，裂隙不发育，未风化	4~6 7~8 9~14	1.0~1.2 1.3~1.4 1.4~1.7

表 4-7（续）

岩石名称	岩体特征	f 值	q_b 值
砾岩	胶结较差，砾石以砂岩或较不坚硬的岩石为主胶结好，以较坚硬的砾石组成，未风化	5~8 9~12	1.2~1.4 1.4~1.6
白云岩大理岩	节理发育，较疏松破碎，裂隙频率大于 4 条/m 完整，坚实的	5~8 9~12	1.2~1.4 1.5~1.6
石灰岩	中薄层，或含泥质的，成竹叶状结构的及裂隙发育的厚层，完整或含硅质，致密的	6~8 9~15	1.3~1.4 1.4~1.7
花岗岩	风化严重，节理裂隙很发育，多组节理交割，裂隙频率大于 5 条/m 风化较轻，节理裂隙不发育或未风化的伟晶，粗晶结构	4~6 7~12 12~20	1.1~1.3 1.3~1.6 1.6~1.8
流纹岩，蛇纹岩	较破碎的 完整的	6~8 9~12	1.2~1.4 1.5~1.7
片麻岩	片理或节理裂隙发育的完整坚硬的	5~8 9~14	1.2~1.4 1.5~1.7
正长岩闪长岩	较风化，整体性较差的未风化，完整致密的	8~12 12~18	1.3~1.5 1.6~1.8
石英岩	风化破碎，裂隙频率大于 5 条/m； 中等坚硬，较完整的； 很坚硬、完整、致密的	5~7 8~14 14~20	1.1~1.3 1.4~1.6 1.7~2.0
安山岩 玄武岩	受节理裂隙切割的 完整、坚硬、致密的	7~12 12~20	1.3~1.5 1.6~2.0
辉长岩、辉绿岩、橄榄岩	受节理裂隙切割的， 很完整、很坚硬、致密的	8~14 14~25	1.4~1.7 1.8~2.1

表 4-8　常用炸药的换算系数 e 值

炸药名称	换算系数 e	炸药名称	换算系数 e
2 号岩石铵梯炸药	1.0	1 号岩石水胶炸药	0.75
2 号露天铵梯炸药	1.28~1.5	2 号岩石水胶炸药	1.0~1.23
2 号煤矿许用铵梯炸药	1.20~1.5	一、二级煤矿许用水胶炸药	1.2~1.45
4 号抗水岩石铵梯炸药	0.85~0.88	1 号岩石乳化炸药	0.75~1.0
梯恩梯炸药	0.75~0.94	2 号岩石乳化炸药	1.0~1.23
铵油炸药	1.0~1.33	一、二级煤矿许用乳化炸药	1.2~1.45
铵松蜡炸药	1~1.05	胶质硝化甘油炸药	0.8~0.89

2. 采用工程类比的方法

参照条件相近工程的单位炸药消耗量确定 q_b 值。在工程实际中，经常用工程类比法确定爆破参数，此时设计者的经验尤为重要。

3. 采用标准抛掷爆破漏斗试验

理论上形成标准抛掷爆破漏斗的装药量 Q 与其所爆落的岩体体积之比即为 q_b 的值。由于恰好爆出一个标准抛掷爆破漏斗是不容易的，因此，在试验中常根据式（4-30）计算 q_b 的值，即：

$$q_b = \frac{Q}{(0.4 + 0.6n^3)W^3} \tag{4-30}$$

试验时，应选择平坦地形，地质条件要与爆区一样，选取的最小抵抗线 W 应大于 1 m。根据最小抵抗线 W、装药量 Q 以及爆后实测的爆破漏斗底圆半径 r 计算 n 值并由式（4-30）计算 q_b 值。试验应进行多次，并根据各次的试验结果选取接近标准抛掷爆破漏斗的装药量。

需要指出的是，q_b 只是单个集中药包爆破时装药量与所爆落岩体体积之间的一个关系系数。当群药包共同作用时，单位炸药消耗量可按下式确定：

$$q = \frac{\sum Q}{\sum V} \tag{4-31}$$

式中　q——单位炸药消耗量；

$\sum Q$——群药包总装药量，kg；

$\sum V$——群药包一次爆落的岩体总体积。

只有在单个药包爆破形成标准抛掷爆破时，q_b 才与单位炸药消耗量 q 相等。

4.4　影响爆破作用的因素

影响爆破效果的因素很多，本节就炸药性能、装药结构、地质条件等爆破工程中影响爆破效果的共性问题进行讨论。对影响爆破效果的其他一些因素后面的章节中还将进行论述。

4.4.1　炸药性能对爆破效果的影响

炸药的密度、爆热、爆速、作功能力和猛度等性能指标，反映了炸药爆炸时的威力，直接影响炸药的爆炸效果。增大炸药的密度和爆热，可以提高单位体积炸药的能量密度，同时提高炸药的爆速、猛度和爆力。但是品种、型号一定的工业炸药其各项性能指标均应符合相应的国家标准或行业标准，作为工业炸药的用户，工程爆破领域的技术人员一般不能变动这些性能指标。即使像乳胶炸药、水胶炸药或乳化炸药这些可以在现场混制的炸药，过分提高其爆热，也会造成炸药成本的大幅度提高。另外，工业炸药的密度也不能进行大幅度的变动，例如，当铵梯炸药的密度超过其极限值后，就不能稳定爆轰。因此，根据爆破对象的性质，合理选择炸药品种并采取适宜的装药结构，从而提高炸药能量的有效利用率，同时也是改善爆破效果的有效途径。

爆速是炸药本身影响其能量有效利用的一个重要性能指标。不同爆速的炸药，在岩体内爆炸激起的冲击波和应力波的参数不同，从而对岩石爆破作用及其效果有着明显的影响。

炸药与岩石的匹配问题在常规爆破中通常不予重视，但由于炸药与岩石匹配问题确实对爆破效果产生较大影响，在特殊条件下的爆破或要求较高的控制爆破中不得不考虑炸药与岩石匹配。而在光面预裂爆破中为保护坡面的完整平直，需用低爆速炸药。为提高炸药能量的有效利用率，炸药的波阻抗应尽可能与所爆破岩石的波阻抗相匹配。因此，岩石的波阻抗越高，所选用炸药的密度和爆速应越大。

炸药与岩石的匹配实际是根据波阻抗匹配理论而来，当炸药的波阻抗值（$\rho_e D$）与岩石的波阻抗值（ρC）相等时，爆炸波能量完全传入岩体内，从而达到最大限度地破碎岩石。一般用波阻抗匹配系数 k 表示炸药与岩石的匹配条件，k 值由下式计算：

$$k = \frac{\rho_e D}{\rho C} \tag{4-32}$$

式中　　k——波阻抗匹配系数；

ρ_e、D——分别表示炸药的密度（kg/cm^2）和炸药爆速（m/s）；

ρ、C——分别表示岩石密度（kg/m^3）和岩石纵波波速（m/s）。

在爆破工程中选择炸药类型时，一方面要考虑匹配系数，使匹配系数 k 尽可能接近 1，另一方面还要考虑炸药的价格、性质以及其他限制条件。

在工程爆破的设计和施工过程中，为了选择与岩石性质相匹配的炸药，有时需要将一种炸药的用量换算成另外一种炸药的用量。工程上常用炸药换算系数 e 来表示炸药之间的当量换算关系。关于炸药换算系数的确定方法，习惯上以 2 号岩石铵梯炸药作为标准炸药，规定 2 号岩石铵梯炸药的 $e=1$，并以 2 号岩石铵梯炸药的爆容 320 mL 或猛度 12 mm 作为标准，求其与其他炸药品种的爆容或猛度之比求算 e_b 或 e_m 值。也可以根据上述两者式的平均值求算 e 值，即 $e = \frac{e_b + e_m}{2}$。常用炸药的换算系数 e 值列于表 4-8 中。事实上，用炸药作功能力和猛度指标确定炸药的换算系数具有一定的局限性，必要时可以通过比较爆破漏斗试验法确定 e 值。

4.4.2　装药结构对爆破效果的影响

钻眼爆破中装药结构对爆破效果的影响很大。根据炮眼内药卷与炮眼、药卷与药卷之间的关系以及起爆位置。常见装药结构可以分为以下几种：

（1）按药卷与炮眼的径向关系分为耦合装药和不耦合装药。耦合装药药卷与炮眼直径相等（图 4-14a）或采取散装药形式。不耦合装药药卷与炮眼在径向有间隙，间隙内可以是空气或其他缓冲材料（如水或岩粉等，图 4-14b）。

（2）按药卷与药卷在炮眼轴向的关系分为连续装药和间隔装药。连续装药各药卷在炮眼轴向紧密接触（图 4-14c），间隔装药药卷（或药卷组）之间在炮眼轴向存在一定长度的空隙，空隙内可以是空气、炮泥、木垫或其他材料（图 4-14d）。

1. 不耦合装药对爆破效果的影响

不耦合装药时，装药直径比炮眼直径小。炮孔直径与装药直径之比称为不耦合系数。散装药或耦合装药时，不耦合系数为 1。在一定的岩石和炸药条件下，采用不耦合装药或空气间隔装药可以增加炸药用于破碎或抛掷岩石能量的比例，提高炸药能量的有效利用率；改善岩石破碎的均匀度，降低大块率，提高装岩效率；降低炸药消耗量，有效保护围岩免遭破坏。

这两种装药结构，特别是不耦合装药结构在光面爆破和预裂爆破中得到广泛的应用。空气间隔装药的作用原理如下：

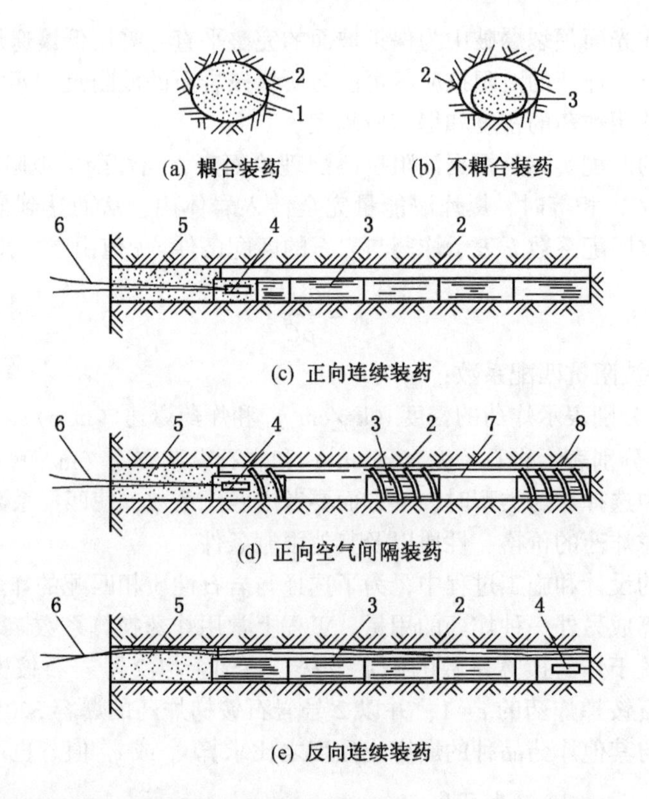

1—炸药；2—炮眼壁；3—药卷；4—雷管；5—炮泥；6—脚线；7—竹条；8—绑绳

图 4-14　装药结构

(1) 降低了作用在炮眼壁上的冲击压力峰值。若冲击压力过高，在岩体内激起冲击波，产生粉碎区，使炮眼附近岩石过度粉碎，就会消耗大量能量，影响粉碎区以外岩石的破碎效果。

(2) 增加了应力波作用时间。图 4-15 为在相同试验条件下，在相似材料模型中测得的连续装药和空气间隔装药的应力波形。空气间隔装药激起的应力波峰值减小，应力波作用时间增大，应力变化比较平缓。

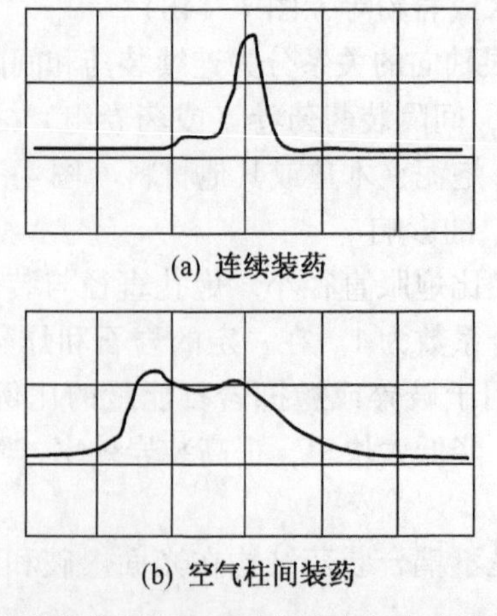

图 4-15　连续装药和空气间隔装药激起应力波波形的比较

（3）增大了应力波传给岩石的冲量，而且使冲量沿炮眼较均匀地分布。

2. 堵塞的必要性

堵塞就是针对不同的爆破方法采用炮泥或其他堵塞材料，将装药孔填实，隔断炸药与外界的联系。堵塞的目的是：保证炸药充分反应，使之产生最大热量，防止炸药不完全爆轰；防止高温高压的爆轰气体过早地从炮眼中逸出，使爆炸产生的能量更多地转换成破碎岩体的机械功，提高炸药能量的利用率。在有瓦斯与煤尘爆炸危险的工作面内，除降低爆轰气体逸出自由面的温度和压力外，堵塞用的炮泥还起着阻止灼热固体颗粒（如雷管壳碎片等）从炮眼中飞出的作用。

图 4-16 表示在有堵塞和无堵塞的炮孔中压力随时间变化的关系。从图中可以看出，在这两种条件下，爆炸作用对炮孔壁的初始冲击压力虽然没有很大的影响，但是堵塞却明显增大了爆轰气体作用在孔壁上的压力（后期压力）和压力作用的时间，从而大大提高了对岩石的破碎和抛掷作用。

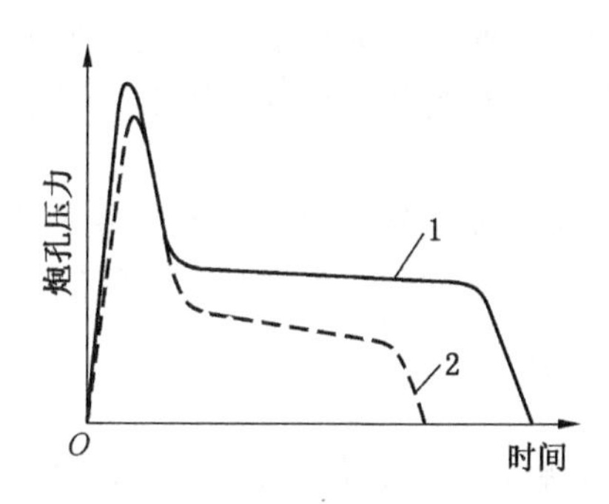

1—有堵塞；2—无堵塞

图 4-16　堵塞对爆破作用的影响

3. 起爆位置的影响

起爆药包放置的位置，决定着药包爆轰波传播方向以及应力波和岩石破裂的发展方向。起爆用的雷管或起爆药柱在装药中的位置称为起爆点。在炮眼爆破法中，根据起爆点在装药中的位置和数目，将起爆方式分为正向起爆、反向起爆和多点起爆。

单点起爆时，如果起爆点位于装药靠近炮眼口的一端，爆轰波传向炮眼底部，称为正向起爆。反之，当起爆点置于装药靠近眼底的一端，爆轰波传至眼口，就称为反向起爆。当在同一炮眼内设置一个以上的起爆点称为多点起爆。沿装药全长敷设导爆索起爆，是多点起爆的一个极端形式。

试验和经验表明，起爆点位置是影响爆破效果的重要因素。在岩石性质、炸药用量和炮眼深度一定的条件下，与正向起爆相比，反向起爆可以提高炮眼的利用率，降低岩石的夹制作用，降低大块率。在炮眼较深、起爆间隔时间较长以及炮眼间距较小的情况下，反向起爆可以消除采用正向起爆时容易出现的起爆药卷被邻近炮眼内的装药爆破“压死”或提前炸开的现象。

与正向起爆相比，反向起爆也有其不足之处。例如，需要长脚线雷管，装药比较麻烦；在有水深孔中起爆药包容易受潮；装药操作的危险性增加，机械化装药时静电效应可能引起早爆等。

无论是正向起爆还是反向起爆，岩体内的应力分布都是很不均匀的。如果相邻炮眼分别采用正、反向起爆，就能改善这种状况。采用多点起爆，由于爆轰波发生相互碰撞，可以增大爆炸应力波参数，包括峰值应力、应力波作用时间及其冲量，从而能够提高岩石的破碎度。

在柱状长药包爆破时，传统的方法是把起爆药包布置在孔口药卷处，雷管底部朝向孔底，这样装药比较方便，而且节省导线（或导火索、导爆管等起爆材料）。反向爆破则是把起爆药包布置在孔底，并使雷管底部朝向孔口。由于起爆点在孔底，有利于消灭留炮根的现象。

国内外试验研究资料表明，在较长药包中，不论雷管朝向何方，在起爆点前方和后方一定距离内爆破效力最强，距离爆源越远，爆破效果越差。因此有人建议在较长的长条药包爆破时，为提高爆炸能量利用率，应采用多点起爆。

4.4.3 地质条件对爆破作用的影响

爆破工程的实践证明，爆破效果在很大程度上取决于爆区地质条件。国内外爆破专业人员越来越多地认识到爆破与地质结合的重要性，爆破工程地质研究正在朝着形成一个新学科的方向发展。

爆破工程地质着重研究地形地质条件对爆破效果、爆破安全及爆破后岩体稳定性的影响，涉及地形、岩性、地质构造和水文地质等方面。这里仅举几种典型的不良地质构造对爆破效果的影响加以分析。

1. 断层的影响

（1）断层对爆破效果的影响。断层、张开裂隙一般都比较宽，常为土和其他碎屑充填，断层附近多出现断层破碎带。断层和大裂缝对爆破作用相当于一个完整的自由面，可以阻断冲击波的传播，以发生气体的突出，使爆破效果恶化，但是如果设计恰当，可以利用这些构造，用较少的装药爆破出较大石方量。

在药包爆破作用范围内的断层或大裂隙能影响爆破漏斗的大小和形状，从而减少或增加爆破方量，使爆破不能达到预定的抛掷效果甚至引起爆破安全事故。因此，在布置药包时，应查明爆区断层的性质、产状和分布情况，以便结合工程要求尽可能避免其影响。图4-17 中的药包布置在断层的破碎带中。当断层内的破碎物胶结不好时，爆炸气体将从断层破碎带冲出，造成冲炮并使爆破漏斗变小。图 4-18 中的药包位于断层的下面。爆破后，爆区上部断层上盘的岩体将失去支撑，在重力的作用下顺断层面下滑，从而使爆破量增大，甚至造成原设计爆破影响范围之外的建筑物损坏。如断层处于爆破漏斗范围之内，爆破后形成反坡使爆破漏斗变小，留下安全隐患。

（2）断层岩体爆破处理措施。一般而言，处理上述地质问题的措施有：

①在断层两侧布置药包。

②避免最小抵抗线与断层平行，最好是互相垂直，可防止弱面突出。

③用多药包齐爆，有时可以减弱断层的影响。

2. 层理的影响

（1）层理对爆破漏斗尺寸的影响：

①最小抵抗线与层理面垂直，将扩大爆破漏斗，增加爆破量，并使块度降低，如图4-19 所示，但爆堆抛散距离比一般情况下要小。

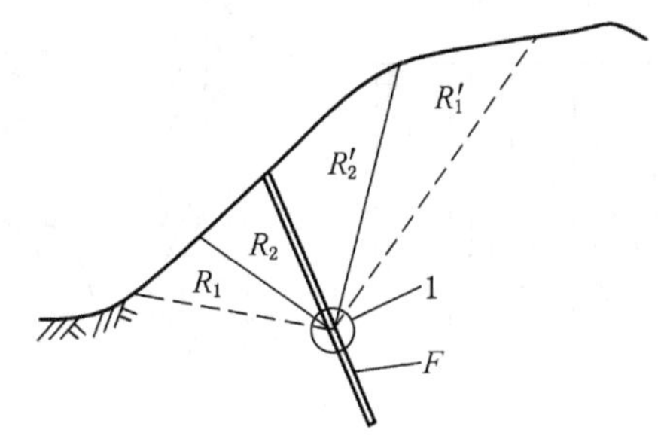

1—药室；F—断层；R_1—设计下破裂线；R_2—实际下破裂线；

R'_1—设计上破裂线；R'_2—实际上破裂线；

图 4-17　药包布置在断层中

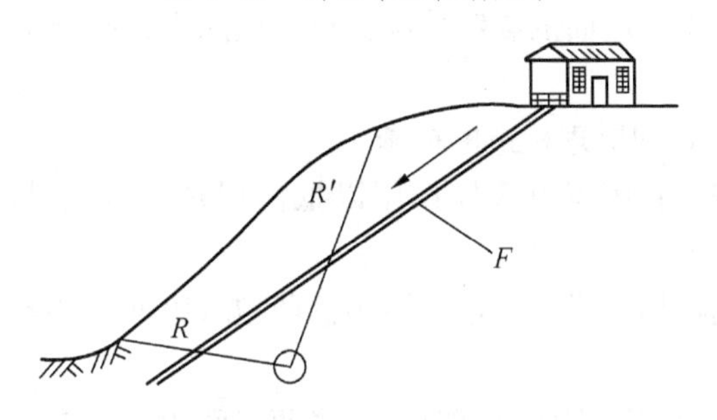

F—断层；R—设计下破裂线；R'—设计上破裂线

图 4-18　药包布置在断层下

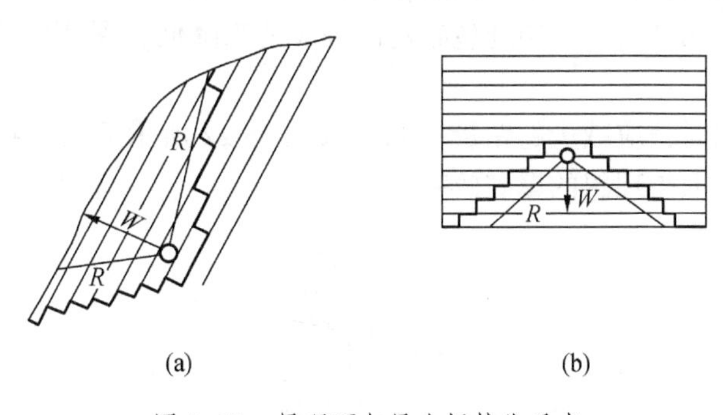

图 4-19　层理面与最小抵抗线垂直

②药包最小抵抗线与层理面平行时，将减少爆破方量，如图 4-20 所示，岩块抛掷比一般要小，容易留根底，还可能顺层发生冲炮。

③最小抵抗线与层理斜交，一般是钝角一侧漏斗会扩大，锐角一侧则会缩小，如图4-21 所示，爆堆抛散方向会发生偏移。

当层理走向与边坡走向交角小于 40°时，层理倾向与边坡相同，且倾角在 15°~50°之间时，可能出现危石、落石、崩塌，严重的可引起顺层滑坡；当岩层走向与边坡走向交角小于 20°，岩层倾向与边坡相反，倾角在 70°~90°时，易发生危石和崩塌；而当岩层走向与边坡走向大体一致（交角小于 15°），岩层倾向与边坡倾向一致时，或倾角大于边坡坡度时，对边坡稳定有利。

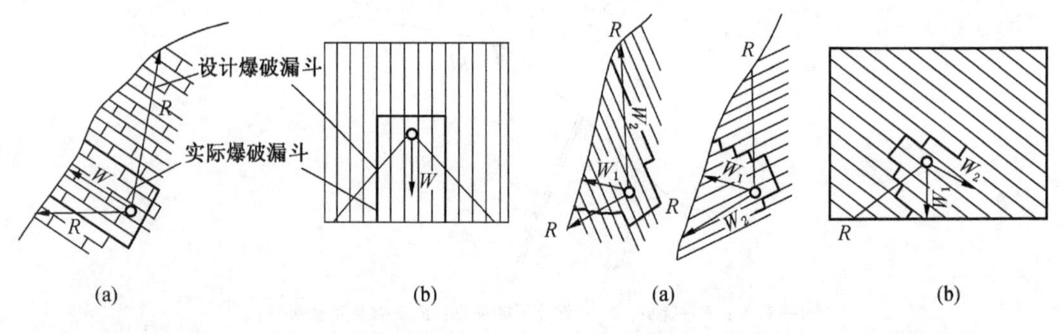

图 4-20　层理面与最小抵抗线平行　　　　图 4-21　层理面与最小抵抗线斜交

层理的影响还取决于层理面的黏结情况，对一般层理面接触紧密，胶结较好时，不会出现上述的典型情况。

（2）在爆破工程中处理层理构造的措施：

①群药包齐发爆破，利用应力叠加作用以抵消层理对冲击波的阻断，削弱层理的影响，达到预期的设计要求。

②当岩层走向与线路相交时，尽量利用小群药包或纵向分集药包，视交角大小，适当缩小药包间距。

③当最小抵抗线方向与层理面垂直时，可将药包间距加大 10% 左右。

④当最小抵抗线方向与层理一致时，应当在设计中考虑利用小药包或通过改变起爆顺序来改造地形，使主药包有个与层理面近乎正交的最小抵抗线。

⑤当岩层向山内倾斜时，集中药包布药高程应适当降低，深孔爆破应增加超钻，才能爆出预期的底板。

⑥遇有水平层面时，应减少超钻量。如采取图 4-22 所示适当下移药包位置，充分利用层理，巧布药包，取得理想的爆破效果。

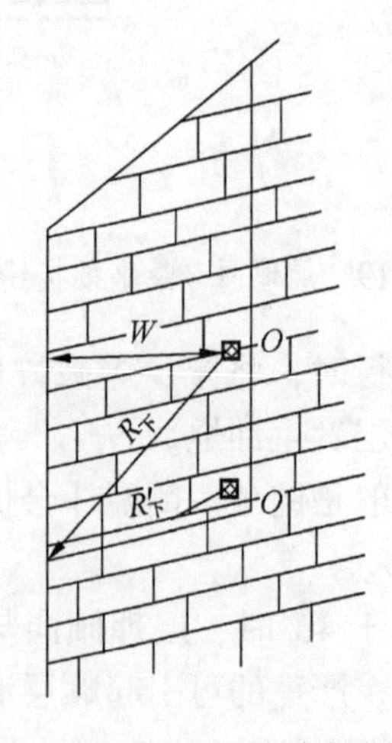

图 4-22　适当下移药包位置

3. 节理的影响

（1）岩层均受节理、裂隙、片理、劈理切割，对爆破的影响取决于其发育程度、频率、产状、张开度及组数。一般而言，岩体中的节理裂隙虽然组数较多，但对爆破起主导作用的仅为其中的1~2组。

（2）如果一组起主要作用，其影响作用与层理相似；如果节理裂隙很发育，岩层已被切割成碎块，各组节理却不能起主导作用，接近于均质岩体。

（3）当节理裂隙将表层岩体切割成2 m以上大块时，这种岩体非常难爆，大块率高并容易产生飞石。

（4）X形节理会影响爆破漏斗的形态，从而影响爆破石方量和爆堆形态，如图4-23所示。

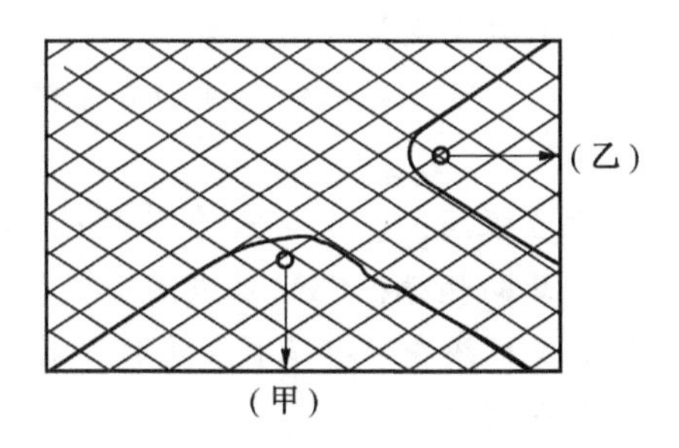

图4-23　X形交割节理的爆破作用影响

（5）在台阶爆破中，裂隙发育带容易形成乱膛和卡钻，乱膛如果发生在前排，又采用散装炸药，则会在乱膛处形成局部集中装药，从而造成严重的飞石；与钻孔连通的张开裂隙也往往是“飞石源”。X形裂隙容易使预裂爆破面凸凹不同，对后冲、根底也有较大的影响，在施工中应当了解起主要作用的节理、裂隙，在设计超钻量、堵塞量、起爆顺序及最小抵抗线方向时，均应对主要节理裂隙组予以重视。

4. 溶洞的影响

在岩溶地区进行爆破作业时，地下溶洞对爆破效果的影响不容忽视。溶洞能改变最小抵抗线的大小和方向，从而影响装药的抛掷方向和抛掷方量（图4-24）。爆区内小而分散的溶洞和溶蚀沟缝，能吸收爆炸能量或造成爆破漏气，致使爆破不匀，产生大块。溶洞还可以诱发冲炮、塌方和陷落，严重时会造成爆破安全事故。对于深孔爆破时地下溶洞会使炮孔容药量突然增大，产生异常抛掷和飞石（图4-25）。矿山爆破时（尤其是露天转地下爆破）经常遇到采空区和老窿，在石灰岩地区爆破时，常遇到岩溶对爆破的影响问题，它们对爆破作用的影响在性质上是相似的。

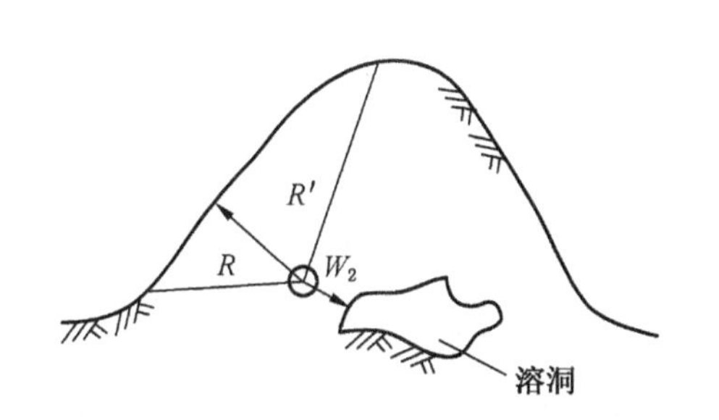

图4-24　溶洞对抛掷方向和抛掷方量的影响

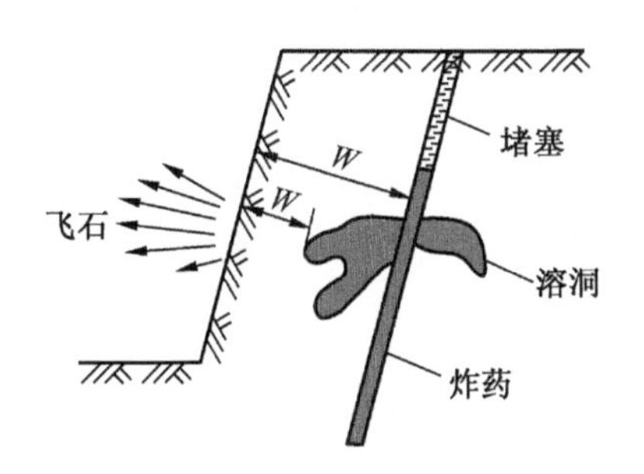

图4-25　溶洞对深孔爆破的影响

在岩溶地区进行爆破作业时，首先应充分了解清楚溶洞或采空区的方位、大小、稳定情况；在布置药包时，尽量避开溶洞对药包的影响，即在溶洞附近不布置大装药量药包。如果避不开，则应考虑药包向溶洞的能量泄漏，溶洞方向的抵抗线不小于向临空面的最小抵抗线。

复习思考题

1. 关于岩石爆破破碎原因的三种学说中，哪一种更切合实际？试叙述其基本观点。

2. 什么是爆破的内部作用和外部作用？各有什么特点？

3. 试绘图说明爆破漏斗的几何要素及其相互关系。

4. 根据爆破作用指数值的不同，可以把爆破漏斗划分为哪四种？试说明其特点。

5. 试解释下面的概念：

(1) 岩石的波阻抗；(2) 耦合装药；(3) 不耦合装药；(4) 不耦合系数；(5) 连续装药；(6) 空气间隔装药；(7) 正向起爆；(8) 反向起爆；(9) 多点起爆。

6. 什么叫最小抵抗线？最小抵抗线在爆破工程中有什么作用？

7. 试述计算炸药装药量的基本原理。

8. 影响爆破作用的因素有哪些？

5 掘进爆破技术

迄今为止，岩石爆破技术仍是矿山生产、水电工程、交通和基础设施建设中岩石开挖的主要施工手段。凿岩爆破法是现代爆破技术中应用最广泛、技术发展最全面的成熟技术。根据炮孔直径和深度不同，岩石爆破可分为深孔爆破和浅眼爆破，前者适用于大规模石方开挖的露天台阶爆破，后者则多用于地下或岩石中一个自由面条件下的隧道和井巷掘进爆破。浅眼爆破通常孔径不超过 75 mm，孔深不超过 5 m。

凿岩爆破是隧道和井巷掘进循环作业中的一个首要工序，爆破的质量和效果都将影响后续工序的效率和质量。掘进爆破的主要任务，是在不损坏井筒或巷道围岩安全条件下，将岩石按规定断面爆破下来。爆破的岩石块度和形成的爆堆，应有利于装载机械发挥效率。为此，需在工作面上合理布置一定数量的炮眼和确定炸药用量，采用合理的装药结构和起爆顺序等。

概括起来，对掘进爆破工作的技术要求如下：

（1）开挖断面应满足设计形状规格要求，且周壁平整；

（2）炮眼利用率高，一般达到 85% 以上；

（3）爆破块度适中均匀，爆堆堆积集中，便于清渣；

（4）施工安全、高效节能。

5.1 掏槽爆破方法

在隧洞和井巷的开挖过程中，通常是掘进工作面中间区域少量炮眼先爆，形成一个空腔作为第二自由面，为其他炮孔爆破创造有利条件。这个空腔通常就称为掏槽。掏槽眼的爆破是处于一个自由面的条件下，破碎岩石的条件非常困难。而掏槽的好坏又直接影响了其他炮眼的爆破效果，它是隧道和井巷爆破掘进的关键。因此，必须合理选择掏槽形式和装药量，使岩石完全破碎形成槽腔，达到较高的槽眼利用率。

按用途不同，掘进工作面的炮眼可分为 3 种（图 5-1）。

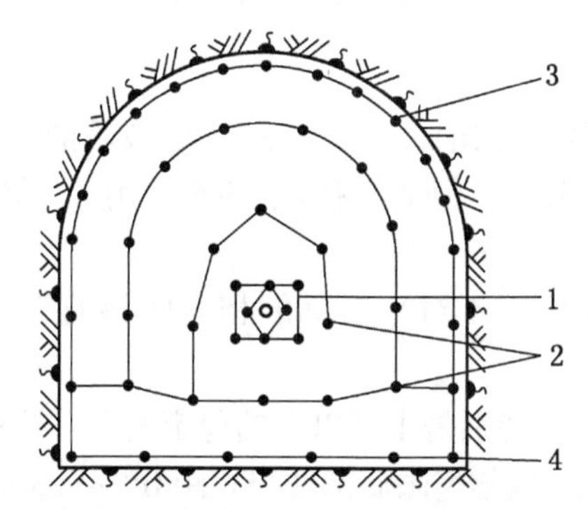

1—掏槽眼；2—崩落眼；3—周边眼；4—底眼

图 5-1 平巷炮眼布置图

（1）掏槽眼。掏槽眼用于爆出新的自由面，为其他后爆炮眼创造有利的爆破条件。

（2）崩落眼。崩落眼是破碎岩石的主要炮眼。崩落眼利用掏槽眼和辅助眼爆破后创造的平行于炮眼的自由面，改善了爆破条件，故能在该自由面方向上形成较大体积的破碎漏斗。

（3）周边眼。周边眼控制爆破后的巷道断面形状、大小和轮廓，使之符合设计要求。巷道中的周边眼按其所在位置可分为顶眼、帮眼和底眼。

掏槽眼布置有许多不同的形式，归纳起来可分为两大类：斜眼掏槽和直眼掏槽。

5.1.1 斜眼掏槽

斜眼掏槽的特点是掏槽眼与自由面（掘进工作面）倾斜一定角度。斜眼掏槽有多种形式，各种掏槽形式的选择主要取决于围岩地质条件和掘进面大小。斜眼掏槽的常用形式如下：

1. 单向掏槽

由数个炮眼向同一方向倾斜组成。适用于中硬（$f<4$）以下具有层、节理或软夹层的岩层中。可根据自然弱面赋存条件分别采用顶部、底部和侧部掏槽（图 5-2）。掏槽眼的角度可根据岩石的可爆性，取 45°~65°，间距约在 30~60 cm 范围内。掏槽眼应尽量同时起爆，效果更好。

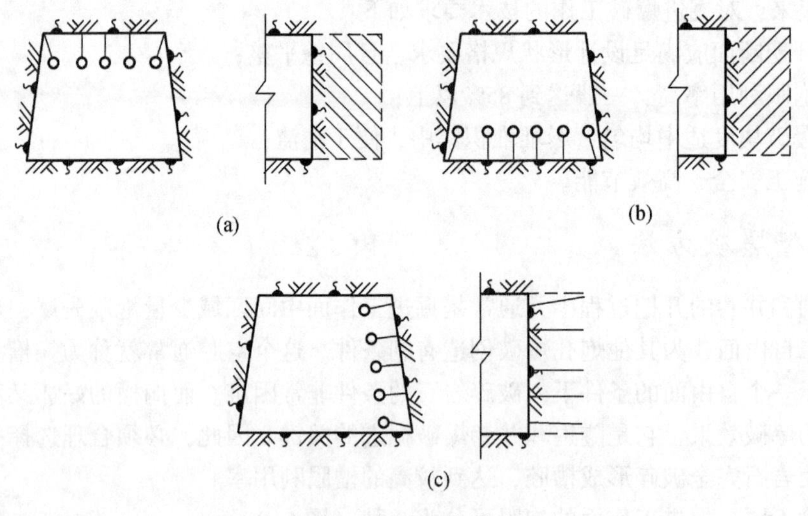

图 5-2 单向掏槽

2. 锥形掏槽

由数个共同向中心倾斜的炮眼组成（图 5-3）。爆破后槽腔呈角锥形。锥形掏槽适用于$f>8$的坚硬岩石，其掏槽效果较好，但钻眼困难，主要适用于井筒掘进，其他巷道很少采用。

3. 楔形掏槽

楔形掏槽由数对（一般为 2~4 对）对称的相向倾斜的炮眼组成，爆破后形成楔形的槽腔（图 5-4）。

楔形掏槽适用于各种岩层，特别是中硬以上的稳定岩层。这种掏槽方法，爆力比较集中，爆破效果较好，槽腔体积较大。掏槽炮眼底部两眼相距 0.2~0.3 m，炮眼与工作面相交角度通常为 60°~75°，水平楔形打眼比较困难，除非是在岩层的层节理比较发育时才使用。岩石特别

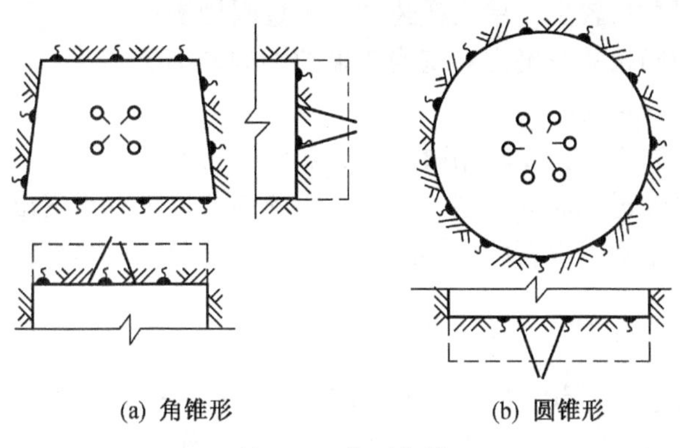

图 5-3　锥形掏槽

坚硬、难爆或眼深超过 2 m 时，可增加 2~3 对初始掏槽眼（图 5-4c），形成双楔形。

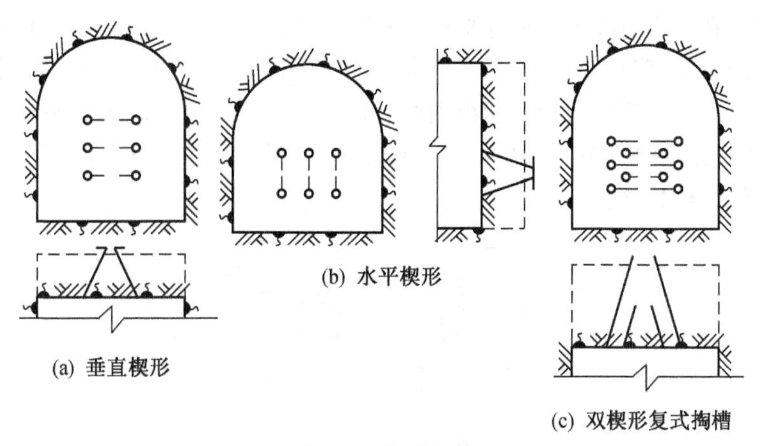

图 5-4　楔形掏槽

4. 扇形掏槽

扇形掏槽各槽眼的角度和深度不同，主要适用于煤层、半煤岩或有软夹层的岩石中（图 5-5）。扇形掏槽需要多段延期雷管顺序起爆各掏槽眼，逐渐加深槽腔。

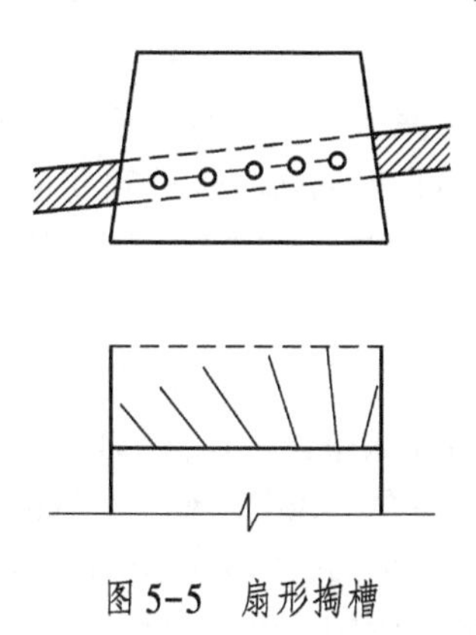

图 5-5　扇形掏槽

斜眼掏槽的主要优点：

（1）适用于各种岩层并能获得较好的掏槽效果；

（2）所需掏槽眼数目较少，单位耗药量小于直眼掏槽；

（3）槽眼位置和倾角的精确度对掏槽效果的影响较小。

斜眼掏槽具有以下缺点：

（1）钻眼方向难以掌握，要求钻眼工人有熟练的技术水平；

（2）炮眼深度受巷道断面的限制，尤其在小断面巷道中更为突出；

（3）全断面巷道爆破下岩石的抛掷距离较大，爆堆分散，容易损坏设备和支护，尤其是掏槽眼角度不对称时。

5.1.2　直眼掏槽

直眼掏槽的特点是所有炮眼都垂直于工作面且相互平行，距离较近。其中有一个或几个不装药的空眼。空眼的作用是给装药眼创造自由面和作为破碎岩石的膨胀空间。

直眼掏槽常用以下几种形式：

1. 缝隙掏槽

掏槽眼布置在一条直线上且相互平行，隔眼装药，各眼同时起爆，如图 5-6 所示。爆破后，在整个炮眼深度范围内形成一条稍大于炮眼直径的条形槽口，为辅助眼爆破创造临空面。适用于中硬以上或坚硬岩石和小断面巷道。小直径炮眼间距视岩层性质而定，一般取（2~4）d（d 为空眼直径），装药长度一般为炮眼深度的 70%~90%。在大多数情况下，装药眼与空眼的直径相同。

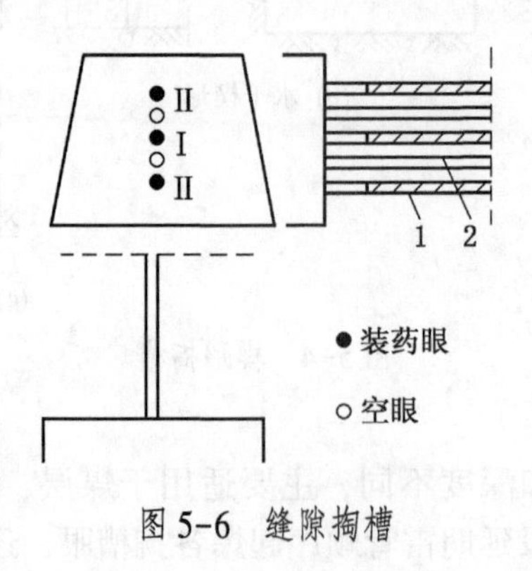

图 5-6　缝隙掏槽

2. 桶形掏槽

掏槽眼按各种几何形状布置，使形成的槽腔呈角柱体或圆柱体，如图 5-7 所示。装药眼和空眼数目及其相互位置与间距是根据岩石性质和巷道断面来确定的。空眼直径可以采用大于或等于装药眼的直径。大直径空眼可以形成较大的人工自由面和膨胀空间，掏槽眼的间距可以扩大。

3. 螺旋掏槽

所有装药眼围绕中心空眼呈螺旋状布置（图 5-8），并从距空眼最近的炮眼开始顺序起爆，使槽腔逐步扩大。此种掏槽方法在实践中取得了较好的效果。其优点是可以用较少的炮眼和炸药获得较大体积的槽腔，各后续起爆的装药眼易于将碎石从腔内抛出。但是，若延期雷管段数不够，就会限制这种掏槽的应用。空眼距各装药眼的距离可依次取空眼直径的 1~1.8 倍、2~3 倍、3~4.5 倍、4~4.5 倍等。当遇到特别难爆的岩石时，可以增加1~2 个空眼。为使槽腔内岩石抛出，有时将空眼加深 300~400 mm，在底部装入适量炸药，并使之最后起

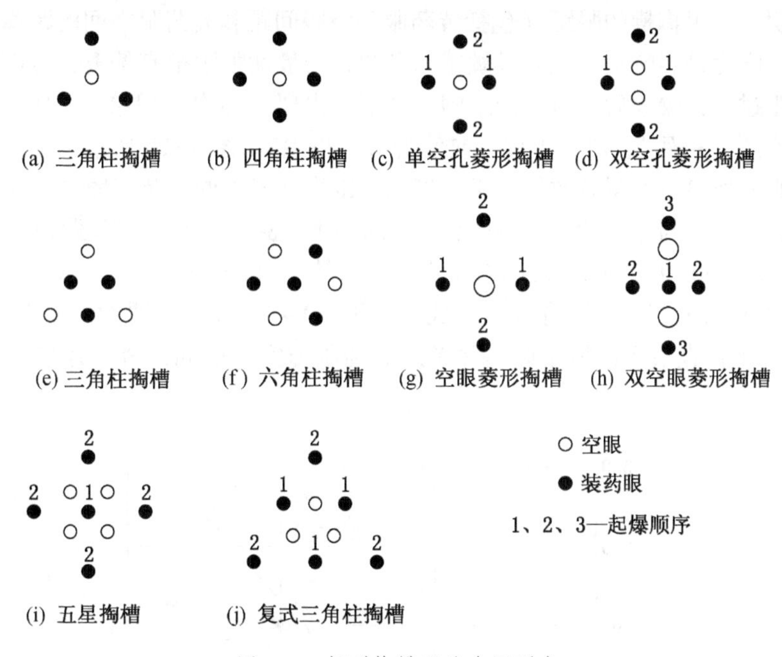

图 5-7　桶型掏槽眼的布置形式

爆，这样可以将槽腔内的碎石抛出。装药眼的药量约为炮眼深度的 90% 左右。

4. 双螺旋掏槽

当需要提高掘进速度时，可采用图 5-9 所示的掏槽方式，即科罗曼特掏槽。装药眼围绕中心大空眼沿相对的两条螺旋线布置。其原理与螺旋掏槽相同。中心空眼一般采用大直径钻孔，或采用两个相互贯通的小直径空眼（形成“8”字形空眼）。为了保证打眼规格，常采用布眼样板来确定眼位。这种掏槽方式适用于岩石坚硬、密实，无裂缝和层节理的条件。起爆顺序如图 5-9 所示。

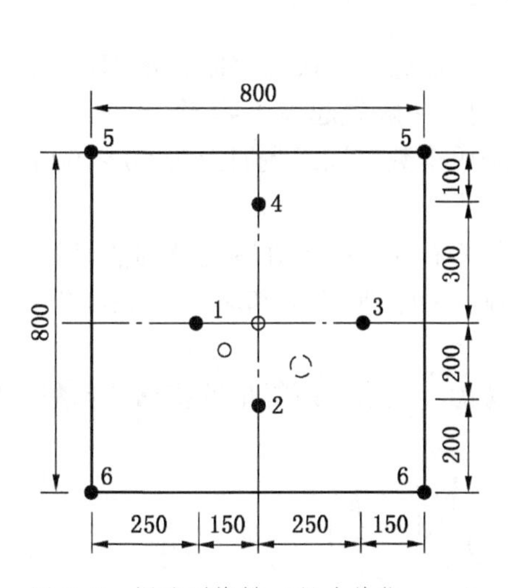

图 5-8　螺旋形掏槽（尺寸单位：mm）

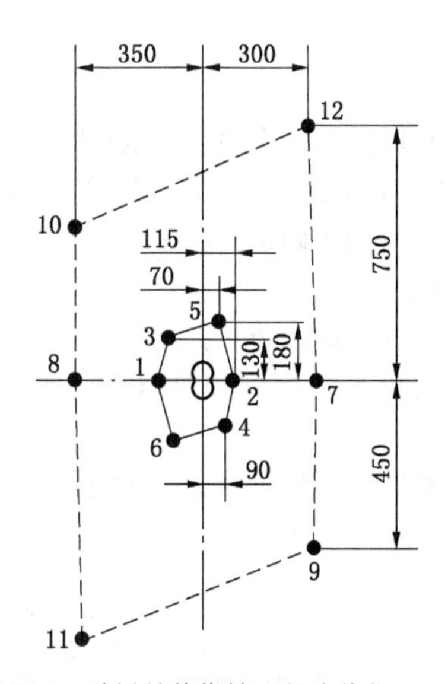

图 5-9　科罗曼特掏槽（尺寸单位：mm）

实验表明，直眼掏槽的眼距（包括装药眼到空眼间距和装药眼之间的距离）对掏槽效果影响很大。眼距是影响掏槽效果最敏感的参数，与最优眼距稍有偏离，可能就会出现掏槽失败。眼距过大，爆破后岩石仅产生塑性变形而出现“冲炮”现象。眼距过小，会将邻近炮眼内的炸药“挤死”，使之拒爆，或使岩石“再生”。图 5-10 所示为花岗岩爆破时用空眼直径与眼距所表示的爆破效果。必须指出，围岩情况不同，装药眼与空眼之间的距离也不同。装药眼直径与空眼直径均为 35～40 mm 时，装药炮眼距空眼距离为：软的石灰岩、砂岩等，取 150～170 mm；硬的石灰岩、砂岩等，取 25～150 mm；软的花岗岩、火成岩，取 110～140 mm；硬的花岗岩、火成岩，取 80～110 mm；硬的石英岩等，取 90～120 mm。布置平行直眼掏槽炮眼时，除考虑装药眼与空眼的间距外，还应注意起爆次序和装药量。

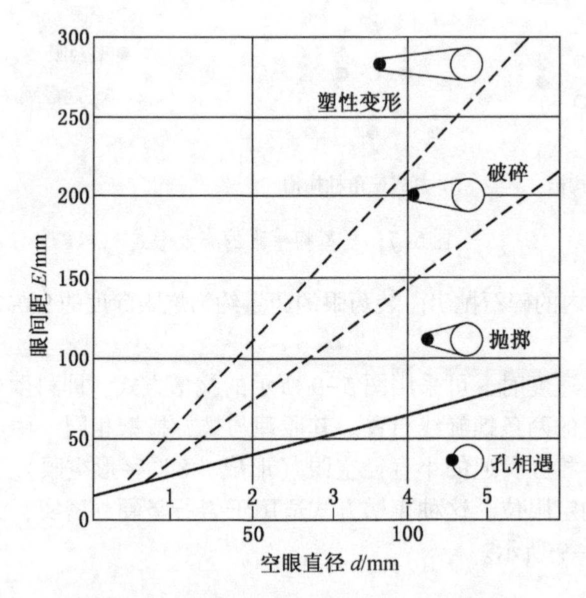

图 5-10　炮眼间距随空眼直径不同的破碎情况

掏槽眼的起爆次序是，距空眼最近的炮眼最先起爆，一段起爆眼数视掏槽方式及空眼直径和个数而定，同时受现有雷管总段数的限制，一般先起爆 1～4 个炮眼。后续掏槽眼同样按上述原则确定其起爆次序及同一段起爆炮眼个数。段间隔时差为 50～100 ms，掏槽效果比较好。

直眼掏槽的装药量，应当保证掏槽范围内的岩石充分破碎并有足够的能量将破碎后的岩石尽可能地抛掷到槽腔以外。实际设计与施工中，装药量和堵塞往往已把炮眼基本填满。

掏槽眼装药量应结合眼间距与空眼直径来考虑。兰格福斯提出的掏槽装药集中度计算公式如下：

$$q = 1.5 \times 10^{-3} \left(\frac{A}{\phi}\right)^{\frac{3}{2}} \left(A - \frac{\phi}{2}\right) \tag{5-1}$$

式中　q——直眼掏槽炮眼装药集中度，kg/m；

　　A——装药炮眼距空眼的间距，mm；

ϕ——空眼直径，mm。

该式的缺点是未考虑不同类型岩石与炸药的性质，故不能适用于所有条件。在中硬岩及硬岩中，使用硝铵类炸药进行掏槽爆破时，据统计炸药单耗为1.4~2.0 kg/m³。直眼掏槽是以空眼作为自由面，并作为破碎岩石的膨胀空间的，因此，空眼直径大小、数量和位置对掏槽效果起着重要作用。

根据以上几方面的条件将上述两大类掏槽的适用条件加以对比，列于表5-1中。

表5-1　直眼掏槽和斜眼掏槽的适用条件

序号	选用条件	直眼掏槽	斜眼掏槽
1	开挖断面大小	大小断面均可以，小断面更优	大断面较适用
2	地质条件	韧性岩层不适用	各种地质条件均适用
3	炮眼深度	不受断面大小限制，可以较大	受断面大小限制，不宜太深
4	对钻眼要求	钻眼精度影响大	相对来说可稍差些
5	爆破材料消耗	炸药、雷管用量较多	相对较少
6	施工条件	钻眼互相干扰小	钻机互相干扰大
7	爆破效果	爆堆较集中	抛碴远，易损坏设备

直眼掏槽的优点：

（1）炮眼垂直于工作面布置，方式简单，易于掌握和实现多台钻机同时作业和钻眼机械化；

（2）炮眼深度不受巷道断面限制，可以实现中深孔爆破；当炮眼深度改变时，掏槽布置可不变，只需调整装药量即可；

（3）有较高的炮眼利用率；

（4）全断面巷道爆破，岩石的抛掷距离较近，爆堆集中，不易崩坏井筒或巷道内的设备和支架。

直眼掏槽的缺点：

（1）需要较多的炮眼数目和较多的炸药；

（2）炮眼间距和平行度的误差对掏槽效果影响较大，必须具备熟练的钻眼操作技术。

在地下工程的爆破施工过程中，选择在某一施工条件下合理的掏槽形式，应考虑以下几方面的因素：地质条件的适应性、施工技术的可行性、爆破效果的可靠性和经济合理性等，以获得良好的掏槽效果。

5.1.3　炮眼布置

1. 对炮眼布置的要求

除合理选择掏槽方式和爆破参数外，为保证安全，提高爆破效率和质量，还需合理布置工作面上的炮眼。合理的炮眼布置应能保证：

（1）有较高的炮眼利用率；

（2）先爆炸的炮眼不会破坏后爆炸的炮眼，或影响其内装药爆轰的稳定性；

（3）爆破块度均匀，大块率低；

（4）爆堆集中，飞石距离小，不会损坏支架或其他设备；

（5）爆破后断面和轮廓符合设计要求，壁面平整并能保持井巷围岩本身的强度和稳定性。

2. 炮眼布置的方法和原则

（1）工作面上各类炮眼布置是“抓两头、带中间”。即首先选择适当的掏槽方式和掏槽位置，其次是布置好周边眼，最后根据断面大小布置崩落眼。

（2）掏槽眼的位置会影响岩石的抛掷距离和破碎块度，通常布置在断面的中央偏下，并考虑崩落眼的布置较为均匀。

（3）周边眼一般布置在断面轮廓线上。按光面爆破要求，各炮眼要相互平行，眼底落在同一平面上。底眼的最小抵抗线和炮眼间距通常与崩落眼相同，为保证爆破后在巷道底板不留“根底”，并为铺轨创造条件，底眼眼底要超过底板轮廓线。

（4）布置好周边眼和掏槽眼后，再布置崩落眼。崩落眼是以掏槽腔为自由面而层层布置的，均匀地分布在被爆岩体上，并根据断面大小和形状调整好最小抵抗线和邻近系数。

崩落眼最小抵抗线可按式（5-2）计算：

$$W = r_{c}\sqrt{\frac{\pi\varphi\rho}{mq\eta}} \tag{5-2}$$

式中 φ——装药系数；

ρ——炸药密度；

m——炮眼邻近系数；

q——单位炸药消耗量；

r_{c}——装药半径；

η——炮眼利用率。

同层内崩落眼间距为

$$E = mW \tag{5-3}$$

为避免产生大块，一般邻近系数在 0.8~1.0 之间。

立井工作面炮眼参数选择和布置基本上与平巷相同。在圆形井筒中，最常采用的是圆锥掏槽和筒形掏槽。前者的炮眼利用率高，但岩石的抛掷高度也高，容易损坏井内设备，而且对打眼要求较高，各炮眼的倾斜角度要相同且对称；后者是应用最广泛的掏槽形式。当炮眼深度较大时，可采用二级或三级筒形掏槽，每级逐渐加深，通常后级深度为前级深度的 1.5~1.6 倍（图 5-11）。

立井工作面上的炮眼，包括掏槽眼、崩落眼和周边眼，均布置在以井筒中心为圆心的同心圆周上，周边眼爆破参数应按光面爆破设计。

周边眼和掏槽眼之间所需崩落眼圈数和各圈内炮眼的间距，根据崩落眼最小抵抗和邻近系数的关系来调整。

井筒炮眼布置如图 5-12 所示。

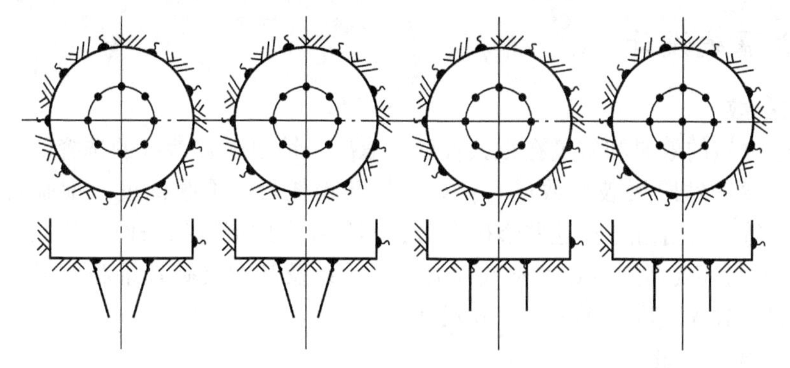

(a) 圆锥掏槽　　　　(b) 一级筒形掏槽

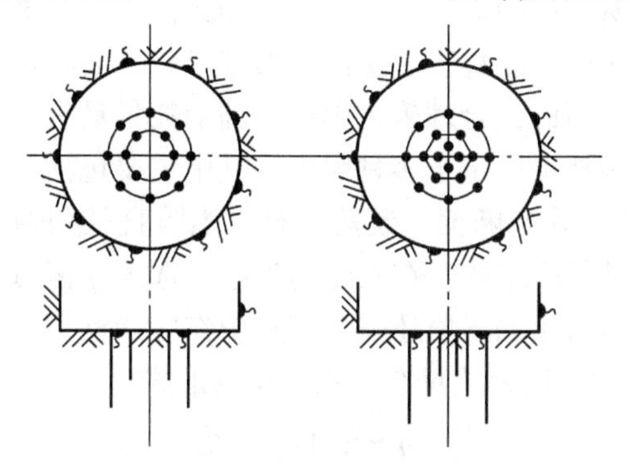

(c) 二级筒形掏槽　(d) 三级筒形掏槽

图 5-11　立井掘进的掏槽形式

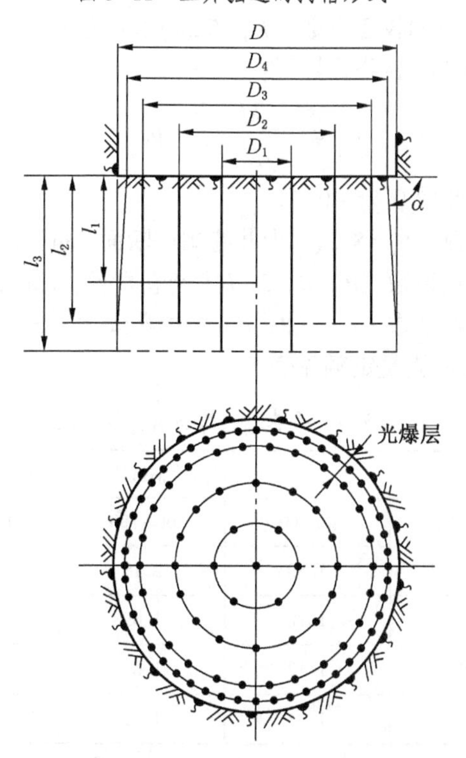

图 5-12　立井炮眼布置图

5.2 掘进爆破设计

5.2.1 爆破参数

井巷掘进爆破的效果和质量在很大程度上取决于钻眼爆破参数的选择。除掏槽方式及其参数外，主要的钻眼爆破参数还有：单位炸药消耗量、炮眼深度、炮眼直径、装药直径、炮眼数目等。为合理选择这些爆破参数，不仅要考虑掘进的条件（岩石地质和井巷断面条件等），而且还要考虑到这些参数间的相互关系及其对爆破效果和质量的影响（如炮眼利用率、岩石破碎块度、爆堆形状和尺寸等）。

1. 单位炸药消耗量

爆破每立方米原岩所消耗的炸药量称为单位炸药消耗量，通常以 q 表示。单位炸药消耗量不仅影响岩石破碎块度、岩块飞散距离和爆堆形状，而且影响炮眼利用率、井巷轮廓质量及围岩的稳定性等。因此，合理确定单位炸药消耗量具有十分重要的意义。

合理确定单位炸药消耗量决定于多种因素，其中主要包括：炸药性质（密度、爆力猛度、可塑性）、岩石性质、井巷断面、装药直径、炮眼直径和炮眼深度等。因此，要精确计算单位炸药消耗量 q 是很困难的。在实际施工中，选定 q 值可以根据经验公式或参考国家定额标准来确定，但所得出的 q 值还需在实践中作些调整。

（1）修正的普氏公式，该公式具有下列简单的形式：

$$q = 1.1K_0\sqrt{f/S} \tag{5-4}$$

式中 f——岩石坚固性系数，或称普氏系数；

S——井巷断面，m^2；

K_0——考虑炸药爆力的校正系数，$K_0=525/p$，p 为爆力，单位为 mL。

另外，还有一种常用的经验公式如下：

$$q = \frac{kf^{0.75}}{\sqrt[3]{S_x}\sqrt{d_x}}\ p_x \tag{5-5}$$

式中 k——常数，对平巷取 0.25~0.35；

S_x——断面影响系数，$S_x=S/5$（S 为井巷掘进断面，m^2）；

d_x——药卷直径影响系数，$d_x=d/32$（d 为药卷直径，cm）；

p_x——炸药爆力影响系数，$p_x=320/p$（p 为炸药爆力，mL）。

（2）平巷掘进的炸药消耗量定额见表 5-2。

表 5-2 平巷掘进炸药消耗量定额 kg/m^3

掘进断面积/m^2	岩石单轴抗压强度/MPa				
	20~30	40~60	60~100	120~140	150~200
4~6	1.05	1.50	2.15	2.64	2.93
6~8	0.89	1.28	1.89	2.33	2.59
8~10	0.78	1.12	1.69	2.04	2.32
10~12	0.72	1.01	1.51	1.90	2.10

表 5-2（续） kg/m³

掘进断面积/m²	岩石单轴抗压强度/MPa				
	20~30	40~60	60~100	120~140	150~200
12~15	0.66	0.92	1.36	1.78	1.97
15~20	0.64	0.90	1.31	1.67	1.85

确定了单位炸药消耗量后，根据每一掘进循环爆破的岩石体积，按下式计算出每循环所使用的总药量：

$$Q = qV = qSL\eta \tag{5-6}$$

式中 V——每循环爆破岩石体积，m³；

S——巷道掘进断面，m²；

L——炮眼深度，m；

η——炮眼利用率，一般取 0.8~0.95。

将上式计算出的总药量，按炮眼数目和各炮眼所起作用与作用范围加以分配。掏槽眼爆破条件最困难，分配较多，崩落眼分配较少。在周边眼中，底眼分配药量最多，帮眼次之，顶眼最少。

2. 炮眼直径

炮眼直径大小直接影响钻眼效率、全断面炮眼数目、炸药的单耗、爆破岩石块度与岩壁平整度。炮眼直径及其相应的装药直径增大时，可以减少全断面的炮眼数目，药包爆炸能量相对集中，爆速和爆轰稳定性有所提高。但过大的炮眼直径将导致凿岩速度显著下降，并影响岩石破碎质量，使井巷轮廓平整度变差，甚至影响围岩的稳定性。因此，必须根据井巷断面大小、破碎块度要求，并考虑凿岩设备的能力及炸药性能等，加以综合分析和选择。

在井巷掘进中主要考虑断面大小、炸药性能（即在选用的直径下能保证爆轰稳定性）和钻眼速度（全断面钻眼工时）来确定炮眼直径。目前我国多用 35~45 mm 的炮眼直径。在具体条件下（岩石、井巷断面、炸药、眼深、采用的钻眼设备等），存在最佳炮眼直径，使掘进井巷所需钻眼爆破和装岩的总工时最小。

3. 炮眼深度

炮眼深度是指孔底到工作面的垂直距离。从钻眼爆破综合工作的角度说，炮眼深度在各爆破参数中居重要地位。因为，它不仅影响每一个掘进循环中各工序的工作量、完成的时间和掘进速度，而且影响爆破效果和材料消耗。炮眼深度还是决定掘进循环次数的重要因素。我国目前实行有浅眼多循环和深眼少循环两种工艺，究竟采用那种工艺要视具体条件而定。以掘进每米巷道所需劳动量或工时最小、成本最低的炮眼深度称为最优炮眼深度。通常根据任务要求或循环组织来确定炮眼深度。

（1）按任务要求确定炮眼深度：

$$l_b = \frac{L}{tn_m n_t n_c \eta} \tag{5-7}$$

式中 l_b——炮眼深度，m；

L——巷道全长，m；

t——规定完成巷道掘进任务的时间，月；

n_m——每月工作日数；

n_t——每日工作班数；

n_c——每班循环数；

η——炮眼利用率。

（2）按循环组织确定炮眼深度。在一个掘进循环中包括的工序有：打眼、装药、连线、爆破、通风、装岩、铺轨和支护等。其中，打眼和装岩可以有部分平行作业时间，铺轨和支护在某些条件下也可与某些工序平行进行。所以，可以根据完成一个循环的时间来计算炮眼深度。钻眼所需时间的计算公式为

$$t_d = \frac{Nl_b}{K_d V_d} \tag{5-8}$$

式中 t_d——钻眼所需时间，h；

K_d——同时工作的凿岩机台数；

V_d——凿岩机的钻眼速度，m/h；

l_b——炮眼深度，m；

N——炮眼数。

装岩所需时间的计算公式为

$$t_l = \frac{Sl_b \eta \phi}{P_m \eta_m} \tag{5-9}$$

式中 P_m——装岩机生产率，m^3/h；

η_m——装岩机时间利用率；

ϕ——岩石松散系数，一般取1.1~1.8；

S——掘进断面面积，m^2。

考虑钻眼与装岩的平行作业过程，则钻眼与装岩时间为

$$t_s = K_p t_d + t_1 = K_p \frac{Nl_b}{K_d V_d} + \frac{Sl_b \eta \phi}{P_m \eta_m} \tag{5-10}$$

式中 K_p——钻眼与装岩平行作业时间系数，$K_p \leqslant 1$。

假设其他工序的作业时间总和为 t，每循环的时间为 T，则：

$$t_s = T - t \tag{5-11}$$

将式（5-11）代入式（5-10），可得：

$$l_b = \frac{T - t}{\dfrac{K_p N}{K_d V_d} + \dfrac{S\eta\phi}{P_m \eta_m}} \tag{5-12}$$

目前，在我国所具备的掘进技术和设备条件下，井巷掘进常用炮眼深度在1.5~2.5 m，随着新型、高效凿岩机和先进的装运设备的应用，以及爆破器材质量的提高，炮眼深度应向深眼发展。

4. 炮眼数目

炮眼数目的多少，直接影响凿岩工作量和爆破效果。孔数过少，大块增多，井巷轮廓

不平整甚至出现爆不开的情形；孔数过多，将使凿岩工作量增加。炮眼数目的选定主要同井巷断面、岩石性质及炸药性能等因素有关。确定炮眼数目的基本原则是在保证爆破效果的前提下，尽可能地减少炮孔数目。通常可以按下式估算：

$$N = 3.3\sqrt[3]{f S^2} \tag{5-13}$$

式中 N——炮眼数目，个；

f——岩石坚固性系数；

S——井巷掘进断面，m^2。

该式没有考虑炸药性质、装药直径、炮眼深度等因素对炮眼数目的影响。炮眼数目也可以根据每循环所需炸药量和每个炮眼装药量来计算：

$$N = \frac{Q}{Q_b} \tag{5-14}$$

式中 Q——每循环所需总药量，kg；

Q_b——每个炮眼装药量，kg。

$$Q_b = \frac{\pi d_c^2}{4}\varphi l_b \rho_0 \tag{5-15}$$

式中 d_c——装药直径；

φ——装药系数，即每米炮眼装药长度，按表5-3取值；

l_b——炮眼深度；

ρ_0——炸药密度。

表5-3 装药系数表

炮眼名称	岩石单轴抗压强度/MPa					
	10~20	30~40	50~60	80	100	150~200
掏槽眼	0.50	0.55	0.60	0.65	0.70	0.80
崩落眼	0.40	0.45	0.50	0.55	0.60	0.70
周边眼	0.40	0.45	0.55	0.60	0.65	0.75

注：周边眼的数据不适用于光面爆破。

$$Q = qV = qSl_b\eta \tag{5-16}$$

式中 η——炮眼利用率。

所以

$$N = \frac{1.27qS\eta}{\varphi d_c^2 \rho_0} \tag{5-17}$$

在式（5-16）中，单位炸药消耗量 q 与岩石坚固性系数、井巷断面、炸药性质、炮眼深度等因素有关。

5. 炮眼利用率

炮眼利用率是合理选择钻眼爆破参数的一个重要准则。炮眼利用率区分为：个别炮眼利用率和井巷全断面炮眼利用率。通常所说的炮眼利用率是指井巷全断面的炮眼利用率 η：

$$\eta = \frac{l}{l_b} \tag{5-18}$$

式中 l——每循环的工作面进度。

试验表明，单位炸药消耗量、装药直径、炮眼数目、装药系数和炮眼深度等参数都会影响炮眼利用率。井巷掘进的较优炮眼利用率为 0.85~0.95。

5.2.2 装药结构

井巷掘进爆破装药结构有：连续装药、间隔装药、耦合装药和不耦合装药。可采取正向起爆装药和反向起爆装药。

在间隔装药中，可以采用炮泥间隔、木垫间隔和空气柱间隔三种方式。试验表明，在较深的炮眼中采用间隔装药可以使炸药在炮眼全长上分布得更均匀，使岩石破碎块度均匀。采用空气柱间隔装药，可以增加用于破碎和抛掷岩石的爆炸能量，提高炸药能量的有效利用率，降低炸药消耗量。

当分配到每个炮眼中的装药量过分集中到眼底时或炮眼所穿过的岩层为软硬相间时，可采用间隔装药。一般可分为 2~3 段，若空气柱较长，不能保证各段炸药的正常殉爆，要采用导爆索连接起爆。在光面爆破中，若没有专用的光爆炸药时，可以将空气柱放置于装药与炮泥之间，可取得良好的爆破效果。

1. 耦合装药与不耦合装药

炮眼耦合装药爆炸时，眼壁遭受的是爆轰波的直接作用，在岩体内一般要激起冲击波，造成粉碎区，而消耗了炸药的大量能量。不耦合装药，可以降低对孔壁的冲击压力，减少粉碎区，激起的应力波在岩体内的作用时间加长，这样就加大了裂隙区的范围，炸药能量利用充分。在光面爆破中，周边眼多采用不耦合装药。

炮眼直径与装药直径之比，称为不耦合值或不耦合系数，即：

$$K_d = \frac{d_b}{d_c} \tag{5-19}$$

在矿山井巷掘进中，大多采用粉状硝铵类炸药。炮眼直径一般为 40~45 mm，药卷直径为 32~35 mm，径向间隙量平均为 4~7 mm，最大可达 8~13 mm。大量试验结果表明，对于混合炸药，特别是硝铵类混合炸药，在细长连续装药时，如果不耦合系数选取不当，就会发生爆轰中断，在炮眼内的装药会有一部分不爆炸，这种现象称为间隙效应，或称管道效应。矿山小直径炮孔（特别是增大炮眼深度时）往往产生“残炮”现象，间隙效应则是主要原因之一。这样不仅降低了爆破效果，而且当在瓦斯矿井内进行爆破时，若炸药发生燃烧，将会有引起事故的危险。

关于炸药传爆过程中的这种间隙效应的机理，有着不同的观点。比较普遍的观点是，装药在一端起爆后，爆轰波开始传播，与此同时，爆炸反应形成的高温高压气体迅速膨胀，使径向间隙中与其相邻的空气受到强烈压缩。这样，伴随着爆轰波沿药柱的传播，在径向间隙中便形成一空气冲击波。根据冲击波质量守恒定律和理想气体的冲击绝热方程，可以计算出空气冲击波的传播速度大于沿药柱传播的爆轰波的传播速度。图 5-13 表示药卷在超前冲击波压缩下变形的状况。设药卷直径为 d_c 炮眼直径为 d_b，爆轰波自左向右传播，当其前沿冲击波到达 A 点时，径向间隙中沿药卷表面传播的空气冲击波阵面超前到达 B 点，与爆轰波相比，超前距离为 λ。在 λ 范围内炸药已被超前通过的空气冲击波所压缩，药卷截面变形，形成一锥形压缩区，其长度相当于 λ，也可以看作是冲击波长度。在 A 点处炸药被压缩最强烈，最大压缩深度为 b。

一方面，径向间隙中空气冲击波超前压缩炸药，减小了药卷直径，降低了爆炸化学反应释放出的能量，爆速相应减小，甚至药卷直径被压缩到小于临界直径时，将导致爆轰中断。另一方面，炸药受到强烈冲击压缩，密度将增大，当其超过极限密度时，也将导致爆速下降。

炸药密度越大，其临界直径也越大。所以，炸药在爆轰波到达前受到压缩所引起的影响，是造成不稳定传爆的主要原因。

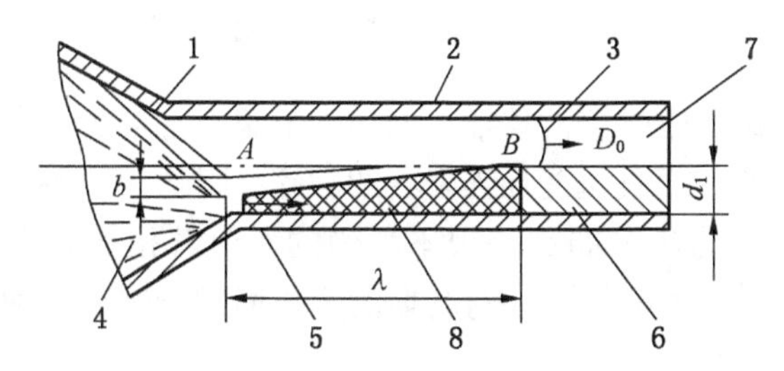

1—产生前沿阵面；2—管壁；3—空气冲击波头；4—爆轰产物；5—爆轰波头；
6—未压缩炸药；7—间隙；8—被压缩的炸药

图 5-13　沟槽效应使药柱发生的变形

间隙效应的产生与炸药性能、不耦合系数值和岩石性质有关。根据实验，2 号硝铵炸药在不耦合系数为 1.12~1.76 之间时，传播长度在 600~800 mm 左右，间隙效应不大。超过此长度的装药易产生拒爆。而水胶炸药就没有明显的间隙效应。在实际爆破中，应避免和消除间隙效应。其方法主要有：采用散装药连续装药，即不耦合系数值为 1；在连续装药的全长上，每隔一定距离放上一个硬纸板做成的挡圈，挡圈外径和炮眼直径相同，以阻止间隙内空气冲击波的传播，削弱其强度；采用临界直径小，爆轰性能好的炸药；减小炮眼直径或增大装药直径，避开产生间隙效应的不耦合系数值范围。

2. 正向起爆装药和反向起爆装药

雷管所在位置称为起爆点。起爆点通常是一个，但当装药长度较大时，也可以设置多个起爆点，或沿装药全长敷设导爆索起爆。

试验表明，反向起爆装药优于正向起爆装药，正、反向装药在岩体内激起的应力波及传播情况如图 5-14 所示。

在深孔爆破中，当只有一个起爆点时，由于起爆点置于炮眼的不同位置，雷管被起爆后，以雷管为中心的爆炸应力波在岩体中传播。在岩体中形成的应力场的几何形状，取决于爆轰波速度 D 与岩体中应力波传播速度 C_p 的比值。若 $D/C_p>1$，形成的应力场具有圆锥形状；若 $D/C_p\leq 1$，则应力场为球形。图 5-14a、图 5-14b 为正向起爆，图 5-14c、图 5-14d 为反向起爆。

正向起爆时，在装药爆轰未结束前，由起爆点 A 产生的应力波到达上部自由面后，产生向岩体内部传播的反射波可能越过 A 点。此时，反射波产生的裂隙将使炮眼内气体迅速逸出，导致炮眼下部岩石受力降低，破碎范围减小，也将造成炮眼利用率的降低。反向起爆时，爆轰由 B 点向 A 点传播，爆轰产物在炮眼底部存留的时间较长，而且若 $C_p>D$，由

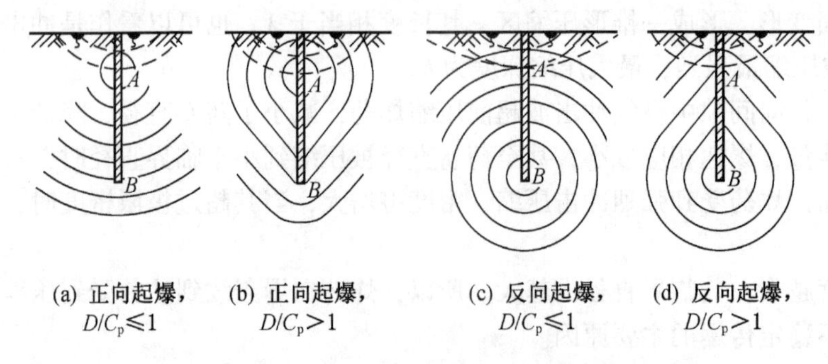

图 5-14 炸药爆轰应力波传播示意图

炮眼底部产生的应力波超前于爆轰波传播，能加强炮眼上部应力波的作用。因此，反向装药不仅能提高炮眼利用率，而且也能加强岩石的破碎，降低大块率。无论是正向起爆，还是反向起爆，岩体内的应力场分布都是很不均匀的，但若相邻炮眼分别采用正、反向起爆，就能改善这种状况。实践表明，在有瓦斯的工作面进行爆破作业时，采用反向起爆装药比正向起爆装药更安全。

3. 炮眼的堵塞

用黏土、砂或土砂混合材料将装好炸药的炮眼严实封闭起来称为堵塞，所用材料称为炮泥。堵塞炮泥的作用是保证炸药充分反应，使之放出最大热量和减少有毒气体生成量；降低爆炸气体逸出自由面的温度和压力，使炮眼内保持较高的爆轰压力和较长的作用时间。

特别是在有瓦斯与煤尘爆炸危险的工作面上，炮眼必须堵塞，以阻止灼热的固体颗粒从炮眼中飞出。试验表明，爆炸应力波参数与炮泥材料、炮泥堵塞长度和堵塞质量等因素有关。合理的堵塞长度应与装药长度或炮眼直径呈一定比例关系。生产中常取堵塞长度相当于0.35~0.50倍的装药长度。在有瓦斯的工作面，可以采用水炮泥，即将装有水的聚乙烯塑料袋作为填塞材料，封堵在炮眼中，在炮眼的最外部仍用黏土封口。水炮泥可以吸收部分热量，降低喷出气体的温度，有利于安全。

5.2.3 爆破说明书和爆破图表

爆破说明书和爆破图表是井巷施工组织设计中的一个重要组成部分，是指导、检查和总结爆破工作的技术文件。编制爆破说明书和爆破图表时，应根据岩石性质、地质条件、设备能力和施工队伍的技术水平等，合理选择爆破参数，尽量采用先进的爆破技术。

爆破说明书的主要内容包括：

（1）爆破工程的原始资料。其包括井巷名称、用途、位置、断面形状和尺寸，穿过岩层的性质、地质条件及瓦斯情况等。

（2）选用的钻眼爆破器材。其包括凿岩机具的型号和性能，炸药、雷管的品种。

（3）爆破参数的计算。爆破参数包括掏槽方式和掏槽爆破参数，光面爆破参数，崩落眼的爆破参数。

（4）爆破网路的计算和设计。

（5）爆破安全措施。

根据爆破说明书绘出爆破图表。在爆破图表中应有炮眼布置图和装药结构图，炮眼布置参数和装药参数的表格，以及预期的爆破效果和经济指标。

爆破图表的编制见表 5-4 和表 5-5。

表 5-4 爆破条件和技术经济指标

项目名称	数量	项目名称	数量
井巷净断面/m^2		炸药品种	
井巷掘进断面/m^2		每循环雷管消耗量/个	
岩石性质		每循环炸药消耗量/kg	
矿井瓦斯等级		炮眼利用率/%	
凿岩机		单位炸药消耗量/(kg·m^{-3})	
每循环炮眼数目/个		每循环进尺/m	
每循环炮眼总长/m		每循环出岩量/m^3	
每米井巷炮眼总长/m		每米井巷雷管消耗量/个	
雷管品种		每米井巷炸药消耗量/kg	

表 5-5 爆 破 参 数

炮眼编号	炮眼名称	炮眼长度	炮眼倾角/(°)		每眼装药量/kg	装药量小计/kg	填塞长度/m	起爆方向	起爆顺序	边线方式
			水平	垂直						
	掏槽									
	崩落眼									
	帮眼									
	顶眼									
	底眼									

5.3 光面爆破与预裂爆破技术

5.3.1 光面爆破技术

光面爆破是井巷掘进中的一种新爆破技术，它是一种典型的控制爆破方法，目的是使爆破后留下的井巷围岩形状规整，符合设计要求，其具有表面光滑、损伤小、稳定性强的特点。光面爆破只限用于断面周边一层岩石（主要是顶部和两帮），所以又称为轮廓爆破或周边爆破。在井巷掘进中应用光面爆破具有以下优点：

(1) 能减少超挖，特别在松软岩层中更能显示其优点。

(2) 爆破后成型规整，提高了井巷轮廓质量。

(3) 爆破后井巷轮廓外的围岩不产生或产生很少的爆震裂缝，提高了围岩的稳定性和自身的承载能力，不需要或很少需要加强支护，减少了支护工作量和材料消耗。

(4) 能加快井巷掘进速度，降低成本，保证施工安全。

目前，在井巷掘进中，光面爆破已全面推广，并成为配合新奥法井巷开挖支护施工的一种标准的爆破施工方法。

1. 光面爆破原理

光面爆破的实质，是在井巷掘进设计断面的轮廓线上布置间距较小、相互平行的炮眼，控制每个炮眼的装药量，选用低密度和低爆速的炸药，或采用不耦合装药，同时起爆，使炸药的爆炸作用刚好产生炮眼连线上的贯穿裂缝，并沿各炮眼的连线——井巷轮廓线，将岩石崩落下来。关于裂缝形成的机理有以下两种观点：

(1) 应力波叠加原理。在光学材料模型试验中，当相邻两装药同时爆炸时，应力波在两炮孔的连心线方向产生叠加，如图 5-15 所示。两相邻炮孔药包爆炸时，各自产生的应力波沿炮孔连线相向传播，经一定时间后孔壁处应力达峰值，其后则由于应力波的相互叠加，装药连心线中点处的应力开始增大，达最大值后再逐渐减小。当相邻炮孔连线中点上产生的拉应力大于岩石的抗拉强度时，则形成贯穿裂缝。

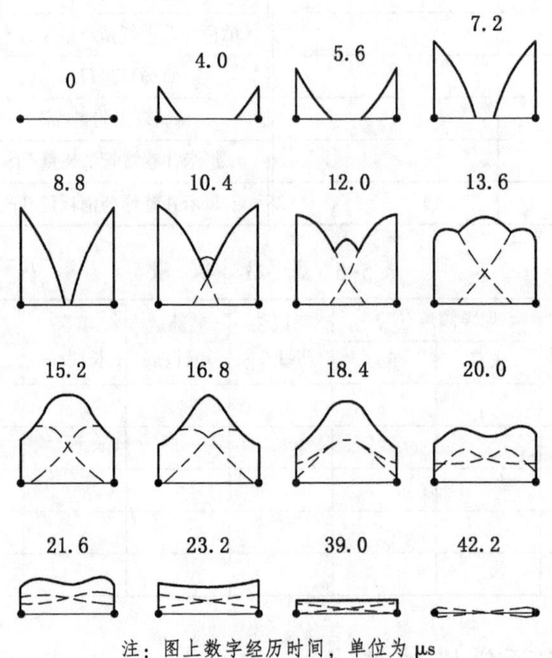

注：图上数字经历时间，单位为 μs

图 5-15　相邻炮孔同时爆炸时连心线上应力

(2) 应力波与爆炸气体共同作用原理。只有在相邻两炮孔几乎同时爆炸的条件下，才有可能发生应力波的叠加。实际上，由于起爆器材存在误差，是难以保证两相邻炮孔同时起爆的，因此也就难以保证上述应力波在连心线中点的叠加及其效应。这样，贯穿裂缝的形成，是基于各装药爆炸所激起的应力波先在各炮眼壁上产生初始裂缝，然后在爆炸气体静压作用下使之扩展贯穿，最终形成贯穿裂缝。其发展过程示于图 5-16 中。图 5-16a 表示两相邻装药炮孔。图 5-16b 表示两炮孔爆炸后所形成的初始裂纹及向外扩展一定距离。由于岩石中的应力波在两炮孔连心线上叠加，则产生的切向应力使初始裂纹延长，即炮孔连心线上出现较长裂纹的概率较大，为光面的形成提供了条件。图 5-16c 为其后的爆炸气体的准静压作用，即沿初始裂纹产生“气楔作用”，使裂纹沿连心线进一步扩大贯通，形成贯穿裂缝。

2. 光面爆破参数

在井巷掘进中采用光面爆破时，全断面炮眼的起爆顺序与普通爆破相同，但周边眼的爆破参数却有不同的计算原理和方法。

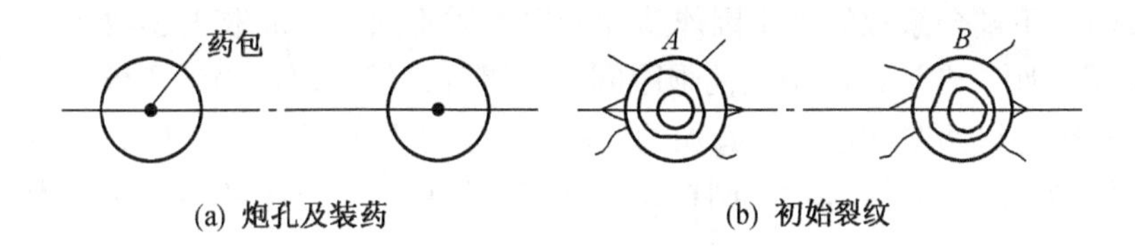

(a) 炮孔及装药　　(b) 初始裂纹

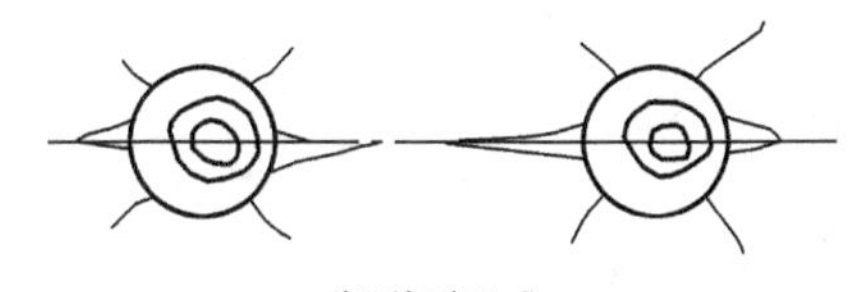
(c) 断裂面形成

图 5-16　光面爆破断裂面的形成

(1) 不耦合系数。不耦合系数选取的原则是使作用在孔壁上的压力低于岩石的抗压强度，而高于抗拉强度。已知在不耦合装药条件下，炮眼壁上产生的冲击压力为

$$p_1=\frac{\rho_0 D^2}{8}\left(\frac{d_c}{d_b}\right)^6 n \tag{5-20}$$

令 $p_1 \leqslant K_b \sigma_c$，可求得装药不耦合系数为

$$K_d=\frac{d_b}{d_c} \geqslant \left[\frac{n\rho_0 D^2}{8K_b\sigma_c}\right]^{\frac{1}{6}} \tag{5-21}$$

式中　ρ_0——炸药的密度；

D——炸药的爆速；

d_b——炮孔直径；

d_c——装药直径；

K_b——体积应力状态下岩石抗压强度增大系数；

n——压力增大倍数；

σ_c——岩石单轴抗压强度。

当采用空气柱装药时，可按下式计算：

在空气间隙装药条件下，炮眼壁上产生的冲击压力为

$$p_2=\frac{\rho_0 D^2}{8}\left(\frac{d_c}{d_b}\right)^6\left(\frac{l_c}{l_c+l_a}\right) n \tag{5-22}$$

若忽略炮泥长度不计（炮泥长度一般为 0.2~0.3 m），则 $l_c+l_a=l_b$，其中 l_b 为炮眼长度。令 $p_2 \leqslant K_b\sigma_c$，由式（5-22）可求得 l_L 为

$$l_L \leqslant \frac{8K_b\sigma_c}{n\rho_0 D^2}\left(\frac{d_b}{d_c}\right)^6 \tag{5-23}$$

式中　l_L——每米炮眼的装药长度，m，$l_L=\frac{l_c}{l_b}$。

换算为每米装药量为

$$q_L=\frac{\pi d_c^2}{4} l_L \rho_0 \tag{5-24}$$

实践表明，不耦合系数的大小因炸药和岩层性质不同，一般取1.5~2.5。

（2）炮眼间距。合适的间距应使炮眼间形成贯穿裂缝。以应力波干涉观点，可以得到合适的炮眼间距是以两眼在连线上叠加的切向应力大于岩石的抗拉强度为原则，设若作用于炮眼壁上的初始应力峰值为 p_3，则在相邻装药连线中点上产生的最大拉应力为

$$\sigma_\theta = \frac{2bp_3}{\bar{r}^\alpha} \tag{5-25}$$

式中 $\bar{r}$——比例距离，$\bar{r} = \dfrac{R}{d_b}$。

将 $\bar{r} = \dfrac{R}{d_b}$、$\sigma_\theta = \sigma_t$ 代换后，由式（5-25）可求得炮眼间距：

$$R = \left(\frac{2bp_3}{\sigma_t}\right)^{\frac{1}{\alpha}} d_b \tag{5-26}$$

式中 R——炮眼间距；

p_3——炮眼壁上初始应力峰值；

b——切向应力与径向应力比值，$b = \dfrac{\mu}{1-\mu}$，μ 为泊松比；

σ_t——岩石抗拉强度；

α——应力波衰减系数，$\alpha=2-b$。

若以应力波和爆炸气体共同作用理论为基础，则炮眼间距为

$$R = 2R_k + \frac{p}{\sigma_t} d_b \tag{5-27}$$

式中 p——爆炸气体充满炮眼时的静压；

R_k——每个炮眼产生的裂缝长度，$R_k = \left(\dfrac{bp_2}{\sigma_t}\right)^{\frac{1}{\alpha}} r_b$；

r_b——炮眼半径。

根据凝聚炸药的状态方程，有

$$p = \left(\frac{p_c}{p_k}\right)^{\frac{k}{n}} \left(\frac{V_c}{V_b}\right)^k p_k \tag{5-28}$$

式中 p_k——爆生气体膨胀过程临界压力，$p_k \approx 100$ MPa；

p_c——爆轰压；

k——凝聚炸药的绝热指数；

n——凝聚炸药的等熵指数；

V_b——炮眼体积；

V_c——装药体积。

其余符号意义同上。

根据实践经验，R 一般为炮眼直径的10~20倍。

（3）炮孔密集系数和最小抵抗线。确定孔距后，应进一步选取邻近系数值，以表征孔距与最小抵抗线的比值。光面爆破炮眼的最小抵抗线是指周边眼至邻近崩落眼的垂直距

离，或称为光爆层厚度。最小抵抗线过大，光爆层的岩石得不到适当破碎；反之，则在反射波作用下，围岩内将产生较多的裂缝，影响围岩稳定。

合理的最小抵抗线是与炮孔密集系数，$m=R/W$ 相关的。实践中多取 $m=0.8\sim1.0$，此时光爆效果最好。所以，合适的抵抗线为眼距的 1~1.25 倍。

光爆层岩石的崩落类似于露天台阶爆破，可以采用下列经验公式来确定最小抵抗线 W，即

$$W=\frac{q_{\mathrm{b}}}{CRl_{\mathrm{b}}} \tag{5-29}$$

式中 q_{b}——炮眼内的装药量；

l_{b}——炮眼长度；

R——炮眼间距；

C——爆破系数，相当于炸药单耗值。

（4）延期起爆间隔时间。模型试验和实际爆破表明：周边眼同时起爆时，贯穿裂缝平整；毫秒起爆次之；秒延期起爆最差。同时起爆时，炮眼间的贯穿裂缝形成得较早，一旦裂缝形成，使其周围岩体内的应力下降，从而抑制了其他方向裂缝的形成和扩展，爆破形成的壁面就较为平整。若周边眼起爆延时超过 0.1 s 时，各炮眼就如同单独起爆一样，炮眼周围将产生较多的裂缝，并形成凹凸不平的壁面。因此，在光面爆破中应尽可能减小周边眼的起爆时差。周边眼与其相邻炮眼的起爆时差对爆破效果的影响也很大。如果起爆时差选择合理，可获得良好的光爆效果。理想的起爆时差应使先发爆破的岩石应力作用尚未完全消失且岩体刚开始断裂移动时，后发爆破立即起爆。在这种状态下，既为后发爆破创造了自由面，又能造成应力叠加，发挥毫秒爆破的优势。实践证明，起爆时差随炮眼深度的不同而不同，炮眼越深，起爆时差应越大，一般在 50~100 ms。

3. 光面爆破施工

为保证光面爆破的良好效果，除根据岩层条件、工程要求正确选择光爆参数外，精确的钻眼是极为重要的，是保证光爆质量的前提。

对钻眼的要求是“平、直、齐、准”。炮眼要按照以下要求施工：

（1）所有周边眼应彼此平行，并且其深度一般不应比其他炮眼深。

（2）各炮眼均应垂直于工作面。实际施工时，周边眼不可能完全与工作面垂直，必然有一个角度，根据炮眼深度一般此角度取 3°~5°。

（3）如果工作面不齐，应按实际情况调整炮眼深度及装药量，力求所有炮眼底落在同一个横断面上。

（4）开切眼位置要准确，偏差值不大于 30 mm。对于周边眼开切眼位置均应位于井巷断面的轮廓线上，不允许有偏向轮廓线里面的误差。

光面爆破掘进巷道时有两种施工方案，即全断面一次爆破和预留光爆层分次爆破。全断面一次爆破时，按起爆顺序分别装入多段毫秒电雷管或非电塑料导爆管起爆系统起爆，起爆顺序为掏槽眼→辅助眼→崩落眼→周边眼，这种方法多用于掘进小断面巷道。

在大断面巷道和硐室掘进时，可采用预留光爆层的分次爆破，如图 5-17 所示。采用超前掘进小断面导硐，然后扩大至全断面。这种爆破方法的优点是可以根据最后留下光爆层的具体情况调整爆破参数，节约爆破材料，提高光爆效果和质量。其缺点是：巷道施工

工艺复杂，增加了辅助时间。

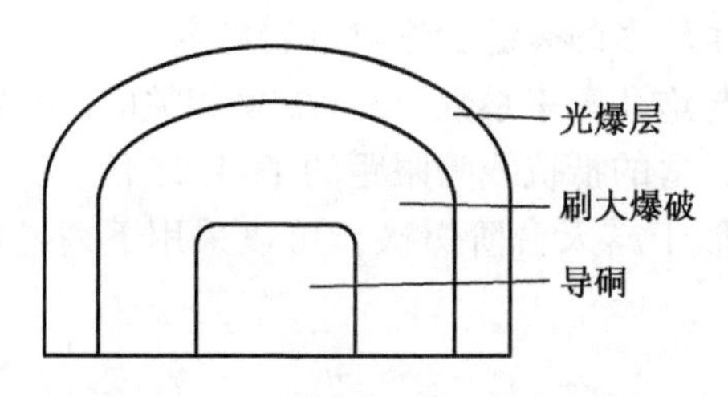

图 5-17 预留光爆层（分次爆破）

我国光面爆破常用参数见表 5-6。

表 5-6 我国光面爆破常用参数

围岩条件	巷道或硐室开挖跨度/m		周边眼爆破参数				
			炮孔直径/mm	炮孔间距/mm	光爆层厚度/mm	临近系数	线装药密度/(kg·m^{-1})
整体稳定性好，中硬到坚硬	拱部	＜5	35~45	600~700	500~700	1.0~1.1	0.20~0.30
		＞5	35~45	700~800	700~900	0.9~1.0	0.20~0.25
	侧墙		35~45	600~700	600~700	0.9~1.0	0.20~0.25
整体稳定一般或欠佳，中硬到坚硬	拱部	＜5	35~45	600~700	600~800	0.9~1.0	0.20~0.25
		＞5	35~45	700~800	800~1000	0.8~0.9	0.15~0.20
	侧墙		35~45	600~700	700~800	0.8~0.9	0.20~0.25
节理、裂隙很发育，有破碎带，岩石松软	拱部	＜5	35~45	400~600	700~900	0.6~0.8	0.12~0.18
		＞5	35~45	500~700	800~1000	0.5~0.7	0.12~0.18
	侧墙		35~45	500~700	700~900	0.7~0.8	0.15~0.20

在实际施工中，周边眼装药结构采用几种不同的形式（图 5-18）。

图 5-18a 为标准药径（ϕ32 mm）的空气间隔装药结构；图 5-18b 为小直径药卷间隔装药结构；图 5-18c 为小直径药卷连续装药结构，这是一种典型的光面爆破装药结构形式。

在以上三种装药结构形式中，图 5-18a 所示装药结构，施工简便，通用性强，但由于药包直径大，靠近药包孔壁容易产生微小裂纹；图 5-18b 所示装药结构，用于开掘质量较高的巷道，对围岩破坏作用小；图 5-18c 所示装药结构，用于炮孔深度小于2 m时，爆破效果较好。

4. 光面爆破的质量标准

铁道隧道光面爆破的质量评定标准见表 5-7。

原煤炭部对矿山巷道的光面爆破质量标准：

①爆破后巷道围岩不破坏，肉眼观察无炮振裂缝；围岩破坏不超过炮眼直径大小。

②欠超挖量小于±5 cm。

③两炮衔接台阶最大尺寸 15 cm。

原冶金部对光面爆破质量标准：

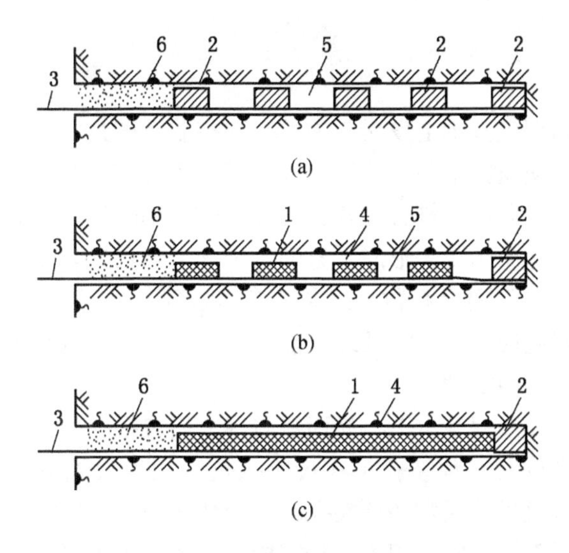

1—ϕ20~ϕ25 mm 药卷；2—ϕ32 mm 药卷；3—导爆索（或脚线）；
4—径向空气间隔；5—空气间隔；6—堵塞

图 5-18　常用周边眼装药结构

①爆破振动轻微，无炮振裂缝；软岩爆破后无大浮石、硬岩无浮石。

②炮眼痕迹保存率大于 80%。

③欠超挖量小于±5 cm。

④两炮衔接台阶尺寸 10~15 cm。

表 5-7　铁路隧道光面爆破质量检验标准

爆破后的检测项目	软弱围岩隧道	中硬岩隧道	硬岩隧道
爆破后围岩情况	围岩稳定，无大的剥落或明塌	围岩稳定，基本无剥落现象	围岩稳定，无剥落现象
对围岩的扰动深度/m	<1	<0.8	<0.5
平均线性超挖/cm	<20	<15	<10
最大线性超挖/cm	<25	<25	<20
两炮衔接台阶最大尺寸/cm	20	15	15
局部欠挖量/cm	5	5	5
炮眼痕迹保存率/%	≥50	≥70	≥80
炮眼利用率/%	95	90	90
质点振动速度/(cm·s^{-1})	<5	<8	<12

注：1. 围岩扰动深度是指爆后从岩壁至岩体内部，受爆破影响的围岩扰动厚度，一般应尽快在开挖后使用声波量测方法在现场量测确定。

2. 振动速度是指距掌子面 1 倍洞径处的洞内拱顶质点垂直向振动速度。

3. 超欠挖的测量以爆破设计开挖线为准，正常的两炮衔接台阶不计为超挖。

4. 平均线性超挖等于超挖面积除以爆破设计开挖断面周长（不包括隧道底宽度）。

5. 最大线性超挖量指最大超挖处至爆破设计开挖轮廓切线的垂直线。

6. 炮眼痕迹保存率等于残留有痕迹的炮眼数除以周边炮眼总数，应在开挖轮廓线上均匀分布。欠挖范围每平方米内不大于 0.1 m^2。

5.3.2 预裂爆破技术

1. 预裂爆破原理

预裂爆破是在光面爆破基础上发展起来的一项控制爆破技术，目前已广泛地应用于露天矿边坡、水工建筑、交通路堑与船坞码头等基础开挖工程。其特点在于沿着设计轮廓线布置一排小孔距预裂孔，采用不耦合装药，在开挖区主爆破炮孔爆破前，首先起爆这些轮廓线上的预裂孔，沿设计轮廓线先形成平整的预裂缝。当根据岩石性质、地质条件选用的预裂爆破参数：孔间距、不耦合系数、线装药密度合适时、预裂缝的宽度可达 1~2 cm。预裂缝形成后，再起爆主爆炮孔组。预裂缝能在一定范围内，减小主爆炮孔组的爆破地震效应，提高保留区壁面的稳定性。

预裂缝形成的原因及过程基本上与光面爆破中沿周边眼中心连线产生贯通裂缝形成破裂面的机理相似。不同的是，预裂孔是在最小抵抗线相当大的情况下，在主爆孔之前起爆。为了确保预裂爆破效果，通常在预裂孔和主爆孔之间打一排缓冲孔。

国内露天矿靠帮爆破均采取了相应的降震措施，多数矿山采用预裂爆破，少数矿山采用缓冲爆破和光面爆破，按其钻孔方向分类有：垂直孔爆破和倾斜孔爆破，垂直孔爆破采用牙轮钻机或潜孔钻机穿孔，孔径 170 mm；倾斜孔爆破则采用潜孔钻穿孔，孔径多为 150 mm、170 mm，见表 5-8。

表 5-8 国内主要金属矿山预裂爆破使用情况

矿山	台阶高度/m	钻机型号	孔径/mm	钻孔角度/(°)	爆破方法	装药结构
首钢水厂铁矿	12	45R 牙轮钻 YZ-55 牙轮钻	250 310	90	预裂爆破 生产爆破	径向不耦合
本钢南芬露天矿	12	45R 牙轮钻 60R 牙轮钻	250 310	90 90	预裂爆破 预裂爆破	径向不耦合
武钢大冶铁矿	12	LY-310 牙轮钻 ϕ170 钻机	170	70	预裂爆破	径向不耦合
鞍钢大连石灰石矿	12~13	YZ-55 牙轮钻	250	90	预裂爆破	径向不耦合
鞍钢东鞍山铁矿	13	45R 牙轮钻 YL-55 牙轮钻	250	90	预裂爆破	径向不耦合
鞍钢大孤山铁矿	12	YZ-35、E-55、 45R、60R 牙轮钻	250	90	预裂爆破	径向不耦合
马钢南山铁矿	14~15	KY-250 牙轮钻 KY-310 牙轮钻	150	56	预裂爆破	径向不耦合
包钢白云鄂博铁矿	12	73-200 潜孔钻 45R 牙轮钻	200 250	倾斜	预裂爆破	径向不耦合
攀钢兰尖铁矿	15	73-200 潜孔钻 KQ-200 潜孔钻 YZ-35 牙轮钻	150 170 170	倾斜 60 垂直	预裂爆破	径向不耦合

武汉钢铁公司大冶铁矿是我国大型深凹露天矿之一，东露天采场上盘边帮为闪长岩，下盘边帮为大理岩，f=8~14，个别地段节理发育有断层断碎带。大冶铁矿自 1974 年即开始试验预裂爆破，1978 年于临近固定边帮处普遍使用预裂爆破，降震率为 19.2%~42%，

在边帮稳定性差的地段采用缓冲爆破，降震率为18%~23%，而在岩石整体性差，节理裂隙多且风化程度不一致的条件下，采用光面爆破。

本钢南芬露天铁矿是本溪钢铁公司的主要铁矿石原料基地，也是我国生产能力最大、机械化程度最高的露天矿之一，底盘为角闪岩，呈灰色，灰绿色致密块状结构，$f=12\sim14$，上盘为片麻状混合岩，灰白色致密块状，$f=8\sim12$。南芬露天铁矿于1984年进行了预裂线总长度为470 m的预裂爆破。预裂炮孔为垂直炮孔，孔径250 mm，孔间距 $a=2.8$ m，不耦合系数 $K=3.9$，线装药密度 $q=2.7$ kg/m。装药结构采用径向不耦合柱状连续装药，预裂孔超前起爆时间为50 ms以上。

国外露天矿控制爆破主要采用预裂爆破和缓冲爆破，据统计加拿大25个露天矿中，约有1/2矿山采用预裂爆破，1/3矿山采用缓冲爆破。其他国家也有类似情况（表5-9）。

表5-9　国外矿山靠邦控制爆破方法

国别	矿山企业	孔径/mm	钻机型号	钻孔倾角	爆破方法	备注
美国	共和铁矿	250.8	GD-120	垂直	缓冲爆破	在上盘和下盘南部
		127		垂直	预裂爆破	在下盘中央部位
	蒂尔登铁矿	114		垂直	预裂爆破	
加拿大	派普镍矿	102	IR Aitruck	倾斜	预裂爆破	
	西来尔卡敏铜矿	251	B-E60R	垂直	缓冲爆破	亦称修整爆破
苏联	巴拜露天矿	105		倾斜	预裂爆破	主要方法
		269	Cbw-250	垂直	缓冲爆破	
	前达巴什花岗岩矿	105		垂直	预裂爆破	孔距 $a=3.5$ m，装药密度 $p=8$ kg/m，
		215.9		垂直		孔距5 m，$p=32$ kg/m
	马林露天矿	215.9		垂直	预裂爆破	$a=3.5$ m，$p=8$ kg/m
澳大利亚	戈兹维西铁矿	310	B-E60R	垂直	缓冲爆破	
	汤姆·普赖斯铁矿	310 380	B-E60R	垂直	缓冲爆破	

2. 预裂爆破参数

爆破参数设计是爆破成功的关键，合理的爆破参数不但能满足工程的实际要求，而且可使爆破达到良好的效果，经济技术指标达到最优。

影响光面爆破和预裂爆破参数选择的因素很多，参数的选择很难用一个公式来完全表达。目前，在参数选择方面，一般采取理论计算、直接试验和经验类比法。在实际应用中多采用工程类比法进行选取，但误差较大，效果不佳。因此，应在全面考虑影响因素的前提下，以理论计算为依据，以工程类比做参考，并在模型试验的基础上综合确定爆破参数。

正确选择预裂爆破参数是取得良好爆破效果的保证，但影响预裂爆破的因素很多，如钻孔直径、钻孔间距、装药量、钻孔直径与药包直径的比值（称不耦合系数）、装药结构、炸药性能、地质构造与岩石力学强度等。目前，一般根据实践经验，并考虑这些因素中的主要因素和它们之间的相互关系来进行参数的确定。

(1) 钻孔直径 d。目前，孔径主要是根据台阶高度和钻机性能来决定。对于质量要求高的工程，采用较小的钻孔。一般工程钻孔直径以 80~150 mm 为宜，对于质量要求较高的工程，钻孔直径以 32~100 mm 为宜，最好能按药包直径的 2~4 倍来选择钻孔直径。

(2) 钻孔间距 a。预裂爆破的钻孔间距比光面爆破要小一些，它与钻孔直径有关。通常一般工程取 $a=(5\sim7)d$；质量要求高的工程取 $a=(7\sim10)d$。选择 a 时，钻孔直径大于 100 mm 时取小值，小于 60 mm 时取大值；对于软弱破碎的岩石 a 取小值，坚硬的岩石取大值；对于质量要求高的 a 取小值，要求不高的取大值。

(3) 不耦合系数 n。不耦合系数 n 为炮孔内径与药包直径的比值。n 值大时，表示药包与孔壁之间的间隙大，爆破后对孔壁的破坏小；反之对孔壁的破坏大。一般可取 $n=2\sim4$。实践证明，当 $n\geqslant2$ 时，只要药包不与保留的孔壁（指靠保留区一侧的孔壁）紧贴，孔壁就不会受到严重的损害。如果 $n<2$，则孔壁质量难以保证。药包应放在炮孔中间，绝对不能与保留区的孔壁紧贴，否则 n 值再大一些，就可能造成对孔壁的破坏。

(4) 线装药密度 q。装药量合适与否关系爆破的质量、安全和经济性，因此它是一个很重要的参数。装药密度可用以下经验公式进行计算：

①保证不损坏孔壁（除相邻炮孔间连线方向外）的线装药密度：

$$q = 2.75\delta_y^{0.53}r^{0.38} \tag{5-30}$$

式中 δ_y——岩石极限抗压强度，MPa；

r——预裂孔半径，mm；

q——线装药密度，kg/m。

该式适用范围为 $\delta_y=10\sim15$ MPa，$r=46\sim170$ mm。

②保证形成贯通相邻炮孔裂缝的线装药密度：

$$q = 0.36\delta_y^{0.63}a^{0.67} \tag{5-31}$$

式中 a——预裂孔间距，cm。

该式适用范围是 $\delta_y=10\sim150$ MPa，$r=40\sim170$ mm，$a=40\sim130$ cm。

(5) 预裂孔孔深。预裂孔孔深的确定以不留根底和不破坏台阶底部岩体的完整性为原则，因此应根据具体工程的岩体性质等情况来确定。

(6) 堵塞长度。良好的堵塞不但能充分利用炸药的爆炸能量，而且能减少爆破有害效应的产生。一般情况下，堵塞长度与炮孔直径有关，通常取炮孔直径的 12~20 倍。

3. 预裂爆破的质量标准

(1) 预裂爆破的质量标准。对于铁路、矿山、水利等露天石方开挖工程，预裂爆破的质量标准主要有以下几点：

①预裂缝缝口宽度不小于 1 cm；

②预裂壁面上较完整地留下半个炮孔痕迹，药包附近岩体不出现严重的爆破裂隙；

③预裂壁面基本光滑、平整，不平整度（相邻钻孔之间的预裂壁面与钻孔轴线平面之间的线误差值）应不大于 15 cm。

(2) 预裂爆破效果及其评价。一般根据预裂缝的宽度、新壁面的平整程度、孔痕率以及减震效果等项指标来衡量预裂爆破的效果。具体如下：

①岩体在预裂面上形成贯通裂缝，其地表裂缝宽度不应小于 1 cm；

②预裂面保持平整，壁面不平度小于 15 cm；

③孔痕率在硬岩中不少于80%，在软岩中不少于50%；

④减震效果应达到设计要求的百分率。

预裂孔爆破参数，见表5-10。

表5-10 预裂孔爆破参数

孔径/mm	预裂孔距/m	线装药密度/(kg·m^{-1})	孔径/mm	预裂孔距/m	线装药密度/(kg·m^{-1})
40	0.3~0.5	0.12~0.38	100	1.0~1.8	0.7~1.4
60	0.45~0.6	0.12~0.38	125	1.2~2.1	0.9~1.7
80	0.7~1.5	0.4~1.0	150	1.5~2.5	1.1~2.0

5.4 定向断裂控制爆破

5.4.1 定向断裂控制爆破分类

岩石定向断裂爆破方法基本上可以分为三类（图5-19）：图5-19a采用机械方法形成初始定向裂纹（改变炮孔形状）；图5-19b聚能药包岩石定向断裂爆破，利用炸药聚能射流破坏机理，在炮孔周围形成定向裂纹（改变装药结构）；图5-19c切缝药包定向断裂爆破，利用切缝管对能量的导向作用，沿切缝方向形成定向裂纹（孔内增加附件）。

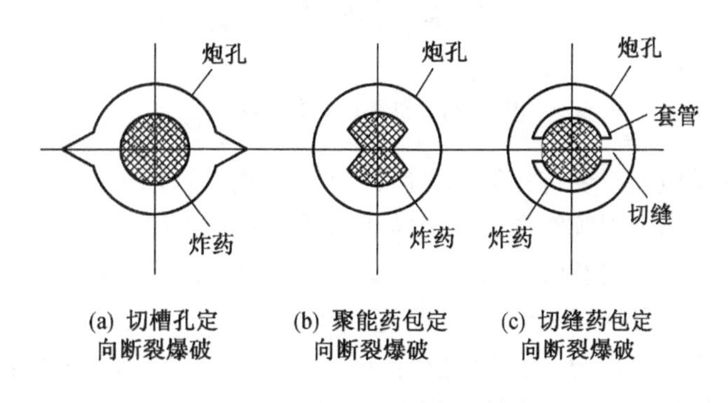

图5-19 岩石定向断裂爆破分类

切槽孔爆破是指在炮孔轴向炮孔壁上按爆破开裂方向和设计要求，切出一定深度的V形槽。V形槽炮孔是根据裂纹扩展理论，在炮孔内壁预制初始裂纹，初始裂纹起到应力集中和导向的作用，使岩石在爆炸作用下，沿着槽线方向断裂。这种爆破方法的优点在于将爆破能量集中于切槽方向，在切槽方向裂纹扩展的同时，抑制了其他方向的裂纹起裂，其裂纹起裂所需要的能量较低，引起的爆破振动很小。

聚能药包的聚能效应也称为空穴效应，即炸药爆炸时释放的一部分能量，可以通过某一方向实施空心装药而使其能量往这一区域的轴线方向集中。

切缝药包爆破是在具有一定密度和强度的炸药外壳上开有不同角度，不同形状和数量的切缝，利用切缝控制爆炸应力场的分布和爆生气体对（孔壁）介质的准静态作用和尖劈作用，达到控制所爆介质的开裂方向的目的。

5.4.2 切缝药包定向断裂爆破原理

切缝药包爆炸时，由于切缝外壳具有一定的厚度和强度，在爆炸瞬间表现出明显的聚能效果。在非切缝处，爆轰产物直接冲击其外壳表面，因为外壳的密度（如竹片、塑料和金属等）大于爆轰波阵面上产物的密度，且外壳的压缩性一般小于爆轰产物的压缩性，所以爆轰产物从该表面反射回来并产生反射冲击波。同时，也产生少量透射波，冲击波沿外壳传播。透射波经切缝外壳和外壳与孔壁之间的环形空间衰减后，能量大大降低。同时外壳本身也产生变形与位移，吸收部分能量。这样就大大降低了切缝区域孔壁产生径向裂缝的可能性。而在切缝方向，爆轰产物直接冲击空气介质；在其中产生冲击波，形成集中高速、高压射流定向作用于切缝方向的炮孔壁。若其冲量密度 $J_D > J_{ID}$（J_{ID}为被爆介质的临界冲量密度，单位为 $kg \cdot s/cm^2$），则在炮孔壁上产生破裂，预先形成初始裂缝。而切缝以外的其他方向，外壳给爆轰产物的飞散形成阻碍，使能量流进一步向切缝方向集中，一定程度上加强了切缝方向的破坏作用。切缝药包爆破原理如图 5-20 所示。

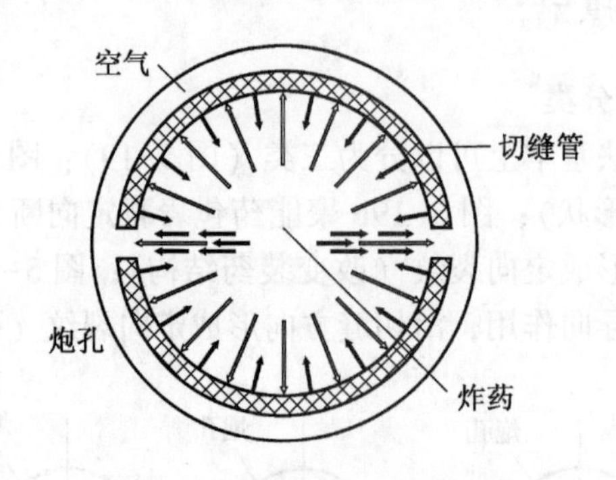

图 5-20　切缝药包爆破原理

在切缝方向初始定向裂纹首先形成之后，使炮孔周壁介质内形成应力松弛，而在一定程度上抑制了其他方向上裂纹的形成。定向初始裂纹形成之后，在爆生气体的准静应力场和楔尖劈作用下，于初始裂纹尖端形成应力集中，当其动态应力强度因子超过介质的动态断裂韧性 K_{IC}时，裂纹便继续扩展，介质呈脆性断裂。

切缝药包爆破大致可以分为三个过程：第一个过程是炸药起爆至在切缝管内爆炸完全。第二个过程是爆炸产生的冲击波冲出切缝与岩体相互作用，形成初始裂纹，此时伴随着爆生产物与管壁发生作用的过程，一方面爆生产物在管壁处发生透射和反射，另一方面管壁在冲击作用下向炮孔壁运动。第三个过程是爆生产物驱动初始裂纹继续发展，同时管壁与炮孔发生挤压，在热和冲击的共同作用下，管壁发生破坏。

5.4.3　切缝药包定向断裂爆破应用

1. 煤矿巷道光面爆破

安徽张集矿-745 m 水平进风大巷工程总长度约 230 m，断面为直墙半圆拱形，断面尺寸为 5400 mm×4500 mm，断面面积为 21.2 m²，采用 CMJ2-27 液压钻车全断面一次打眼，一次装药，一次爆破的方法施工，每循环进尺 2.0 m。炸药选用煤矿许用水胶炸药，炸药规格 ϕ35 mm×330 mm，每卷炸药质量 0.33 kg。

周边眼全部采用切缝药包（图 5-21）进行装药爆破，周边眼间距由 400 mm 增加到 600 mm，装药量和间排距等其他参数保持不变。试验采用的切缝药包如图 5-22 所示，套管采用硬质 PVC 管，内径 36 mm，外径 40 mm，壁厚 2 mm，裂缝宽 4 mm。爆破效果如图 5-23 所示。

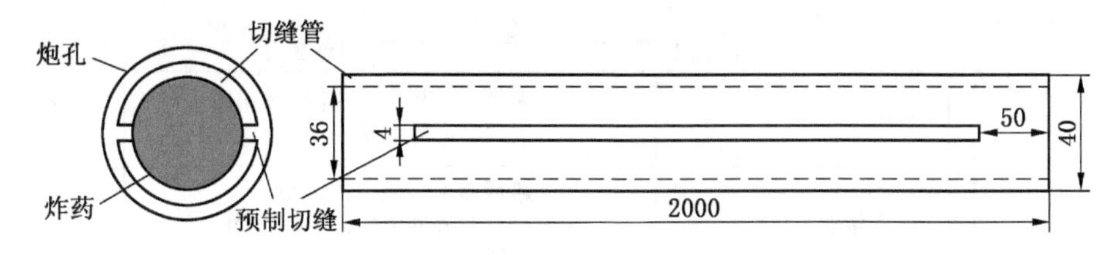

图 5-21　切缝药包（尺寸单位：mm）

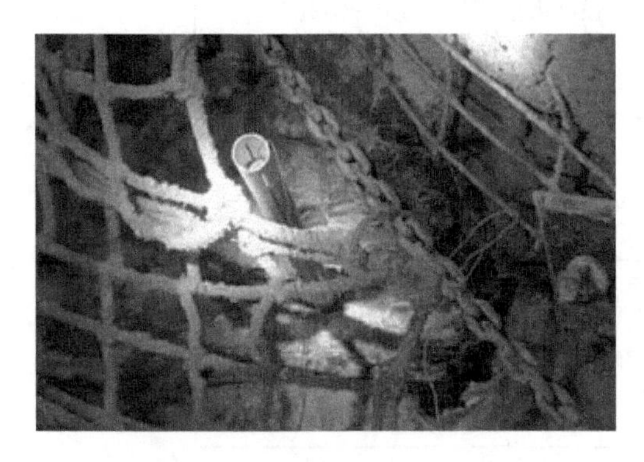

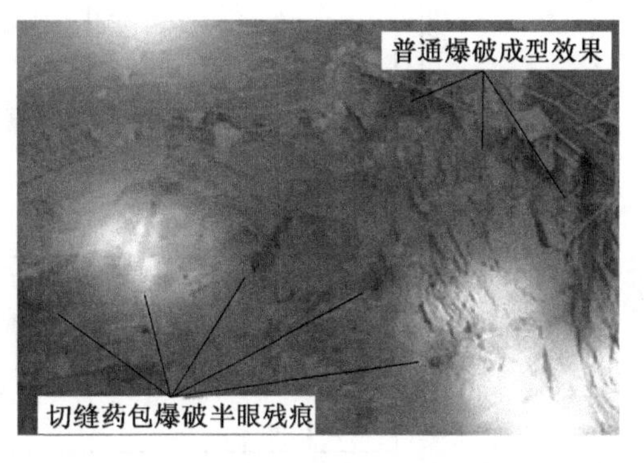

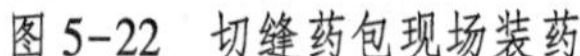

图 5-22　切缝药包现场装药

图 5-23　周边成型效果

采用切缝药包周边爆破后周边眼半眼残痕率得到了显著提高，周边成型规整，而普通爆破时周边超欠挖现象明显，半眼残痕率较低。采用切缝药包爆破时周边眼间距达到了800 mm，周边成型规整，半眼残痕率显著提高。

2. 地铁隧道预裂爆破

青岛地铁 3 号线全长约 25.93 km，全部为地下线路，采用钻爆法施工。试验区域位于区间里程 K15+999m 处，断面为马蹄形断面，宽 5.8 m，高 6.1 m，断面面积约为30.8 m^2，埋深约 22 m，采用楔形掏槽形式进行全断面爆破，工程地质条件如图 5-24 所示。施工采用 ϕ32 mm×300 g 的 2 号岩石乳化炸药，试验采用切缝药包结构，套管采用硬质 PVC 管，内径 36 mm，外径 40 mm，壁厚 2 mm，预制裂缝宽 4 mm。

对掌子面拱顶进行 5 个孔的切缝药包预裂爆破，炮孔深度为 2 m，单孔装药量为600 g。采用切缝药包轴向空气间隔不耦合装药结构，使用导爆索连接炸药，如图 5-25 所示。5 个预裂孔同时起爆，爆破后效果如图 5-26 所示。

切缝药包预裂爆破形成的裂纹长度约为 3 m，宽度约为 6~9 cm，切缝药包预裂爆破成型规整。采用切缝药包进行预裂爆破，在切缝方向，能量沿着切缝即轮廓线方向优先并大量释放，导致裂纹的长度和宽度增加。

3. 立井周边预裂爆破

安徽某矿风井井筒设计全深 533.1 m，基岩段荒断面 ϕ8.2 m，掘进断面面积52.78 m^2，表土段设计采用冻结法施工，冻结支护深度 265 m。该段井筒穿过的地层主要岩性为泥岩、粉砂岩为主，中硬岩 $f=4\sim6$。试验区域位于粉砂岩层，总体上岩性变化不大，但裂隙水较发育。

切缝药包采用硬质 U-PVC 优质塑料管，规格 ϕ50 mm×2.0 mm×400 mm，其结构参数如图 5-27 所示。现场装药情况如图 5-28 所示。

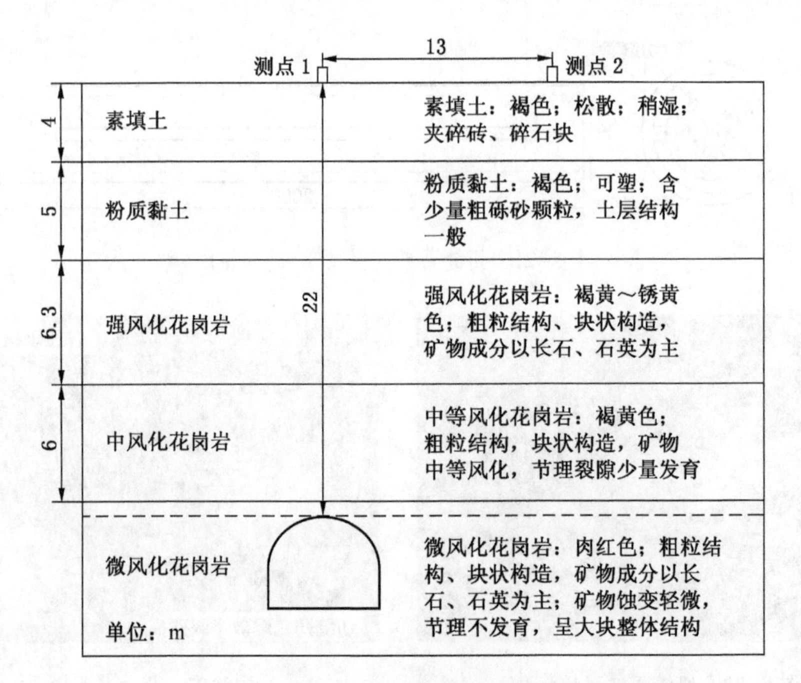

图 5-24　工程地质条件

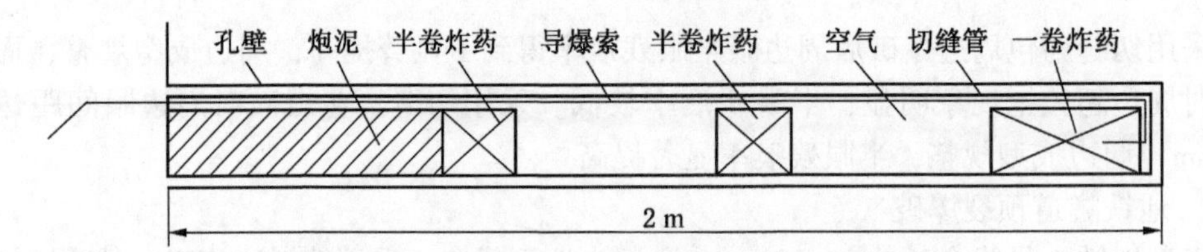

图 5-25　装药结构

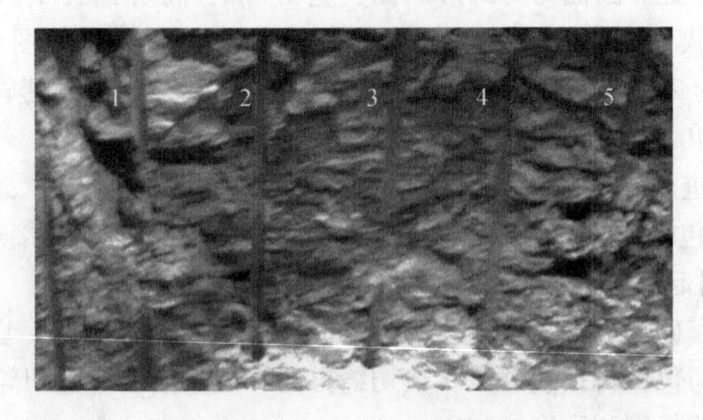

图 5-26　爆破后效果

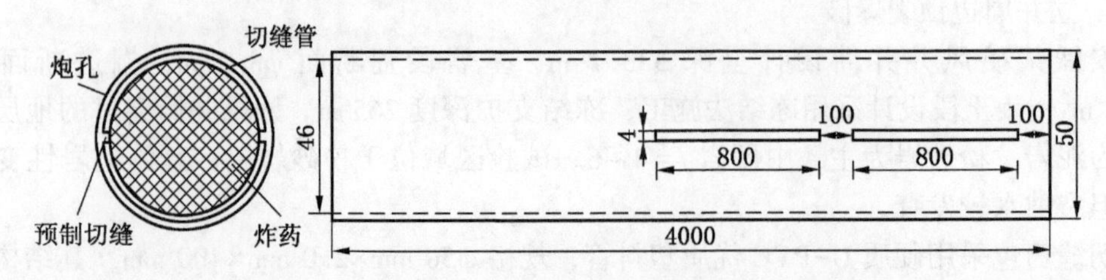

图 5-27　切缝药包结构参数（尺寸单位：mm）

图 5-28 现场装药情况

现场试验爆破参数，见表 5-11。

表 5-11 现场试验爆破参数

药包形式	单孔装药量/kg	装药形式	周边眼间距/mm	装药长度/m	起爆方式
切缝药包	2. 142	连续装药	800	1. 2	反向起爆

切缝药包的定向断裂控制爆破效果已经在试验研究中得到证明。根据传统指标测量和观察法对两次爆破试验进行了统计，具体见表 5-12。

表 5-12 试验结果统计

指标名称	普通爆破	切缝药包爆破
周边眼个数/个	20	13
周边眼间距/mm	500	800
每孔装药量/kg	2. 142	2. 142
再生裂隙	形成粉碎区	局部 1~2
不平整度/mm	±15	±5
半眼残痕/条	6	10
半孔残痕率/%	30	77
炮眼利用率/%	92. 5	92. 5
大块岩石程度/cm	<25	<25
周边眼打眼时间/min	300	195

4. 高陡边坡预裂爆破

试验地点为江西德兴铜矿采场边坡。该边坡岩石较软，临近边坡炮孔爆破后，边坡成型非常差，造成该边坡极不稳定，常有落石事故发生。为此选用该地段边坡进行切缝药包爆破，以提高边坡的稳定性。

试验中切缝管采用硬质 PVC 材料，内直径为 32 mm，切缝管壁厚 2 mm，单个切缝管长度为 1 m。试验炮孔深度为 16 m，为了保证清除根底，炮孔底部增大药量增大，采用三个药卷并列绑扎的方法，增强装药高度为 1 m。而后上部采用切缝管装药结构，切缝药包串联绑扎在竹片上。每个炮孔使用 12 个切缝管，总装药长度为 13 m，炮孔顶部 3 m 不装药。试验中共有 4 个炮孔采用切缝管装药结构，起爆方式为高能导爆索起爆。现场实际装药结构如图 5-29、图 5-30 所示。

图 5-29　切缝药包装药结构

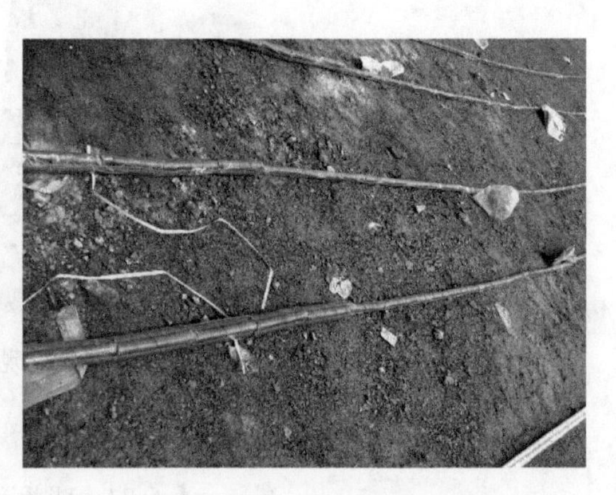

图 5-30　绑扎好后的切缝药包

爆破后边坡平整度极高，半眼痕达到了 95% 以上，有效地提高了边坡的整体稳定性（图 5-31）。

图 5-31　德兴铜矿边坡整体开挖效果

5.5　掘进爆破实例

5.5.1　煤矿巷道爆破

1. 工程概况

某煤矿皮带大巷，岩石为致密砂岩，硬度较大，普氏系数 10~12，巷道设计长度约 2000 m。掘进巷道宽 6000 mm，高 4600 mm，直墙高 1600 mm。为了缓解采掘接续矛盾，必须采用中深孔爆破提高掘进效率。

2. 爆破器材

（1）炸药选用 ϕ32 mm×20 mm 水胶炸药，每条质量 0.2 kg。

（2）雷管选用 1~5 段毫秒延期电雷管，其中最后一段延期时间不超过 130 ms。

（3）发爆器选用 MFB-200 型发爆器。

（4）封泥为水炮泥和黄土炮泥。

3. 爆破参数设计

（1）每个循环炸药消耗量：

$$Q = qLs\eta = 1.6 \times 3 \times 23.73 \times 0.9 = 102.5\ \text{kg}$$

式中 q——单位炸药消耗量，取 1.6 kg/m^3；

L——炮眼深度，取 3 m；

s——巷道掘进断面面积，取 23.73 m^2；

η——炮眼利用率，取 90%。

（2）炮眼数目的确定：

$$N = \frac{1.27qs\eta}{\varphi d_c^2 \rho_0} = \frac{1.27 \times 1.6 \times 23.73 \times 0.9}{0.45 \times 0.032^2 \times 1000} = 96\ \text{个}$$

式中 φ——装药系数，取 0.45；

ρ_0——密度，取 1000 kg/m^3。

（3）炮眼布置。按照“抓两头，带中间”的原则，即先布置掏槽孔，再布置周边孔，最后布置其他辅助孔。

①采用带中孔的准楔形复式掏槽、炮孔参数及布置，如图 5-32 所示。第一组 6 个楔形掏槽孔倾角 78°，孔顶距 1600 mm，为了消除根底，第一组掏槽孔及中心孔超深 200 mm，第二组掏槽孔倾角为 80°，进一步扩大槽腔。

②周边孔间距为 400 mm，以保证爆破成型质量。

③其他辅助孔均匀布置。

（4）各炮孔装药量：

①掏槽孔：10 个，装药系数取 0.6，单孔药量 3×0.6×0.2/0.2 = 1.92 kg，实际取 9 卷药，单孔药量 0.2×9 = 1.8 kg，总装药量为 Q_1 = 1.8×10 = 18 kg。

②中心孔：2 个，每孔装药 2 卷，主要起清渣作用，则总装药量 Q_2 = 2×2×0.2 = 0.8 kg。

③周边孔：31 个，底孔 10 个，水沟孔 1 个，装药系数取 0.4，单孔药量 3×0.4×0.2/0.2 = 1.2 kg，取 6 卷药，则总装药量 Q_3 = (31+10+1)×1.2 = 50.4 kg。

④其他辅助孔：96-(10+2+31+10+1) = 43 个，装药系数取 0.5，单孔药量 3×0.5×0.2/0.2 = 1.5 kg，实际取 7 卷药，单孔药量 0.2×7 = 1.4 kg 总装药量 Q_4 = 43×1.4 = 60.2 kg。

⑤总药量：Q = 18+0.8+50.4+60.2 = 129.4 kg。

⑥炸药单耗核算：$q = Q/v$ = 129.4/(3×23.73×0.9) = 2 kg/m^3。

4. 爆破图表设计

爆破图表设计，见图 5-32、表 5-13。

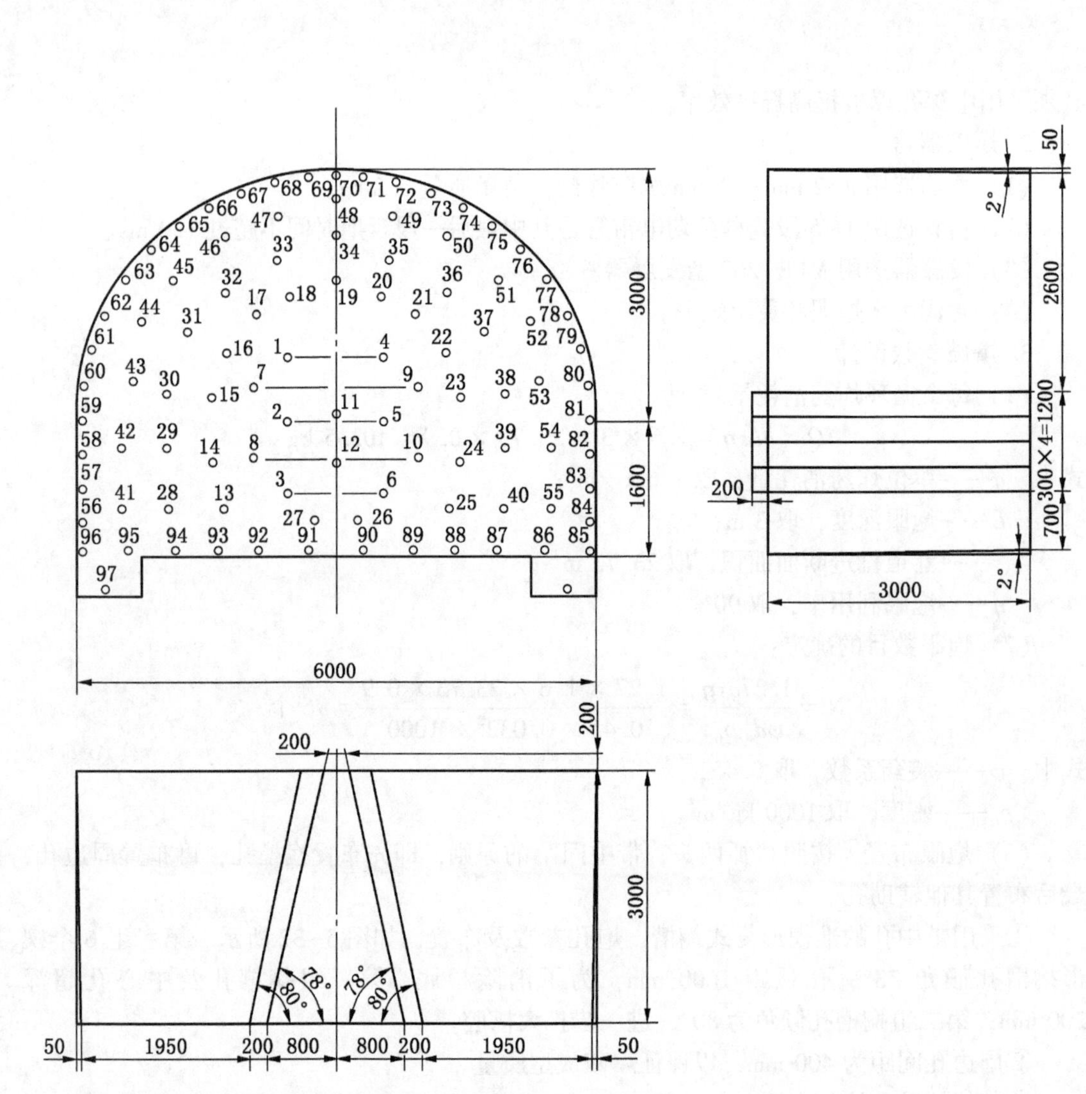

图 5-32　爆破设计图（尺寸单位：mm）

表 5-13　爆破设计表

炮眼名称	眼号	眼数/个	眼深/m	角度/(°)		装药量		使用雷管数/发	联线方式	封泥长度/mm	起爆顺序
				水平	垂直	块/眼	合计/kg				
第一组掏槽眼	1~6	6	3.2	78	90	9	10.8	6	串联	≥500	1
第二组掏槽眼	7~10	4	3	80	90	9	7.2	4		≥500	2
中心孔	11~12	2	3.2	90	90	2	0.8	2		≥500	2
辅助眼 1	13~55	43	3	90	90	7	60.2	43		≥500	3
周边眼	56~86	31	3	88	88	6	37.2	31		≥500	4
底眼	87~97	11	3	90	88	6	13.2	11		≥500	5
合计		97		647		96.6	113				

5.5.2 隧道爆破

1. 工程概况

渝怀铁路圆梁山深埋特长隧道是渝怀线的关键性控制工程，隧道全长 11068 m。隧道地貌形态明显受构造和岩性控制，具有带状展布特征，以褶皱构造为骨架，形成北东向山脉和纵向河谷相间，主要发育毛坝向斜、桐麻岭背斜及伴生断裂，向斜区内发育较多横张断裂，地形与地质条件异常复杂，岩溶涌（突）水等工程地质问题十分严重。

该隧道断面为 40 m^2 左右的单线隧道，采用全断面法开挖；开挖断面面积达 90~100 m^2的双线隧道，如果具有超前平导且岩层较为稳定，则采用下导超前后续扩挖法施工。超前下导设计成常见的直墙半圆拱形式，开挖断面尺寸为 6.5 m×5.5 m，位于双线隧道下部。

隧道开挖施工工序为：测量→打眼→装药→起爆、通风→找顶→初喷→出碴→设置锚杆、挂网→复喷→下一循环。

2. 施工机械

该隧道的开挖施工方法采用开挖台架、风钻钻孔打眼，光面爆破、楔形掏槽，装载机装渣，15 t 电瓶车牵引 16 m^3 梭式矿车运输至洞口渣场。全断面施工中，采用多功能台架配合 14~16 台 YT28 风动凿岩机凿岩，下导超前施工台架配合 7~9 台风钻钻凿炮眼，洞内移动式空压机或洞外固定式空压机供风，多功能台架设计成轨行式，台架的移动和就位使用装载机托行，它具有轮胎式或轨行式台架的优点。台架各层两侧及前方均设有活页式工作平台，以方便钻凿周边眼及保证掏槽眼的钻凿角度。

3. 爆破参数设计

（1）楔形掏槽技术。采用二级楔形掏槽方式，在施工中根据爆破效果适当调整掏槽眼布置形式，适当加深掏槽眼深度，二级槽眼比其他眼深约 20 cm，以保证掏槽效果。

（2）炮眼布置及爆破参数：

①合理分布崩落眼，以达到炮眼数量最少、材料最省；同时碴块又不致过大，便于装卸，炮眼间距取 0.8~1.0 m，炮眼临近系数 0.9~1.0。

②合理选择循环进尺：根据工期要求及机械能力等因素综合考虑，对于超前下导的循环进尺取 2 m 左右，炮眼深度 2.2~2.3 m；正洞单线循环进尺取 3 m 左右，炮眼深度3.3~3.5 m。

③炮眼利用率取 90%。

（3）光面爆破设计。根据围岩特点合理选择周边眼间距 a 及周边眼的最小抵抗线 W，辅助炮眼交错均匀布置，周边炮眼与辅助炮眼眼底在同一垂直面上。严格控制周边眼的装药量，宜采用小直径低爆速炸药，并尽可能将药量沿炮眼全长均匀分布，实施时可借助导爆索进行间隔装药，以确保隧洞周边成型良好，并减少对围岩的扰动。光面爆破参数见表 5-14。

（4）爆破材料的选择。采用安全性能好的塑料导爆管，防水乳化炸药。周边眼采用 ϕ25 mm 专用光爆药卷，或者采用 ϕ32 mm 大药卷剖开后使用，导爆索传爆。引爆器材选用国产 15 段非电毫秒微差导爆管，起爆采用火雷管、导火线。

（5）装药结构及填塞方式。周边眼采用不耦合间隔装药，导爆索传爆，将炸药和导爆索用胶带固定在竹片上，非电毫秒雷管固定在顺数的第 2 节炸药上，用竹竿送入炮孔内；其他眼采用 $\phi32$ mm 药卷集中装药，非电毫秒雷管固定在倒数的第 2 节炸药上。所有的装药炮眼采用炮泥填塞，堵塞长度不小于 25 cm。

Ⅳ级围岩正洞超前下导钻爆设计如图 5-33 所示，其掏槽爆破参数见表 5-15。主要的爆破技术指标为：每循环进尺 2.0 m，每循环钻孔总长度 153.6 m；每循环开挖量 64.42 m^3；Ⅳ级围岩单位体积耗药量 0.89 kg，Ⅴ级围岩单位体积耗药量 0.81 kg。

4. 爆破图表设计

爆破图表设计，见表 5-14、表 5-15、图 5-33。

表 5-14 隧道光面爆破参数

岩石种类	眼间距 a/cm	最小抵抗线 W/cm	相对距离 E/W	线装药密度/(kg·m^{-1})
硬岩	60~70	60~80	0.9~1.0	0.25~0.3
中硬岩	50~65	60~80	0.8~1.0	0.2~0.3
软岩	45~60	60~80	0.6~0.8	0.1~0.15

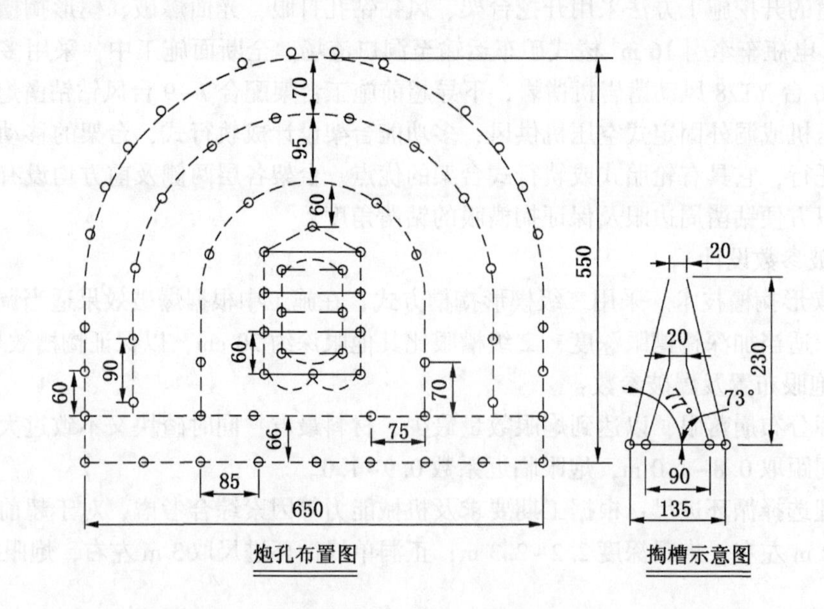

图 5-33 正洞超前下导炮眼布置及掏槽示意图（尺寸单位：cm）

表 5-15 二级楔形掏槽爆破参数表

序号	炮眼名称	雷管段别	炮眼个数	炮眼直径/mm	眼深/m	每孔装药量(Ⅳ级/Ⅴ级)/kg	单段装药量(Ⅳ级/Ⅴ级)/kg	装药结构
1	掏槽眼	1	6	$\phi48$	1.04	0.54/0.49	3.24/2.94	连续
2		3	10	$\phi48$	2.3	1.07/0.97	10.7/9.70	连续
3	崩落眼	5	26	$\phi48$	2.0	0.86/0.78	22.36/20.28	连续
4	周边眼	7	22	$\phi48$	2.0	0.53/0.48	11.66/10.56	间隔

表 5-15（续）

序号	炮眼名称	雷管段别	炮眼个数	炮眼直径/mm	眼深/m	每孔装药量（Ⅳ级/Ⅴ级）/kg	单段装药量（Ⅳ级/Ⅴ级）/kg	装药结构
5	底眼	9	9	ϕ48	2.0	1.07/0.97	9.63/8.73	连续
合　计			53		153.6		57.59/52.21	

5.5.3 立井爆破

1. 工程概况

兖州煤业鄂尔多斯能化有限公司营盘壕煤矿，井田位于乌审旗政府所在地嘎鲁图镇东南 16 km，设计规模 1200 万 t/a，布置有主井、副井和回风井，采用全井冻结法凿井。

井筒检查钻孔揭露的岩石主要为中粒砂岩、细粒砂岩、粗粒砂岩、粉砂岩，次为砂质泥岩、泥岩及煤层。根据钻孔岩芯鉴定成果：泥岩暴露地表易风化破碎，砂岩多为泥质填隙，硬度较小。根据井筒检查勘探施工的钻孔岩石物理、力学性质试验成果：岩石的含水率为 1.28%～8.36%，吸水率 3.42%～16.72%，自然状态抗压强度 3.01～61.64 MPa，平均 28.23 MPa，普氏系数 0.30～6.16，平均 2.88，岩石的膨胀率为 0.28%～7.52%。该井筒岩石以软弱岩石为主，夹杂少量的半硬岩和硬岩，平均普氏系数介于 4～6 之间。

2. 施工工序

冻结钻爆法是我国西部地区富水软弱基岩地区一种比较有效的凿井方法。首先是对立井范围内的岩土体进行冻结，等冻结交圈后开始进行凿井砌壁作业，这与普通的钻爆法一致，只是在爆破时要停止低温盐水循环，爆破通风完毕，要进行冻结管的检查，确保冻结管没有被损坏后，继续冻结进入下一个工序。

双层钢筋混凝土井壁依据设计的思想，施工时，外壁的浇筑紧随爆破掘进面，自上而下直到井底，内壁则是等立井掘进完毕，采用自下而上连续施工，套壁完成再进行注浆。

钻爆法施工工序流程如图 5-34 所示。

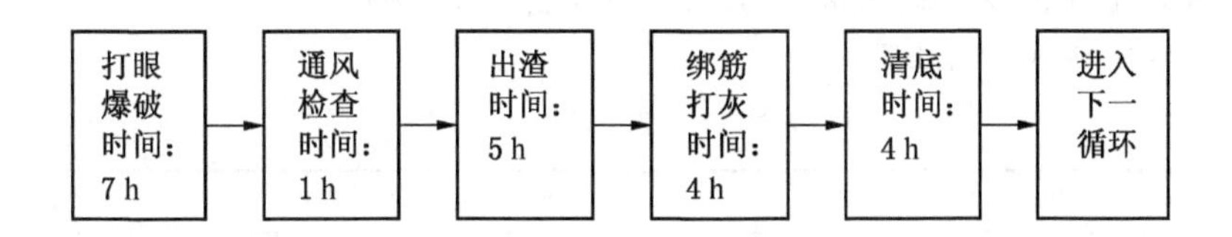

图 5-34　钻爆法施工工序流程图

3. 爆破图表设计

炮孔钻凿选用 FJZ-6.9 型伞钻，配 6 台 YGZ-70 型导轨式高频凿岩机，钻孔机具采用 B25 中空六角钢 4.7 m 长钎杆，钻头 ϕ55 mm，型式为“十”“一”型钻头。根据伞钻的技术特征、模板高度（3.7 m）及爆破效率，确定钻眼深度为 4.0 m，掏槽眼深度为 4.2 m，根据井筒掘进深度实际岩性选择采用一阶或二阶直眼掏槽方式。爆破选用煤矿许用 T220 型水胶炸药，毫秒级长脚线延期电雷管，根据《煤矿安全规程》规定，采用正向连续装药，串并联形式联线，380 V 电源起爆。

爆破图表设计，如图 5-35、表 5-16、表 5-17 所示。

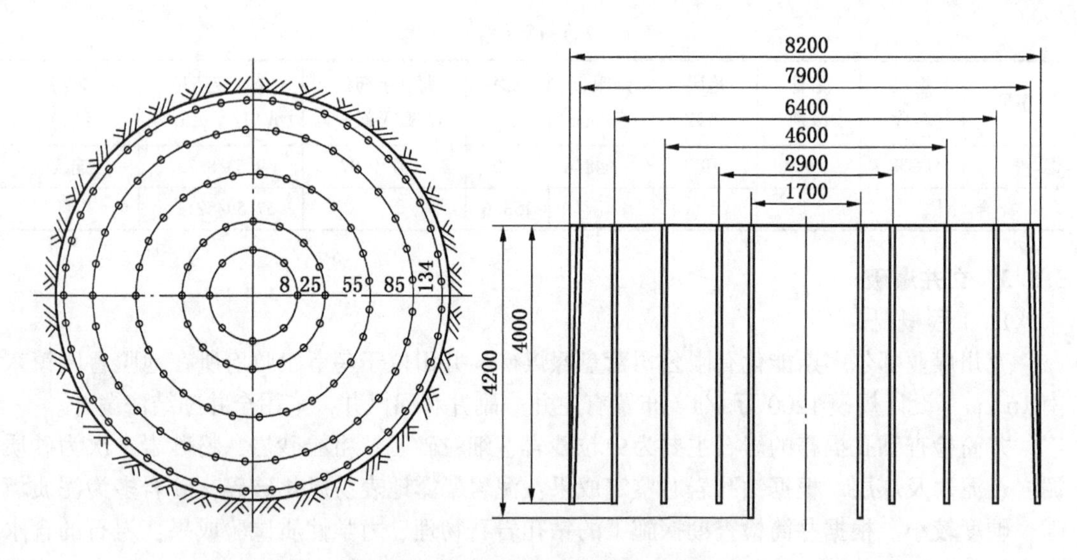

图 5-35　井筒基岩段爆破炮眼布置

表 5-16　井筒基岩段爆破炮眼参数

序号	名称	眼号	眼数/个	圈径/mm	眼深/mm	眼距/mm	装药量		爆破顺序	联线方式
							个/眼	kg/圈		
1	掏槽眼	1~8	8	1700	4200	647	6	34.3	Ⅰ	串并联
2	一圈辅助眼	9~25	17	2900	4000	530	4	48.6	Ⅱ	
3	二圈辅助眼	26~52	27	4600	4000	535	4	77.1	Ⅲ	
4	三圈辅助眼	53~86	34	6400	4000	591	4	97.1	Ⅳ	
5	周边眼	87~135	49	7900	4000	506	3	105	Ⅴ	
合计		135						362.1		

注：1. 炸药类型为煤矿许用水胶炸药，规格为：ϕ45 mm×400 mm，每卷 0.714 kg。

2. 雷管选用 1~5 段毫秒延期电雷管。

表 5-17　爆　破　效　果

序号	指　　标	单位	数量
1	炮眼利用率	%	92.5
2	每循环进尺	m	3.7
3	每循环爆破实体岩石体积	m^3	195.3
4	每立方米岩石雷管消耗量	个/m^3	0.69
5	每立方米岩石炸药消耗量	kg/m^3	1.85

复习思考题

1. 爆破工作面上一般布置有哪些炮眼？各起什么作用？
2. 岩石掘进中掏槽方式有哪些？各自的优缺点和适用条件是什么？
3. 影响直眼掏槽效果的因素有哪些？如何确定？

4. 岩石掘进中常用的钻爆参数有哪些？如何确定？

5. 工作面上炮眼布置的原则和方法有哪些？

6. 什么叫管道效应（或间隙效应）？它是如何引起的？实际爆破中应如何避免和消除管道效应？

7. 炮眼中采用间隔装药结构有什么优点？反向起爆装药与正向起爆装药相比有哪些优点？

8. 炮眼填塞的作用有哪些？

9. 爆破说明书和爆破图表包括哪些内容？

10. 光面爆破有哪些优点？解释光面爆破破岩机理。

11. 光面爆破参数如何确定？对光面爆破施工有哪些要求？光面爆破质量检验标准和方法是什么？

6 露天爆破技术

在露天岩土工程爆破中，深孔台阶爆破和硐室大爆破是最常用的两种爆破技术。

台阶爆破，也称深孔爆破，在改善破碎质量、维护边坡稳定、提高装运效率和经济效益等方面有极大的优越性。台阶爆破技术是露天矿生产和大规模土石方开挖工程的一个主要施工方法。由于台阶爆破可与装运机械匹配施工，机械化水平高，因此施工速度快、效率高、安全性好。台阶爆破已在露天开采、铁路和公路路堑工程、水电工程及基坑开挖等工程中得到广泛应用，是现代爆破工程应用最广泛的爆破技术。随着深孔钻机等机械设备的不断改进发展，深孔爆破技术在石方爆破工程中占有越来越重要的地位。所谓深孔通常是指孔径大于 75 mm、深度在 5 m 以上并采用深孔钻机钻成的炮孔。深孔爆破是指在事先修好的台阶上进行钻孔作业，装入柱状药包进行的爆破技术。由于深孔爆破使用的是柱状药包，炸药比较均匀地分散在岩体中，可以提高延米爆破量，降低单位炸药消耗量，从而降低工程成本。在机械化施工和安全性等方面深孔爆破具有显著的优点。在石方工程的机械化施工方面：深孔爆破除了本身机械化程度较高外，还能提供适合于机械挖运的破碎的块度大小及满足挖运进度要求的一次爆落量；在安全方面：深孔爆破属露天开挖，装药部位与所爆岩体的位置关系比较清楚而且容易取得数据；爆破装药量比硐室爆破要小很多，爆破时振动强度、飞石距离、空气冲击波强度和破坏范围小且容易控制。深孔爆破的安全性还表现在对路基和边坡的影响小，可以采用光面或预裂爆破技术，将爆破对边坡的损害减少到最低限度，有利于场地或道路投入使用后的边坡安全。挤压爆破使爆下的岩块与渣堆进行碰撞，进一步对岩石破碎，降低了大块率，减少了爆破与挖运工序之间的相互影响。

在钻孔爆破法不能满足生产需要的情况下，可以采用大量快速开挖的爆破方法，即硐室爆破法。硐室爆破法是指采用集中或条形硐室装药爆破开挖岩土的作业方法，由于一次起爆的药量和爆落方量较大，故也称为“大爆破”。工程实践表明，硐室爆破可以在短期内完成大量土石方的挖运工程，极大地加快工程施工进度；不需要大型设备和宽阔的施工场地；与其他爆破方法比较，其凿岩工程量少，相应的设备、工具、材料和动力消耗也少；经济效益显著等。但是也存在一次爆破药量较多，爆破作用和振动强度大，安全问题比较复杂，爆破块度不够均匀，二次爆破工作量大等缺点。

6.1 露天台阶爆破

台阶爆破是指爆破工作面以台阶形式推进完成爆破工程的爆破方法，也称为深孔爆破或梯段爆破。台阶爆破通常在一个事先修好的台阶上进行，每个台阶有水平和倾斜两个自由面，在水平面上进行爆破作业，爆破时岩石朝着倾斜自由面的方向崩落，然后形成新的倾斜自由面。露天台阶爆破按孔径、孔深的不同，可分为深孔台阶爆破和浅孔台阶爆破。通常将孔径大于 75 mm，孔深大于 5 m 的钻孔称为深孔台阶爆破。反之，则称为浅孔台阶爆破。

6.1.1 露天浅孔台阶爆破

浅孔爆破法主要用在露天石方开挖，如平整地坪、开挖路堑、沟槽、采石、采矿、开挖基础等工程。它是目前我国铁路、公路、水电、人防工程以及小型矿山开采的主要爆破方法。浅眼爆破可分为零星孤石爆破、拉槽爆破和台阶爆破三种类型。

浅眼爆破的优点是：施工机具简单，手持式和带气腿的凿岩机可采用多种动力；也可以用人工打钎凿岩，适应性强；施工组织较容易；对于爆破工程量较小、开采深度较浅的工程，浅眼爆破可以获得较好的经济效益和爆破效果。

浅孔爆破的台阶参数如图 6-1 所示。浅孔爆破参数应根据施工现场的具体条件用工程类比的方法选取，并通过实践检验修正。

（1）单位炸药消耗量 q。q 值与岩石性质、台阶自由面数目、炸药种类和炮眼直径等因素有关。在大孔径深孔台阶爆破中，q 值在 0.4~0.7 kg/cm^3 范围内变化，浅眼小台阶爆破可参照此数值或稍高一些选取。

（2）炮眼直径 d。浅孔台阶爆破一般使用直径 32 mm 或 35 mm 的标准药卷，炮眼直径比药径大 4~7 mm，故炮眼直径为 36~42 mm。

（3）炮眼深度 L 与超深 h。炮眼深度根据岩石坚硬程度、钻眼机具和施工要求确定，软岩用式 $L=H$ 计算。对于坚硬岩石，为了克服台阶底部岩石对爆破的阻力，使爆破后不留根底，炮眼深度要适当超出台阶高度 H，超出部分 h 为超深，其取值为：

$$h = (0.1 \sim 0.15)H \tag{6-1}$$

（4）底盘抵抗线 W_D，指前排钻孔距离台阶底盘的距离。台阶爆破一般都用 W_D 这一参数代替最小抵抗线进行有关计算，W_D 与台阶高度有如下关系：

$$W_D = (0.4 \sim 1.0)H \tag{6-2}$$

在坚硬难爆的岩体中，或台阶高度 H 较高时，计算时应取较小的系数，亦可按炮眼直径的 25~40 倍确定。

（5）炮眼间距 a 和排距 b。同一排炮眼间的距离称作炮眼间距，常用 a 表示，通常 a 不大于 L、不小于 W_D，并有以下关系：

$$a = (1.0 \sim 2.0)W_D \tag{6-3}$$

$$a = (0.5 \sim 1.0)L \tag{6-4}$$

间排距之间存在以下关系：

$$b = (0.8 \sim 1.0)a \tag{6-5}$$

近年来，小抵抗线宽孔距的布孔方案逐步得到推广应用。实践证明，在台阶爆破中，采用 $2W_D < a < 8W_D$ 的宽孔距，在不增加单位炸药消耗量条件下，爆破效果大大改善。

6.1.2 露天深孔台阶爆破

露天深孔台阶爆破法已广泛在露天开采工程、山地工业场地平整、港口建设、铁路和公路路堑、水电闸坝基坑开挖等工程中得到广泛的应用，并取得了良好的技术经济效果。

深孔台阶爆破优越性主要表现在：

（1）一次爆破方量大，钻孔机械化。大型设备的采用，尤其是牙轮钻机、大型电铲、汽车的配套使用，炮孔直径可达到 310 mm，深度一般 10~20 m；施工速度快，工程质量高。

（2）深孔台阶爆破有利于先进爆破技术的使用和促进爆破技术的发展，如：毫秒微差爆破技术、宽孔距小抵抗线爆破技术和预裂爆破技术等。

（3）显著地改善了破碎质量，爆破地震强度、飞石距离和空气冲击波的影响范围都比硐室爆破小，降低了对边坡、路基等有害效应。

（4）提高了钻孔延米爆破量，提高了爆破效率，减少炸药用量，同等条件下比一般爆破节省炸药 1/3~1/2，降低工程成本。

6.1.2.1　布孔方式

（1）台阶要素。深孔爆破的台阶要素如图 6-1 所示。

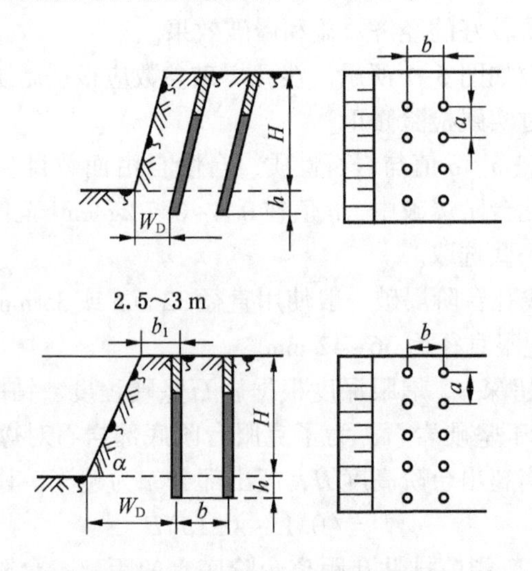

H—台阶高度；W_D—前排钻孔的底盘抵抗线；h—超深；

α—台阶坡面角；a—孔距；b—排距；

b_1—在台阶面上从钻孔中心至坡顶线的安全距离

图 6-1　台阶要素示意图

（2）钻孔形式。深孔爆破钻孔形式一般分为垂直钻孔和倾斜钻孔两种，垂直深孔和倾斜深孔的使用条件和优缺点列于表 6-1 中。倾斜孔比垂直孔具有更多优点，但由于钻凿倾斜深孔的技术操作比较复杂，而且倾斜孔在装药过程中容易堵孔，所以垂直孔仍然用得比较广泛。

表 6-1　垂直深孔与倾斜深孔比较

钻孔形式	适用情况	优　点	缺　点
垂直钻孔	在开采工程中大量采用	1. 适用于各种地质条件的深孔爆破； 2. 钻垂直深孔的操作技术比倾斜孔容易； 3. 钻孔速度比较快	1. 爆破后大块率比较高，常留有根底； 2. 台阶顶部经常发生裂缝，台阶面稳固性比较差
倾斜钻孔	在软岩爆破工程中应用较多，随着新型钻机的发展，应用范围会更广泛	1. 抵抗线分布比较均匀，爆后不易产生大块和残留根底； 2. 台阶比较稳定，台阶坡面容易保持，对下一台阶面破坏小； 3. 爆破软质岩石时，能取得很高效率； 4. 爆破后岩石堆的形状比较好	1. 钻孔技术操作比较复杂，容易发生夹钻事故； 2. 在坚硬岩石中不宜采用； 3. 钻孔速度比垂直孔慢

（3）布孔方式。布孔方式有单排布孔及多排布孔两种。多排布孔又分为方形、矩形及三角形（又称梅花形）三种，如图 6-2 所示。从能量均匀分布的观点来看，以等边三角形布孔最为理想，而方形和矩形布孔多用于挖沟爆破。

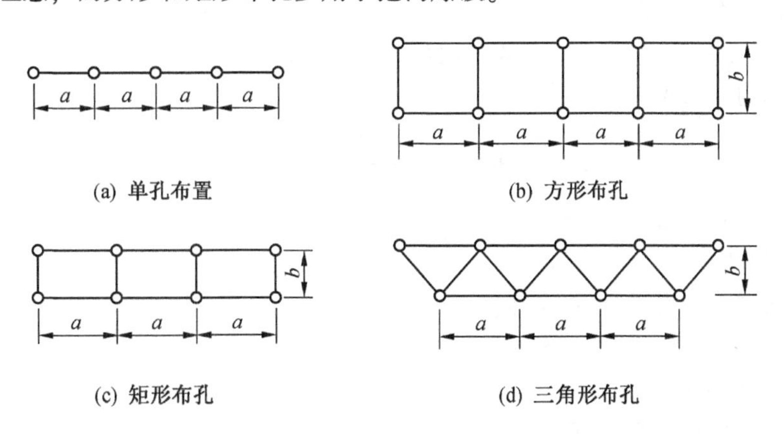

图 6-2　深孔布置方式

6.1.2.2　爆破参数

露天深孔爆破参数包括台阶高度、孔径、孔深、超深、底盘抵抗线、孔距、排距、堵塞长度和单位炸药消耗量等。

（1）台阶高度。台阶高度主要考虑为钻孔、爆破和铲装创造安全和高效率的作业条件，一般按选用的铲装设备和矿岩开挖技术条件确定，多采用 10~12 m 的高台阶，经济的台阶高度为 12~18 m，随着钻机和施工机械的发展，国外已有向高梯段发展的趋势，苏联某露天矿，梯段高度已达 10~35m，爆破质量和经济技术指标大幅度提高。

（2）孔径。露天深孔爆破的孔径主要取决于钻机类型、台阶高度和岩石性质。当采用潜孔钻机时，孔径通常为 100~200 mm；牙轮钻机或钢绳冲击式钻机，孔径为 250~310 mm。目前国内采用的深孔孔径有 80 mm、100 mm、150 mm、170 mm、200 mm、250 mm 和 310 mm 几种。

（3）超深与孔深。超深是指钻孔超过台阶底盘水平的深度。若超深过大，将造成钻孔和炸药的浪费。同时还将增加爆破震动强度和底盘的破坏。根据经验，超深与底盘抵抗线 W_D 的关系为

$$h = (0.15 \sim 0.35) W_D \tag{6-6}$$

当岩石松软时取小值，岩石坚硬时取大值。

孔深是超深与台阶高度之和，即

$$L = H + h$$

（4）底盘抵抗线。采用过大的底盘抵抗线会造成根底多，大块率高，后冲作用大；过小则不仅浪费炸药，增大钻孔工作量，而且岩块易抛散和产生飞石危害。底盘抗线的大小与钻孔直径、炸药威力、岩石可爆性、台阶高度和坡面角等因素有关，在设计中可用类似条件下的经验公式来计算。

①根据钻孔作业的安全条件，得到 W_D 为

$$W_D \leqslant H \cdot \cot\alpha + b_1 \tag{6-7}$$

式中　H——台阶高度，m；

α——台阶坡面角，一般为60°~75°；

b_1——从钻孔中心至坡顶线的安全距离，$b_1 \geqslant 2.5 \sim 3.0$ m。

②按台阶高度，可得：

$$W_D = (0.6 \sim 0.9)H \tag{6-8}$$

③按每孔的装药条件，可得：

$$W_D = d\sqrt{\frac{7.85\Delta\tau L}{mqh}} \tag{6-9}$$

式中　d——孔径，mm；

Δ——装药密度，kg/cm³；

τ——装药系数，取0.6~0.8；

m——深孔密集系数，一般取0.8~1.4；

q——炸药单耗，kg/m³。

④按炮孔直径确定W_D，有：

$$W_D = (20 \sim 50)d \tag{6-10}$$

（5）孔距与排距。孔距是指同排相邻炮孔中心之间的距离。孔距按下式计算：

$$a = mW_D \tag{6-11}$$

布孔时要求深孔密集系数m值不小于1.0，宽孔爆破时，m值可达4~8。但是第一排孔往往由于底盘抵抗线过大，应选用较小的m值，以克服底盘的阻力。

排距是指多排孔爆破时，相邻两排钻孔间的距离，在排间深孔呈等边三角形错开布置时，排距b与孔距a的关系为

$$b = a\sin 60° = 0.866a \tag{6-12}$$

排距的大小对爆破质量影响较大，后排孔由于岩石夹制作用，排距应适当减小。按经验公式计算：

$$b = (0.6 \sim 1.0)W_D \tag{6-13}$$

（6）台阶坡面角。在台阶爆破中，坡面角α为前一次爆破时形成的自然坡度，它通常与岩石性质以及钻孔排数和爆破方法有关。如岩石坚硬，采用单排爆破或多排分段起爆的，则坡度大；若岩石松软，多排孔同时起爆时，则坡度要缓一些。如坡角太大（大于70°时）或上部岩石坚硬则易出大块，如果坡角太小或下部岩石坚硬则易留根坎。所以，要求坡面角最好在60°~75°之间。

（7）堵塞长度。堵塞长度是指装药后炮孔的剩余部分作为填塞物充填的长度。合理的堵塞长度应从降低爆炸气体能量损失和尽可能增加钻孔装药量两个方面考虑。堵塞长度过长将会降低延米爆破量，增加钻孔费用，并造成台阶上部岩石破碎不佳；堵塞长度过短，则炸药能量损失大，将产生较强的空气冲击波、噪声和个别飞石的危害，并影响钻孔下部破碎效果。堵塞长度计算常用的经验公式为：

$$l \geqslant 0.75W_D \tag{6-14}$$

或

$$l = (20 \sim 40)d \tag{6-15}$$

（8）单位炸药消耗量。影响单位炸药消耗量的因素很多，主要有岩石的可爆性、炸

药种类、自由面条件、起爆方式和块度要求等，因此，选取合理的单位炸药消耗量 q 值往往需要通过试验或长期生产实践来验证。对 2 号岩石硝铵炸药，q 值可按表 6-2 选取。

表6-2 单位炸药消耗量 q 值

单轴抗压强度/MPa	8～20	30～40	50	60	80	100	120	140	160	200
$q/(\mathrm{kg\cdot m^{-3}})$	0.4	0.43	0.46	0.50	0.53	0.56	0.60	0.64	0.67	0.70

（9）每孔装药量。单排孔爆破或多排孔爆破的第一排孔的每孔装药量按下式计算：

$$Q = qaW_{\mathrm{D}}H \tag{6-16}$$

多排孔爆破时，从第二排孔起，以后各排孔的每孔装药量按下式计算：

$$Q = KqabH \tag{6-17}$$

其中，K 为考虑受前面多排孔的矿岩阻力的增加系数，一般取 1.1～1.2；其余符号意义同前。

6.1.3 毫秒微差爆破技术

在现代土石方爆破工程中，为了发挥先进装运设备的装运能力，提高生产效率，在爆破过程中要求：一方面对爆破的破碎效果进行控制，以达到快速装运的目的；另一方面要求单次爆破的土石方量要大，满足机械化装运的要求，同时要求保护围岩的稳定性，减少爆破对岩石的破坏，减小爆破的有害效应对周围环境的影响。为了满足生产实践的要求，控制爆破技术得到了迅速的发展。控制爆破包括毫秒爆破、挤压爆破、光面爆破和预裂爆破等，在铁道、水利、矿山等部门的土石方工程施工中得到了广泛的应用，且取得了显著的效果。

毫秒微差爆破是指相邻炮眼或药包群之间的起爆时间间隔以毫秒计的延期爆破，又称微差爆破。这种爆破的特点是：能降低同时爆破大量深孔所产生的地震效应，破碎块度均匀、大块率低，爆堆比较集中，炸药单位消耗量少，能降低爆破产生的空气冲击波强度和减少碎石飞散。

6.1.3.1 毫秒爆破机理

毫秒爆破技术的关键是先发炮为后发炮爆破创造了有利于爆破的自由面，不同段别爆落的岩石相互碰撞，促进岩石进一步破碎。毫秒爆破的应用还降低了爆破产生的震动、飞石、噪声等有害效应，增大了一次爆破的工程量。目前关于毫秒爆破机理有如下几种观点：

（1）形成新的自由面。在深孔爆破中，当第一排炮孔爆破后，形成爆破漏斗，新形成的爆破漏斗侧边以及漏斗体外的细微裂缝成为第二排炮孔的新自由面。由于新的自由面的产生减轻了第二排炮孔的爆破阻力，使得第二排炮孔爆破时岩体向新的自由面方向移动，以后各排炮孔依次类推。

（2）应力波的叠加。先起爆的炮孔在岩体内形成一个应力波作用区，岩石受到压缩、变形和位移，应力波不断向外传播，使第一排炮孔作用范围内的岩体遭受破坏，并且给第一排炮孔与第二排炮孔之间的岩体施加预应力。在这种预应力尚未消失时，第二排炮孔起爆，其产生的应力传到与第一排炮孔之间的岩体中，形成应力波的增强与叠加，从而改善了爆破效果。

(3) 辅助破碎作用。由于前后两段药包的起爆间隔时间很短，前排爆破的岩石在未落下之时，与后排爆破抛起的岩石在空中相遇产生相互碰撞，使已产生微小裂隙的大块矿岩进一步破碎，这样充分利用了炸药的能量，提高了爆破质量，此即为辅助破碎作用。

(4) 减振作用。合理的毫秒延期间隔时间，使先后起爆产生的地震能量在时间和空间上错开，特别是错开地震波的主震相，从而降低地震效应。大量的观测资料表明，毫秒爆破产生的振动速度比齐发爆破大约降低 1/3~1/2。

6.1.3.2 毫秒延期及起爆顺序

1. 毫秒延期间隔的确定

应从能保证先爆炮孔不破坏后爆炮孔及其网路不遭受破坏，保证每个孔前面有自由面，保证后一段爆破成功等方面考虑。毫秒爆破延期间隔时间的选择主要与岩石性质、抵抗线、岩石移动速度以及对破碎效果和减震的要求等因素有关，合理的毫秒延期间隔时间应能得到良好的爆破破碎效果和最大限度地降低爆破地震效应。关于时间间隔的确定，目前国内外的研究尚处于探索阶段，实践中多采用下列经验公式：

$$\Delta t = K_p W_1 (24 - f) \tag{6-18}$$

或

$$\Delta t = (30 \sim 40) \sqrt[3]{\frac{a}{f}} \tag{6-19}$$

式中 Δt——毫秒延期间隔时间，ms；

W_1——底盘抵抗线，m；

f——岩石坚固系数；

a——同排中同时爆破孔的孔距，m；

K_p——岩石裂隙系数，裂隙少的岩石 $K_p=0.5$，中等裂隙岩石 $K_p=0.75$，裂隙发育的岩石 $K_p=0.9$。

2. 布孔方式及起爆顺序

采用多排孔爆破时，孔间多呈三角形、方形和矩形。布孔排列虽然比较简单，但利用常用的起爆顺序对这些炮孔进行组合，就可以获得多种多样的起爆形式，如图 6-3 所示。

(1) 矩形布孔排间毫秒起爆。炮孔呈矩形布置，各排之间毫秒延期间隔起爆，如图 6-3a 所示（图中数字表示起爆顺序）。此种起爆顺序施工简单，爆堆比较整齐，岩石破碎量较非毫秒起爆有所改善但地震效应仍然强烈，后冲较大。

(2) 三角形布孔排间毫秒延期间隔起爆。炮孔呈三角形布置，各排之间毫秒延期间隔起爆，如图 6-3b 所示。

(3) 矩形布孔对角式毫秒延期间隔起爆。炮孔呈矩形布置，按对角线方向分组，各组之间毫秒延期间隔起爆，如图 6-3c 所示。一般情况下，对角线起爆的孔段数大大超过排间毫秒延期间隔起爆段数，当高段雷管精度高时，其爆破效果较好，减震效果也显著。

(4) 矩形布孔 V 形毫秒延期间隔起爆。如图 6-3d 所示，两侧对称起爆，加强了岩块的碰撞和挤压，从而获得较好的破碎质量，也可以减少爆堆宽度，降低地震效应。

(5) 三角形布孔 V 形毫秒延期间隔起爆。如图 6-3e 所示，爆堆集中，碰撞挤压效果更好。

(6) 三角形布孔对角毫秒延期间隔起爆。如图 6-3f 所示。

(7) 接力式毫秒延期间隔起爆。利用毫秒延期导爆雷管，在孔外用同段别雷管接力起

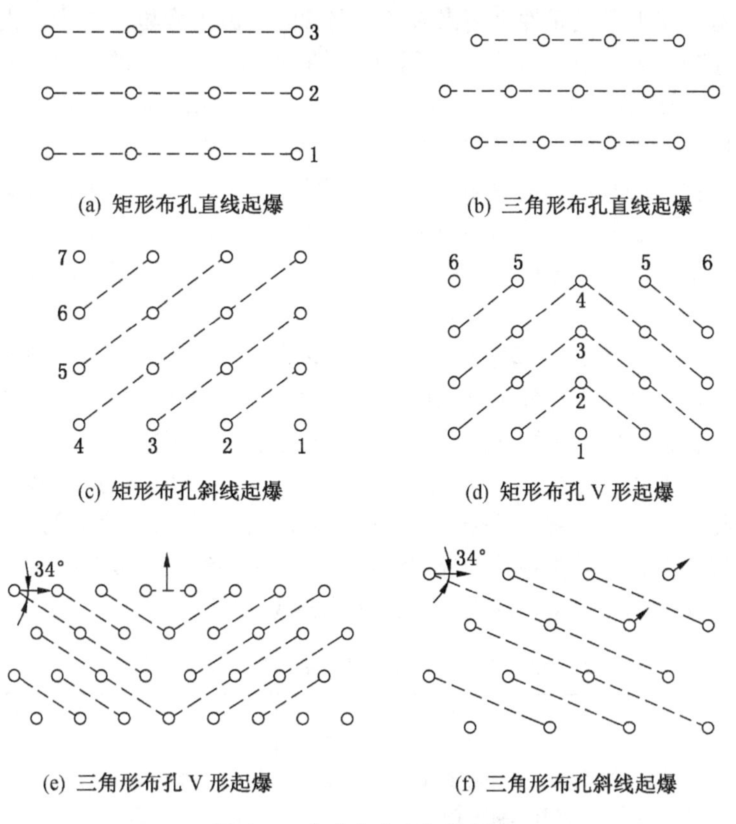

图 6-3　布孔方式及起爆顺序

爆，可联成毫秒延期间隔相等、分段数相当大的起爆网路。对于超大规模爆破可实现一次起爆，并能减少地震效应，保证爆破效果。接力式毫秒延时起爆一般要求孔内用高段别雷管，孔外接力用低段别雷管。

6.1.3.3　爆破网路设计

爆破网路设计就是利用爆破器材对整个爆破工作面炮孔进行起爆先后顺序的安排与计划。常采用的起爆器材包括电雷管、非电导爆管雷管、继爆管和导爆索等。深孔爆破网路可分为电爆网路、非电起爆网路和电与非电混合起爆网路。

（1）电爆网路。电爆网路是以瞬发电雷管和延期电雷管为主要起爆元件，起爆器、照明电、动力电源、干电池、蓄电池和移动发电机为外部能源，由端线、连接线、区域线和母线连通形成的爆破网路。

电爆网路可采用串联电爆网路、并联电爆网路和混联电爆网路。电爆网路的核心是如何合理设计保证每个电雷管通过足够的电流值，并获得足够的起爆能量。

（2）非电起爆网路。非电起爆网路是以非电起爆器材火雷管、导火索、导爆管雷管、导爆索和继爆管等组成的，完成单排或多排炮孔顺序爆破的爆破网路。导火索与火雷管因为导火索的燃速不稳定，时间难以控制，一般在台阶爆破中不采用。导爆索网路是由导爆索和继爆管组成，由于导爆索爆速达 6500 m/s，所以由继爆管来控制起爆时差，但由于其爆破时的噪声太大，一般在台阶爆破中也不采用。因此，非电起爆网路多采用以导爆管和导爆管雷管为主要起爆元件的起爆网路。

导爆管起爆网路中激发元件是用来激发导爆管的，由击发枪、电容击发器、普通雷管和导爆索等，在现场多使用后两种。实验证明，在保证绑扎质量的前提下，一根导爆管雷管可以激发50根导爆管，且导爆管长度可以根据现场情况定制，具有很大优越性。常用的导爆管的连接方式有两种：簇联和四通联结。簇联就是俗称的“大把抓”，是用一枚或多枚雷管将更多根导爆管用绑扎绳和工业胶布紧紧缠裹在一起，以实现爆炸能的连续传递。四通联结是一种形似梨形的塑料薄壳结构，外口部可以插入4根导爆管。在四通里面的4根导爆管1根为传入导爆管，3根为传出导爆管，传出导爆管可以直接引爆炸药或向下一个四通传递。

(3) 导爆管与导爆索联合起爆网路。在炮孔内外分别采用导爆管雷管和导爆索连接形成的爆破网路。可以采用炮孔外传爆元件由导爆索负担，炮孔内微差由导爆管雷管来实现的孔内微差方式，也可以采用炮孔外传爆元件由导爆管雷管来实现微差，炮孔内由导爆索负担引爆炸药的孔外微差方式。在实践中，孔内微差时，导爆索与导爆管尽量垂直联结，并用软土编织袋加以保护，避免导爆索爆炸产生的冲击波对导爆管雷管的影响；孔外微差时，为安全准爆，需要对后排炮孔的导爆管雷管用软土编织袋加以防护。

电爆网路与非电起爆网路优缺点比较，见表6-3。

表6-3　电爆网路与非电起爆网路优缺点比较

项目	优点	缺点
电爆网路	1. 在起爆前，任何施工阶段都可以随时进行检测，具有较高安全可靠性； 2. 能准确控制起爆时间； 3. 能起爆大量雷管	1. 普通雷管爆破环境要求苛刻； 2. 准备工作量大； 3. 网路设计计算复杂，需要技术水平高； 4. 敷设和连接操作要求精细
非电起爆网路	1. 爆破环境要求简单； 2. 能起爆大量雷管； 3. 操作方便，使用安全； 4. 运输安全	1. 不能用仪表监测施工过程，容易出现漏联现象； 2. 爆炸时产生冲击波； 3. 不能准确控制起爆时间

6.1.4　宽孔距小抵抗线爆破技术

宽孔距小抵抗爆破技术是以加大孔间距，减少排间距（即最小抵抗线），增大炮孔密集系数，利用爆破漏斗理论改善爆破效果的一种爆破技术。该项技术早期由瑞典U. Langefors提出，20世纪80年代开始我国也进行了研究和推广，至今已取得明显的效果。该项爆破技术无论在改善爆破质量，还是降低单耗、增大延米爆破量方面都具有明显的优点。

6.1.4.1　宽孔距小抵抗线爆破机理

宽孔距爆破的作用机理如下：

(1) 前排爆破为后排爆破创造了凸形临空面，使临空面个数和总面积增加。一般说来临空面越多，爆破效果越好；临空面面积越大，岩石的夹制力越小，反射波的能量越大，岩石越容易爆破。

(2) 增强自由面应力波反射作用。减小炮孔抵抗线与排距，则使药包更靠近自由面，由于爆轰产生的压应力在自由面反射为拉伸应力，自由面附近的岩石在拉伸应力作用下易于破坏。而当药包更靠近自由面时，则有利于增强反射应力波能。这是因为应力波的入射角随药包抵抗线 W 值的减小逐渐增大。因而反射应力波能量逐渐增强，折射波能量逐渐减弱。甚至在漏斗边沿部分应力波的折射角达 90°左右，造成应力波全反射现象。如图 6-4 所示。图中表示 Q 和 Q_1 两个装药量相向的药包，其抵抗线 $W < W_1$，两个药包在介质分界面 a 点的入射角 $\alpha > \alpha_1$，因而药包 Q 在 a 点的应力波能量的反射率大于药包 Q_1 在 a 点处的反射率。介质界面其他点也同样如此。反射拉应力波能量的增强，有利于介质破碎，并使碎块具有更大的初速度向前运动，增加了介质碰撞破坏机会，从而提高了爆破效果。

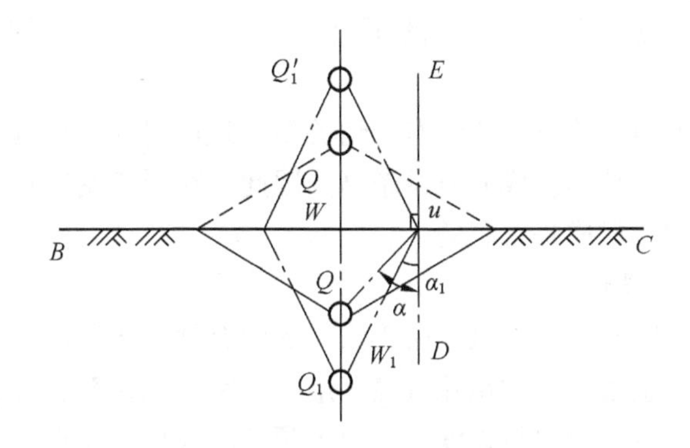

Q—装药量；α—入射角

图 6-4　应力波入射角与抵抗线的关系

（3）两孔间消除了应力降低区。当 $m > 2$ 时，两孔之间已不存在应力降低区域，每个炮孔的爆破几乎都是独立的，它们的应力波效应没有重叠干扰，不存在由于两炮孔相互影响产生贯通裂缝使应力释放的问题。

（4）先爆孔内侧发展的裂隙为后爆孔创造了条件。柱状药包爆炸时，在爆源周围径向压应力会衍生切向拉应力，由于拉应力的作用而产生径向裂隙。裂隙方向垂直于拉应力作用方向，以爆源为中心呈放射状发展。同一排的炮孔同时起爆时，相邻两炮孔之间的介质处于来自两侧炮孔爆炸所激起的应力场中，受到两个炮孔药包爆炸应力波的作用。在两个炮孔中心联线上的任一点受到不同方向的压应力，在其垂直方向产生的拉应力则是增强的合成拉应力，致使该部分岩石易于产生裂隙并受到破坏。有效利用前排炮孔爆破产生的径向破裂面在内侧发展的裂隙也是宽孔距爆破取得良好爆破效果的原因。

6.1.4.2　炮孔密集系数的选取

宽孔距小抵抗爆破技术主要以炮孔密集系数的变化来实现，而关于炮孔密集系数 m 值的选取，目前尚无统一的计算公式，可以依照工程类比经验取值或根据工程的实际试验值选取。一般认为 $m=2\sim6$ 都可取得良好的爆破效果，个别情况也可以取 $m=6\sim8$。但是，在工程实施上为保证取得良好爆破效果，需要注意两点：

（1）保证钻孔质量（孔位、孔深）。

（2）临空面排孔的 m 值选取至关重要，必须保证第一排炮孔能够取得良好的爆破效果。通常，要确保首排爆破不留根底；之后再依次布置 m 值增大的第二排、第三排等炮孔。

宽孔距小抵抗爆破技术的其他参数可以参照深孔台阶爆破选取。

6.1.5 露天台阶预裂爆破

沿开挖边界布置密集炮孔，采取不耦合装药或装填小直径低威力炸药，先于主爆区起爆，在爆区与保留区之间形成裂缝，以减弱主爆区爆破时对拟保留岩体的破坏，并形成平整轮廓面的爆破作业，称之为预裂爆破。路堑边坡采用预裂爆破技术不仅减少了震动影响，而且保证了边坡稳定，减少了超欠挖。

保证预裂爆破成功的必要条件是炸药在炮孔中爆炸产生的压力不压坏孔壁，并沿预定的方向成缝。当炸药与孔壁留有空隙时，炮孔所受的压力比耦合装药爆轰波直接作用炮孔壁的压力会大大降低，使得孔壁所承受的压力低于岩石的极限抗压强度，不致压碎孔壁，并能使炮孔之间形成裂缝。

相邻炮孔起爆时差对裂缝形成质量有密切关系，理论研究、试验研究和工程实践都表明：当两孔之间起爆时差越小，成缝质量越高。因此，在爆破网路设计中，尽量缩小两孔间起爆时差，对于预裂缝形成是有利的。

6.1.5.1 预裂爆破参数设计

预裂爆破参数设计因其爆破不是以破碎为目的而有别于普通深孔爆破参数设计。预裂爆破参数的设计影响因素很多，如钻孔直径、炮孔间距、线装药密度、不耦合系数、装药结构、炸药性能、地质构造和岩石强度等。由于预裂爆破目的是形成一定宽度裂缝，其爆破参数应以钻孔直径、炮孔间距和线装药密度为关键参数。

（1）钻孔直径。钻孔直径是根据工程性质、设备条件及其对爆破质量要求等来选择的。目前多采用小于 150 mm 直径的钻孔。有时以台阶高度来确定，当台阶高度小于 4 m 时，选用 38~45 mm 小直径钻孔；当台阶高度在 4~8 m 时，选用 60~100 mm 直径钻孔；当台阶高度大于 8 m 时，选用与主炮孔相同的钻孔直径，一般选 150~250 mm。此外，还可以根据不耦合系数和炸药直径来确定钻孔直径。

（2）炮孔间距。炮孔间距直接关系预裂缝壁面的光滑程度，主要受岩石抗压强度、波阻抗和孔径等因素影响，一般取孔径的 8~12 倍。

（3）线装药密度。线装药密度 $q_{线}$ 是指炮孔装药量与装药长度的比值，即单位长度炮孔装药量。线装药密度直接影响预裂缝是否形成和眼痕率的大小。线装药密度的确定，目前多以经验公式计算或工程类比法确定。经验计算公式，如三峡工程预裂爆破经验公式为：

$$q_{线} = 3\,(d \cdot a)^{1/2}\sigma_{c}^{1/3} \tag{6-20}$$

式中 d、a——炮孔直径和间距；

σ_{c}——岩石抗压强度。

该公式适用不耦合系数为 2~4 的情形。

根据岩石强度 σ_{c} 和钻孔半径 r 的经验计算公式为

$$q_{线} = 2.75\sigma_{c}^{0.53} \cdot r^{0.38} \tag{6-21}$$

该公式适用范围：$\sigma_{c}=10\sim150$ MPa，$d=40\sim170$ mm。

表 6-4 为中孔径深孔预裂爆破时建议选取的数值。

表 6-4　中孔径深孔预裂爆破参数经验数值

岩石性质	岩石抗压强度/MPa	钻孔直径/mm	钻孔间距/m	线装药量/(g·m^{-1})
软弱岩石	＜50	80	0.6~0.8	100~180
		100	0.8~1.0	150~250
中硬岩石	50~80	80	0.6~0.8	180~300
		100	0.8~1.0	250~350
次坚石	80~120	90	0.8~0.9	250~400
		100	0.8~1.0	300~450
坚石	＞120	90~100	0.8~1.0	300~700

注：药量以 2 号岩石铵梯炸药为标准；间距小和节理裂隙发育时取小值，反之取大值。

6.1.5.2　预裂爆破效果评价

1. 预裂爆破的质量标准

对于铁路、矿山、水利等露天石方开挖工程，预裂爆破的质量标准主要有以下几点：

（1）预裂缝缝口宽度不小于 1 cm；

（2）预裂壁面上较完整地留下半个炮孔痕迹，药包附近岩体不出现严重的爆破裂隙；

（3）预裂壁面基本光滑、平整，不平整度（相邻钻孔之间的预裂壁面与钻孔轴线平面之间的线误差值）应不大于 15 cm。

2. 预裂爆破效果及其评价

一般根据预裂缝的宽度、新壁面的平整程度、孔痕率以及减震效果等项指标来衡量预裂爆破的效果。具体是：

（1）岩体在预裂面上形成贯通裂缝，其地表裂缝宽度不应小于 1 cm；

（2）预裂面保持平整，壁面不平度小于 15 cm；

（3）孔痕率在硬岩中不少于 80%，在软岩中不少于 50%；

（4）减震效果应达到设计要求的百分率。

6.1.6　挤压爆破

挤压爆破是指在露天采场台阶坡面上留有上次的爆堆情况下进行爆破的方法，又称压碴爆破；挤压爆破延长了爆炸气体的作用时间，减少了矿岩的抛掷。该技术的应用，改善了爆破质量，提高了开挖强度，解决了爆破与挖运相互干扰的矛盾，提高了生产率。它有如下优点：

（1）爆堆集中整齐，根底少；

（2）块度较小，爆破质量好；

（3）产生个别飞石飞散距离小；

（4）能储存大量已爆矿岩，有利于均衡生产。

在挤压爆破中，岩石碴堆的存在阻碍了岩石裂隙地扩展，延长了爆破应力作用于岩的时间，从而提高了炸药爆炸能量的利用率。当岩体裂隙形成后，随即出现岩石的移动，离开岩体的岩块与岩石碴堆猛烈撞击，使岩石在爆炸中获得的动能用于岩石的辅助破碎。松散的堆积岩石受到挤压，从而使岩石进一步破碎，改善了爆破质量，如图 6-5 所示。

挤压爆破的作用原理：

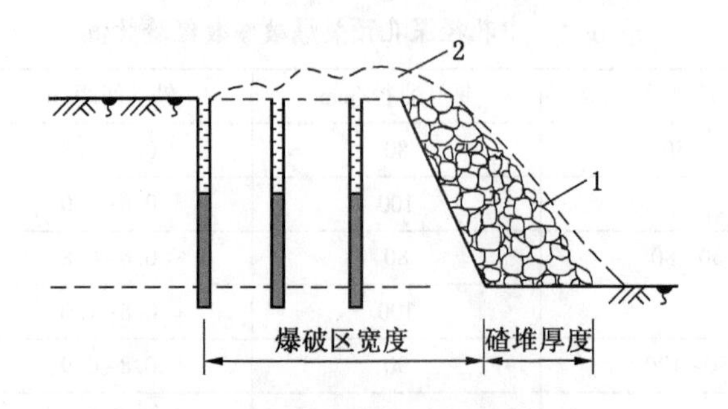

1—爆破前的碴堆；2—爆破后的碴堆

图 6-5 挤压爆破示意图

（1）利用碴堆阻力延缓岩体运动和内部裂隙张开的时间，从而维持爆炸气体的静压及其作用时间。但由于堆碴会削弱自由面上反射拉伸波的作用，为补偿起见，需适当增加单位耗药量。

（2）利用运动岩块与碴堆相互碰撞使动能转化为破碎功，进行辅助破碎。

挤压爆破在对爆破与铲运均衡生产要求较高的露天矿山地生产中应用较多，特别适合于场地紧张的爆破工地。

6.1.7 缓冲爆破

缓冲爆破也是邻近边帮控制爆破的一种方法，其主要的目的是减小主爆炮孔的后冲和地震效应。如果主爆炮孔的后冲过大，就会直接影响后续爆破的组织和实施，尤其是后续爆破第一排孔的布置。大量工程实践表明，过大的后冲会使下一轮爆破的第一排的底盘抵抗线过大，爆破后容易出现根底和大块。

缓冲爆破的布孔与预裂爆破相同，其特点是在边坡境界线上钻一排较密的边孔，边孔与主爆孔之间设缓冲孔。装药量逐排递减，而且在其末排缓冲孔采用填塞物或间隔分段装药结构，使药量分布均匀，边孔不装药。采用逐排毫秒起爆方案，利用缓冲排小药量分段装药的密集孔控制爆区后方的震动。由于减小了装药量，同时也就减小了后冲。大量生产实践表明，缓冲爆破是一种实用、简单，而且十分有效的控制爆破方法。实践证明，台阶靠帮爆破采取缓冲爆破，或结合光面爆破、预裂爆破，充分考虑主炮孔和缓冲孔的作用，可以获得较好的爆破效果。

缓冲爆破施工方法简单，其爆破震动强度较一般的多段毫秒爆破低 20% 左右，结合光面爆破及预裂爆破可达到更高的降振率，会有更好的边坡平整度。

与预裂爆破相比，缓冲爆破的优点如下：①由于十分注重主炮孔和缓冲孔的相互作用，以及边孔的不装药，因此最大限度地减少爆破对边帮的直接破坏，使得边帮坡面平整，超挖量小，为边坡稳定创造了有利条件；②在大大简化了靠帮爆破工艺的同时，还节省了爆破器材，减轻了工人的劳动强度。

1. 缓冲爆破布孔原则

缓冲爆破布孔遵循以下原则：①主炮孔与边孔间距略大于或等于主炮孔爆破漏斗开裂半径加上主炮孔的后冲距离；②缓冲孔介于主炮孔与边孔之间靠边孔一侧，排间距等于边孔的孔间距；③边孔不超深。

下面以承德钢铁公司黑山铁矿在东山浅色辉长岩区域爆破为例，采用的参数是缓冲孔与边孔排距等于边孔孔距，缓冲孔孔距等于边孔孔距的2.2~2.5倍，边孔孔距与预裂孔孔距相同，边孔不装药，或在孔底设集中药包，集中药包与空气或水的轴向不耦合系数为10~15，其主要作用是克服根底。根据目前主炮孔布孔参数和主炮孔装药量，在不同的岩石中，单孔爆破的爆破漏斗半径是不一样的，东山围岩漏斗半径为4~4.5 m，磁铁矿纯矿漏斗半径为3.5~4 m，二级品比纯矿略大，对于南帮和西山围岩漏斗半径一般不大于4 m。因此对于不同的装药量和孔网参数，应有不同的单孔漏斗半径。单孔漏斗半径数据可通过单孔实验或实际观察炮孔爆破边界获得。

对于在某些部位或边帮区域对边坡台阶坡面有严格的要求的情况，例如，矿山永久性公路的工作帮等不允许台阶垮落、片帮，如果边坡岩石自然稳固性较好，节理、裂隙又不十分发育，采用两排缓冲孔爆破，可使台阶坡面所受到的破坏和扰动最小。

2. 岩石缓冲爆破参数选择

不同围岩岩石缓冲爆破参数的选取，主要考虑岩石性质、主炮孔参数、装药量。根据爆破主炮孔的爆破漏斗尺寸以及后冲范围来确定缓冲孔、边孔的参数，药量同样按着炸药单耗计算。表6-5给出不同岩石缓冲爆破参数，可供设计参考。

表6-5　不同岩石缓冲爆破参数表　　m

岩石名称	普氏系数 f	缓冲孔间距	主炮孔距缓冲孔排距	缓冲孔距边孔排距	边孔间距
斜长岩	12.5	5~6	3~4	2	2
浅色辉长岩	12.6	5.5~6.5	3.5~4.5	2	2
粗粒-伟晶辉长岩	4.2	6~6.5	4-4.5	2~2.5	2
暗色辉长岩	12.0	5.5~6	3.5~4	2	2

6.1.8　深孔台阶爆破施工技术

6.1.8.1　深孔凿岩方法与机具

在有条件的地方采用深孔凿岩爆破，不仅可以改善作业的环境和安全，而且还可以降低材料的消耗，提高爆破效率。常用的深孔凿岩方式有接杆式凿岩、潜孔式凿岩和牙轮钻进。

（1）接杆式凿岩。接杆式凿岩工具通常在导轨式凿岩机上使用。其特点是钎杆随深孔的增加而加长，陆续使用一定标准的短钎杆（如1 m、1.2 m或3.6 m等）接长，直至钻进到所需的深度。接杆式凿岩工具由钎头、钎杆、连接套筒（接头）和钎尾组成。

（2）潜孔式凿岩。潜孔式凿岩属于深孔凿岩常用的一种形式，凿岩时凿岩冲击器随钻具一起潜入孔底。与此相对应的普通凿岩方式（凿岩冲击器置于孔外）则称为顶锤式凿岩。

潜孔钻机主要由冲击机构、回转供风机构、推进机构和排粉机构组成。其主要特点是，钻机置于孔外，只负担钻具的进退和回转，产生冲击动作的冲击器紧随钻头潜入孔底，故称为潜孔钻垫：与接杆式凿岩相比，冲击功能量的传递损失小，穿孔速度不因孔深的增加而降低，故孔径和孔深都较大。适用于地下深孔和露天钻孔，其最大可钻探长度主要取决于推进力、回转力矩和排粉能力。表6-6列出了部分国产潜孔式凿岩钻机的技术参数。

潜孔式凿岩方式属于冲击-回转式凿岩。其工作原理如图6-6所示，具体如下：

表6-6 国产潜孔式钻机主要技术规格

技术规格	钻机型号				
	CLQ 80	YQ 150A	KQ 150	KQ 200	KQ 250
钻孔直径/mm	80~130	150~160	150~170	200~220	230~250
钻孔方向/(°)	0~90	60~90	60~90	60~90	90
钻孔深度/m	20	17.5	17.5	19	18
钻杆直径/mm	60	108	1 33	168	203、210
钻杆长度/m	2.5	9	10	10.2	10
回转速度/(r·min^{-1})	0~120	60	21.7、29.2、42.9	13.5、17.9、27.2	22.3
回转扭矩/(N·m)	—	1130	2960、2500、2180	5920、4940、1400	8620
提升力/kg	—	1500	2500	3500	10000
提升速度/(m·min^{-1})	—	16	10	12.5	15.5
行走方式	履带湿式	履带	履带	履带	履带
排尘方式	—	干式	湿式	干或湿式	干或湿式
供风方式	管道	管道	管道	自带	自带
压气用量/(m^3·min^{-1})	9.5	13	15.4	22	30
功率/kW	8.2	40	58.5	331	304
电源电压/V	压气	380	380	3000或6000	6000
钻机质量/t	4.5	12	14	41.5	45

① 推进机构将一定的轴向压力施加于孔底，使钻头与孔底相接触；

② 风动马达和减速箱构成的回转供风机构使钻具连续回转，并将压气经中空钻杆输入孔底；

③ 冲击机构在压气的作用下，使活塞往返运动，冲击钻头，完成对岩石的冲击作用；

④ 压气将岩粉吹出孔外。

潜孔式凿岩的过程实质上是在轴向压力的作用下，冲击和回转联合作用的过程。冲击是断续的，回转是连续的，并且以冲击为主，回转为辅。

钻具包括钻头和钻杆。钻头与浅眼和接杆式凿岩所用的钻头相似，但与冲击器直接连接。连接方式有扁销和花键两种。按镶焊硬质合金的形状，潜孔钻头可分为刃片钻头、柱齿钻头、混合型钻头。其中，刃片钻头通常制成超前刃式，而混合型钻头为中心布置柱齿，周边布置片齿的形式。钻杆有两根，即主钻杆和副钻杆，其结构尺寸完全一样，它们之间用方形螺纹直接连接，每根长约9 m。

(3) 牙轮钻进。牙轮钻机是露天台阶爆破的主要穿孔设备之一，与其他类型的穿孔设备相比，具有穿孔效率高、成本低、安全可靠和使用范围广泛等特点，适用于各类岩石。牙轮钻机由回转、加压提升、行走、接卸钻具等机构组成。根据回转和加压方式的不同，牙轮钻机可分为底部回转间断加压式、底部回转连续加压式、顶部回转连续加压式3种基本类型。

钻机的工作原理通过加压机构施加在牙轮上的压力使岩石承受压应力，同时回转机构使牙轮在岩石上产生滚动挤压，两种联合作用使岩石发生剪切破碎。如图6-7所示。钻孔时，回转机构带动钻杆、同时加压机构向孔底施加轴向压力；回转供风机构使压气通过中空钻杆从钻头的喷嘴喷向孔底，将破碎的岩渣沿钻杆与孔壁之间的环状空间吹至孔外。

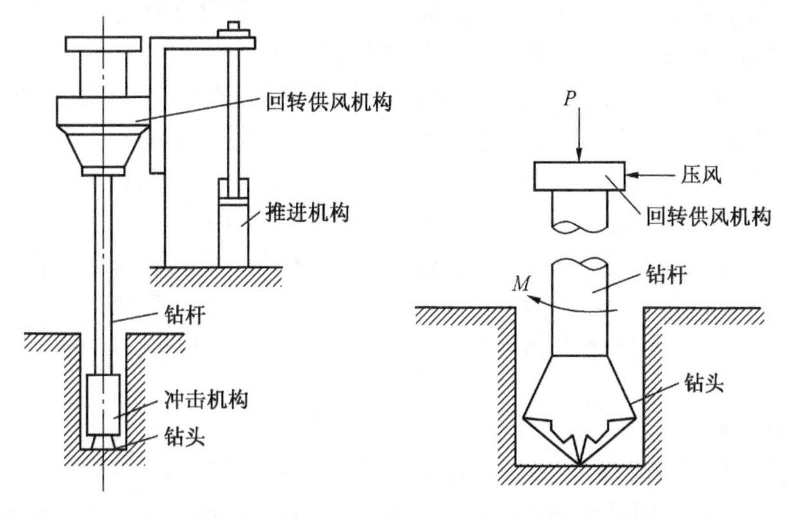

图 6-6　潜孔式凿岩工作原理　　　　图 6-7　牙轮钻进原理图

6.1.8.2　施工组织设计

露天深孔爆破施工工艺包括定位、钻孔、装药、堵塞、敷设网路与起爆等。整个工艺过程的施工质量将会直接影响爆破安全与效果。因此，每一道工序都必须遵守《爆破安全规程》以及相关操作技术规程的规定。露天深孔台阶爆破施工工艺流程如图 6-8 所示。

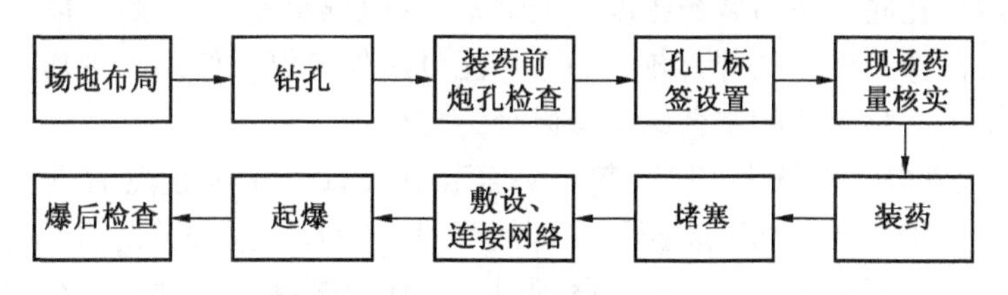

图 6-8　露天深孔台阶爆破施工工艺流程图

1. 场地布局和台阶平整

深孔爆破施工首先要根据工地的地形条件和施工特点进行场地布局。场地布局包括各种施工机具（固定机具和活动机具）的安放，管线的架设与安装，运输道路的布局等。

施工所用炸药库、油库、料库、机修车间以及住地均应设置在施工工地 500 m 以外的地方，在工地可以设置简易工具房和值班房。

为了使钻机能进入工地作业并按设计钻孔，在正式钻孔前先要平整施工台阶，台阶要规划好，并根据地形条件和使用钻机类型合理布设。台阶工作面要有足够的宽度并保持平坦，保证钻机安全作业、移动自如并能按设计方向钻凿炮孔。如 YQ-150A 型钻机台阶宽度不小于 10 m，用拖拉机作为行走部分的钻机台阶宽度不小于 8 m；CLQ-80 型深孔钻机台阶宽度不小于 5 m。

2. 布孔和钻孔

布孔从台阶边缘开始，边孔与台阶边缘要保留一定距离以保证钻机安全工作。孔位根据设计要求测量确定，但孔位要避免布在岩石表层松、节理发育或岩性变化大的地方。

钻孔质量的好坏取决于钻孔机械性能、施工中控制钻孔角度的措施和工人操作技术水平，尤以工人操作技术水平最为重要。国外已经研制出保证钻孔精度的控制器，它在钻孔时能自动调整钻孔角度。钻孔偏斜误差不大于孔深的1%。

预裂孔的偏差直接关系到边坡面的超欠挖，控制钻孔质量是施工人员必须关注的问题。预裂孔的放样、定位和钻孔施工中角度的控制决定着钻孔质量。一般施工放样的平面误差不应大于5 cm。钻孔定位是施工中的重要环节，对于不能自行行走的钻机，铺设导轨往往是必不可少的。钻孔过程中，应有控制钻杆角度的技术措施。

在钻孔作业结束后和装药爆破前要各检查孔壁和孔深一次。检查孔壁最简易的方法是利用镜子把阳光或灯光反射进孔内，直接观察孔壁的光滑和破碎程度，孔深可用软绳系上重锤测量。钻孔完毕，用专制孔盖将孔口封好，并用塑料布覆盖，防止雨水将岩粉冲入孔内。

3. 装药和堵塞

（1）装药。装药方法有人工装药法和机械化装药法。装药前，仔细核对每个炮孔的设计装药量，必须严格按照设计炮孔的药量进行装填。人工装填时，要注意炸药是否结块等质量问题，严禁将块状炸药装填进炮孔，以防发生堵孔。在装药过程中，如发现堵塞，应停止装药并及时处理，在未装入雷管或起爆药柱等敏感的爆破器材以前，可用木制长杆处理，严禁用钻具处理装药堵塞的炮孔。在装药过程中要随时注意检查装药高度，以防堵塞长度不够。

深孔爆破最好使用综合装药法，即孔底用威力大、爆速高的炸药，上部用威力小、爆速低的炸药；或者孔底采用高装药密度，上部采用低装药密度。这是考虑到一般底部抵抗线较大，岩石夹制作用要求底部有较高的爆炸能量。如果仅仅使用一种炸药和一个装药密度，在这种情况下，整个孔的装药结构可以分为三种：

① 连续装药结构。炸药从孔底装起，一直装到设计药量为止然后进行堵塞。这种方法施工简单，但由于孔的上部不装药段（即堵塞段）较长，这部分的岩石容易出大块。特别是在梯段较高、背部较陡、上部岩石坚硬时，大块率较高。这种装药结构适用于梯段较低，孔深小、表层岩石比较破碎或风化严重，上部抵抗线较小的深孔爆破。

② 间隔装药结构。在钻孔中把炸药分成数段，使炸药的爆炸能量在岩石中比较均匀地分布。采用间隔装药可以改善爆破质量，提高装药高度，减少孔口不装药部分的长度，降低大块率。间隔装药时，应该把大部分炸药装在梯段爆破阻力最大的地方，孔中不装药部分要选在距梯段斜面最近之处（即抵抗线小的地方），或爆炸气体可能沿裂隙进出的地方。如果岩体是水平走向的层状岩石，那么装药部位应该位于较厚或较坚硬的岩层部位。在地质条件复杂时，要根据钻孔中的地质变化情况，选择薄弱部分（如断层、土夹层）或岩性破碎部分作为不装药段。

③孔底间隔装药。在孔底实行空气间隔装药亦称孔底气垫装药，即在深孔底部留出一段长度不装药，以空气或柔性介质作为间隔介质。如果是孔底柔性材料间隔（柔性垫层可用锯末等低密度、高孔隙率的材料做成，其孔隙率可达到50%以上），孔内炸药爆炸后所产生的冲击波和爆炸气体作用于孔壁产生径向裂隙和环状裂隙的同时，通过柔性垫层的可压缩性及对冲击波的阻滞作用，大大减少了对炮孔底部的冲击压力，减少了对孔底岩石的

破坏。这种装药结构主要用于对孔底以下基岩需要保护的水利水电工程。

预裂爆破装药结构主要有两种形式：一种是采用定位片将装药的塑料管控制在炮孔中央，爆破效果好，但费用较高；另一种是将 25 mm、32 mm 或 35 mm 等直径的标准药卷顺序连续或间隔绑在导爆索上，绑在导爆索上的装药可以绑在竹片上，缓缓送入孔内，需要注意的是应使竹片贴靠保留岩壁一侧。

（2）堵塞。深孔爆破必须堵塞，而且要保证堵塞质量。不堵塞或堵塞质量不好，会造成爆炸气体往上逸出而影响爆破效果。堵塞长度与最小抵抗线、钻孔直径和爆破区环境有关。当不允许有飞石时，堵塞长度要取钻孔直径的 30~35 倍；允许有飞石时，堵塞长度可取钻孔直径的 20~25 倍。孔中堵塞物可以用细砂土、黏土或凿岩时的岩粉，要防止混进石块砸断起爆线。堵塞长度较长时，直接充填就可以，当堵塞长度较短时，每堵塞 20 cm 左右就要用炮棍或炮锤捣实一次。堵塞过程中要不断检查起爆线路，防止因堵塞损坏起爆线而引起瞎炮。

4. 爆破网路连接

爆破网路连接是一个关键工序，一般应由工程技术人员或有丰富爆破施工经验的工人来操作，其他无关人员应撤离现场。要求网路连接人员必须了解整个爆破工程的设计意图、具体的起爆顺序和能够识别不同段别的起爆器材。

如果采用电爆网路，因一次起爆孔数较多，必须合理分区进行连接，以减小整个爆破网路的电阻值，分区时要注意各个支路的电阻配平，才能保证每个雷管获得相同电流值。电爆网路连接质量关系爆破工程的成败，任何诸如接头不牢固、导线断面不够、导线质量低劣、连接电阻过大或接头触地漏电等，都会造成延误起爆时间或发生拒爆、产生瞎炮等。在网路连接过程中，应利用爆破参数测定仪随时监测网路电阻；网路连接完毕后，必须对网路所测电阻值与计算值进行比较，如果有较大误差，应查明原因，排除故障，重新连接。所有接头应使用高质量绝缘胶布缠裹，保证接头质量；监测网络必须使用专用爆破参数测试仪器，切忌使用普通万能电表。

如果采用非电爆破网路，要求网路连接技术人员精心操作，注意每排和每个炮孔的段别，必要时划片有序连接，以免出错和漏连。在导爆管网路采用簇联（大把抓）时，必须两人配合，一定捆好绑紧，并将雷管的聚能穴作适当处理，避免雷管飞片将导爆管切断，产生瞎炮。在采用导爆索与导爆管联合起爆网路时，一定注意用软土编织袋将导爆管保护起来，避免导爆索的冲击波对导爆管产生不利影响。

5. 起爆

在整个爆破工作面网路连接完成后就是起爆工作了。起爆前，首先检查起爆器是否完好正常，及时更换起爆器的电池，保证提供足够电能并能够快速充到爆破需求的电压值；在连接主线前必须对网路电阻进行检测，确定电阻值稳定后才能连接；当警戒完成后，再次测定网路电阻值，确定安全后，才能将主线与起爆器连接，并等候起爆命令。起爆后，及时切断电源，将主线与起爆器分离。

对于预裂爆破是在夹制条件下的爆破，产生的爆破振动强度很大，为了减少振动，可将预裂孔分段起爆，一般采用 25 ms 或 50 ms 延时的毫秒雷管。在分段时，一段的孔数在满足振动要求条件下尽量多一些，但至少不应少于 3 孔。实践证明，孔数较多时，有利于预裂成缝和壁面整齐。当预裂孔与主爆区炮孔一起爆破时，预裂孔应在主爆孔爆破前引爆，其时差应不小于100 ms。

6.2 露天硐室爆破

硐室爆破法是将大量炸药装入专门的硐室或巷道中进行爆破的方法。由于一次爆破的用药量和爆落石方量较大，通常称为“大爆破”。硐室爆破工程的分级是以一次爆破炸药用量 Q 为基础，同时还应考虑工程的重要性及环境的复杂性按规定做适当调整。

依据我国《爆破安全规程》规定，硐室爆破等级划分为：A 级：$1000 \leqslant Q \leqslant 3000$ t；B 级：$300 \leqslant Q < 1000$ t；C 级：$50 \leqslant Q < 300$ t；D 级：$0.2 \leqslant Q < 50$ t。装药量大于3000 t的，应由业务主管部门组织论证其必要性和可行性，其等级按 A 级管理；装药量小于200 kg的小硐室爆破归入蛇穴爆破。

6.2.1 硐室爆破分类及适用条件

硐室爆破的分类方法较多，主要分类如图6-9所示。

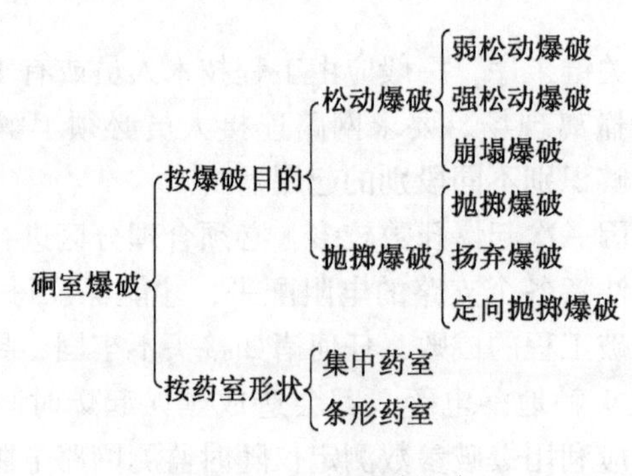

图6-9 硐室爆破分类

硐室大爆破的主要对象是土石方工程。下列条件之一者适宜采用硐室大爆破：

(1) 因山势较陡，土石方工程量较大，机械设备上山困难，宜采用硐室爆破。

(2) 控制工期的重点土石方工程。例如，铁路、公路的高填深挖路段，露天采矿的覆盖层揭除和平整场地等。

(3) 在峡谷、河床两侧有高陡山地可取得大量土石方时，可运用定向爆破技术修筑堤坝。

(4) 交通要道旁的石方工程，为防止长时间干扰交通，可采用硐室爆破。

由于硐室大爆破装用炸药量大，对爆破区的破坏较重，对周围地区的影响较大，因此设计时，应综合考虑多种因素，特别是爆破区附近有居民区时，应慎重。但是，只要精心设计、精心施工、周密考虑，硐室爆破仍不失为一种快速、高效开挖土石方工程的方法。

6.2.2 硐室爆破设计原则与内容

硐室爆破设计工作应按不同爆破规模和重要性的分级标准，分阶段进行。A、B 级硐室爆破应按可行性研究、技术设计和施工设计3个阶段的相应设计要求，逐一设计和审批程序进行。C 级硐室爆破允许将可行性研究与技术设计合并，分两个阶段设计。D 级硐室爆破可一次完成施工设计。

6.2.2.1 设计原则

(1) 应根据上级机关批准的任务书和必要的基础资料及图纸进行编制。

(2) 遵循多快好省的原则，确定合理的方案。

(3) 贯彻安全生产的方针，提出可靠的安全技术措施，确保施工安全和爆区周围建(构) 筑物和设备等不受损害。

(4) 采用先进的科学技术，合理选择爆破参数，以达到良好的爆破效果。

(5) 爆破应符合挖掘工艺要求，保证爆破量和破碎质量，爆堆分布均匀，底板平整，以利于装运。同时要保护边坡不受破坏。

(6) 对大型或特殊的爆破工程，其技术方案和主要参数应通过试验确定。

6.2.2.2 设计基础资料

硐室爆破工程必须具备以下四个方面的基本资料：

(1) 工程任务资料。包括工程目的、任务、技术要求、有关工程设计的合同、文件、会议纪要以及领导部门的批复和决定。

(2) 地形地质资料。包括爆破漏斗区及爆岩堆积区的 1∶500 地形图、比例为 1∶1000~1∶5000 的大区域地形图、1∶500 或 1∶1000 的爆区地质平面图及主要地质剖面图、工程地质勘测报告书及附图。

(3) 周围环境调查资料。包括爆破影响范围内建筑物、工业设施的完好程度、重要程度，爆区附近隐蔽工程的分布情况，影响爆破作业安全的高压线、电台、电视塔的位置及功率，近期天气条件。

(4) 试验资料。必要的试验资料包括爆破器材说明书、合格证及检测结果，爆破漏斗试验报告，爆破网路试验资料，杂散电流监测报告，针对爆破工程中的特殊问题(如边坡问题、地震影响问题、堆积参数问题等) 所做的试验炮的分析报告等。

6.2.2.3 设计工作内容

编制大爆破工程设计文件，主要包括的内容如下：

(1) 爆破工程概况。包括工程目的、要求、工程进度、规模及预期效果。

(2) 地形及地质情况。爆破区和堆积区的地形、地貌、工程地质及水文地质有关内容，这些条件与爆破的关系以及爆破影响区域内的特殊地质构造(如滑坡、危坡、大断裂等)。

(3) 爆破方案。选择爆破方案的原则是，根据整体工程对爆破的技术要求和爆区地形、地貌等客观条件，合理确定爆破范围和规模、爆破类型、药室形式和起爆方式，并进行多方案优缺点比较，论证所选方案的合理性、存在问题与解决办法。

(4) 装药计算。说明各参数的选择依据及装药量计算方法，并列表说明计算结果。

(5) 爆破漏斗计算。包括压碎圈半径、上下破裂线及侧向开度计算，可见漏斗深度、爆破及抛掷方量计算。

(6) 抛掷堆积计算。包括最远抛距、堆积三角形最高点抛距、堆积范围、最大堆积高度及爆后地形。

(7) 平巷及药室。确定平巷、横巷的断面，药室形状及所有控制点的坐标，并计算出明挖、硐挖工程量。

(8) 装药堵塞设计。明确装药结构及炸药防潮防水措施，确定堵塞长度，计算堵塞工程量并说明堵塞方法、要求及堵塞料的来源。

(9) 起爆网路设计。包括起爆方法、网路形式及敷设要求、确定堵塞长度、计算电爆网路参数及列出主要器材加工表。

(10) 安全设计。计算爆破地震波、空气冲击波、个别飞石、毒气的安全距离，定出警戒范围及岗哨分布，对危险区内的建（构）筑物安全状况的评价及防护设施。

(11) 科研观测设计。大中型爆破工程一般都要开展一些科研观测项目（如测震、高速摄影等），在设计文件中应列出项目、目的、工程量、承担单位及预算经费。

(12) 试验爆破设计。一些大型爆破工程或难度较大的爆破工程，往往要考虑进行一次较大规模的试验爆破来最后确定爆破参数，试验爆破的设计除一般工程设计的基本要求外，还应当考虑一些观测手段或设置一些参照物，以便在爆后尽快取得所需的参数和资料。

(13) 施工组织设计。应包括施工现场布置、开挖施工的组织、装药、堵塞、起爆期间的指挥系统、劳动组织、工程进度安排以及爆后安全处理和后期工程安排。

(14) 所需仪器、机具及材料表。

(15) 预算表。

(16) 技术经济分析。主要指标是单位炸药消耗量、爆破量成本、抛方成本及整个土石方工程的成本分析和时间效益、社会效益分析等。

(17) 主要附图：

① 地质平面及剖面图；

② 药包布置平面及剖面图；

③ 爆破漏斗及爆堆计算剖面图；

④ 导硐、药室开挖施工图；

⑤ 起爆网路图；

⑥ 装药、堵塞施工图；

⑦ 爆破危险范围及警戒点分布图；

⑧ 科研观测布置图。

6.2.2.4 药包布置设计

药包布置是硐室爆破设计的核心，设计水平的高低和经济效益的好坏都是由药包布置的合理程度决定的。

(1) 药包布置原则：

① 药包布置要保证底板平整，爆后不留岩坎；

② 当遇到软、硬岩层时，药包布置在坚硬岩层中；

③ 药室应当避开断层、破碎带和软弱夹层带；

④ 边坡附近的药包要预留保护层；

⑤ 单层药包爆破抵抗线与埋深之比以 0.6~0.8 较合适，超过该范围应考虑布置两层以上的药包或多排药包。

(2) 药包类型。硐室爆破药包类型有三种：集中药包、条形药包、条形药包结合集中药包。区分集中药包与条形药包的原则是按硐室装药长度 L 与最小抵抗线 W 的比值和等效装药量来确定。根据药量计算公式，集中药包 $Q = KW^3$，条形药包 $Q = KW^2L$，其中，$K = K'(0.4 + 0.6n^3)$ 是药量系数；K'是炸药单耗；n 为爆破作用指数。$L = W$ 时，为等效装药条件，此时两式计算出的装药量相同；$L < W$ 时，按集中药包计算装药量；$L > W$ 时，按条形药包计算装药量。

6.2.2.5 装药结构设计

根据药包空间分布的层、排、列（上下为层，前后为排，左右为列）的组合形式，一般将药包的布药结构分为两大类型，即单个药包和群体药包。单个药包因其规模及爆破范围较小，可视具体地形、地质条件选定，灵活性较大。群体药包结构是复杂地形条件下大规模爆破工程设计常用的形式。常用的硐室爆破药包布置形式及其适用条件见表 6-7，硐室爆破药包布置方式如图 6-10 所示。

表 6-7 硐室爆破药包布置分类表

爆破作用方向	药包布置形式	适用条件
单侧作用	单层单排布置 单层双排布置 双层单排	缓坡地形、高差小 同上，要求爆后形成宽平台 陡坡地形，高差大
双侧作用	单排布置 多排布置，主药包双侧作用，辅助药包单侧作用 并列单侧作用 单排布置，一侧松动作用另一侧抛掷 并列不等量药包，单侧作用	山脊地形 坡度平缓的山包 顶部较宽的山包或山脊 两侧地形坡度不同的山脊或山包 两侧地形坡度不同的山脊或山包
多向作用	单一药包 单一主药包多向作用，辅助药包群单向作用	孤立山头，多面临空，地形坡度较陡 孤立山头，多面临空，地形较缓， 爆破山头高差较大

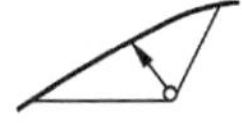
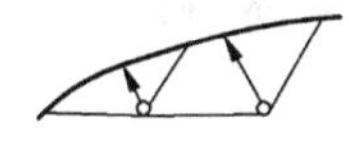

(a) 单层单排单侧药包 (b) 单层双排单侧药包 (c) 双层单排单侧药包

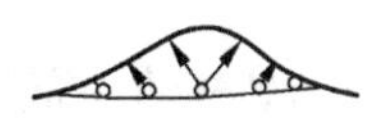

(d) 单层单排双侧药包 (e) 单层多排双侧主药包，单向副药包

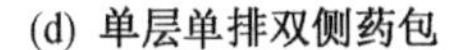

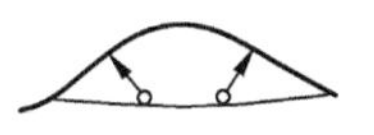

(f) 单层双排双侧药包 (g) 单层单排双侧不对称药包

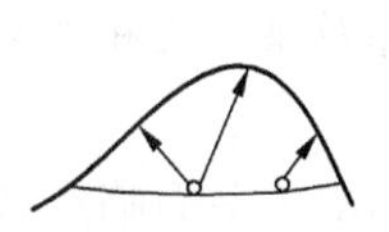
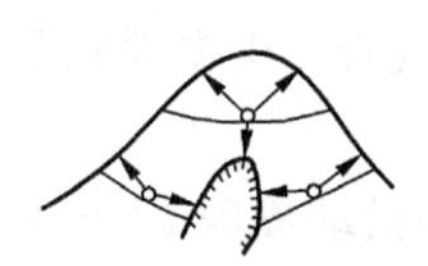
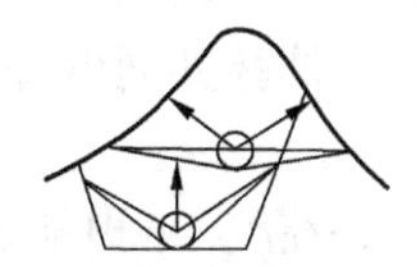

(h) 单层双排双侧不等量药包 (i) 多层作用复合药包 (j) 断层破碎带附近药包 (k) 双层单排延迟爆破药包

图 6-10 硐室爆破药包布置方式

硐室大爆破工程实践证明，条形药包以其无可争议的优点，成为药包布置设计的主体，且群体条形布药结构优于群体集中药包布药结构。在复杂地形、地质条件下，将条形药包和集中药包有机地组合起来，是群体布药的最佳形式。

6.2.2.6 药包布置对边坡的影响

（1）爆破对边坡的作用：

① 由药室向漏斗外延伸的径向裂缝和环向裂缝破坏了边坡岩体的整体性；

② 岩体爆除后，破坏了边坡的稳定平衡条件；

③ 爆破地震波在小断层或裂隙面反射，造成裂隙张开或地震附加力使部分岩体失稳而下滑；

（2）在边坡上进行硐室爆破工程设计时应考虑的几个问题：

① 要留有足够的边坡保护层。当边坡不高、岩体比较稳固、药包也不太大时，预留保护层厚度小一些；边坡、药包较大，岩体稳固条件不太好时，预留层需大一些。

② 布置在边坡上的药包不宜过大，最好布置不耦合装药的条形药包；采用集中药包设计时，开挖导硐应避免通过保护层。

③ 为减弱爆破地震影响，尽可能采用分段起爆，还可以考虑与预裂爆破配合，沿边坡形成预裂面，不仅可以减震，而且可以切断向边坡延伸的裂缝。

6.2.3 爆破参数设计

6.2.3.1 装药量计算

（1）松动爆破：

集中药包

$$Q = eK'W_D^3 \tag{6-22}$$

条形药包

$$Q = eK'W_D^2 L \qquad q = eK'W_D^2 \tag{6-23}$$

（2）加强松动和抛掷爆破：

集中药包

$$Q = eK'W_D^3(0.4 + 0.6n^3) \tag{6-24}$$

条形药包

$$q = \frac{eK'W_D^2(0.4 + 0.6n^3)}{m} \tag{6-25}$$

式中 Q——装药量，kg；

q——条形药包每米装药量，kg/m；

e——炸药换算系数，对2号岩石炸药 $e=1.0$；铵油炸药 $e=1.0\sim1.5$；亦可对被爆岩石与2号岩石炸药共同做爆破试验，根据爆破漏斗及抛掷堆积的对比选 e 值；

K'——松动爆破单耗，kg/m^3，平坦地面的松动爆破 $K' = 0.44K$，多面临空或陡崖崩塌松动爆破 $K' = (0.125 \sim 0.4)K$，完整岩体的剥离松动爆破 $K' = (0.44 \sim 0.65)K$；

K——标准抛掷单耗，kg/m^3；在已知岩石重度 γ 时，可按 $K=0.4+\left(\frac{\gamma}{2450}\right)^2$ 计算；

也可通过现场试验分析，确定 K 值；

L ——条形药包长度，m；

m ——间距系数，取1.0~1.2；

W_D——最小抵抗线，m，取决于爆破规模和爆区地形，一般情况下不宜大于30 m；条形药包最小抵抗线允许误差范围 $\Delta W = \pm 7\%$ ；

n ——爆破作用指数，n 值的选择如下：

① 加强松动爆破，要求大块率小于10%，爆堆高度大于15 m时，可参照表6-8选取；

② 平地抛掷爆破，按要求的抛掷率 E 选 n 值，计算公式是 $n = \frac{E}{0.55} + 0.5$；

③ 斜坡地面抛掷爆破，当只要求抛出漏斗范围的百分率时，可参照表6-8选取 n 值；当要求抛掷堆积形态时，则按抛掷距离的要求选取 n 值。

表6-8 加强松动爆破的 n 值

最小抵抗线/m	20~22.5	22.5~25.0	25.0~27.5	27.5~30.0	30.0~32.5	32.5~35.0	35.0~37.5
n 值	0.70	0.75	0.80	0.85	0.90	0.95	1.0

6.2.3.2 药包间距设计

药包间距通常根据最小抵抗线和爆破作用指数来确定。合理的药包间距不但能保证两药包之间不留岩坎，又能充分利用炸药能量，发挥药包的共同作用。

（1）集中药包间距计算。不同地形地质条件下集中药包间距的计算公式见表6-9。

（2）条形药包间距计算。条形药包间距 a' 按表6-10的经验数值选取。

互相垂直的条形药包之间的距离可按集中药包间距计算。

表6-9 集中药包间距的计算公式

爆破类型	地形	岩性	间距 a 计算公式
松动爆破	平坦	土、岩石	$a = (0.8 \sim 1.0)W_D$
	斜坡、台阶		$a = (1.0 \sim 1.2)W_D$
加强松动、抛掷爆破	平坦	岩石	$a = 0.5W_D(1 + n)$
		软岩、土	$a = W_D \sqrt[3]{(0.4 + 0.6n^3)}$
	斜坡	硬岩	$a = W_D \sqrt[3]{(0.4 + 0.6n^3)}$
		软岩	$a = nW_D$
		黄土	$a = 4nW_D/3$
	多面临空、陡崖	土、岩石	$a = (0.8 \sim 0.9)W_D \sqrt{1 + n^2}$
斜坡抛掷爆破，同排同时起爆，相临药室间距			$0.5W_D(1 + n) \leqslant a \leqslant nW_D$
斜坡抛掷爆破，同排同时起爆，上、下层间距			$nW_D \leqslant b \leqslant 0.9W_D \sqrt{1 + n^2}$
分集药包间距			$a = 0.5W_D$
集中药包爆破层间距			$a = (1.2 \sim 2.0)W_{cp}$

注：W_{cp}上、下层集中药包 W 的平均值；n 为爆破作用指数，不同爆破条件时值不同。

表 6-10 条形药包间距计算公式

起爆方式	间距计算公式
两个起爆药包同时起爆	$a' = (W_{D1} + W_{D2})/6$
两个起爆药包毫秒间隔起爆	$a' = (1/6 \sim 1/4)(W_{D1} + W_{D2})$
两个起爆药包秒间隔起爆	$a' = (1/3 \sim 1/2)(W_{D1} + W_{D2})$
条形药包与集中药包同时起爆	$a' = W'_{D2}/2$
条形药包与集中药包毫秒间隔起爆	$a' = (0.5 \sim 0.7)W'_{D2}$
条形药包与集中药包秒间隔起爆	$a' = (0.7 \sim 1.0)W'_{D2}$

注：W_{D1}、W_{D2} 分别为两个同排条形药包的最小抵抗线；W'_{D2} 为集中药包最小抵抗线。

6.2.3.3 微差时间设计

硐室爆破药包之间起爆间隔时间选取的合理与否对爆破质量的影响十分明显。研究表明，延期时间的选取取决于土岩体的性质和爆破设计参数。由于山体的土岩性质和每次爆破的设计参数各异，因此，近年来提出了大量的经验值和经验计算公式。大量实践表明，合理的微差爆破设计应同时考虑微差时间间隔和起爆顺序、药包之间的相对位置、地质结构、岩土松散系数和工程经验等因素，并根据现有爆破器材合理搭配。

硐室爆破药室之间起爆的时间间隔可按表 6-11 选取。

表 6-11 爆破规模与时间间隔的关系

硐室型号	最小抵抗线分类/m	同排相临药包时差/ms	前后排时差/ms
大型爆破硐室	>15~30	>50~80	>100~300
中型爆破硐室	8~15	>25~50	>60~110
小型爆破硐室	5~8	>10~25	>35~75

表 6-11 中数据表明，硐室爆破工程实践所选取的时间间隔 Δt 基本符合经验公式：

$$\Delta t = KW_D \tag{6-26}$$

式中 K——反映岩土性质的系数，可根据现场试炮的经验数据得出，取 3~7。

6.2.3.4 爆破漏斗计算

(1) 压碎圈半径 R_y：

集中药包

$$R_y = 0.062\sqrt[3]{\frac{Q\mu_y}{\rho}} \tag{6-27}$$

条形药包

$$R_y = 0.56\sqrt{\frac{q\mu_y}{\rho}} \tag{6-28}$$

式中 Q——集中药包装药量，kg；

q——条形药包每米装药量，kg/m；

μ_y——岩石压缩系数；坚硬土取 150，松软岩取 100，软岩取 20，坚硬岩取 10；

ρ——装药密度，kg/cm^3；袋装硝铵炸药取 0.8，袋间散装取 0.85，散装取 0.90。

(2) 爆破漏斗下破裂半径 R：

斜坡地形

$$R=\sqrt{1+n^{2}}W_{\mathrm{D}} \tag{6-29}$$

山头双侧作用药包

$$R=\sqrt{1+\frac{n^{2}}{2}}W_{\mathrm{D}} \tag{6-30}$$

(3) 爆破漏斗上破裂半径 R'：

斜坡地形

$$R'=W_{\mathrm{D}}\sqrt{1+\beta n^{2}} \tag{6-31}$$

坡度变化较大时

$$R'=\frac{W_{\mathrm{D}}}{2}(\sqrt{1+n^{2}}+\sqrt{1+\beta n^{2}}) \tag{6-32}$$

其中，β 为破坏系数，根据地形坡度和土岩性质而定，对坚硬致密岩石，$\beta=1+0.016(\alpha/10)^{3}$，对土、松软岩、中硬岩，$\beta=1+0.04(\alpha/10)^{3}$，$\alpha$ 为地形坡度。

根据上述公式计算的 R_{y}、R、R'的数据，绘制出爆破漏斗破裂范围，如图 6-11 所示。

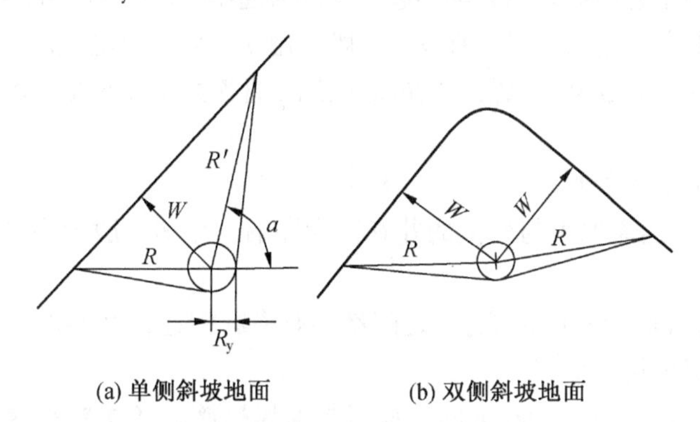

图 6-11　爆破漏斗破裂范围

(4) 可见爆破漏斗深度 P。抛掷爆破时，在土石方被抛出后，即形成新的地面线，这样新的地面线与原地面线之间的最大距离称为可见漏斗深度。可见漏斗深度对预测爆破效果，计算爆破量是很重要的，一般按下述情况分析计算：

平坦地面抛掷爆破：

$$P=0.33W(2n-1) \tag{6-33}$$

斜坡地面单层药包抛掷爆破：

$$P=(0.32n+0.28)W \tag{6-34}$$

斜坡地面多层药包，上层先爆，下层延期起爆：

$$P=0.2(4n-1)W \tag{6-35}$$

多临空面抛掷爆破：

$$P=(0.6n+0.2)W \tag{6-36}$$

陡坡地形崩塌爆破：

$$P=0.2(4n+0.5)W \tag{6-37}$$

爆破后土岩的堆积、形状、范围和抛掷率，是衡量爆破效果的重要指标之一，也是计算爆破方量的前提条件。由于爆破堆积受地质、地形、爆破参数以及爆破技术等许多条件的影响，到目前为止还没有准确的计算公式，目前主要根据历次的爆破实际资料进行统计与分析。

6.2.4 起爆系统

硐室大爆破总装药量大，能否安全准爆是影响全局的大事。所以，对起爆系统要求做到万无一失。起爆系统包括爆区的起爆网路和起爆电源。

硐室爆破工程采用的起爆网路有双重电爆网路、电爆与导爆索网路、非电导爆管网路，在多雷电地区也有双重导爆索网路等。目前，最广泛使用的是电爆网路和电爆与导爆索的复式网路，因为电爆网路能用仪表检查，做到心中有数。

起爆网路的特点如下：

（1）需要设置主起爆体和副起爆体，主起爆体一般用木箱加工，内装导爆索结、起爆雷管（副起爆体不装雷管，用导爆索和正起爆体连结）以及质量好的岩石炸药。

（2）同时起爆的药包多用导爆索相连接。

（3）在堵塞段需用线槽保护电线和导爆索，线槽一般放在导硐下角，用土袋压好；线头都收在线头箱内，线头箱也用土袋压好，在堵塞过程中，应定期检查起爆线路。

大药量硐室爆破工程不适宜用起爆器起爆，因为起爆器电压高、电容量小，在硐内潮湿条件下，接头容易漏电，造成拒爆。所以，一般采用380 V交流电起爆。起爆电源的容量要满足设计要求，应保证通过每发电雷管的准爆电流：直流大于2.5 A，交流大于4.0 A。

6.2.5 施工技术

6.2.5.1 导硐与药室的设计

（1）导硐设计。连通地表与药室的井巷称为导硐，导硐一般分为平硐与立井两类。导硐的布置原则如下：

①平硐和药室之间、小立井和药室之间都要有横巷相连，横巷的方向与主硐垂直，长度不小于5 m，以保证堵塞效果。

② 主平硐不宜过长，超过50 m时，应考虑通风措施。各主要平硐负担的装药、堵塞工作量最好趋于平衡。

③ 为了便于施工时出渣和排水，由硐口向里应打成3%~5%的上坡。

④ 硐口位置应尽量避免正对建筑物，并应选择在地形较缓、运输方便的地点。

导硐的断面尺寸应根据药室的装药量、导硐的长度及施工条件等因素确定，以掘进和堵塞工程量小、施工安全方便及工程速度快为原则。

（2）药室设计：

① 集中药包的药室设计。药室容积可按下式计算：

$$V_K = K_V \frac{Q}{\rho} \tag{6-38}$$

式中 V_K——药室开挖体积，m^3；

Q——装药量，t；

ρ——装药密度，t/m^3；

K_V——药室扩大系数；采用袋装炸药，药室不支护时，$K_V = 1.2 \sim 1.3$；药室有支护时，$K_V = 1.4$。

药室形状主要根据装药量的大小确定，当装药量小于 50 t 时，通常开挖成正方形或长方形，药室高度 2~4 m，长宽尺寸按装药量要求设计；当装药量大于 50 t 时，考虑到药室跨度太大不安全，常开凿成 T 字形、十字形、回字形、日字形等形状。

② 条形药包的药室设计。根据地形条件，条形药包一般设计成直线形和折线形，条形药包多采用不耦合装药，不耦合比一般是指药室断面与药包断面的面积之比。药室设计断面与施工导硐断面或横巷断面相同，以方便施工为原则，不宜太小，不耦合比在 2 ~ 10 之间。

6.2.5.2 装药与堵塞

（1）装药结构：

① 集中药包装药结构。起爆体放在正中，其周围装岩石炸药，岩石炸药的外围装铵油炸药。作为起爆体的箱子内装雷管、导爆索结和密度均匀的优质岩石炸药。雷管引线拉出箱外，以便于起爆网路的连接。箱体的作用是保持装药密度，防止拖拽或塌方造成雷管意外爆炸。为便于搬运，一般装药且不超过 30 kg。

② 条形药包装药结构。条形药包除了置于装药中心的起爆体外，还要在条形装药的两端及沿着装药长度设置几个副起爆体，沿装药长度敷设几根导爆索，导爆索与主起爆体和副起爆体相连接。副起爆体中没有雷管，由导爆索引爆，用以加强条形药包的起爆能力，防止爆轰不完全。

（2）堵塞。堵塞的作用是防止炸药能量损失，并使爆炸气体不先从导硐冲出，避免“冲炮”现象发生。因此，堵塞质量关系爆破效果及安全。堵塞时应注意以下几点：

① 堵塞长度。靠近平硐口的小药室，堵塞长度要大于最小抵抗线，药室封口应严密；其他平硐口的药室，一般只堵横硐，堵塞长度为横硐断面长边的 3~5 倍；直硐条形药室，头部堵塞长度要大于其最小抵抗线；定向爆破工程，堵塞长度应适当加长。

② 堵塞料可用开挖导硐的石渣或其他堆积物。

③ 堵塞时应先垒墙封闭药室，然后隔段打墙，墙之间用石渣或其他堆积物充实，也可全用装满土石的编织袋垒砌。

④ 在堵塞过程中要注意保护起爆网路。

6.2.5.3 起爆准备工作

从炸药进场时起，施工场区应按设计要求设置警戒，凭作业人员通行证进出。爆破前应划定危险区范围，设明显标志，张贴告示，标明要求撤离的时间和安全躲避地点、起爆时间、起爆地点、起爆信号使用情况等，并以书面形式通知地方政府及有关单位，做好一切准备。

起爆网路连接要由专人负责，每组至少要有两人同行，一人主操作，一人记录与核查。网路连接应从里到外，从支路到主线按顺序进行。对于电力起爆网路要采用专用的爆破电桥对网路进行导通检查，测定其电阻值和对地绝缘情况，各支路的实测电阻值应与设计值相符，且经重复测定值相等才算正常。若发现网路电阻值飘忽不定，应检查其原因，找出问题所在并做妥善处理，再次测定合格后方可起爆。起爆站应设在爆破危险区范围以外的安全地点，应加防护顶盖及围栏。起爆站要安装专用起爆电源闸刀，装设接头盒和开关盒，加锁保护。同时还应配备对外通信联络系统。

起爆前对撤离区要采用拉网式检查，并在警戒区入口处设岗守卫。爆破信号应分为预备起爆、正式起爆和解除警戒三个阶段发布，并以音响和视觉信号并行发出。

预备信号发出后，除爆破技术人员外，其余无关人员一律撤到警戒区外，警戒人员上岗值勤，禁止一切车辆和人员进入警戒区。起爆信号发出前，必须确认所有人员、设备已全部撤离到安全地点，起爆网路已经检查正常，起爆作业人员进入起爆站，经检查并接入起爆电源，并向爆破指挥长报告一切准备就绪，方可由指挥长下达起爆命令并发出起爆信号，由起爆站作业人员合闸起爆。

6.2.5.4　爆后检查与处理

起爆后，首先由爆破技术人员进场检查，确认无拒爆、无险情后，方可发出解除警戒信号。警戒人员收到解除警戒信号后方可撤岗，人员和车辆恢复正常通行。

爆破后的现场检查工作，着重查清有无瞎炮，有无险情存在。具体检查内容包括：对爆破效果检查，是否与设计相符；爆区附近有无不稳定岩体，爆堆是否稳定，地面有无塌陷危险，是否需要进行安全处理等。

危石及危险边坡的处理。根据爆破边坡的稳定性情况，必要时可采用通常的工程处理加固方法，具体方法包括砌石护坡、喷锚加固和加设排水防护等。

6.3　露天爆破实例

6.3.1　露天浅孔台阶爆破设计实例

某风景区改建工程中需要对一处山坡进行开挖，待开挖的山坡长 22 m，宽 6.5 m，高约 7.5 m。爆区周围环境复杂，山坡脚距湖 1.5 m，距开挖区 1 m 处有围墙，距开挖区 4 m 为石碑和凉亭，属于国家重点文物，是重点保护目标。施工中要控制飞石，避免飞石落入湖中，还要控制爆破产生的振动强度。要求采用浅孔分层台阶爆破，开挖边线采用预裂爆破。

6.3.1.1　设计要求

（1）孔距、排距、孔深、超深、单孔装药量、装药结构、填塞长度。

（2）请给出预裂爆破设计：孔径、孔间距、孔深、线密度、单孔药量（可不计导爆索药量）、装药结构（沿孔深的装药量分布）、填塞长度。

（3）起爆网路设计（只说明孔内、孔间、排间雷管段位即可，包含预裂孔）。

（4）安全防护措施。

首先应确定开挖程序，即：

（1）确定开挖工作面，应使爆破最小抵抗线指向环境安全及施工条件较好的方位；确定是否分期、分段、分层开挖，这些是编制爆破和施工组织设计的依据。

（2）确定一次爆破规模。与爆破方案紧密相关的首要设计参数，是一次爆破允许的最大用药量，即爆破规模。爆破规模受到以下两个方面的制约：① 爆破振动对邻近建筑物及设施的安全影响；② 允许的坍塌范围，爆破落石不能覆盖、挤压邻近爆破区的建筑物、行车路线、通信设施等。

6.3.1.2　参考设计

1. 爆破设计原则

（1）采用浅孔台阶控制爆破，导爆管毫秒延期爆破和预裂爆破技术。

（2）爆破工程量大时采取自上而下，由顶部先行爆破开挖，一次爆破开挖一个台阶，严格控制单响药量和爆破规模。

（3）采用松动爆破，加以有效防护措施，避免产生飞石，确保周围环境安全。

（4）采用由远及近、由小及大的原则，从离保护物较远的地方开始开挖，积累经验并反馈到设计中，以求合理选择技术参数，正确预报爆破时保护物处的振动强度。

（5）选择合理的最小抵抗线方向，使其指向环境安全及施工条件较好的方位；严格控制段发药量，采用严密有效的防护措施，以控制爆破振动强度和飞石危害。

（6）精心设计、精心施工、精细管理，安全、优质、高效、低耗地完成本工程。

2. 爆破技术方案

按工程条件及爆破环境，确定采用分层浅孔毫秒延期爆破开挖直至设计深度。为了保护石碑和凉亭（国家重点文物）不受破坏，在爆区和文物之间开挖宽 2 m、深 4 m 的减震沟，在石碑和凉亭前搭防护排架；为控制飞石避免其落入湖中，在爆区边缘靠近湖区一侧搭设防护排架。爆区采用竹笆片、砂袋等覆盖防护。为了减少爆破对保留边坡的损坏，施工采用严格控制周边轮廓的预裂爆破技术，限制最大一段装药量，以确保开挖边线的完整性。

爆区长 22 m、宽 6.5 m、高约 7.5 m，设计采用浅孔台阶爆破，自上而下共分 5 层，即 1.5 m 一层，炮孔直径取 40 mm。

3. 爆破参数设计

（1）主爆区参数设计：

钻孔方向垂直；

孔径 $d=40$ mm，台阶高度 $H=1.5$ m；

底板抵抗线 W_1：$W_1=(0.4\sim1.0)H$，取 $W_1=0.8$ m；

炮孔间距 a：$a=(1.0\sim2.0)W_1$，取 $a=1.0$ m；

炮孔排距 b：$b=(0.8\sim1.0)W_1$，取 $b=0.8$ m；

超深 h：$h=(0.10\sim0.15)H$，取 $h=0.2$ m；

炮孔深度 L：$L=H+h$，$L=1.7$ m；

单位耗药量 q：根据经验，取 $q=0.4\ \mathrm{kg/m^3}$；

单孔装药量 Q：$Q=qabH=0.4\times1\times0.8\times1.5=0.48(\mathrm{kg})$，取 $Q=0.5$ kg（以上参数根据试爆结果进行调整）；

炸药选用直径为 32 mm 的乳化炸药药卷，每支长 20 cm，质量 200 g，每个炮孔装药长度为 0.5 m，填塞长度为 1.2 m。

（2）预裂爆破参数设计：

孔径 $d=40$ mm，台阶高度 $H=1.5$ m；

预裂炮孔深度 L：$L=1.7$ m；

预裂炮孔间距 a：$a=(8\sim12)d$，取 $a=0.4$ m；

线装药密度 $q_{线}$：根据岩石具体情况取 $q_{线}=180$ g/m；

填塞长度 $L_{填}=(12\sim20)d$，取 $L_{填}=0.6$ m。

单孔装药量 $Q_{预}=q_{线}L=306$ g，取 $Q_{预}=300$ g（不含导爆索的药量）。

缓冲孔与最后一排主炮孔排距，以及缓冲孔与预裂孔的排距均取 0.8 m，缓冲孔孔距为主爆区孔距的一半，即取 0.5 m，单孔装药量取主爆区单孔药量的一半，即取 250 g。

炮孔布置、预裂孔装药结构分别如图 6-12、图 6-13 所示。

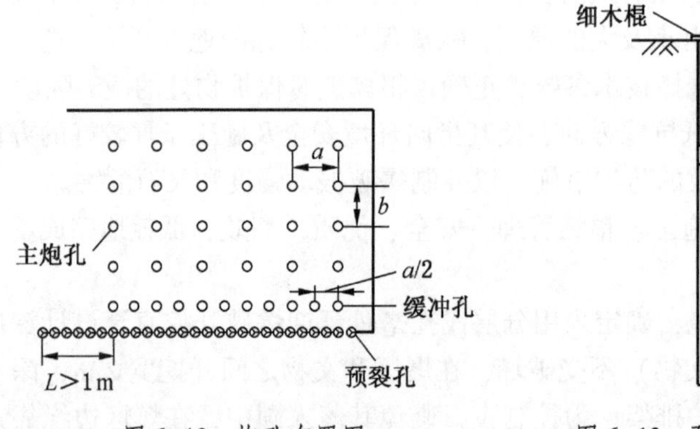

图 6-12　炮孔布置图　　　　图 6-13　预裂孔装药结构图

（3）预裂爆破装药结构。为防止爆破噪声，使用导爆索绑药卷的串联装药，导爆索长度 1.2 m，底部药包为 120 g，上部 3 个 60 g 的药包均匀分布，导爆索上端用 MS10 段导爆管雷管起爆。距离孔口 0.6 m 处捣填牛皮纸，上部用炮泥密实充填。

4. 起爆网路设计

起爆网路设计要根据岩石性质、裂隙发育程度、构造特点、对爆堆要求和破碎程序等因素及炮孔布置方式进行选择。

该工程采用导爆管毫秒延时起爆网路，主爆区采用孔内高段，孔外低段接力起爆网路，孔内段别为 MS10，孔外同排间炮孔用 MS4 接力、排与排之间用 MS5 接力。预裂孔先于主爆区 75 ms 起爆。

（1）根据周围环境安全要求，距离国家重点文物远区，每次齐爆孔数不超过 5 个孔，即一次最大齐爆药量不超过 2.5 kg。当靠近国家重点文物时，根据爆破振动安全要求减少一次齐发爆破的孔数，直至逐孔起爆。

（2）预裂孔内用 MS1 段雷管，孔外用 MS1 段雷管与主爆区同网路起爆，此时主爆区第一段前接 MS4 段雷管。

（3）接力雷管采用复式网路。

5. 安全防护设计

（1）爆破振动的控制与防护：

以国家重点文物保护为例，爆破振动速度的计算公式如下：

$$V = K\left(\frac{\sqrt[3]{Q}}{R}\right)^{\alpha} \tag{6-39}$$

式中　V——质点垂直振动速度，cm/s；

Q——最大齐爆药量，kg；逐孔起爆时，取 0.5 kg；

R——爆破中心至被保护目标的距离，m，取 4 m；

K——与地质因素有关的系数，取 150；

α——与爆破条件有关的衰减系数，取 1.5。

根据相关规定，取石碑和凉亭的允许振动速度为 0.3 cm/s，代入上述数据计算，得：

$$V=13.26\ \text{cm/s} \geqslant 0.3\ \text{cm/s}$$

由于振速超标，故应采取抗震措施：

①在靠近凉亭与石碑处爆破时，除采用逐孔起爆外，还可采用孔内分段延时爆破，若孔内分2段，最大段药量减为0.25 kg，振速 $V=9.37$ cm/s。

②在石碑、凉亭与爆区之间开挖减震沟。

③对石碑、凉亭采取加固措施。

（2）爆破飞石的控制与防护。爆破产生的飞石及滚落的石块会对被保护的建筑设施造成破坏。为保护飞石不对建筑物产生危害，具体措施如下：

①严格按照设计施工，保证填塞长度和填塞质量；

②临近被保护物的爆区，对爆区表面进行覆盖，采用压一层砂土袋，盖一层竹排（或草垫），再压一层砂土袋，再罩一层尼龙网，最后再压一层砂土袋，形成三层砂土袋，一层竹排（或草垫），一层尼龙网，以保证爆区无飞石；

③对爆区被保护物（主要是石碑和凉亭），在其朝向爆区方向上搭上排架，排架高度超过被保护物高度，以保证能有效阻挡个别飞石损坏文物；

④在湖边架设防护排架。

（3）爆破安全警戒范围。根据爆破安全规程规定，浅孔台阶爆破为200 m，城镇浅孔爆破由设计确定。由于设计采用控制爆破技术，同时对爆区做了多层覆盖，确定安全警戒范围为100 m。

6.3.2 露天深孔台阶爆破设计实例

某石灰石矿山采区离民宅最近距离约300 m。该矿山采用露天深孔开采方式，用KQGS-150潜孔钻机钻孔，钻孔直径均为165 mm，深孔爆破，台阶高度为15 m，爆破采用塑料导爆管毫秒雷管分段起爆，主要采用硝铵炸药爆破。随着水泥产销量的不断增加，石灰石需求量为年产480万t（矿石200万 m^3）。因此，为减小爆破振动，保证居民的生活稳定，同时，又不影响采矿强度和矿山中长期生产计划。

6.3.2.1 设计要求

（1）露天深孔台阶爆破设计。

（2）降低爆破振动的技术措施。

6.3.2.2 参考设计

1. 露天深孔台阶爆破参数设计

（1）$H=15$ m，$d=165$ mm，垂直钻孔；

（2）取 $\Delta h=2.0$ m，$L=17$ m；

（3）取填塞长度 $L_2=30d=5.0$ m，则装药长度 $L_1=12.0$ m；

（4）采用耦合、连续装药结构，按装药量19 kg/m（装药密度0.89 $g \cdot cm^{-3}$），则单孔装药量 $Q_1=q_1L_1=228$ kg，实取 $Q_1=230$ kg；

（5）取设计单耗 $q=0.4\ \text{kg/m}^3$，由 $Q_1=qHaW_1$，可得 $V=HaW_1=575\ \text{m}^3$，$S=aW_1=38.3\ \text{m}^2$；由 $a=mW_1$，取 $m=1.2$，得 $W_1=5.65$ m、$a=6.78$ m，实取 $W_1=5.6$ m、$a=6.8$ m、$b=W_1=5.6$ m，实际 $S=aW_1=38.08\ \text{m}^2$，即每孔爆破量为 $V=571\ \text{m}^3$。

2. 爆破参数汇总

台阶高度：$H=15$ m；

钻孔直径：$d=165$ mm，钻孔方向：垂直；

底板抵抗线：$W_1=5.6$ m；超钻：$h=2.0$ m；

孔距：$a=6.8$ m；排距：$b=W_1=5.6$ m；

孔深：$L=17$ m；装药长度 $L_1=12.0$ m；

填塞长度：$L_2=5.0$ m；

单耗：$q=0.4$ kg/m^3；

采用散装铵油炸药，耦合、连续装药结构；

单孔装药量 $Q_1=230$ kg。

因石场年爆破量为 200 万 m^3，按正常生产 10 个月计算，每月需爆破土石方 20 万 m^3，按每月爆破 8 次计算，每次爆破土石方 2.5 万 m^3，需爆破炮孔 $n=25000/571=44$(个)，炸药 10120 kg，实际每次爆破 46 个，装药量 10580 kg。采用梅花形布孔法，每次布置 4 排，第一排 13 孔，依次减少 1 孔，炮孔布置如图 6-14 所示。

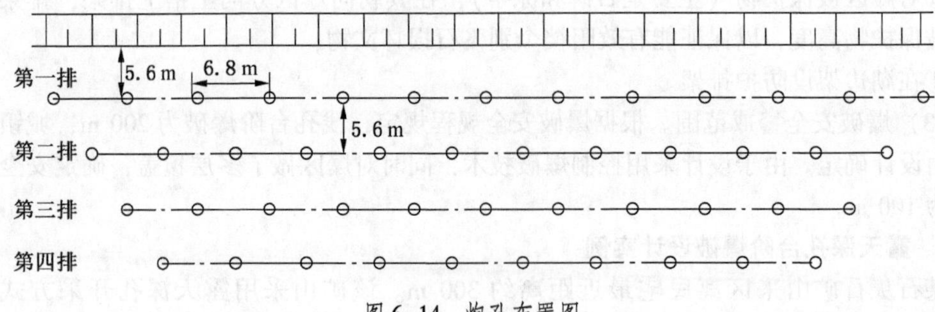

图 6-14　炮孔布置图

采用导爆管毫秒延时起爆网路，考虑到矿山生产时间长、爆破频次高，加上炮孔孔径较大，故采用逐孔起爆网路，孔内用 MS9(310 ms)，排间接力用 MS5(110 ms)，孔间接力用 MS3(50 ms)，逐孔起爆网路图如图 6-15 所示。

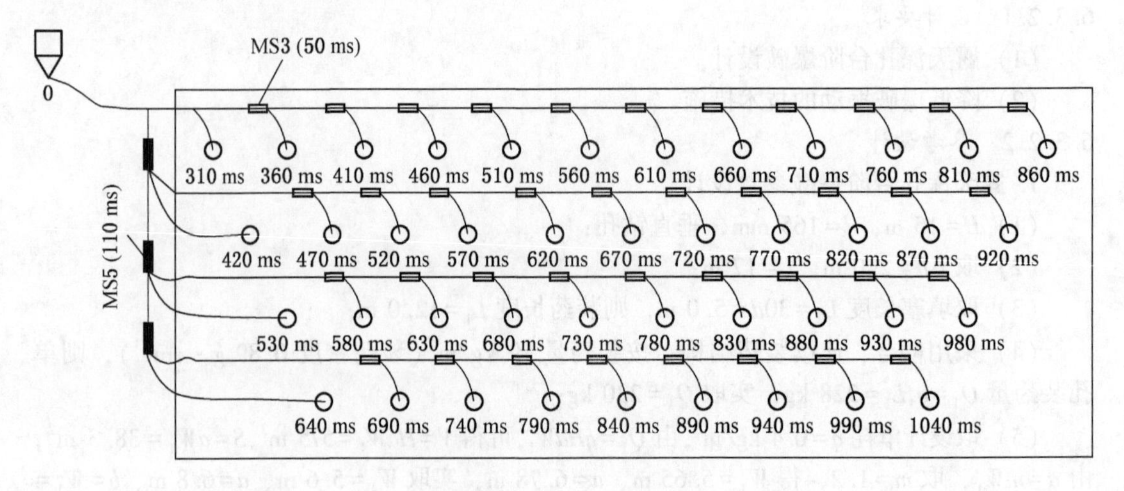

孔内用 MS9（310 ms），排间接力用 MS5（110 ms），孔间接力用 MS3（50 ms）

图 6-15　逐孔起爆网络图

3. 爆破安全设计

爆破振动计算公式为

$$V=K\left(\frac{\sqrt[3]{Q}}{R}\right)^{\alpha} \tag{6-40}$$

将 $Q=230$ kg、$K=200$、$\alpha=1.8$、$R=300$ m 代入上式，计算得民宅处的振动速度值为 $V=0.18$ cm/s。根据《爆破安全规程》规定，露天深孔爆破（$f=10\sim60$ Hz）土窑洞、土坯房、毛石房屋的安全允许质点振动速度 $[V]=0.45\sim0.9$ cm/s，为减小爆破振动，保证居民的生活稳定，同时，又不影响采矿强度和矿山中长期生产计划，在坚持采用逐孔起爆网路的同时，采取以下减振措施：

（1）合理布置采场工作线方向。爆破中，在最小抵抗线方向上的振动强度最小，反向最大，侧向居中；因此，可将采场工作线面向或侧向民宅方向。

（2）先期进行爆区爆破振动传播规律的测试，以准确预估爆破振动的强度和影响；爆破中在民宅处进行爆破振动监测，并将测量结果反馈到设计中，及时改善爆破设计。

（3）必要时候采用气体间隔器间隔装药。空气间隔可以削弱炸药爆炸时的峰值压力，降低爆破振动，同时还有利于改善爆破效果，减少粉矿率。

（4）通过管理制度化、标准化和信息化等手段，确保精心设计，精心施工，防止意外情况的发生。

6.3.3 露天沟槽爆破工程设计实例

某引水管线沟槽工程，线段总长约 42 km，沟槽设计底宽 3.4~3.6 m，平均开挖深度约 4.5 m，局部地段开挖深度达 10 m。根据工程地质勘察和现场局部开挖，管线途经地段可划分为四种地质结构类型：

（1）卵石均一结构段：地层岩性为拒马河、南泉水河、夹扩河、周口河第四系冲积卵石层，呈湿~饱和、中密~密实状态。

（2）岩体段：地貌单元为低山丘陵，地层岩性为上部残积黏性土含碎石，厚度 1~1.5 m。下部基岩为石英砂岩、灰岩、大理岩、页岩及角闪二长岩。其中，角闪二长岩风化较剧烈，全风化厚度 7~9 m；石英砂岩次之，全风化厚度 2~3 m；其他基岩全风化厚度 1~2 m。

（3）土岩或砾双层结构段：地层岩性上部为第四系上更新统黄土质壤土、砂壤土，呈黄色，厚度 3~8 m；下部为中密~密实的卵砾石或基岩。

（4）黏、砂、砾多层结构段：为周口河~大石河冲洪积平原，地层岩性为第四系冲洪积物。

引水工程沿线与县乡公路有 23 处相交，与乡村公路有 70 处相交。除此，工程沿线还穿越多处市政管线、通信电缆以及河道等，爆破施工环境复杂。

6.3.3.1 爆破施工方案

该项引水工程沟槽石方爆破，管线长，并且跨越不同的地形、地貌、地质区域，地质条件复杂，岩石节理裂隙发育。同时，引水管线经过众多村庄，穿越多处管线、公路等。爆破作业时必须采取有效的措施，确保周围设施、建（构）筑物以及车辆和行人的安全。

基于上述情况，确定采用深孔爆破和浅孔爆破相结合的方案。当开挖深度大于 5 m 时，采用深孔爆破，潜孔钻机钻孔，一次爆破达到设计深度；当开挖深度小于 5 m 时，采用浅孔爆破；对于个别孤石、爆破中可能出现的大块、临近管线和村庄的沟槽开挖段等，采用浅孔控制爆破，必要时采取一定的安全防护措施。为了控制爆破振动，同时改善沟槽爆破效果，采用毫秒爆破技术。

引水管线穿过公路时，对于石方路基，采取明挖施工方式，待沟槽爆破开挖、管道铺设、渣土回填后，再恢复交通；对于土质路基，采用顶管施工穿越。

6.3.3.2 爆破参数设计

由于沟槽狭窄，加之岩石不能及时挖运，全部钻孔一般只有向上的临空面。为控制爆破振动和飞石，并达到预期的爆破效果，对临近沟槽边帮的炮孔，采取缓冲爆破，适量减少炸药单耗和钻孔间距，对沟槽中间炮孔，适当增加装药量，同时合理选择起爆顺序，控制最大段别起爆药量。

1. 炮孔布置

首先根据沟槽宽度确定炮孔排距 b。由于沟槽设计宽度为 3.4~3.6 m，b 值的选择范围较小。对于深孔爆破，设计布置 3 排炮孔，排距 $b=1.7\sim1.8$ m，孔距 $a=2\sim2.5$ m，对靠近沟槽边帮的炮孔，a 取较小值；孔径 $d=90$ mm；孔深 h 根据沟槽开挖深度 H 和超深 Δh 确定，对于本项工程，采用 $\Delta h=0.3\sim0.5$ m。

对于浅孔爆破，布置 4 排炮孔，排距 $b=1.0\sim1.2$ m，孔距 $a=1.2\sim1.4$ mm，孔径 $\phi=40\sim42$ mm，设计超深 $\Delta h=20$ cm。

炮孔采用梅花形或矩形布置；在靠近管线或居民处，采用偏小的孔网参数；部分地段（临近地下管线附近）还需限制钻孔深度，同时控制单孔药量。

2. 装药量计算

炮孔装药量的多少以岩石开裂、隆起而不飞散为原则，其计算公式为

$$Q = KabH \tag{6-41}$$

式中 K——单位炸药消耗量，根据现场试爆，取 0.3~0.6 kg/m³；深孔爆破，取 0.4~0.6 kg/m³；浅孔爆破，取 0.3~0.5 kg/m³。

根据布孔设计，计算出典型爆破参数，如表 6-12 所列。

表6-12 典型爆破参数

爆破方案	深孔爆破	浅孔爆破
孔径 d/mm	90	40
孔距 a/m	2.0	1.0
排距 b/m	1.8	1.2
孔深 h/m	6.0	2.5
炸药单耗 K/(kg·m⁻³)	0.4~0.6	0.3~0.5
单孔装药量 Q/kg	8.6~13.0	0.9~1.5
孔内分段装药/kg	$Q_{上}=3.4\sim5.0$	—
	$Q_{下}=4.2\sim8.0$	—

3. 装药结构

由于沟槽狭窄、自由面少，随着一次爆破深度的增加，岩石夹制作用越来越明显。为此，对于深孔爆破，当沟槽开挖深度接近 10 m 时，采用分段装药。设计上部装药段 $Q_{上}=$

0.4Q，如表 6-12 所列；孔口堵塞长度 L_1 = （20~40）d=2~4 m，孔内分段装药之间堵塞长度 L_2=1.0~1.5 m。

深孔、浅孔沟槽爆破断面分别如图 6-16、图 6-17 所示。

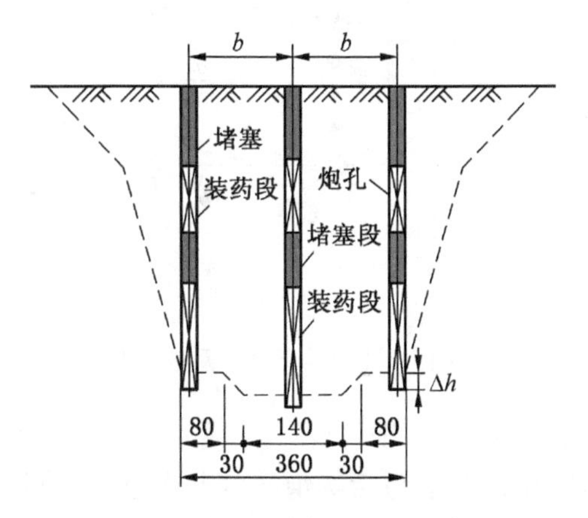

图 6-16　深孔沟槽爆破断面（尺寸单位：cm）

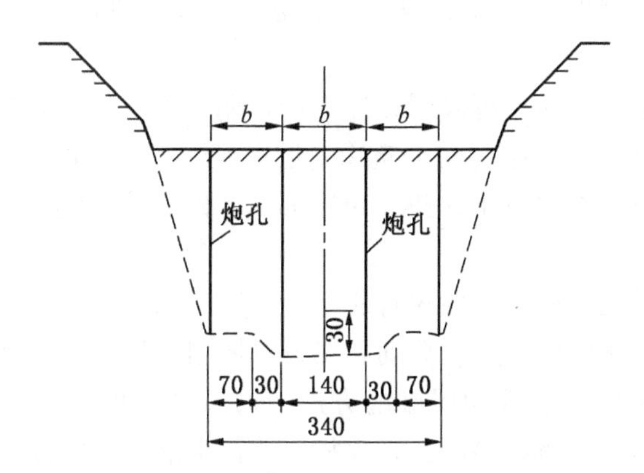

图 6-17　浅孔沟槽爆破断面（尺寸单位：cm）

4. 毫秒延期爆破技术

毫秒延期爆破又称毫秒爆破，它是在孔间、排间或孔内以毫秒级的时间间隔，按一定顺序起爆的爆破方法。由于毫秒延期爆破具有改善爆破效果和破碎质量、降低炸药单耗和爆破地震效应、减少后冲且爆堆集中等优点，在露天爆破中得到了广泛的应用。

（1）毫秒延期间隔时间。毫秒延期爆破间隔时间的选择主要与岩石性质、抵抗线、岩块移动速度、破碎效果以及降振要求等因素有关。合理的间隔时间一般根据理论分析并结合实践经验选取。研究测试表明，炮孔内药包爆炸后 10 ms，地表岩石开始有明显的移动，接着在加速过程中形成鼓包，到 20 ms 时，鼓包运动接近最大速度，到 100 ms 时鼓包严重破裂。

基于上述分析，本项工程设计沟槽爆破排间毫秒延期间隔时间为 75~100 ms，分段装药孔内间隔时间为 25~50 ms。

（2）起爆网路。采用非电导爆管起爆网路，实行排间毫秒延期起爆；当孔内采用分段装药时，实行孔内、孔外毫秒延期。

毫秒延期起爆网路如图 6-18 所示。

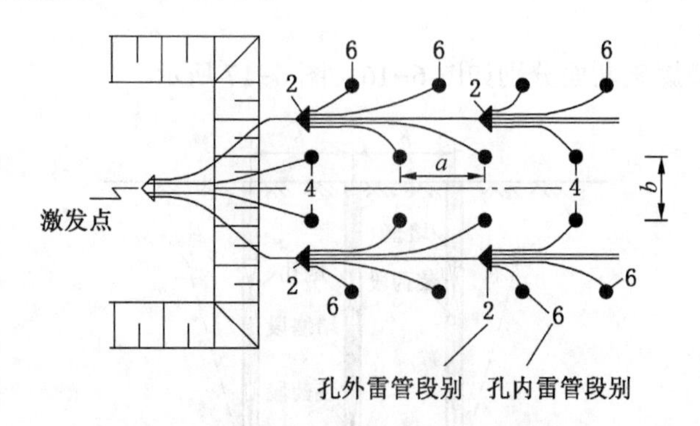

图 6-18　毫秒延期起爆网路示意图

引水管线沟槽，沿横断面布置 3 排（深孔）或 4 排（浅孔）炮孔（图 6-16、图 6-17），首先起爆沟槽中间炮孔，以便为后续炮孔的起爆创造新的自由面和岩石碎胀空间，然后依次起爆两侧炮孔。如图 6-17 所示的浅孔爆破，中间两排炮孔选择 4 段毫秒雷管（延迟时间 75 ms），两侧炮孔选择 6 段毫秒雷管（延迟时间 150 ms），排间间隔时间为 75 ms。

为了进一步降低爆破振动，可采用孔外毫秒延期（图 6-18 中 2 段雷管）来控制最大段别的起爆药量；同时在临近建（构）筑物附近进行爆破时，可适当调整起爆顺序和孔网参数，超前起爆邻近建筑物的一排炮孔（≥75 ms），然后依次起爆其余炮孔。

6.3.3.3　爆破安全设计

由于引水沟槽经过众多村庄，穿越管线、公路等，施工环境十分复杂。爆破作业时既要保证爆破破岩效果，又要控制爆破振动和飞石对周围设施、建（构）筑物以及车辆和行人的危害。前者可以采用毫秒延期爆破的方法，通过精心设计和施工来实现；而对于后者，则需根据具体的施工环境和要求，采取相应的技术措施加以控制。

1. 爆破振动控制

根据爆破安全规程对建（构）筑物质点振动速度的控制标准，按下式确定最大允许起爆药量：

$$Q = \frac{R^3 \cdot V^{\frac{3}{\alpha}}}{K^{\frac{3}{\alpha}}} \tag{6-42}$$

式中　Q——炸药量，齐发爆破时取总装药量，毫秒延期爆破取最大一段药量，kg；

R——爆破振动安全距离，m；

V——安全允许振速，cm/s；

K、α——与爆破地形、地质条件有关的衰减指数。

取安全允许振速 $V=2.7$ cm/s，$K=200$，$\alpha=1.6$ 代入上式计算，当 $R=20$ m 时，$Q=2.5$ kg；$R=50$ m 时，$Q=39$ kg。采用浅孔毫秒延期起爆，距居民区 20 m，控制最大一段药量在 2.5 kg 以内，可以满足爆破振动安全的要求。

临近建（构）筑物或地下管线附近的爆破，除采取上述控制最大段别药量、实行毫秒起爆方法外，在施工中还采用了如下技术措施：

（1）确定合理的起爆方向和起爆顺序，使最小抵抗线侧向建（构）筑物；

（2）在临近被保护设施附近，采取预裂爆破，以达到降振的目的；

（3）改变装药结构，实行孔内不耦合装药或分段装药；

（4）进行爆破振动监测，获得具体的振动衰减规律，同时充分利用地形及被保护物结构特性降低爆破振动的影响。

2. 爆破飞石控制

爆破飞石的控制分为主动和被动两个方面，主动控制是通过合理设计、精心施工，从爆源上控制药量的有效分布；被动控制是在爆体、被保护体上采取覆盖防护措施，或在爆区与保护物之间进行立面防护，用以阻挡飞石。对于该工程，爆破飞石控制采用了如下措施：

（1）通过小范围的爆破试验，确定合理的控制爆破参数。同时在条件比较好的路段，加强对爆破参数的优化，为环境复杂地段的爆破提供参考依据。

（2）根据爆破设计，确定钻孔孔位、孔深，严格控制钻孔质量；装药前要逐孔进行验收，装药时要保证堵塞长度和堵塞质量。

（3）加强爆破体防护。爆区环境复杂地段，在炮孔口加压砂袋，必要时在岩体表面覆盖荆笆等。

（4）分段装药。若岩体内有软弱夹层，特别是当软弱夹层与坡面的节理、裂隙等相通时，采取分段间隔装药。

复习思考题

1. 与爆破有关的地质条件有哪些？
2. 地质构造对爆破会产生什么作用？
3. 深孔与浅孔划分的标准是什么？
4. 最小抵抗线和底盘抵抗线在爆破工程中有何作用？
5. 绘图说明台阶爆破的台阶要素，简述露天深孔台阶爆破的布孔方式。
6. 简述露天深孔台阶爆破的起爆顺序有哪些？孔内延期与孔外延期的区别是什么？
7. 预裂爆破的作用原理是什么？预裂爆破效果的评价标准有哪些？
8. 硐室爆破如何分级，其设计内容包括哪些？
9. 硐室爆破主要的爆破参数有哪些？
10. 什么是爆破作用指数？硐室爆破类型是如何划分的？

7 建(构)筑物拆除爆破技术

城市建（构）筑物拆除爆破是第二次世界大战后迅速发展起来的一项控制爆破技术，该技术在城市改造、工矿企业改建、扩建等方面发挥着重要作用。经过半个多世纪的发展，拆除爆破技术目前已实现有效控制拆除物的倒塌方向、解体状况、破碎程度以及飞石、震动和噪声等副作用对周围环境的影响，因此爆破作业可以在各种复杂环境下进行。由于拆除爆破与其他拆除方法相比具有拆除速度快、经济效益高、劳动强度低等优势，很快得到了广泛的普及。

概括起来，拆除爆破技术就是根据工程要求、周围环境和拆除对象等具体条件，通过精心设计，严格控制炸药爆炸能量释放和介质破碎过程，达到预期的爆破效果，将破坏范围、倒塌方向以及爆破危害（地震波、飞石、空气冲击波和噪声等）严格控制在规定限度以内的一种控制爆破技术。

7.1 拆除爆破原理与设计

7.1.1 拆除爆破的基本原理

关于拆除爆破的基本原理，就其实质而言，是从不同角度将拆除爆破的理论实质加以阐述，有最小抵抗线原理、失稳原理、药量均布的微分原理和等能原理等。以下主要介绍失稳原理和最小抵抗线原理。

1. 失稳原理

利用控制爆破的手段，使建筑物和高耸构筑物部分（或全部）承重构件失去承载能力，在自身重力作用下，建（构）筑物会出现失稳，产生倾覆力矩，使建筑物和构筑物原地塌落和定向倾倒，并在倾倒过程中解体破碎。这一原理称为失稳原理，也称为重力作用原理。

在高耸建筑物和构筑物、大型建筑物拆除爆破中，失稳原理应用最多。首先应认真分析和研究建（构）筑物的结构、受力状态、荷载分布和实际承载能力，然后依据失稳原理，进行方案设计，确定倾倒方向和进行爆破缺口参数设计，使建（构）筑物形成相当数量的铰支，在重力的作用下，建（构）筑物失稳，随着建（构）筑物重心偏移产生倾覆力矩，最后完全倾倒破碎。

失稳原理在建筑物和高耸构筑物拆除爆破中贯穿爆破设计和施工的始终，对爆破方案设计中倾倒方向选定、缺口高度确定、缺口形式选择和起爆顺序的安排，以及爆破前的预拆除工作都有着重要的指导意义。

2. 最小抵抗线原理

爆破破碎和抛掷的主导方向是最小抵抗线方向，称为最小抵抗线原理。最小抵抗线方向的爆破介质破碎程度最高，同时也是爆破无效能量的释放方向，在这个方向最容易产生飞石。在拆除爆破中，最小抵抗线原理对爆破参数设计和爆破防护设计有着重要的指导作用。例如，室内基础类构筑物的爆破拆除，最小抵抗线方向必须避开保护对象；如果不能避开保护对象时，必须严格计算、加强防护。

在进行装药作业时，必须了解每个炮孔的最小抵抗线方向及大小，当最小抵抗线发生变化时，应当对原设计药量进行调整，避免爆而不破或产生大量飞石等现象出现。

需要注意的是在拆除爆破中，最小抵抗线方向不能单纯以药包到自由面的最小距离来确定，而应结合所拆除爆破对象的结构、材质等因素综合考虑。如考虑钢筋布置的密度、钢筋的直径，爆破对象是否有夹层、材质是否一致等。

7.1.2 拆除爆破的设计方法

1. 设计原理

拆除爆破是以安全拆除爆破对象，有效控制爆破振动、飞石、空气冲击波和有害气体等爆破危害为特征的一种控制爆破技术，其设计原理主要是对单个药包药量和总体爆破规模的控制。对单个药包药量控制，实质是确定合理的单位装药量，合理布置药包，使炸药能量充分破碎介质，且没有多余能量产生飞石。由于现阶段拆除爆破装药量的计算主要是以经验公式为主，因此，在爆破工程中除合理确定装药量外，仍应加强防护措施。

对总体爆破规模的控制，实质是对一次起爆的最大药量，或者微差爆破中单段最大药量的控制。爆破地震效应与爆破药量有关，药量越大，震动强度也越大。一次起爆的最大药量，一般根据保护对象允许的最大振动强度确定。目前，国内外多以质点振动速度来衡量爆破地震强度，并以其临界值作为建筑物是否受到损害的判据，该临界值也是拆除爆破单段最大药量控制的标准。

2. 设计方法

拆除控制爆破一般应用在城市市区或厂矿区，在爆区内或附近往往有各种需要保护的建筑物、管道、线路和其他设施。因此，安全合理的爆破设计是拆除爆破成功的关键环节。

拆除爆破的设计内容一般包括爆破方案制定、技术设计和施工设计三个方面。

（1）爆破方案制定。为制定出经济上合理、技术上安全可靠的爆破方案，爆破技术人员应该掌握爆破对象的技术资料和实际情况，包括爆破对象的结构、材质等；了解爆破工程周围的环境，包括建（构）筑物可利用倒塌的空间，地面和地下需要保护的构筑物、管线和设施的状况等；了解所使用的爆破器材与爆破环境是否适应等。在充分掌握各类资料的基础上，根据爆破任务和对安全的要求，提出多种爆破方案，经过技术经济比较后，最后制定出合理可行的控制爆破方案。

（2）拆除爆破技术设计。拆除爆破技术设计是控制爆破的核心内容，对爆破成功与否有直接影响。拆除爆破技术设计主要是爆破孔网参数的选择设计，包括单位耗药量的确定与校核、单孔装药量的计算、最大单响药量的校核、起爆顺序和爆破网路时差的确定和爆破安全验算等。

（3）拆除爆破的施工设计。拆除爆破施工设计主要是为实现爆破的目的，而对施工进行的具体方法和步骤设计。内容包括：炮孔的平面布置、炮孔的深度、方向和编号、分层装药结构设计、墙和柱的编号、药包的药量和编号、起爆激发点的个数和位置确定、安全防护材料选择和防护措施等。

7.1.3 拆除爆破装药量计算

拆除爆破是利用炸药爆炸能量使建（构）筑物的承重构件失去承载能力，达到拆除目的。特别是在一次倾倒或坍塌的烟囱、水塔、框架结构、楼房等高大建（构）筑物的拆除爆破中，药量的精确直接关系爆破拆除的成功。若药量过小，会出现爆而不碎，不能按照预定设计倒塌，形成危险建（构）筑物；若药量过大，就会出现大量飞石和强烈的爆破震动，对周围保护对象形成安全危害。因此，必须慎重选择装药量。

一般对钢筋混凝土结构，装药量只要求能将混凝土爆破疏松、脱离钢筋骨架、失去承载能力即可，不需要炸断钢筋；对素混凝土、砖砌体和浆砌片石等材料的爆破体及建（构）筑物构件，装药量以能原地破碎为最佳，避免药量过大产生飞石。

影响装药量计算的因素很多，既有爆破对象的材质、强度、均质性、临空面情况、爆破器材性能等客观因素，也有最小抵抗线 W、炮眼间距 a、炮眼排距 b、炮眼深度 l、装药结构、起爆顺序等人为控制因素。

目前，在拆除爆破中，一般采用经验公式来计算装药量，比较成熟和常用的有体积公式和剪切破碎公式。

（1）体积公式。在一定条件下，相同介质爆破时，装药量 Q 的大小与爆落介质的体积成正比关系，即

$$Q = qV \tag{7-1}$$

式中 V——设计爆落的介质体积，m^3；

q——单位炸药消耗量，g/m^3，见表 7-1。

表 7-1　单位炸药消耗量 q

爆破对象及材质		W/cm	$q/(g \cdot m^{-3})$ 一个临空面	二个临空面	三个临空面	平均单位耗药量/$(g \cdot m^{-3})$
混凝土圬工强度较低		35~50	150~180	120~150	100~120	90~110
混凝土圬工强度较高		35~50	180~220	150~180	120~150	110~140
混凝土桥墩及桥台		40~60	250~300	200~250	150~200	150~200
混凝土公路路面		45~50	300~360			220~280
钢筋混凝土桥墩台帽		35~40	440~500	360~440		280~360
钢筋混凝土铁路桥梁板		30~40		480~550	400~480	400~460
浆砌片石及料石		50~70	400~500	300~400		240~300
桩头直径	φ1.0 m	50			250~280	80~100
	φ0.8 m	40			300~340	100~120
	φ0.6 m	30			530~580	160~180
浆砌砖墙	厚约 37 cm	18.5	1200~1400	1000~1200		850~1000
	厚约 50 cm	25	950~1100	800~950		700~800
	厚约 63 cm	31.5	700~800	600~700		500~600
	厚约 75 cm	37.5	500~600	400~500		330~430
混凝土大块二次爆破	体积 0.08~0.15 m^3				180~250	130~180
	体积 0.16~0.4 m^3				120~150	80~100
	体积 ＞0.4 m^3				80~100	50~70

采用体积公式进行装药量计算时，选用 q 值时应遵循以下原则：当 W 值较大时，q 应取大值；反之，应取较小值。当材质等级较高时，应取大值；反之，应取小值。当施工质量较好时，应取较大值；相反，当施工质量较差、裂隙较多时，应取小值。按体积公式计算出单孔装药量后，还需求出该次爆破的总药量和预期爆落介质的体积，校核单位耗药量，若计算值与表 7-1 中数据相差悬殊，应调整 q 值，重新计算药量。需要注意的是，计算出的单孔装药量，必须经过现场试爆验证调整，才能最后确定。

（2）剪切破碎公式。针对城市拆除爆破不允许碎块抛掷的要求，拆除爆破炸药能量主要用于克服介质内层面产生流变、剪切变形，以及破碎介质；并且消耗于介质单位面积上的剪切能量与最小抵抗线 W 呈反比，消耗于单位体积上的能量基本保持不变。因此，装药量计算公式由两部分组成，表示为：

$$Q = f_0(q_1A + q_2V) \tag{7-2}$$

式中 Q——单孔装药量，g；

A——爆破体被爆裂面的面积，m^2；

V——爆破体的破碎体积，m^3；

q_1——单位剪切面积的用药量，简称面积系数，g/m^2，见表 7-2；

q_2——单位破碎体积的用药量，简称体积系数，g/m^3，见表 7-2；

f_0——炮孔临空面系数，1 个临空面，取 1.15；2 个临空面，取 1.0；3 个临空面，取 0.85。

使用剪切破裂公式计算装药量时，应注意混凝土和钢筋混凝土是比较均匀的介质，拆除爆破中只需将混凝土破碎，而不必把钢筋炸断，因此，混凝土和钢筋混凝土的体积系数是一致的。天然岩石的强度和裂隙变化较大，因此体积系数的变化范围较大。

表 7-2　面积系数 q_1 和体积系数 q_2

材料类别	$q_1/(g \cdot m^{-2})$	$q_2/(g \cdot m^{-3})$	适　用　范　围
混凝土或钢筋混凝土	$(13 \sim 16)/W$	150	不厚的条形截面基础，要求严格控制碎块抛出
混凝土	$(20 \sim 25)/W$	150	混凝土体破碎，个别小块散落在 5～10 m 范围内
一般布筋的钢筋混凝土	$(26 \sim 32)/W$	150	混凝土破碎，脱离钢筋，个别碎块抛落在 5～10 m 范围内
布筋较密的钢筋混凝土	$(35 \sim 45)/W$	150	混凝土破碎，剥离钢筋，个别碎块抛落在 10～15 m 范围内
重型布筋的钢筋混凝土	$(50 \sim 70)/W$	150	混凝土破碎，主筋变形或个别断开，少量碎块分散在 10～20 m 范围内，应加强防护
砂浆砌砖体	$(35 \sim 45)/W$	100	砌体破裂塌散，少量碎块抛落在 10～15 m 范围内
天然岩石	$(40 \sim 70)/W$	150～250	岩石破裂松动，少量碎块抛落在 5～20 m 范围内

7.2　高耸构筑物拆除爆破

高耸构筑物一般是指烟囱、水塔和电视塔等高度和直径比值很大的构筑物，其特点是重心高而支撑面积小，非常容易失稳。在城市建设和厂矿企业技术改造中，经常要拆除一些废弃或结构发生破损、倾斜的烟囱和水塔等高耸构筑物。由于爆破方法可以在瞬间使烟囱和水塔等构筑物失去稳定性而倒塌解体，具有迅速、安全、经济的优点，所以通常采用爆破的方法拆除。

烟囱的类型主要为圆筒形，横截面积自下而上呈收缩状，按材质可分为砖结构和钢筋混凝土结构两种。烟囱内部砌有一定高度的耐火砖内衬，内衬与烟囱的内壁之间保持一定的隔热间隙（5~8 cm）。水塔也是一种高耸的塔状建筑物，塔身有砖结构和钢筋混凝土结构两种，顶部为钢筋混凝土水罐。这类高耸构筑物一般所处环境比较复杂，多数位于人口稠密的城镇和厂矿建筑群中，对爆破技术和倒塌场地有苛刻的要求。以下以烟囱和水塔为例，介绍高耸构筑物的拆除爆破技术。

7.2.1 爆破拆除方案选择

应用控制爆破拆除烟囱、水塔等构筑物，最常用的方案有三种，即定向倒塌、折叠倒塌和原地坍塌。

（1）定向倒塌。定向倒塌是在烟囱、水塔倾倒方向一侧的底部，用爆破的方法炸开一个具有一定高度，长度大于1/2周长的缺口，导致构筑物整体失稳，重心外移，在构筑物自身重力作用下，形成倾覆力矩，使烟囱、水塔等构筑物朝预定方向倒塌。

选用此方案时，必须有一个具有一定宽度的狭长地带作为倒塌场地。对该场地宽度和长度的要求，与构筑物本身的结构、刚度、风化破损程度以及爆破缺口的形状、几何参数等多种因素有关。对于钢筋混凝土或者刚度好的砖砌烟囱，要求狭长地带长度大于烟囱高度的1.0~1.2倍，垂直于倒塌中心线的横向宽度不得小于构筑物爆破部位外径的2~3倍。对于刚度较差的砖砌烟囱、水塔，狭长地带长度要求相对较小些，约等于0.5~0.8倍烟囱、水塔的高度，垂直于倒塌中心线的横向宽度不得小于构筑物爆破部位外径的2.8~3.0倍。

（2）折叠倒塌。折叠倒塌方案是在倒塌场地任意方向的长度都不能满足整体定向倒塌的情况下采用的一种爆破拆除方案。折叠式倒塌可分为单向和双向交替折叠倒塌方式，其原理与定向倒塌的原理基本相同，除了在底部炸开一个缺口以外，还需在烟囱或水塔上部的适当部位炸开一个爆破缺口，使烟囱或水塔从上部开始，逐段向相同或相反方向折叠，倒塌在原地附近。

图7-1为单向、双向折叠倒塌示意图。此方案施工难度较大、技术要求较高，选用时应谨慎。

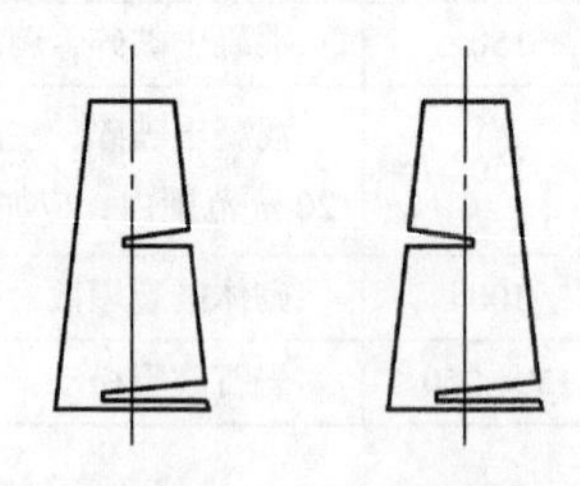

(a) 单向折叠　　(b) 双向折叠

图7-1　折叠倒塌示意图

（3）原地坍塌。原地坍塌方案是在需拆除的构筑物周围没有可供倾倒场地时采用的一种爆破拆除方案，该方案只适用于砖结构的构筑物。原地坍塌是将筒壁底部沿周长炸开一个具有足够高度的缺口，依靠构筑物自重，冲击地面实现解体。原地坍塌方案的实施难度较大，爆破缺口高度要满足构筑物在自重作用下，冲击地面时能够完全解体。

综上所述，在选择爆破方案时，需首先进行实地勘查与测量，仔细了解周围环境和场地条件，以及构筑物的几何尺寸与结构特征等。确定方案时，按照定向倒塌、折叠倒塌和原地坍塌，由易到难的顺序考虑。

7.2.2 爆破拆除技术设计

烟囱和水塔等构筑物爆破拆除技术设计内容包括：缺口形式、缺口高度和缺口长度的确定，爆破孔网参数设计及爆破施工安全技术等。

1. 爆破缺口设计

（1）爆破缺口的类型。爆破缺口是指在要爆破拆除的高耸构筑物的底部用爆破方法炸出一个一定宽度和高度的缺口。爆破缺口一般位于倾倒方向一侧，是为了创造失稳条件，控制倾倒方向，因此爆破缺口的选择直接影响高耸构筑物倒塌的准确性。

在烟囱水塔等高耸构筑物拆除爆破中，有不同类型的爆破缺口。爆破缺口以倾倒方位线为中心左右对称，常用的有：矩形、梯形、反梯形、反斜形、斜形和反人字形。见图7-2，采用反人字形或斜形爆破缺口时，其倾角 α 宜取 35°~45°；斜形缺口水平段的长度 L' 一般取缺口全长 L 的 0.36~0.4 倍；倾斜段的水平长度 L'' 取 L 的 0.30~0.32 倍。

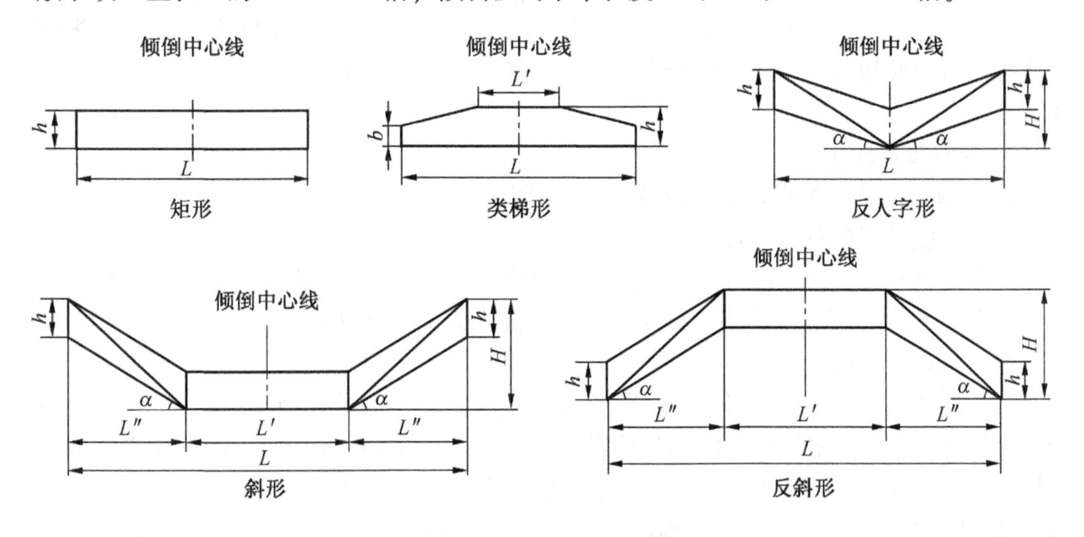

h—爆破缺口的高度；L—缺口的水平长度；L'—斜形缺口水平段的长度；
L''—斜形缺口倾斜段的水平长度；H—斜形、反斜形及反人字形缺口的矢高；α—倾斜角度

图 7-2 爆破缺口类型

实践表明，水平爆破缺口设计简单，施工方便，烟囱或水塔在倾倒过程中一般不出现向后座塌现象，有利于保护其相反方向临近的建筑物。斜形爆破缺口定向准确，有利于烟囱、水塔按预定方向顺利倒塌，但在倾倒过程中易出现向后座塌现象。

（2）爆破缺口高度确定。爆破缺口高度是保证定向倒塌的一个重要参数。缺口高度过小，烟囱、水塔在倾倒过程中会出现偏转；爆破缺口高度大一些，虽然可以防止烟囱和水塔在倾倒过程中发生偏转，但会增加钻孔工作量。因此，爆破缺口的高度不小于壁厚 δ 的 1.5 倍，通常取 $h=(1.5\sim3.0)\delta$。

（3）爆破缺口长度确定。爆破缺口的长度对控制倒塌距离和方向均有直接影响。爆破

缺口过长，保留起支承作用的筒壁太短，若保留筒壁承受不了上部烟囱的重力，在倾倒之前会压垮，发生向后座塌现象，严重时可能影响倒塌的准确性或造成事故；爆破缺口长度太短，保留部分虽然能满足构筑物重量爆破前的支承作用，但可能会出现爆而不倒的危险局面，或倒塌后可能发生前冲现象，从而加大倒塌的长度。一般情况下，爆破缺口长度应满足如下公式：

$$\frac{1}{2}s < L \leqslant \frac{3}{4}s \tag{7-3}$$

式中　s——烟囱或水塔爆破部位的外周长。

对于强度较小的砖结构构筑物，L 取小值，强度较大的砖结构和钢筋混凝土结构构筑物，L 取大值。

（4）定向窗。为了确保烟囱、水塔能按设计的倒塌方向倒塌，除了正确地选择爆破缺口的类型和参数以外，有时提前在爆破缺口的两端用风镐或爆破方法开挖出一个窗口，这个窗口叫作定向窗。开定向窗的作用有两方面：一是将筒体保留部分与爆破缺口部分隔开，使缺口爆破时不会影响保留部分，以保证正确的倒塌方向；二是可以进行试炮，进一步确定装药量及降低一次起爆药量。

定向窗的高度一般为（$0.8 \sim 1.0)H$，长度为 0.3~0.5 m。窗口的开挖是在缺口爆破之前完成，钢筋要切断，墙体要挖透。也可用一排炮眼来代替定向窗，眼距为 0.2 m、眼深为 δ 。

2. 爆破参数设计

（1）炮眼布置。炮眼布置在爆破缺口范围内，炮孔垂直于构筑物表面，指向烟囱或水塔中心，一般采用梅花形布置。

烟囱内通常有耐火砖内衬，为确保烟囱能按预定方向顺利倒塌，在爆破烟囱外壁之前（或者同时），应用爆破法将耐火砖内衬爆破拆除，以避免由于内衬的支撑影响烟囱倒塌，爆破的周长为内衬周长的一半。

（2）炮眼深度 L。对于圆筒形烟囱和水塔，爆破缺口的横截面类似一个拱形结构物，装药爆炸时，会使拱形结构物的内侧受压、外侧受拉。由于砖和混凝土的抗压强度远大于其抗拉强度，眼太浅，则拱形内壁破坏不彻底，形不成爆破缺口；眼太深，外壁部分破坏不充分，同样形不成所要求的爆破缺口。上述情况都会形成危险建筑物。合理的炮眼深度 L 可按下式确定：

$$L = (0.67 \sim 0.7)\delta \tag{7-4}$$

式中　δ——烟囱或水塔的壁厚。

（3）炮眼间距 a 和排距 b。炮眼间距 a 主要与炮眼深度 L 有关，应使 $a < L$。对于砖结构，$a = (0.8 \sim 0.9)L$；对于混凝土结构，$a = (0.85 \sim 0.95)L$。

在上述公式中，如果结构完好无损，炮眼间距可取小值；如果结构受到风化破损，炮眼间距可取大值。

炮眼排距应小于炮眼间距，即 $b = 0.85a$。

（4）单孔装药量计算。单孔装药量可按体积公式计算，即 $Q = qab\delta$。

砖砌烟囱或水塔，单位耗药量系数 q 按表 7-3 选取；若砖结构烟囱或水塔支承每隔 6 行砖砌筑一道环形钢筋时，表 7-3 中的 q 值需增加 20%~25%；每隔 10 行砖砌筑一道环形钢筋时，q 值需增加 15%～20%。

钢筋混凝土结构烟囱或水塔，单位耗药量系数 q 按表 7-4 选取。

表 7-3　砖结构单位炸药消耗量 q

δ/cm	砖数/块	$q/(g \cdot m^{-3})$	$\frac{Q}{V}/(g \cdot m^{-3})$
37	1.5	2100～2500	2000～2400
49	2.0	1350～1450	1250～1350
62	2.5	880～950	840～900
75	3.0	640～690	600～650
89	3.5	440～480	420～460
101	4.0	340～370	320～350
114	4.5	270～300	250～280

表 7-4　钢筋混凝土结构单位炸药消耗量 q

δ/cm	钢筋网	$q/(g \cdot m^{-3})$
20	一层	1800～2200
30	一层	1500～1800
40	两层	1000～1200
50	两层	900～1000
60	两层	660～730
70	两层	480～530
80	两层	410～450

7.2.3　高耸构筑物爆破拆除注意事项

烟囱、水塔等高耸构筑物多位于工业与民用建筑物密集的地方，为确保爆破时周围建筑物与人身安全，必须精心设计与施工，除严格执行控制爆破施工与安全的一般规定和技术要求外，还应特别注意下列有关问题。

（1）选择烟囱、水塔倒塌方向时，尽可能利用门窗、烟道作为爆破切口的一部分。如果它们位于结构的支撑部位，应砌墙并保证足够的强度，以防烟囱、水塔爆破时出现后座或偏转。

（2）烟囱、水塔已经偏斜时，倒塌方向应与偏斜方向一致，否则应仔细测量倾斜程度，然后通过力学计算确定爆破切口的位置和参数。

（3）采用折叠方法爆破时，应保证上下爆破切口形成的时间间隔不小于 2 s，即当上半部分已准确定向后再起爆下部切口。

（4）水塔爆破前应拆除内部管道设施，以免附加重量或刚性支撑影响水塔倒塌准确性。

（5）烟囱、水塔的爆破单位耗药量较大，为防止飞石，在爆破切口部位应作必要的防护，防护材料可以用荆笆、胶帘等。

（6）爆破前应准确掌握当时的风向与风速。当风向与倒塌方向不一致且风力很大时，可能影响倒塌的准确性，应推迟爆破时间。

（7）当烟囱很高时，结构本身的自振以及外部风荷都会影响倒塌的准确性，因此，应慎重决定爆破方案和爆破参数。

7.2.4　工程实例

山西神头发电有限责任公司三期（5 号、6 号机组）为 225 MW 火电机组，始建于 1982 年。为了落实国家“节能减排、上大压小”政策，于 2010 年 9 月关停。拟拆烟囱高 210 m，烟囱筒壁由外至内分三层：外层为钢筋混凝土结构，底部直径 19.44 m，壁厚 0.70 m；中间保温层为 0.08 m 厚的珍珠岩；内层（内衬）为 0.20 m 现浇钢筋陶泥混凝土。烟囱底部从上至下共有两个烟道口、两个出灰口，呈西南、东北对称分布在烟囱两侧，烟道上沿距地高 18 m。

拟拆除的烟囱照片如图 7-3 所示。

图 7-3　拟拆除的烟囱照片

从烟囱结构上看，有以下几个特点，也是设计施工的重点和难点：

（1）烟囱体积大、壁厚、质量大。其底部直径 19.44 m，壁厚（筒壁、保温层加内衬）大于 1 m，自重超过 12000 t，爆破时烟囱坍塌着地的振动大，安全防护困难。

（2）按设计倒向，烟道口不全在爆破切口内，不适合在底部爆破切口，需提高爆破切口位置，将爆破切口提高到烟道口上沿（距地面 18 m）以上，钻爆施工难度大。

（3）烟囱筒壁布筋密、直径大、强度高，内衬为钢筋陶泥混凝土结构。烟囱筒壁为内外层布筋（ϕ22 mm）的钢筋混凝土结构，内衬为单层布筋（ϕ12 mm）的陶泥混凝土，抗压及抗弯曲强度高，且爆破切口位置内衬不便于钻爆施工，给爆破带来了极大的难度。

工程环境。拟拆除烟囱东边 8 m 处是待拆除厂房，190 m 是村庄；西偏南 45°方向，182 m 处是保留检修厂；西偏北 15°方向，220 m 处是待拆除的升压站；北面 155 m 处是保留 3 号、4 号机组主厂房。具体如图 7-4 所示。

1. 爆破方案设计

（1）烟囱外筒壁爆破设计。根据烟囱筒壁建筑结构、高度及周边环境情况，决定在烟囱 24 m 高度（烟道上沿 6 m 处）西偏北 15°为中心爆破切口，使其向西偏北 15°方向倾倒。为确保烟囱倒塌方向准确，在切口的两边各开一个定向窗，以倒塌中心线为中心开一宽度为 1.2 m 的减荷槽，在减荷槽与定向窗间各开宽度为 1.0 m 的辅助减荷窗口 3 个，以

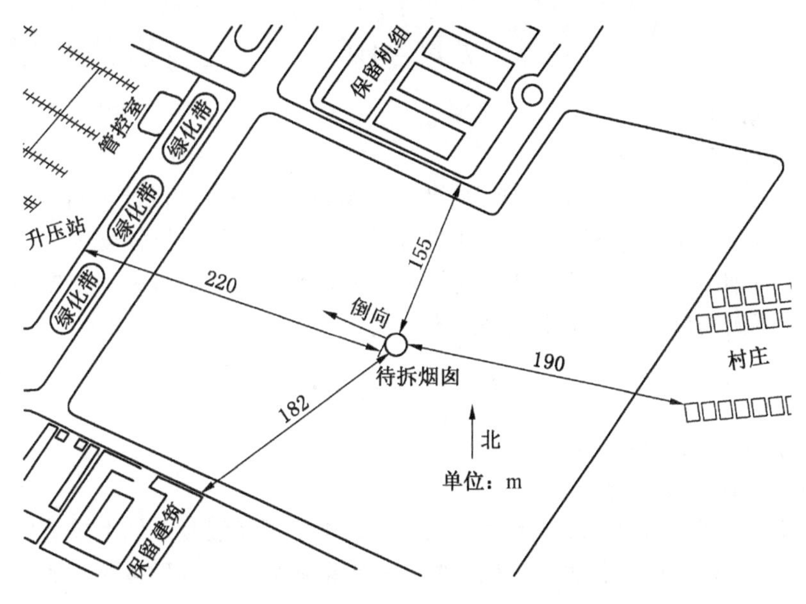

图 7-4　拟拆除烟囱周边环境

改善爆破效果。

(2) 烟囱内衬爆破设计。根据烟囱内衬（钢筋陶泥混凝土）具有韧性好、强度高的特点，另外在爆破切口处不便人工预拆除和钻孔爆破，选择爆破方法：一是，适当加大筒壁钻孔深度和单孔装药量，通过筒壁爆破向内冲击烟囱内衬，达到破坏内衬目的；二是，先对爆破切口内筒壁及内衬进行预拆除，在筒壁与内衬间，从爆破筒壁左右两侧的上、中、下三处打水平孔，之后设计装药爆破内衬。内衬爆破布孔及装药结构如图 7-5 所示。

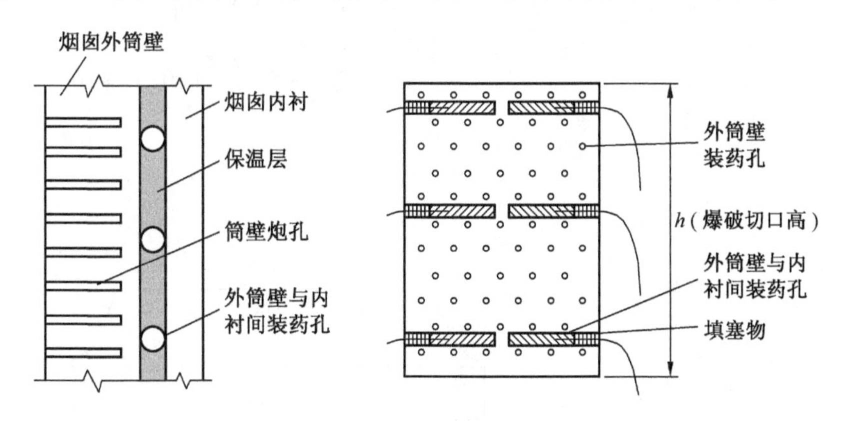

图 7-5　内衬爆破布孔布置及装药结构示意图

2. 爆破参数设计

(1) 爆破切口形状及位置选择。切口形状：由于烟囱为钢筋混凝土体筒形结构，为保证烟囱倒塌方向准确，切口均采用梯形切口。切口位置：针对拟拆除烟囱烟道口高，且出灰口、烟道口不在设计爆破切口内的特点，在设计倒向内，烟道口以下不具备爆破切口条件，选择将爆破切口提高到烟道口上沿 6 m 处。

(2) 切口长度。根据烟囱筒体抗压不抗弯的结构特点，切口长度按下式确定：

$$L = \left(\frac{3}{5}\right)D \tag{7-5}$$

式中　L——爆破切口弧长；

　　　D——烟囱切口处外径。

（3）切口高度。切口高度是烟囱爆破的重要参数，切口高度设计过高会增加钻孔和预拆除工作量，且爆破时容易导致后座；切口过低，筒壁钢筋的抗压强度大，爆破时切口不能闭合或闭合时烟囱的重心不能偏离出筒体外，易导致爆而不倒事故。根据理论和类似工程经验，烟囱爆破切口高度可按下面公式设计确定：

$$H = \left(\frac{1}{6} \sim \frac{1}{4}\right)D \tag{7-6}$$

式中　H——爆破切口高度，m；

　　　D——烟囱切口处直径，m。

由计算得知，烟囱的切口高度为2.9~4.3 m。由于钢筋混凝土烟囱爆破后其钢筋具有较强的支撑能力，根据计算和实际工程经验，决定取爆破切口高度4 m。烟囱爆破切口及参数见图7-6、表7-5。

表7-5　烟囱爆破切口参数

烟囱规格	切口下沿弧长/m	预留下沿弧长/m	切口圆心角/(°)	切口高度/m
210 m烟囱	32.85	21.91	216	4

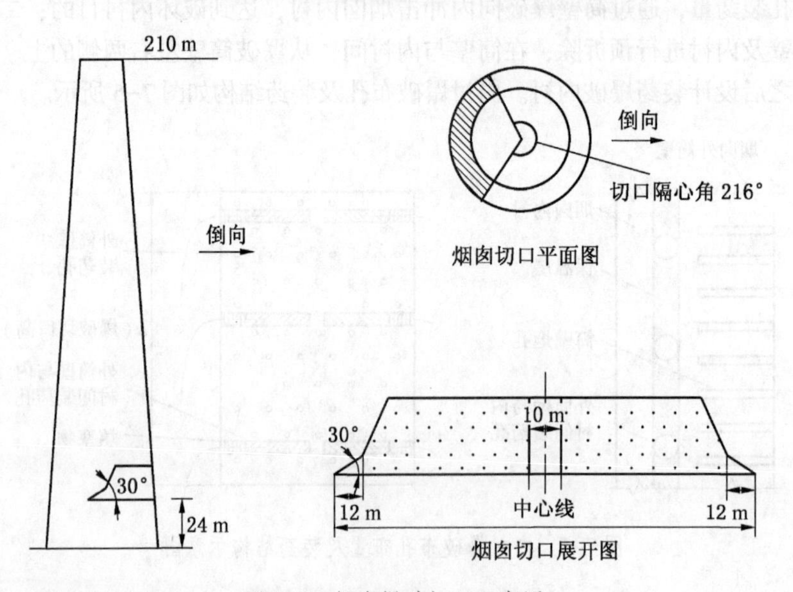

图7-6　烟囱爆破切口示意图

3. 爆破孔网参数及装药量设计

（1）布孔参数设计：

①最小抵抗线：

$$W = \delta/2$$

式中 W——最小抵抗线；

δ——烟囱切口位置的壁厚。

②药孔间距：$a=(1.2\sim1.5)W$；

③药孔排距：$b=(0.85\sim0.90)a$；

④药孔深度：$L=(0.65\sim0.68)\delta$。

（2）装药量设计：

①筒壁单孔装药量：

$$Q=qab\delta \tag{7-7}$$

式中 Q——单孔装药量，g；

q——单位体积炸药消耗量，g/m^3（钢筋混凝土壁厚在 30～50 cm 时，取 1.50～2.00 kg/m^3；50～70 cm 时，取 1.20～1.50 kg/m^3）；

a、b——炮孔间距、排距，cm。

烟囱爆破孔网参数见表 7-6。

表 7-6 烟囱爆破孔网参数

烟囱规格	壁厚/cm	最小抵抗线/cm	孔间距/cm	孔排距/cm	孔深/cm	排数	单耗/(kg·m^{-3})	单孔药量/g
210 m 烟囱	65	32.5	40	35	43	12	1.5	136.5

②筒壁总装药量：在爆破切口内，筒壁总炮孔数为 624，总装药量为：624×136.5=85.18 kg。

③烟囱内衬爆破装药量设计。此次烟囱爆破位于高处爆破切口，受环境条件限制，烟囱内衬不便于钻孔爆破施工，可设计在筒壁与内衬间的保温层上掏孔，按直列装药设计爆破药量，其装药量可按下式计算：

$$C=ABR^2L \tag{7-8}$$

式中 C——中级炸药装药量，kg；

A——材料抗力系数（炸散混凝土，不炸断钢筋取 5，炸断部分钢筋取 20）；

B——填塞系数，无填塞的外部接触爆破取 9，有填塞可取 3～6（装药周边有空隙取大值，相反取小值）；

R——破坏半径，m，一般取构件厚度，根据要求的破坏范围和程度，可适当调整；

L——直列装药长度，m。

此次内衬装药设计，A 取 5，B 取 6，R 取 0.2 m（内衬壁厚），L 取 1.1 m。代入上式计算得 C=1.32 kg。

烟囱筒壁布孔及装药如图 7-7 所示。

4. 起爆网路设计

针对电厂爆破周围环境具有感应电流多的特点，决定在此次爆破中使用非电塑料导爆管起爆器材安全、可靠，爆区划分和网路连接方法如下：

（1）爆区划分。对烟囱装药均使用 1 段和 3 段毫秒雷管，采用孔内延时方法由中心向两端对称延时起爆，靠切口中心减荷槽两侧各两块筒壁对称装瞬发（MS-1）雷管，切口两侧靠定向窗四块对称装毫秒三段（MS-3）雷管，前后延时 50 ms。为保证爆破切口的连

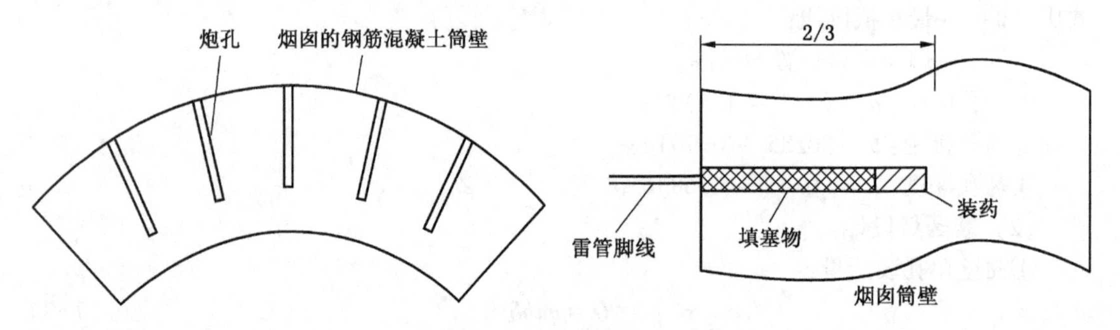

图 7-7　烟囱筒壁布孔及装药

续性、完整性，爆破切口底部三排和顶部三排孔装双雷管起爆。

（2）网路连接方法。此次爆破采用孔内延时方法，用簇连接方法将起爆装药的雷管连接成多个击发点，同一孔的双雷管连接在不同击发点上，为确保击发点准爆，每击发点连接 2 发 MS -1 段雷管击发点火，之后将各击发点用导爆管、四通连接成复式网络，用击发雷管和传爆雷管（击发雷管和传爆雷管全用瞬发雷管）击发，如图 7-8 所示。

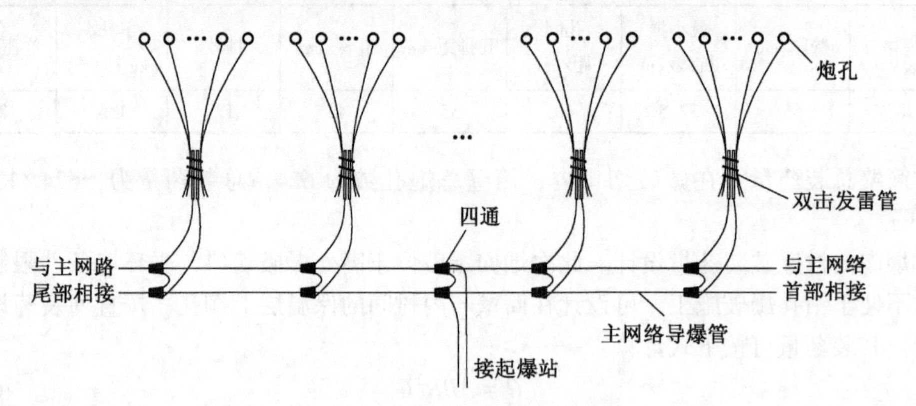

图 7-8　烟囱起爆网路示意图

5. 爆破安全设计

（1）坍塌振动预测。根据量纲分析方法，集中质量（冲击或塌落）作用于地面造成的塌落振动速度可用下式确定：

$$V_t = K_t[(MgH/\sigma)^{\frac{1}{3}}/R]\beta \tag{7-9}$$

式中　V_t——塌落振动速度，cm/s；

K_t——衰减系数，取 3.37；

σ——地面介质的破坏强度，MPa，一般取 10 MPa；

β——衰减指数，取 1.66；

R——观测点至撞击中心的距离，m；

M——下落构件的质量，t；

H——构件重心高度，m。

本次拟拆除 210 m 烟囱，切口以上 $M = 10000$ t，$H = 89.1$ m，$R = 150$ m（重心落地点到主厂房最近距离）。将有关参数代入计算得：$V = 1.59$ cm/s。由计算可知，烟囱坍塌振动对周边建筑、设施是安全的，但对发电机组、精密仪器会造成危害。

（2）飞石距离预测。爆破时产生的个别飞石可由下式计算：

$$R_{max} = K_T KD \tag{7-10}$$

式中 R_{max}——最大飞石距离，m；

K_T——与爆破方式、填塞长度、地质地形条件有关的系数，厂房等控制爆破，取 1.2~1.5（钢筋混凝土取大值，砖结构取小值）；

K——炸药单耗，kg/m^3；

D——药孔直径，mm。

此次爆破 K_T 取 1.5；K 取 1.5；D 取 38 mm，将以上数据代入公式中计算得 R_{max} = 85.5 m。

6. 爆破效果

爆破于 2015 年 6 月 29 日上午进行，烟囱按设计倒向倾倒着地。经安全检查确认，爆破倒向准确，对爆破飞石及烟囱倾倒的坍塌震动防护效果好，烟囱倾倒解体后全堆积到预先构筑的减震墙上，周边的建筑设施安然无恙，爆破取得圆满成功。

7.3 建筑物拆除爆破

大型建筑物爆破拆除的基本原理是失稳原理和重力原理，即利用炸药爆炸释放的能量，破坏建筑物关键支撑构件的强度，使之失去承载能力，建筑物处于失稳状态；然后在建筑物自重作用下，完成自由下落、转体倾倒、空间解体和倒塌冲击解体过程。

7.3.1 爆破拆除方案

建筑物拆除方案的确定取决于建筑物的结构类型、外形几何尺寸、荷载分布情况、与被保护建筑物、设备等的空间位置关系，以及周围环境等因素。根据不同爆破拆除工艺，可以归纳划分为以下几种：

（1）定向倾倒方案。定向倾倒，是指爆破后整个建筑物绕一定轴转动一定角度失稳，向预定方向倾倒，冲击地面解体。定向倾倒要求周围场地一个方向的建筑物边界与场地边界水平距离大于 2/3~3/4 建筑物高度。无论砖结构楼房还是钢筋混凝土框架结构，定向倒塌是在倾倒方向的承重柱、承重墙或钢筋混凝土立柱间，通过顺序起爆，爆破成不同的炸高，利用建筑物失稳形成倾覆力矩实现的。如图 7-9 所示。

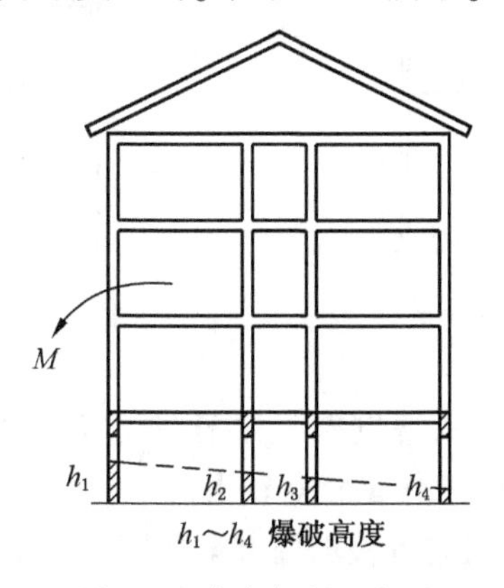

图 7-9 定向倾倒示意图

定向倾倒方案主要优点是钻眼工作量小，倒塌彻底，拆除效率高。若场地条件许可，优选定向倒塌方案。

（2）原地坍塌方案。在一般的工业厂房拆除中，当拆除建筑物与周围保护对象的水平距离均小于 1/2 拆除建筑物高度，且具有介于 1/3～1/4 拆除建筑物高度的场地时，原地坍塌是最常用的方案。

对于砖结构的建筑物，楼板为预制构件时，只要将最下一层的所有承重墙和承重柱炸毁相同炸高，则整个建筑物在重力作用下，就会原地坍塌解体；对于钢筋混凝土框架结构的建筑物，应将四周和内部承重柱的底部布设相同炸高的炮眼，在柱顶与梁、柱连接部位也布设炮眼，即切梁断柱，同时起爆后，就可将建筑物原地炸塌。

原地坍塌方案主要优点是设计和施工都比较简单，坍塌所需场地小，钻爆工作量小，拆除效率高；缺点是对拆除钢筋混凝土框架结构建筑物爆破技术要求高，如果预处理工作不细，炸高不够或节点解体不充分，会造成整体下座不坍塌现象。

（3）单向连续折叠倒塌方案。这种方案是在“定向倾倒坍塌”的基础上派生出来的，适用于建筑物四周场地狭窄，某一方向有稍微开阔的场地时的爆破。单向连续折叠方案要求坍塌方向建筑物与场地边界的水平距离不小于楼房高度的 1/2～2/3。钢筋混凝土框架结构要求水平距离不小于高度的 1/2，砖结构要求水平距离不小于 2/3。

爆破工艺是利用延期雷管控制，自上而下顺序起爆，使每层结构均朝一个方向倒塌，如图 7-10 所示。单向连续折叠方案优点是倒塌破坏较为彻底，倒塌范围明显缩小；缺点是钻爆工作量相对较大。

（4）双向交替折叠倒塌方案。“双向交替折叠倒塌”主要适用于建筑物四周场地更为狭窄时的爆破，场地水平距离砖结构楼房不小于楼房高度的 1/2，钢筋混凝土框架结构不小于 H/n（H 为建筑物的高度，n 为建筑物层数）。爆破工艺是利用延期雷管控制，自上而下顺序起爆，使每层结构交替倒塌，如图 7-11 所示。堆积高度大致可控制在楼房高度的 1/3 左右。

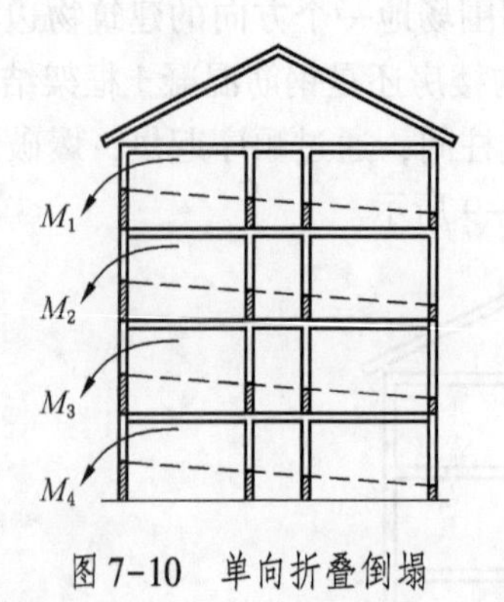

图 7-10　单向折叠倒塌

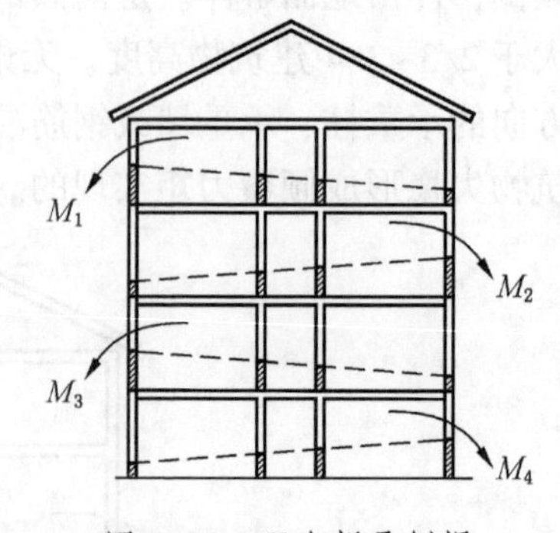

图 7-11　双向折叠倒塌

这种爆破方案与“单向连续折叠倒塌”方案相类似，优点是倒塌破坏得更为彻底，倒塌范围进一步缩小，缺点是钻爆工作量相对较大。

（5）内向折叠坍塌方案。内向折叠坍塌方案适用条件是：当钢筋混凝土框架结构或整体性较强的砖结构楼房，四周均无较为开阔的场地供倾倒或折叠倒塌时，欲缩小坍塌范围，可采用“内向折叠坍塌”的破坏方式。要求框架四周场地有 1/3～1/2 倍的建筑物高度的水平距离。

具体爆破工艺是，自上而下将建筑物内部承重构件（墙、柱、梁）充分破坏，外部承重立柱适当破坏形成铰链，在重力转矩作用下使框架上部和侧向构件向内折叠倒塌。如图 7-12 所示。该方案优点是场地要求小，对钢筋混凝土框架结构拆除比较彻底，缺点是钻爆工作量大，爆破工艺复杂。

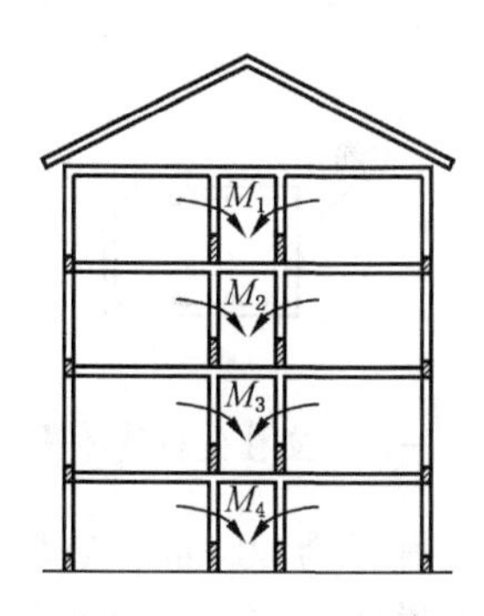

图 7-12　内向折叠倒塌

7.3.2　爆破参数设计

1. 爆破切口高度

切口高度，即炸高应当满足使建筑物失稳倾覆，并使得楼体塌落部分落地时获得一定的撞地速度，以达到上下楼层相互挤压以致解体的目的。

为了保证主体部分结构彻底失稳倾覆，根据刚性结构爆破后结构重心偏离底部支撑位置则结构失稳倾覆的原则，可按下式设计切口倒塌方向一侧的炸高 h：

$$h = \frac{H_0}{2}\left[1 - \sqrt{1 - 2\left(\frac{D}{H_0}\right)^2}\right] \tag{7-11}$$

式中　D——倒塌方向的底边长，m；

H_0——楼房重心高度，m。

用以上公式计算切口高度，假设建筑物为刚性结构且倒塌过程中不发生空中解体现象，实际工程中往往采取预拆除和设置活动铰等方法破坏结构的整体性，所以用此公式是偏安全的。

对于钢筋混凝土框架结构，主要承重立柱的失稳是整体框架倒塌的关键。用爆破方法将立柱基础以上一定高度范围内的混凝土充分破碎，使之脱离钢筋骨架，并使箍筋拉断，则孤立的纵向钢筋便不能组成整体抗弯截面；当破坏范围达到一定高度时，暴露出的钢筋将会失稳屈服，导致承重立柱失去承重能力。图 7-13 为立柱失稳的计算简图。P 为单根立柱承受的压力，设 n 为立柱中纵向钢筋的数量，计算失稳高度时，把立柱中单根纵筋视为一端自由、一端固定的压杆，其柔度可按下式计算：

$$\lambda = \frac{8h}{d} \tag{7-12}$$

根据《钢筋混凝土结构设计规范》（GB/T 51079—2017）可知，框架结构承重立柱纵向受力钢筋的直径，一般不超过 40 mm。而对于失稳立柱的破坏高度，在实际爆破时一般

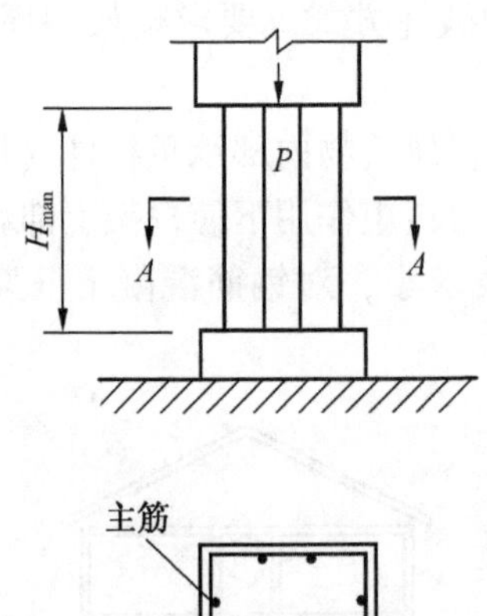

图 7-13　立柱失稳破坏高度

均大于 500 mm。假设立柱内钢筋的直径为 40 mm，破坏高度取 500 mm，根据式（7-12）可以求得其柔度 $\lambda \geqslant 100$。由此可以说明，在框架结构拆除爆破中，立柱内钢筋的破坏属于细长压杆失稳问题。对于普通钢筋细长压杆（$\lambda \geqslant 100$），可用欧拉公式计算临界荷载，即：

$$P_{m} = \frac{\pi^{2} EJ}{4h^{2}} \tag{7-13}$$

式中　J——钢筋横截面惯性矩，m^4，对于直径为 d 的圆形钢筋，$J=\pi d^2/64$；

E——钢筋的弹性模量，GN/m^2。

若 $P_m \leqslant P/n$，即临界载荷小于或等于实际作用在各个纵筋上的荷载，承重立柱必然失稳倒塌，此时，取最小破坏高度 $H_{min}=12.5d$ 即可。若 $P > P/n$，即临界荷载大于或等于实际作用在各个主筋上的荷载时，可令 $P_m=P/n$，反求压杆长度，即最小破坏高度：

$$H_{min} = \frac{\pi}{2}\sqrt{\frac{EJn}{P}} \tag{7-14}$$

实际工程中为确保结构顺利倒塌，立柱爆破高度 H 可按下列经验公式确定：

$$H = K(B + H_{min}) \tag{7-15}$$

式中　B——立柱截面边长，m；

H_{min}——承重立柱底部最小破坏高度，m；

K——经验系数，取 1.5~2.0。

立柱节点形成铰链的爆破高度一般取：

$$H' = (1 \sim 1.5)B \tag{7-16}$$

2. 爆破技术设计

建筑物爆破技术设计包括：最小抵抗线的确定、炮眼布置、炮眼间排距、装药量计算、爆破网路设计等。

（1）最小抵抗线的确定。在大型建筑物拆除爆破中，最小抵抗线的确定取决于墙体厚度、梁柱的材质、结构特征、自由面多少、截面尺寸，以及清渣要求等。砖结构楼房的墙体和小截面的钢筋混凝土立柱、梁，最小抵抗线一般为

$$W = \frac{1}{2}B \tag{7-17}$$

式中　B——墙体厚度或梁、柱截面最小边长。

大截面钢筋混凝土梁、柱，如 80 cm×100 cm、100 cm×100 cm 及 100 cm×120 cm 的钢筋混凝土立柱中，为使钢筋骨架内的混凝土破碎均匀，与钢筋分离，一般布置多排炮孔，各排炮孔的最小抵抗线 W=20~50 cm，如图 7-14 所示。

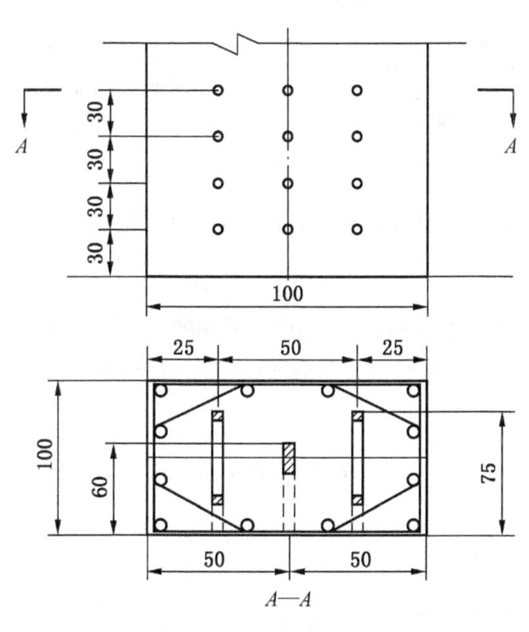

图 7-14　大截面炮眼布置（尺寸单位：cm）

（2）炮眼布置。在承重墙或剪力墙上布置炮眼，由于墙体面积大，通常布置多排水平炮眼爆破，炮眼排列一般采用梅花形。工程实践中，在保证爆破缺口高度不变的前提下，为了减少打眼的数量，采用一种分离式布眼方法，即省略中间一排炮眼，上下排炮眼分离。分离带宽度一般取墙体炮眼排距的 1.5~2.0 倍，墙体拐角处的炮眼布置一般为水平斜眼。需要注意的是，墙体拐角炮眼由于最小抵抗线发生变化，炮眼的装药量要适当增加，才能保证良好的爆破效果。

柱、梁炮眼布置位置是依据爆破方案而定的，在柱梁连接处或在较长梁的中部布置炮眼，其目的是切梁断柱，保证爆破后建筑物的顺利倒塌。小截面立柱、梁，一般布置单排孔，可沿柱梁的中心线或略偏移柱梁的中心线呈锯齿状布置。大截面钢筋混凝土承重立柱，一般布置三排炮眼，如图 7-15 所示。

（3）炮眼间距 a、排距 b。在钢筋混凝土承重立柱和梁的爆破中，炮眼间距 a 一般取：

$$a = (1.20 \sim 1.25)W \tag{7-18}$$

在砖墙爆破中，当墙厚为 630 mm 或 750 mm 时，水泥砂浆砌筑，取 a=1.2W；石灰砂浆砌筑，取 a=1.5W。当墙厚为 370 mm 或 500 mm 时，水泥砂浆砌筑，取 a=1.5W；石灰砂浆砌筑时，取 a=(1.8~2.0)W。

炮眼排距 b：

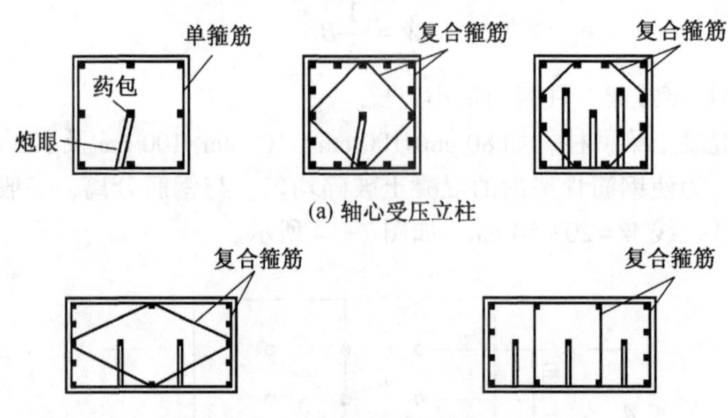

图 7-15 框架结构立柱爆破炮眼布置

$$b = (0.8 \sim 1.0)a \tag{7-19}$$

（4）炮孔深度。依据墙体两侧最小抵抗线相等的原则，可确保装药将墙体炸塌的同时使飞石受到有效的控制，所以装药时，应使药包的中心恰好位于墙体的中心上。因此炮孔深度可按下式确定：

$$L = \frac{1}{2}(\delta + l) \tag{7-20}$$

式中 δ——墙体厚度；

l——药包长度，cm。

（5）单孔装药量的计算。单孔装药量可按体积公式计算，单位耗药量系数 q 可根据最小抵抗线的大小、墙柱体的材质和质量等情况选取，墙角炮孔的装药量可加大到正常炮孔装药量的 1.2 倍。

在计算出单孔装药量后，必须在混凝土框架立柱、梁和砖墙体上进行试爆，进一步核实建筑物结构和计算药量的匹配情况，最后经过修正确定最终单孔装药量。

（6）爆破网路设计。爆破网路设计是关系建筑物拆除爆破能否成功的一项重要工作。建筑物拆除爆破具有如下特点：一次起爆雷管多，少则数百发，多则几千发，甚至上万发；装药布置范围大，分布在承重墙、立柱、横梁和楼梯间，甚至不同楼层之间。

使用电力爆破网路，从挑选雷管到连接起爆回路等所有工序，都能用仪表进行检查；并能按设计计算数据，及时发现施工和网路连接中的质量和错误，从而保证爆破的可靠性和准确性。但电爆网路的分组和电阻配平工作复杂，要求技术含量高。在电力爆破网路中，串联和串并联是最常用的连接形式。

非电爆破网路，主要是以导爆管雷管为主的爆破网路设计。非电爆破网路具有操作简单，使用方便、经济、安全、准确、可靠，能抗杂散电流、静电和雷电等优点，可以在雷雨季节安全施工的要求，目前大型拆除爆破多采用。

使用导爆管雷管非电爆破网路，可以有簇联、并联和串联等多种联接方法。其缺点是容易出现支路漏联现象，实际操作中，一定要反复仔细检查，以确保装药完全起爆。

7.3.3 建筑物爆破拆除注意事项

（1）非承重构件的预拆除。为使楼房顺利倒塌，爆破前应将门窗和上下水管道等非承重构件进行预拆除。

（2）部分承重构件的预拆除。在确保建筑物整体稳定性的前提下，可以先将一部分承重墙进行预拆除，以减少最后爆破的雷管数和总装药量，确保准爆和降低爆破振动。

（3）楼梯间、电梯间的预拆除。建筑物楼梯间、电梯间往往整体浇筑上下贯通，在建筑物爆破前先进行人工拆除或爆破拆除，破坏其刚度和强度，保证建筑物爆破时顺利倒塌。

（4）网路连接。采用电爆网路，各支路电阻必须平衡，避免早爆现象造成整个建筑物爆破拆除失败；采用导爆管非电爆网路，一定注意不要漏联，并做好防护，避免雷管爆炸时个别飞片切断导爆管现象出现。

（5）钻眼工作。对钢筋混凝土立柱、梁，用风钻打眼；对砖墙，可用电钻打眼。最好在室内墙壁上钻孔，这样有利于雨天对爆破网路的保护，减小爆破噪声，防止个别炮孔冲炮造成危害。

（6）防尘工作。当建筑物倒塌时，楼房内的空气受到急剧压缩，会扬起粉尘。因此，应采取措施进行喷水消尘，并通知爆破点周围或下风向一定范围内的居民关闭门窗。

（7）防护措施。建筑物爆破多在闹市区或工业厂区内，应结合爆破方案采取合理的防护措施。防护材料宜选用轻型材料，保证一定的防护厚度，避免飞石抛出，对不能移走的设备等也要进行重点遮挡防护。

（8）爆破后的安全检查。当建筑物爆破倒塌后，爆破技术人员首先对现场进行检查，确认安全后方可进行清渣作业。

7.3.4　工程实例

葫芦岛世纪大厦总建筑面积 39682.42 m^2，其东西两侧分别有 3 层高的裙楼。大厦地面以上高 80.4 m，地上 19 层、地下 1 层，属于高层建筑。楼体内部为框架结构，单座大厦由 12 根立柱与中心剪力墙支撑，纵向和横向梁组成田字格结构。3 层上部为设备层，高度为 2 m。各层支撑立柱尺寸为 1.2 m、1.1 m，剪力墙壁厚为 30 cm。单座外部形状为 27 m×27 m 的正方形筒体结构。1～4 层把两座独立的大厦连接为一个整体，整体呈“U”字形。大厦 4 层以上分为两座独立筒体，间距为 13 m。

世纪大厦坐落在葫芦岛市地标式建筑物——飞天广场的南侧，周围环境复杂。东侧距海滨路 68 m，海滨路东侧有快捷酒店、KTV、餐饮等大型商铺；东南距自来水监测站 120 m；南侧距水表检定站蓄水池 65 m（该蓄水池容积为 1000 m^3 负责龙港区的居民供水，该蓄水池已使用十年之久，地表以上已风化）、距龙湾公园内花圃 92 m，西南侧距离纪检委（华园宾馆）56 m；西北侧距离龙湾大街 70 m；北侧距街道 58 m（街道地下沿线有天然气管道）、距飞天广场 102 m。

世纪大厦结构及分区如图 7-16 所示。

工程难点：①受周围环境限制，大厦地面以上高度为 80.4 m，一次定向倾倒空间不足；②筒体框架结构整体性好、抗拉应力大，爆破时必须一次性将其整体结构破坏；③世纪大厦自身质量较大，两座大厦同时倒塌的瞬间产生的爆破振动会很大，应严格控制爆破振动和倾倒触地振动；④世纪大厦采用折叠爆破，应加强爆破飞散物的防护，特别是高位切口，更应严格控制飞石；⑤大厦南侧转盘车辆、人员流量大，飞石的控制是爆破重点。

1. 爆破方案选择

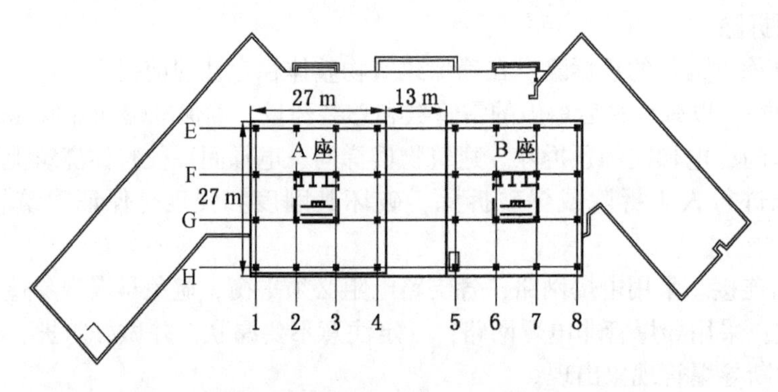

图 7-16　世纪大厦结构及分区图

通过对大厦周围环境与结构的勘查与研究，决定两座大厦同时向南方定向折叠控制爆破的方法进行拆除。其施工方法是在大厦的 1~4 层开设第一道切口，切口高度为 19.2 m。第二道切口开设在 13~14 层，切口高度为 7 m。一方面，高切口有效地使大厦在起爆运动一瞬间产生下坐，充分利用地下室空间，缩短倒塌距离，双切口、高落差的方法有效地克服了大厦倾而不倒与倒塌空间不足的问题；另一方面为防止单座大厦先倾倒，另一座再倾倒时发生大厦相撞及偏转等现象，决定两座大厦同时进行爆破。为使世纪大厦顺利倒塌，在确保建筑物结构稳定和安全的基础上，对世纪大厦进行预拆除工作。

（1）对世纪大厦东西两侧的裙楼进行预拆除，并清除残渣防止大厦倒塌时产生飞石飞溅。

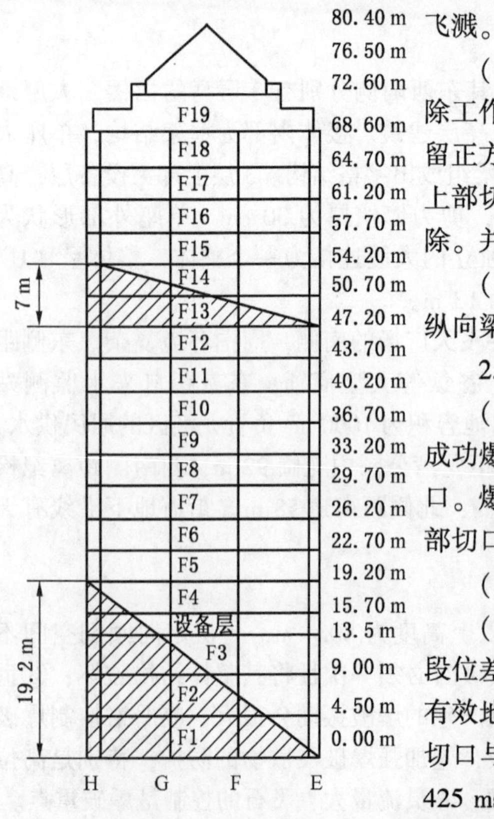

图 7-17　切口布置图

（2）对 1~3 层内的剪力墙（楼梯间）进行预拆除工作，拆除楼梯间内的隔墙及楼梯，由墙变柱只保留正方形楼梯间的四角呈“L”字形。由于设备层及上部切口机械设备进入困难，采用钻孔爆破的方式拆除。并对切口内的所有非承重立柱及隔墙进行拆除。

（3）对切口 1~3 层的梁进行处理，机械炮锤对纵向梁破碎，剥离混凝土使钢筋裸露。

2. 爆破设计参数

（1）爆破切口设计。爆破切口的选取是根据以往成功爆破拆除经验，经研究确定为采用上下两个切口。爆破切口采用三角形，下部切口位于 1~4 层，上部切口位于 13~14 层。切口布置如图 7-17 所示。

（2）爆破孔网参数。各部位爆破参数，见表7-7。

（3）起爆网路。本次爆破共选用 7 个段位，利用段位差同排相邻立柱布置毫秒导爆管雷管交错起爆，有效地控制单响起爆药量和改善楼体破碎效果。上部切口与下部切口之间连接 MS-18 段雷管，延期时间 425 ms，并使大厦有一定的下落高度，提高冲击破碎解体作用。网络采用复式闭合网路，双进双出的网路连接防止了导爆管不传爆的现象。

表 7-7 各部位爆破参数

分类	柱 (1.2 m ×1.2 m)	柱 (1.1 m×1.1 m)	柱 (1.0 m×1.0 m)	柱 (0.9 m×0.9 m)	柱 (0.8 m×0.8 m)	剪力墙	梁
孔深/m	90	90	70	75	65	20	30/40
孔距/m	40	50	50	40	40	25	
排距/m	30	30	30	30	30	30	—
装药量/g	410	430	276	230	200	50	50

注：一层底部两排孔增加药量 5%，东西两侧立柱装药减小 8%。

各层立柱雷管段位分布见表 7-8；爆破网路如图 7-18 所示。

表 7-8 各层立柱雷管段位分布表

楼层	立柱	1	2	3	4	5	6	7	8
1~4	H	MS-3	MS-4	MS-3	MS-4	MS-3	MS-4	MS-3	MS-4
	G	MS-12	MS-13	MS-12	MS-13	MS-12	MS-13	MS-12	MS-13
	F	MS-15	MS-16	MS-15	MS-16	MS-15	MS-16	MS-15	MS-16
	E	MS-18	MS-18	MS-18	MS-18	MS-18	MS-18	MS-18	MS-18
MS-18									
13~14	H	MS-3	MS-4	MS-3	MS-4	MS-3	MS-4	MS-3	MS-4
	G	MS-12	MS-13	MS-12	MS-13	MS-12	MS-13	MS-12	MS-13
	F	MS-15	MS-16	MS-15	MS-16	MS-15	MS-16	MS-15	MS-16
	E	—	—	—	—	—	—	—	—

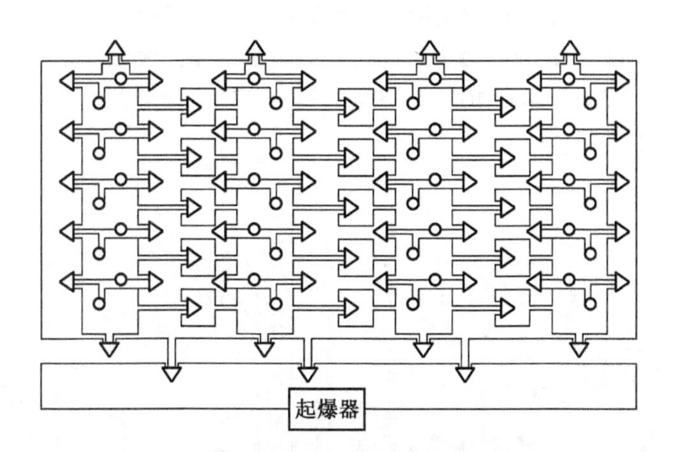

图 7-18 爆破网路示意图

3. 爆破安全验算

(1) 爆破振动验算。本次爆破最大一次起爆药量控制在 380 kg，利用下列公式对周围建筑物进行爆破振动安全校核。质点震动预测见表 7-9。

$$V = K'K(Q^{1/3}/R)^{\alpha}$$

表7-9　质点震动预测

保护物名称	保护物距离/m	质点运动速度/($cm \cdot s^{-1}$)
葫芦岛市纪检委	56	0.68
水表检定站蓄水池	65	0.49
花圃彩钢房	92	0.30
快捷酒店	123	0.20

（2）塌落振动验算。根据中国科学研究院提出的公式：

$$V_c = 0.08(I^{\frac{1}{3}}/R)^{1.67}$$
$$I = m(2gH)^{\frac{1}{2}} \tag{7-21}$$

经计算，切口塌落振动（水表检定站距蓄水池）：V_t 水池 = 1.8 cm/s，V_t 花圃房 = 0.11 cm/s。

4. 爆破安全措施

（1）爆破飞石防护。炮孔直接防护：承重立柱与剪力墙上有炮孔部位采用近体防护，用草帘子多层包裹，形成厚厚的草帘子被，在切口的楼层外侧采用远体防护，形成一道弹性屏障。塌落飞石防护：在大于楼房倒塌预计范围，首先将地面松软、清除坚硬渣块，然后在上面铺设两层草帘子，并在其上压砂袋、洒水。然后在大厦75 m处筑造一道宽5 m、高3 m的挡土墙防止大厦前冲和飞石，并在倾倒方向保护物前方空中设置一张钢丝网防止小块飞石飞出。

（2）塌落振动预防。为了减小大厦的塌落振动，在大厦倾倒方向70 m处挖一道减震沟，长75 m、宽2 m、深5 m。在大厦的东南方向85 m处挖第二条减震沟，长35 m、宽2 m、深5 m。

5. 爆破效果

2015年8月4日，葫芦岛世纪大厦成功爆破拆除（图7-19）。大厦按照原设计倾倒方向倒塌，倒塌爆堆长度为61 m，爆堆最高位置高度为8 m，大厦解体完全，爆破振动测振数据在安全范围内，爆破粉尘在10 min内全部消退。本次爆破没有对周围建筑造成任何破坏及影响，爆破效果良好。

图7-19　爆破拆除过程

7.4　水压爆破拆除技术

在注满水的容器状构筑物中，将药包悬挂于水中适当位置，起爆后，利用水的不可压缩性，均匀地把炸药爆炸时产生的压力传递到构筑物内壁上，使之受力而破碎，并有效控制爆破振动和爆破飞石的爆破方法，称为水压爆破法。

水压爆破适用于壁薄、面积大、内部配筋较密的水槽、管道、碉堡等能够灌注水的构筑物。这类构筑物，如采用普通的钻眼爆破方法拆除，钻眼工作难度大，爆破时容易产生飞石、空气冲击波和爆破振动。采用水压爆破，既克服了普通浅眼爆破的缺点，又避免了钻孔，而且药包数量少，爆破网路简单，是一种经济、安全、快速的施工方法。

7.4.1 水压爆破原理

炸药引爆后，构筑物的内壁首先受到由水介质传递的、峰值压力达几十兆帕至几百兆帕的冲击波作用，构筑物的内壁在强荷载的作用下，发生变形和位移。当变形应力达到或超过容器壁材料的极限抗拉强度时，构筑物产生破裂。随后，在爆炸高压气团作用下所形成的水球迅速向外膨胀，并将能量传递给构筑物四壁，形成一次突跃式的加载，进一步加剧构筑物的破坏。此后，具有残压的水流，从裂缝中向外溢出，并携带少数碎块向外冲击，形成飞石。

由此可知，水压爆破时构筑物主要受到两种荷载的作用：一是水中冲击波的作用，二是高压气团的膨胀作用。计算表明，水中爆破时，用于形成冲击波的能量约占全部炸药能量的40%，保留在高压气团中的能量约占总能量的40%，其余的20%以热能形式耗散。

7.4.2 装药量计算

水压爆破药量计算是关系到爆破成功与否的关键。把水压爆破产生的水中冲击波的破坏看作是冲量作用的结果，假定药包放置在圆筒形容器的中心，以材料极限抗拉强度作为破裂的判据，得到装药量计算的经验公式为

$$Q = K(K_1\delta)^{1.59}R^{1.41} \tag{7-22}$$

式中 Q——计算用药量，kg；

δ——圆筒形容器的结构壁厚，m；

R——圆筒形容器的内半径，m；

K_1——圆筒壁厚修正系数，见表7-10；

K——与结构材质、强度、破碎程度等有关的装药系数。由于影响因素多，大量工程资料给出的 K 值取值范围为2.5~10。对于素混凝土 K=2~4；对于钢筋混凝土筒形结构物 K=4~8，配筋密、要求破碎小时取大值，反之取小值。

表7-10 圆筒壁厚修正系数

δ/R	0.1	0.2	0.3	0.4	0.5	0.6	0.7	0.8	0.9	1.0
K_1	1.000	1.109	1.170	1.233	1.300	1.369	1.441	1.524	1.588	1.667

对于非圆筒形复杂结构物的药量计算，可以用等效内半径 $\hat{R}$ 和等效壁厚 $\hat{\delta}$ 取代公式中的 R 和 δ，即：

$$\hat{R} = \sqrt{\frac{S_R}{\pi}} \tag{7-23}$$

$$\hat{\delta} = \hat{R}\left(\sqrt{1 + \frac{S_\delta}{S_R}} - 1\right) \tag{7-24}$$

式中　S_R——通过药包中心的非圆筒形结构物内水平截面面积，m^2；

S_δ——通过药包中心的非圆筒形结构物周壁的水平截面面积，m^2。

对于截面为圆形或正方形的筒形结构物，装药量计算也可采用以下经验公式：

$$Q = K_0 K_c \delta B^2 \tag{7-25}$$

式中　K_0——与爆破方式有关的系数，封口式爆破，取0.7~1.0，敞口式爆破，取0.9~1.2；

K_c——结构物材质系数，砖和混凝土，取0.1~0.4，钢筋混凝土，取0.5~1.0；

δ——结构物的壁厚，m；

B——结构物的内直径或边长，若截面为矩形则为短边长，m。

7.4.3　药包布置

装药量确定后，药包的布置对爆破成功与否至关重要。合理布置药包，包括药包数量的确定和在水中位置的确定。

（1）药包数量。一般要求在同一容器中，药包数量应尽可能少。药包数量主要取决于构筑物的几何尺寸和爆破要求。根据工程经验，按以下原则确定。

①对于球形构筑物、高度与直径大体一致（$H/R \approx 2$）的圆筒形构筑物或长、宽、高三向尺寸相近的矩形构筑物，在材质、壁厚和爆破要求一致的情况下，可采用一个中心药包。

② 当矩形构筑物长、高、宽三向尺寸相差较大，筒形构筑物高径比较大、较小（$H/R>3$ 或 $H/R<1~1.5$）的情况下，需要在纵向或一个平面布置多个药包。

③ 对于特殊复杂结构，可根据几何形状、壁厚等具体情况布置主、辅药包分别处理。

④ 根据构筑物容积确定药包数量。结构物容积小于25 m^3 时，装药量一般小于3 kg，若结构物形状均匀时，采用一个药包为宜；结构物容积在25~100 m^3 时，装药量一般为3~8 kg，药包个数为1~2个；结构物容积大于100 m^3 时，需要的装药量一般超过8 kg，药包个数可超过2个，视具体情况而定。

（2）药包位置。药包位置主要取决于构筑物的几何尺寸、容器材质差异性、药包数量和爆破要求，以及水中药包爆炸时，结构物内壁所受荷载不均匀的特点。根据理论计算和工程经验，药包位置布置遵循以下原则。

① 药包入水深度 h 的确定。为保证药包爆炸能量有效作用于容器壁，避免从开口处消散，根据经验，入水深度按下式确定：

$$h = (0.6 \sim 0.7)H_w \tag{7-26}$$

$$H_w = (0.9 \sim 1.0)H \tag{7-27}$$

式中　h——药包入水深度，m；

H_w——容器结构物内的注水深度，m；

H——容器结构物的深度，m。

上式的 h 可用药包入水深度允许的最小值来验算：

$$h_{\min} = \sqrt[3]{Q}$$

式中　Q——最大药包装药量，kg。

② 若设计为一个药包时，对于球形构筑物，药包一般放置在球形构筑物的圆心处，对于方形和筒形容器构筑物，药包一般放置在水平截面几何中心处，入水深度按式（7-26）确定。

③ 当容器的长宽比大于1.2，或高径比小于0.5时，应同平面布置两个或多个药包。对于矩形或条形容器，药包一般布置在长轴线上，对于筒形容器，药包布置应在一个圆弧上。药包的间距应使容器的四壁受到均匀破碎作用，其计算公式为

$$a \leqslant (1.3 \sim 1.4)R \tag{7-28}$$

式中 a——药包间距；

R——药包中心至容器四壁的最短距离。

当筒形构筑物高径比较大（$H/R>3$）、方形构筑物高宽比超过1.4~1.6时，一般沿垂直方向中心轴线布置两层或多层药包。

④若容器两侧壁厚不同时，应布置偏心药包，使药包偏于厚壁一侧。容器中心至药包中心的距离称偏炸距离。

当矩形容器构筑物长宽比较大，且壁厚不同时，也可以采取偏量药包布置形式。即将计算出来的总药量 Q 分为两个或几个不等量的药包，药包间距和药包与侧壁的距离可以相等。靠近厚壁一侧的药包药量较大。

7.4.4 水压爆破施工技术

（1）炸药及起爆网路防水处理。水压爆破宜选用威力大、防水效果好的炸药。如TNT、水胶炸药、乳化炸药等抗水炸药，如果采用硝铵炸药，应严格做好防水处理。起爆体要采取严格的防水措施，可采用玻璃瓶等。装入炸药和雷管，将炮线（电线或导爆管）引出瓶口后，用橡皮塞或螺旋盖上紧，然后用防水胶布严密包扎，胶布与炮线的缝隙可用502胶水浇封。

水压爆破可以采用电爆网路或导爆管网路，一般采用复式起爆网路。药包在水中固定可采用悬挂式或支架式，必要时可附加配重，以防悬浮或位移。

（2）构筑物开口的处理。水压爆破方法拆除构筑物，需要认真做好开口部位的封闭处理。封闭处理的方式很多，可把钢板锚固在构筑物壁面上，中间夹上橡皮密封垫，以防漏水，也可以用砖石砌筑、混凝土浇灌或用木板夹填黄泥及黏土等。实践表明，用草袋填土堆码，并使其厚度不小于构筑物壁厚，堆码高度应大于构筑物高度。

（3）爆破体底面基础的处理。当底面基础不要求清除，允许有局部破坏时，按一般设计原则布置药包即可。当底面基础不允许破坏时，水中药包离底面的距离不得小于水深的1/3，一般以1/3~1/2为宜，同时在水底应铺设粗砂防护层，铺设厚度与药包大小及基础情况有关，一般不应小于20 cm。

当底面基础要求与构筑物一起清除时，若在上部结构爆破清除后再进行基础的爆破施工，此时，因底部基础有大量裂纹而钻孔难度增大，不利于底部基础爆破清除。对于这种情况，可考虑先对基础钻孔，基础爆破装药与水压爆破装药同时起爆，基础爆破药量可相应提高50%。这时应注意校核一次爆破总药量的爆破震动，并做好钻眼爆破装药及爆破网路的防水处理。

（4）开挖好爆破体临空面。水压爆破的构筑物，一般具有良好的临空面，但对地下工事，在条件许可的情况下，要开挖爆破体的临空面，不但可以取得良好的爆破效果，还可以减少爆破振动的危害。

（5）对地下工事水压爆破，要及时排除积水。爆破后，如果地下工事的积水不能及时排除，由于水的渗透，会改变爆破体周围的土的含水率，给后期施工带来影响；或者对周

围现有建筑基础产生影响，造成潜在的危害。

复 习 思 考 题

1. 简述拆除爆破的基本原理？
2. 说明拆除爆破的设计原理和设计内容。
3. 拆除爆破的装药量计算方法有哪几种，适应什么条件？
4. 试述烟囱、水塔爆破中的爆破缺口和爆破参数对倒塌方向和范围的影响。
5. 建筑物爆破拆除的方案有哪几种，各适应何种条件？
6. 简述钢筋混凝土结构楼房的失稳条件？
7. 楼房爆破技术设计主要内容是什么？其安全技术措施有哪些？
8. 简述水压爆破的主要原理和装药量的计算原理？

8 特种爆破技术与爆破安全

特种爆破是相对于普通爆破而言的一种爆破方法，通常是在特定的条件和环境下进行。其特殊性表现为：爆破介质和对象比较特殊；爆破方法，或者采用的药包结构比较特殊；爆破后需要形成一种特殊形状的构筑物或零部件；爆破环境比较复杂，对爆破方法有特殊要求。

特种爆破技术的产生、发展和创新，与现代爆破理论和技术的进步、高科技的相互渗透及国民经济建设的需求密切相关，因而其内涵具有鲜明的时代特色。本章主要介绍应用范围较广、比较成熟的特种爆破技术。

8.1 聚能爆破

炸药爆炸的聚能现象，早在 18 世纪就已发现。聚能爆破首先在军事上得到应用，用于制造穿甲弹、火箭弹、枪榴弹及各种用途的导弹。随后，聚能爆破也开始用于民用爆破。1945 年，美国制成了在钢筋混凝土中穿凿炮眼的聚能药包，用一个 380g 的 80% 吉里那特硝化甘油聚能药包，实现了在钢筋混凝土中穿凿出直径 25 mm、深度 1.0 m 的炮眼。此后，聚能爆破在民用爆破中得到越来越广泛的应用。比如，在石油开采中，广泛采用聚能射孔弹来穿裂井壁，以增加油路和流量；在沉船打捞时用于切割船体；以及采用聚能药包拆除钢结构建（构）筑物等。

8.1.1 聚能爆破原理

聚能效应和聚能现象可以通过图 8-1 所示的一组实验结果进行说明。实验中所用药包的几何尺寸一样，但装药结构不同，将所有的药包装置在厚度相同的同一种材质的钢板上。爆破后可以看出：图 8-1a 所示药包在板上仅炸出一个很浅的凹坑；图 8-1b 所示药包虽然它的装药质量比图 8-1a 所示药包少，但由于在下端有一个锥形孔穴，爆炸后在板上炸出了一个深几毫米的坑；图 8-1c 所示药包是在锥形孔穴表面嵌装一个金属锥形衬套（药型罩），这种药包爆炸后在钢板上炸出一个深达几十毫米的孔。这种利用药包一端的孔穴来提高局部破坏作用的效应，称为聚能效应，这种现象叫作聚能现象。

图 8-2 为不同装药结构的药包，引爆后爆炸产物的飞散过程示意图。一个完整的圆柱形药包爆炸后，爆炸产物沿近似垂直于药柱表面的方向，向四周飞散。作用在钢板表面上的仅仅是从药柱一端飞散出的爆炸产物，它的作用面积等于药柱一端的端面面积，具体如图 8-1a 和图 8-2a 所示。但是，一端带有锥形孔穴的圆柱形药包则不同，它爆炸后锥形孔穴部分的爆炸产物飞散时，先向药包轴线集中，汇聚成一股速度和压力都很高的气流，称为聚能气流，图 8-2b 所示。爆炸产物的能量集中在较小面积上，大大提高了聚能效应。聚能气流不能无限地集中，而在离药柱端面某一距离 F 处达到最大的集中，以后又迅速飞散开了。如果设法把能量尽可能转换成动能形式，就能大大提高能量的集中程度。提高动能的办法是在锥形孔穴的表面嵌装一个形状相同的金属药型罩（图 8-2c）。这样爆炸产物

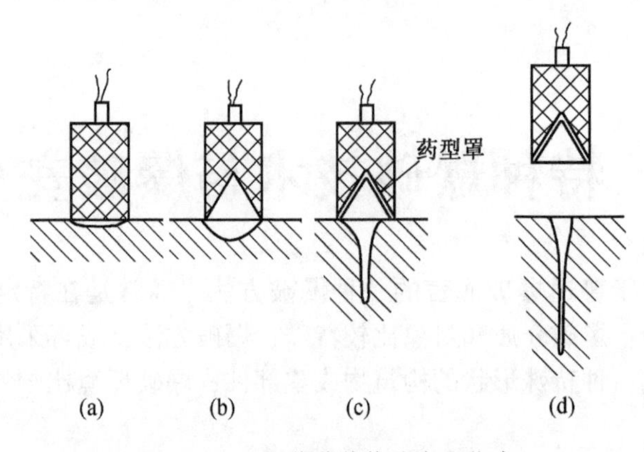

图 8-1 不同装药结构的穿孔能力

在推动罩壁向轴线运动过程中将能量传递给药型罩。由于金属的可压缩性很小，因此内能增加很少，能量的极大部分表现为动能形式，这样就可避免由于高压膨胀引起的能量分散而使能量更加集中，形成一股速度和动能比气体射流更高的金属射流，从而产生极大的穿透能力。

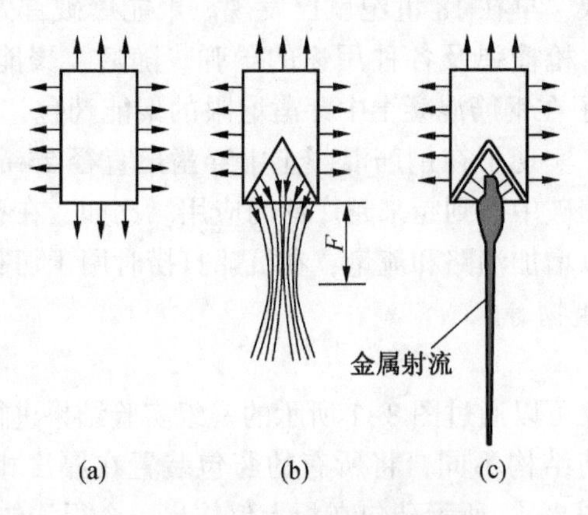

图 8-2 聚能气流及金属射流

8.1.2 影响聚能药包爆破威力的因素

聚能药包由炸药、药型罩、隔板、壳体、引信和支架等部分组成，其作用及对聚能药包威力的影响分述如下。

1. 炸药

炸药是聚能爆破的能源，炸药的爆压越大，聚能弹威力越大；为得到高爆压，需高爆速、高密度的炸药。常用的炸药有梯恩梯、黑索金、8321 炸药等，装药方法有熔铸、塑装和压装多种。

2. 药型罩

药型罩的作用是把炸药的爆炸能转化成罩体材料的射流动能，从而提高其穿透和切割能力。药型罩的材料必须满足四点要求，即可压缩性小、密度高、塑性和延展性好，在形成射流中不汽化。大量试验证明，用紫铜制作药型罩效果最好，其次为铸铁、钢和陶瓷。

药型罩的形状多种多样，主要有轴对称型（图 8-3a），如圆锥形、半球形、抛物线形和喇叭形等；面对称型（图 8-3b），常见的有用于切割金属板材的直线形和用于切割管材的环形聚能罩两种；中心对称型（图 8-3c），这种球形聚能药包，中心有球形空腔和球形罩，球形罩外敷设炸药，若能在瞬间同时起爆，可在空腔中心点获得极大的能量集中。在工程中常用的是轴对称型和面对称型两类药型罩。

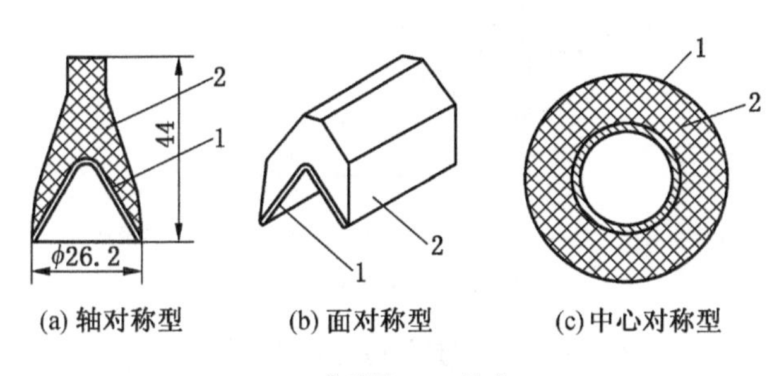

1—药型罩；2—炸药

图 8-3 各种形状的药型罩

3. 隔板

隔板的作用是改变爆轰波的形状，提高射流头部的速度。设计合理的隔板，可使射流头部速度提高 25%，穿孔深度提高 15%～30%。

隔板材料一般用塑料和木料等惰性材料，也有用低爆速炸药当作隔板的，直径不小于药包最大直径的一半，其位置、厚薄、大小均可按爆轰波理论进行计算，选出最优值。

4. 壳体

壳体会影响爆轰波的阵面形态，可以减弱稀疏波的作用，有利于能量有效利用，但控制不好会造成“反向射流”现象，反而减弱了射流强度，所以也有一些不用外壳的聚能弹。

5. 支架

支架的作用是保证最佳炸高。炸高的定义是聚能药包底面（即药形罩底线）到穿孔目标的最短距离。最佳炸高根据聚能弹设计决定，一般是药型罩底部直径的 1～3 倍。

8.1.3 聚能爆破的应用

聚能弹对一定作用介质具有很强的穿孔或破碎作用，应用范围比较广泛。例如，利用聚能弹进行岩石二次破碎，排除沉井中的孤石，水下输水导坑的开挖等，还可以用其成孔代替人工开挖电线杆坑，但是在工程爆破中更为主要的作用是对多年冻土爆破。

1. 破碎大块

与传统的浅眼爆破法和裸露药包爆破法破碎大块相比，聚能药包破碎法的特点是：不需要打眼，因此不需要购买打眼设备和动力设备；施工简单，施工进度比浅眼爆破法快；安全性比普通浅眼爆破法和普通裸露药包法好；劳动强度比浅眼爆破法低。

制造聚能药包所采用的炸药类型有：黑索金和梯恩梯混合熔铸型；乳化油炸药和黑索金混装型，2 号岩石硝铵炸药压制型。聚能穴的形状多采用半球形的，如图 8-4 所示，这主要是由于它加工简单和破碎能力较大。在矿山由于二次破碎消耗的药包较多，而金属药型罩的加工费工又费料，所以一般不采用药型罩。表 8-1 为国内生产的用于破碎大块的 PS 型聚能药包的规格和性能。药柱为 50%～70%的梯恩梯和 50%～30%的黑索金熔铸炸药，密度为 1.66 g/cm^3，爆速高达 7750 m/s。

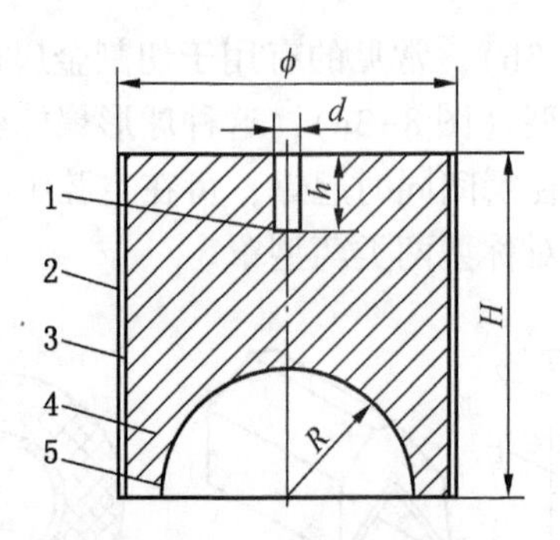

1—雷管孔；2—包装纸壳；3—外壳；4—药柱；5—聚能穴

图 8-4 半球形聚能药包

表 8-1 PS 型聚能药包的规格和性能

型号	质量/g	H/mm	ϕ/mm	R/mm	d/mm	h/mm	适用条件	
							坚固系数 f	大块体积/m³
PS-1	500	80	70	25	8	40	8~20	1~1.5
PS-2	800	80	90	30	8	40	8~20	1.5~2.5
PS-3	1000	90	100	40	8	40	8~20	2.5~3.5
PS-4	1500	100	110	40	8	40	8~20	3.5~4.5
PS-5	2000	105	105	45	8	40	8~20	4.5~6.0

近年来，贵州铝厂石灰石矿和攀钢兰尖铁矿采用了一种水封聚能药包破碎法。这种方法是在模具内将 2 号岩石硝铵炸药压制成聚能药包，药包密度为 1.2~1.25 g/cm³。使用时，将一个特制的八角形的充水塑料袋代替泥沙覆盖在聚能药包上进行水封，采用这种方法可进一步降低炸药消耗量，抑制岩尘和飞石。

2. 聚能穿孔

（1）在冻土层中穿孔。在高原冻土层地带修筑铁路和公路而采用爆破法开挖路堑和桥梁基坑时，因高原缺氧、机械钻孔效率低、人员体力消耗大，严重影响施工进度。1975 年在修建青藏铁路时，在西大滩和风火山等处的冻土地带，用聚能药包代替地质钻在冻土中穿孔，取得了良好的效果。采用的聚能药包结构如图 8-5 所示，爆破后的穿孔断面如图 8-6 所示。

使用装药量 26.9 kg 的聚能药包，在冻土层中的穿深为 3.8 m，孔径为 10 cm，孔底呈药壶形。在药壶中装药，由多个药壶爆破后形成一条沟槽，再用推土机将碎土推到设计路堑断面以外。采用聚能药包每延米穿孔成本仅 12.5 元，而采用地质钻钻孔则需 25 元/m。用这种方法可以实现永冻层路堑、桥涵基坑的快速施工。

（2）在土壤地层中穿孔。在土壤地层中进行挖坑埋桩（杆）的施工中，为加快埋杆架线的进度，采用聚能药包在地表穿孔，常能获得令人满意的结果。原铁道工程兵科研所用聚能药包在砂黏土中进行了大量的试验，采用了如图 8-7 所示的两种结构的聚能药包。两种聚能药包形成的穿孔断面如图 8-8 所示。药包参数和穿孔深度见表 8-2。试验结果表明：①土壤中的孔隙度是影响穿孔深度的主要因素，当其他条件一样时，穿孔深度随着孔隙度的增加而增加；②药型罩材质和壁厚对穿孔深度有很大的影响，单从材质来说，铸铜的效果最好，其次是铸铁，再次为铸铝。

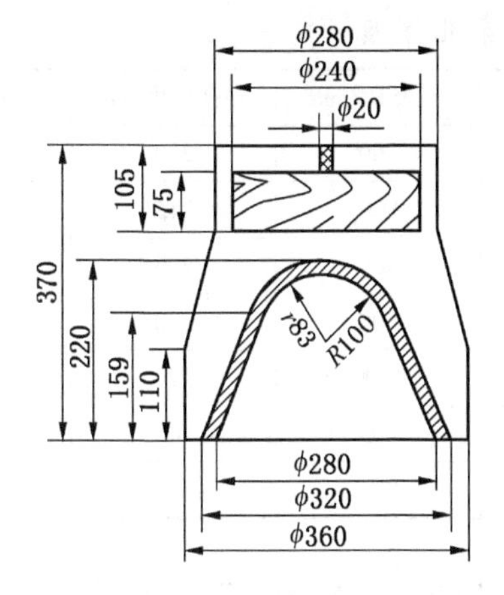

图 8-5 聚能药包结构（尺寸单位：mm）

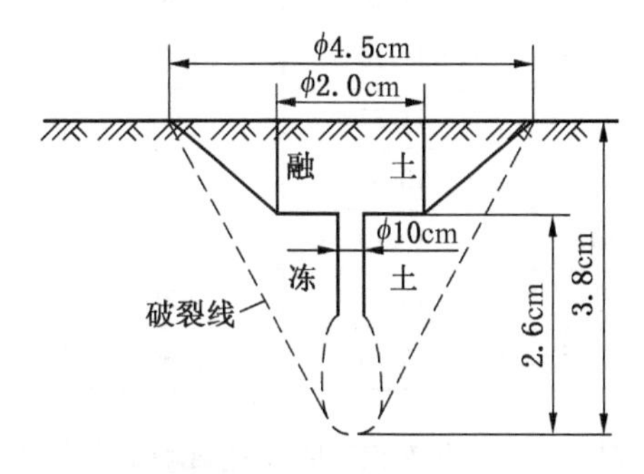

图 8-6 穿孔断面

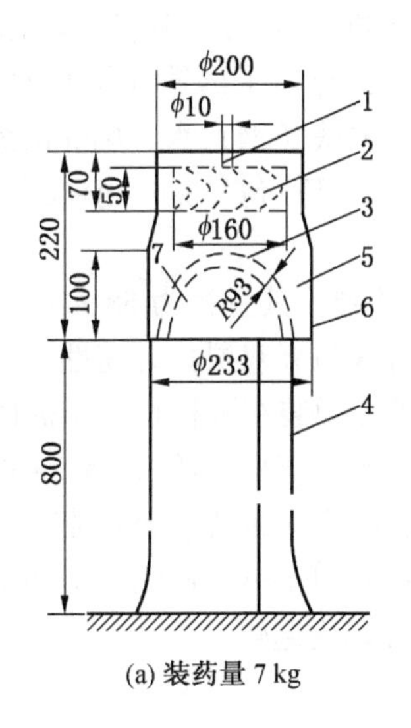

(a) 装药量 7 kg

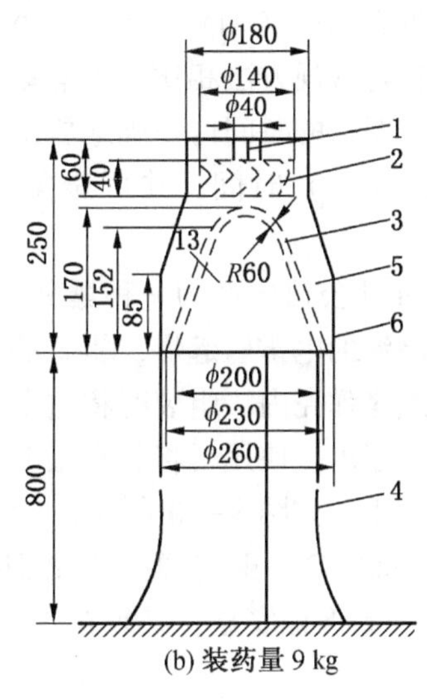

(b) 装药量 9 kg

1—起爆装置；2—隔板，采用表面涂虫胶漆的红木松；3—药型罩，采用等壁厚的半球形和圆锥形金属罩；4—支架；5—炸药，由 20% 梯恩梯和 80% 黑索金熔铸制作而成；6—外壳

图 8-7 药包结构（尺寸单位：mm）

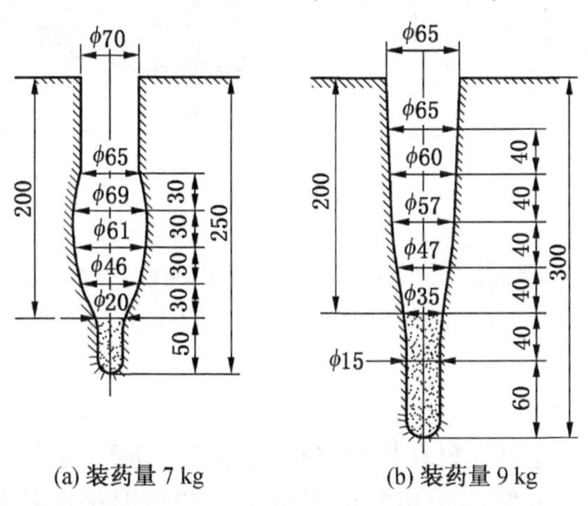

(a) 装药量 7 kg　　(b) 装药量 9 kg

图 8-8 穿孔断面（尺寸单位：cm）

表8-2 药包参数及穿孔深度

药型罩形状	药包质量/kg	装药量/kg	空壳质量/kg	支架高/mm	穿孔深度/cm	可见深度/cm
半球形	11.20	7.67	3.53	800	250	150
半球形	11.26	7.82	3.44	800	215	180
半球形	11.37	7.47	3.40	900	205	150
半球形	10.85	7.30	3.55	800	230	210
半球形	11.10	7.81	3.29	1000	220	180
圆锥形	13.57	9.36	4.21	805	300	200
圆锥形	13.46	9.36	4.07	805	300	190

（3）高炉出铁口和平炉出钢口的穿孔。高炉出铁和平炉出钢，一般都是采用人工、机械或氧气喷枪的方法，冲开和烧开出铁口中的砌体。这种施工方法既费时费工，又有灼伤工人的危险，同时也影响铁（钢）水的成分和质量。近年来国内外采用聚能药包开孔，获得了良好的效果，它与常规方法相比，具有以下优点：①出铁（钢）水时，远距离操作，非常安全；②能在所要求的时间内精确地放出一炉铁（钢）水，确保冶炼质量；③全速出铁（钢），减少出铁（钢）时间，并可避免铁（钢）包结瘤；④减少出铁（钢）口的维修。

图8-9为美国杜邦公司生产的一种爆破穿孔弹，其直径为58 mm、高111 mm、装药量50 g，用一种耐高温的电雷管起爆，雷管的脚线包裹双层具有韧性、耐高温的白色尼龙绝缘层，药包装在绝缘弹壳内。组装时将这个聚能弹装在一根长2.4 m的中空装药杆的一端，电线从装药杆中穿出。使用时将装有聚能弹的装药杆，插入出铁（钢）口内，一直到弹的端面触到砌面为止，如图8-10所示，然后在安全地点，连线起爆。出钢（铁）时，砌面处的温度高达1000 ℃，聚能弹插入出钢孔中4 min，弹壳的温度就上升到120 ℃，5 min上升到150 ℃，为保证安全，必须在4 min以内起爆。

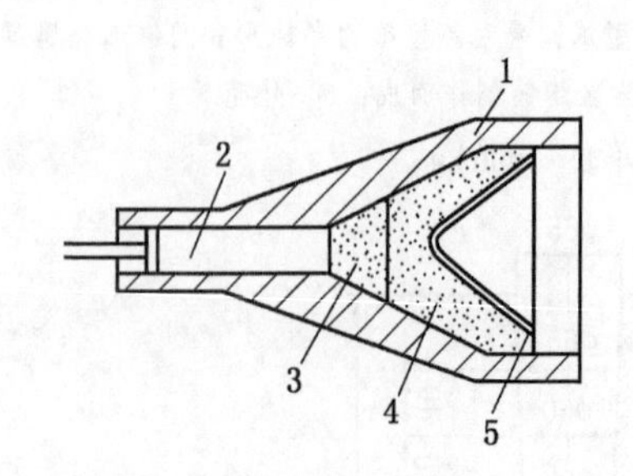

1—穿孔弹外壳；2—电雷管；3—传爆炸药；
4—主爆炸药；5—药型罩
图8-9 爆破穿孔弹

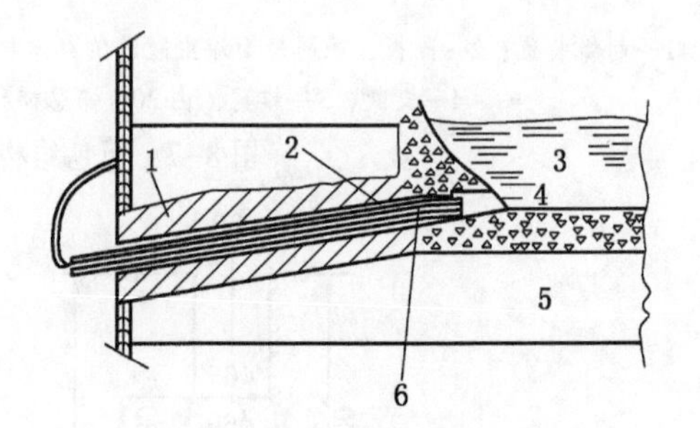

1—耐火材料；2—装药杆；3—钢水；
4—出钢口砌体；5—耐火砖；6—穿孔弹
图8-10 平炉出钢爆破穿孔示意图

3. 聚能切割

金属板材、管材和其他坚硬材料均可采用聚能药包进行爆破切割。图8-11为平面对称长条线形聚能药包，它主要用于切割金属板材。圆环形聚能药包主要用于切割金属管材，这种药包可分为内圆环和外圆环两种，内切是把环形聚能药包放在管内的切割处起爆，外切则将药包套在管外切割处起爆（图 8-12）。切割钢板的聚能药包已形成系列，表 8-3 为用于切割厚钢板的聚能药包参数。

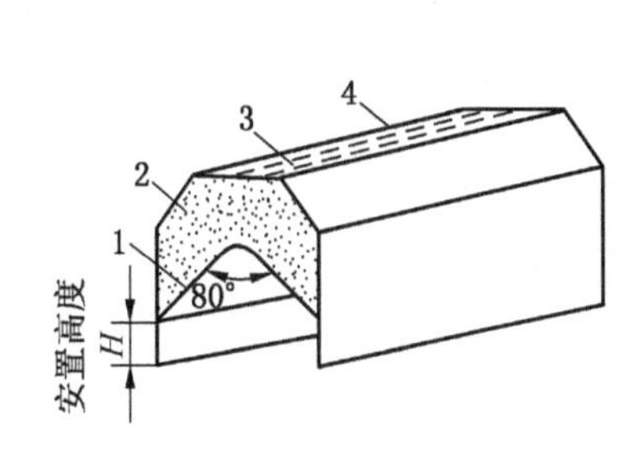

1—药型罩；2—炸药；3—导爆索；4—外壳

图 8-11　切割钢板的聚能药包

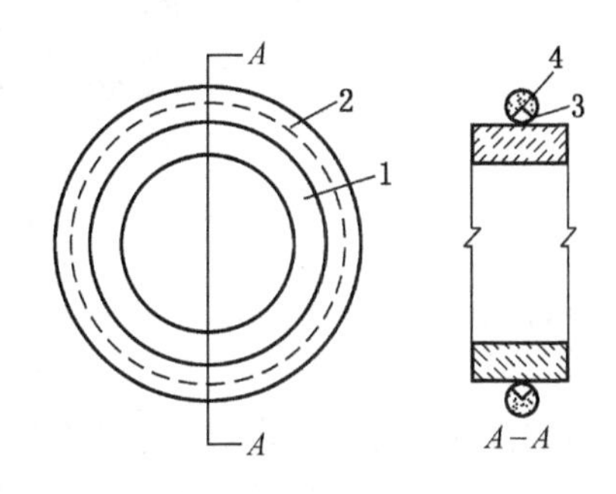

1—钢管；2—聚能药包；3—聚能穴；4—炸药

图 8-12　切割管材的聚能药包

表 8-3　用于切割钢板的聚能药包参数

钢板厚度/mm	每 1 cm 药包装药量/($g \cdot cm^{-1}$)	药包尺寸/mm			
		宽度	高度	药型罩厚度	装置高度
15.87	3.5	19.8	10.6	0.84	10.6
19.05	5.1	23.8	12.7	0.99	12.7
25.40	9.1	31.8	17.0	1.32	17.0
38.10	20.5	47.7	25.4	1.98	25.4
50.86	36.5	63.5	33.8	2.64	33.8

爆炸切割与常规方法相比，具有施工速度快和成本低的特点。20 世纪 80 年代末至 90 年代初，我国沿海有关部门和单位多次采用聚能药包切割法打捞沉船、拆除解体进口退役的邮轮，取得了相当成功的经验和显著的效益。

聚能切割爆破用于钢和钢筋混凝土结构的爆破拆除在国内外已有许多成功实例。2002 年 5 月，南京工程兵工程学院采用线形聚能爆破技术成功地拆除了宝钢一公司第二冶炼车间建筑面积为 3.9 万 m^2 的大型钢结构排架厂房。

1995 年在成都污水处理厂采用了如图 8-12 所示的聚能切割，成功拆除了 4 节钢筋混凝土污水管。圆环形聚能药包装药量 500g/m，药芯为高能炸药，外壳为铅锑合金，专用连接器可将药包任意延长。

聚能爆破还可用于石料的开采。图 8-13 是我国根据聚能效应原理研制成功的一种 PZY 光爆劈裂管。劈裂管的两侧装有 PZY 材料，插入炮孔中对应于预分离的两个面。中间条形药包两端设计有聚能结构，内装黑梯炸药。爆破时 PZY 能有效保护分离切割的岩石界面。在聚能作用方向，炮孔间能顺利劈裂、贯通。这种方法适用于大理石、花岗石和玉石等石材的开采。与传统的石材成型爆破中采用的低速炸药爆破法和不耦合装药爆破法相比，聚能爆破法可以显著减少炮孔壁周围产生的径向裂纹，保持岩石的完整性，提高成材率。

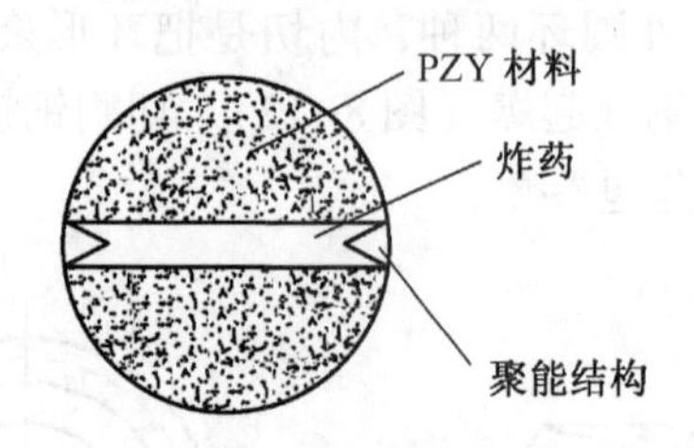

图 8-13 PZY 光爆劈裂管结构示意图

8.2 爆炸加工

爆炸加工是以炸药为能源，利用其爆炸瞬间产生的高温高压对金属材料进行加工的一种方法。它与传统的机械加工方法相比，具有以下特点：

（1）爆炸产生的压力高，加载速率高，是一种高效率的金属加工方法。

（2）能加工常规方法难以加工（或焊接）的金属材料和部件。

（3）爆炸加工所需的设备少，工序少，加工工艺简单。

（4）加工质量高。对模具的形状、精度和粗糙度要求高，因此爆炸加工的工件质量高。

8.2.1 爆炸成型

爆炸成型是利用炸药爆炸的冲击荷载，通过传压介质作用到金属毛料上，使其加工成的零部件符合设计要求的一种加工方法。按工艺过程的不同，爆炸成型可分为自由成型和模具成型两种，后者又分自然排气和模腔抽空成型。

1. 爆炸拉深

图 8-14 是爆炸拉深成型装置及爆炸成型产品的实例。爆炸成型的毛料是厚 2 mm 的 A3 钢板，尺寸为 ϕ220 mm。采用有模自然排气成型方式。炸药采用梯恩梯，成型和校型各爆炸一次，药量均为 20g，药包悬吊高度为 120 mm。爆炸后形成一深 79 mm，上口直径 ϕ140 mm，底部直径 ϕ95 mm，并有一直径 ϕ30 mm 底孔的碗形零件。成型产品尺寸符合要求，产品表面和冲孔的质量良好。

影响爆炸拉深成型效果的因素很多，其选取是否恰当，不仅影响拉深成型件的质量和生产率，还会影响模具的使用寿命。现分述如下。

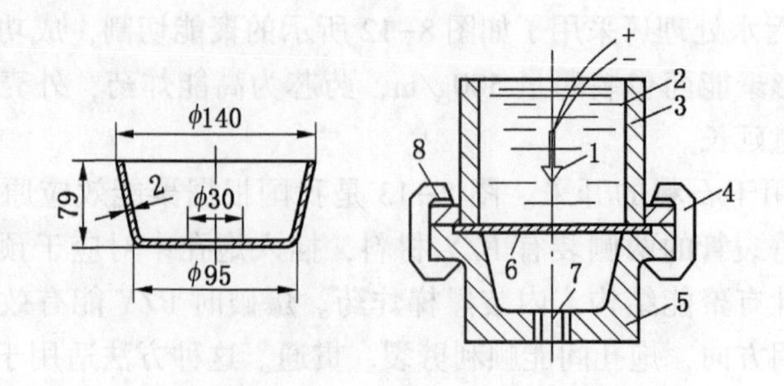

1—药包；2—水；3—套筒；4—卡具；5—模具；6—成型毛料；7—排气孔；8—斜楔

图 8-14 爆炸拉深成型装置（尺寸单位：mm）

（1）药形。药包形状决定所产生的冲击波波形和在毛料上的荷载分布情况。常用的药包形状有球形、柱形、锥形和环形（图 8-15）。球形药包爆炸后，产生球面冲击波，在低药位的情况下，作用在毛料上的荷载是不均匀的，它一般适用于成型深度不大、变薄要求不严的球底封头零件。柱形药包制作容易，是生产中用得较多的一种，分长柱和短柱两种形式。长柱药包由于端面冲击波和侧面冲击波相差较大，故常用作狭长零件的拉深成型或爆炸胀型。短柱药包则常用来代替球形药包。锥形药包爆炸后顶部冲击波较弱，而两侧较强，适用于变薄量要求较严的椭球底封头的成型。大型封头类零件，往往采用环形药包。成型深度相同的零件，环形药包的药量要比球形药包少一些。

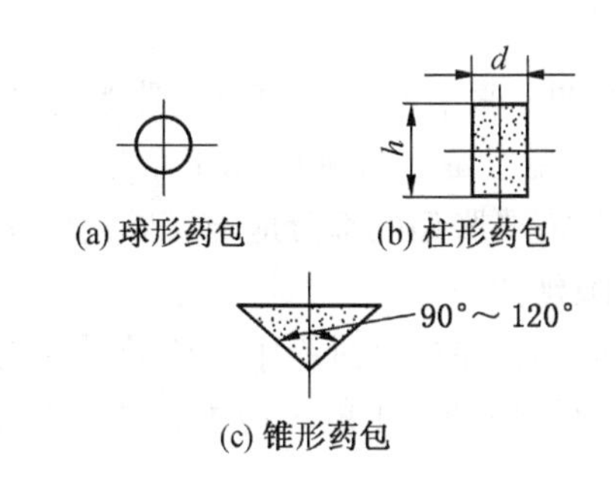

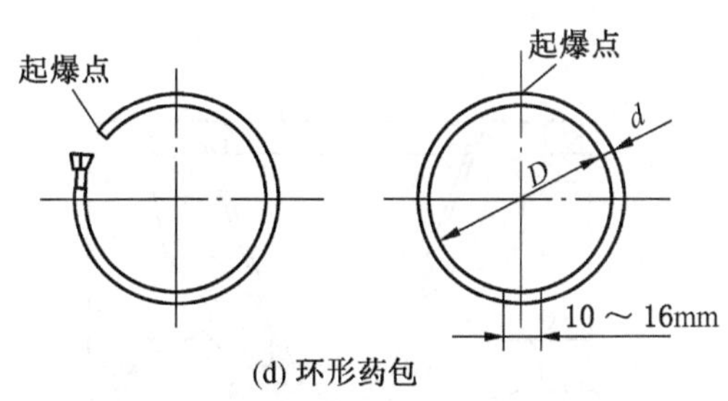

图 8-15　常用的药包形状

（2）药位。药位通常指药包中心距毛料表面的垂直高度 h，也称为吊高。药位 h 不仅影响毛料上的荷载大小，也影响其荷载分布。在采用球形、柱形和锥形药包时，相对药位 h/D（D 指毛料直径）一般在 20%～50% 范围内选择。采用环形药包时药位可适当低一些，其相对药位取 20%～30%。

药位的选取主要与零件的材料和相对厚度有关。强度高、厚度大的零件成型时，药位可低一些，反之则应高一些。

（3）药量。一些形状复杂或尺寸较大的零件，可通过试验来确定爆炸拉深成型的药量。下式是经过大量试验得出的爆炸成型封头零件的药量计算公式：

$$\frac{Y}{D} = K_1 K_2 \left(\frac{Q}{D_2 \delta}\right)^{0.78} \left(\frac{D}{h}\right)^{0.74} \tag{8-1}$$

式中　Y——成型零件顶点挠度，mm；

D——模口直径，mm；

Q——炸药量，g；

δ——毛料厚度，mm；

h——药位，mm；

K_1——传递荷载的介质系数，采用水时，$K_1=120$，采用砂时，$K_1=44$；

K_2——材料强度系数，为成型材料的屈服应力与低碳钢的屈服应力之比。

（4）水深。水深即药包中心至水面的距离 H。水越深，高压爆炸气体传递给毛料的能量越大。但当达到一定值后，这种影响趋于平稳，此时的水深称为临界水深。薄板零件成型时，临界水深一般为模口直径的 1/3~1/2。

（5）真空度。薄板毛料在爆炸拉深时，变形速度较快，如模腔内的气体来不及自行排出，将影响零件的成型质量。对相对厚度较小而精度要求又很高的零件，应采用有模抽真空的爆炸成型方式。试验表明，模腔真空度小于 6.6×10^3Pa 时，可获得外形良好的成型零件。

2. 爆炸胀型

图 8-16 是爆炸胀型的示意图，采取有模抽真空的胀型方式。爆炸胀型的零件多为筒状旋转体，同时要考虑到毛坯两端应留有合理的加工余量以补偿横向拉伸造成的轴向缩短，并留下一定的切割余量。不需要胀型的部分应与模腔内壁接触，以便毛料定位。毛料的变形延伸率应小于材料的极限延伸率。

大多数胀型件的毛料都有焊缝，在成型过程中焊缝最易开裂。因此，焊接毛坯在爆炸胀型之前，要进行热处理，以消除焊接产生的内应力，并使基本材料处于最佳塑性状态，确保爆炸胀型的质量。

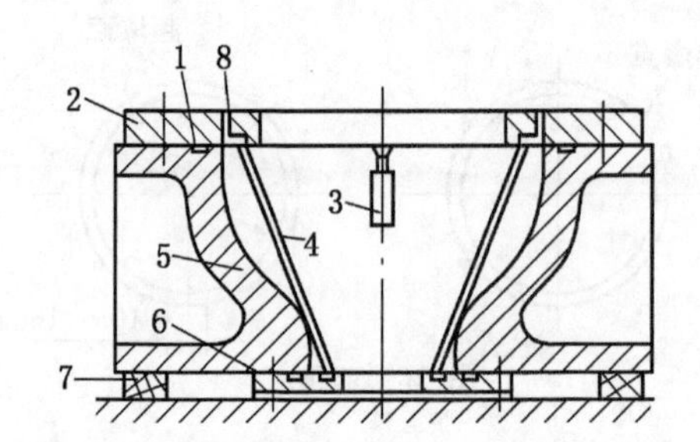

1—密封圈；2—上压板；3—药包；4—毛坯；5—爆炸模；6—下压板；7—垫土；8—抽气孔

图 8-16　模抽真空爆炸胀型示意图

在进行爆炸胀型加工过程中，为保证零件的加工质量，必须正确选择以下工艺参数。

（1）药包形状及位置。爆炸胀型用的药包形状应根据零件的几何形状来决定，原则上符合毛料各部分变形量的需要，并使模具受载最合理。对于筒形旋转体胀型零件，一般都采用圆柱形药包。

图 8-17 是几种常见胀型零件所采用的药包形状。图 8-17a 零件短而直径大，可用一个短圆柱药包，悬挂在毛坯的中心爆炸。图 8-17b 中的零件上部变形量较大，下部变形量较小，只需在上部加一药包，下部用一刚性反射板就足以成型。图 8-17c 中的零件较长，毛料变形量均匀，以采用细长药包为宜。图 8-17d 为双鼓型零件，毛料中部变形量很小，可选用两个药包，中间用导爆索串联。图 8-17e 中的零件上部变形量较大，下部变形量较小，可在上部放一药包，在下面加一段导爆索。图 8-17f 的零件上宽下窄，需进行两次胀型。第一次将药包放在上部，爆炸胀型后，毛料上口未能很好贴模，形成一收口；第二次用一环形药包（或导爆索）进行爆炸整形收口。

对筒状旋转体胀型而言，药包总是挂在旋转轴上，其吊挂的高低位置，应使药包产生的冲击波能量分布与毛料的变形量分布一致。

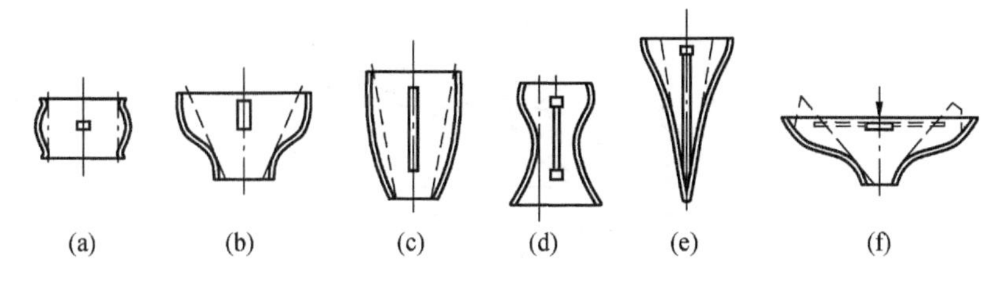

图 8-17　几种常见胀型零件的药包形状

（2）药量计算。爆炸胀型的炸药量是一个很重要的工艺参数。影响炸药量的因素包括零件的大小、材料种类、材料厚度、介质种类和爆炸边界条件等。

可按功能平衡原理，即毛料由初始状态到黏膜成型这一过程中所作的变形功等于炸药用于爆炸胀型的有效能来进行估算，即：

$$Q = k_1 k_2 \frac{\sigma \, \bar{\varepsilon}_0 \delta S_0}{q\eta} \tag{8-2}$$

式中　Q——药量，kg；

σ——毛料在动荷载作用下的屈服极限，近似取静载荷屈服极限的 2 倍，N/cm^2；

$\bar{\varepsilon}_0$——毛料圆周方向上的平均应变；

S_0——毛料的初始面积，cm^2；

δ——毛料的初始厚度，m；

q——每千克炸药的能量，J/kg；

η——炸药的能量利用率，一般为 13%～15%；

k_1——传压介质系数，水 $k_1 = 1.0$，沙 $k_1 = 4.0$；

k_2——工艺系数，抽真空成型时 $k_2 = 1.0$，水井中成型时 $k_2 = 0.8 \sim 0.9$。

8.2.2　爆炸复合

爆炸复合是指用炸药为能源，在所选择的金属板材或管材的表面包覆上一层不同性能的金属材料的加工方法，前者称基板，后者称复板。

爆炸复合有两种基本形式：一种是爆炸焊接，这种复合工艺要求两种金属材料的结合部位有一般的熔化现象，在两种材料的界面上能观察到细微的波浪状结构，由于两种金属彼此渗入到各自的组织中，因此焊接后的强度很大。另一种工艺是爆炸压接，它与爆炸焊接的区别是，结合部位两种金属组织没有发生熔化焊接现象，仅仅依靠很高的爆炸压力把两者压合、包裹而牢牢地复合在一起。

1. 爆炸焊接

爆炸焊接中应用最广泛的是平板爆炸焊接，按基板和覆板的安装方式的不同，可分为角度法和平行法。平行法要求基板和复板之间保持严格的平行，角度法要求基板和复板的间隙随位置的逐渐变化而变化。图 8-18 是角度法平板爆炸焊接的示意图。它由炸药、雷管、缓冲层、复板、基板和基座组成。爆炸焊接的基板为普通的金属材料，复板选用耐蚀性或耐热性较好的具有特殊性能的板材。缓冲层的主要作用是用来保护复板，避免复板表面受炸药爆炸灼伤，常用的缓冲材料有橡皮、沥青和油毡等。基座通常用砂或泥，在特殊情况下也可用厚钢板作基础。

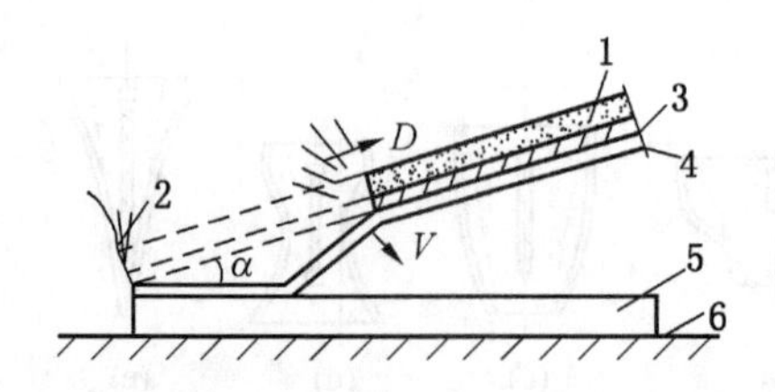

1—炸药；2—雷管；3—缓冲层；4—复板；5—基板；6—基座

图 8-18　角度法平板爆炸焊接示意图

爆炸焊接的过程大致如下：炸药爆轰后，以爆速 D 向前传播，在高压爆炸荷载作用下，复板被加速，从起爆端开始依次与基板碰撞。当两板以一定角度相碰时将产生很大压力，大大超过金属的动态屈服极限，因而碰撞区产生了高速的塑性变形，同时伴随着剧烈的热效应。此时，在碰撞处金属板的物理性质类似流体，其内表面将形成两股运动方向相反的金属射流。一股是在碰撞点前的自由射流，向尚未焊接的空间高速喷出，冲刷金属的内表面，使其露出有活性的新鲜面，为两种金属板的焊接创造条件。另一股是往碰撞点后运动的射流，称为凝固射流，它被凝固在两板之间，形成了两种金属的冶金结合。

除平板的焊接外，还有其他形式的爆炸焊接，如管焊接（图 8-19），可分为内爆炸和外爆炸两种形式；搭接焊接（图 8-20）；缝焊和点焊，在结构和部件的局部长度或面积上采用爆炸的方法进行缝焊和点焊。

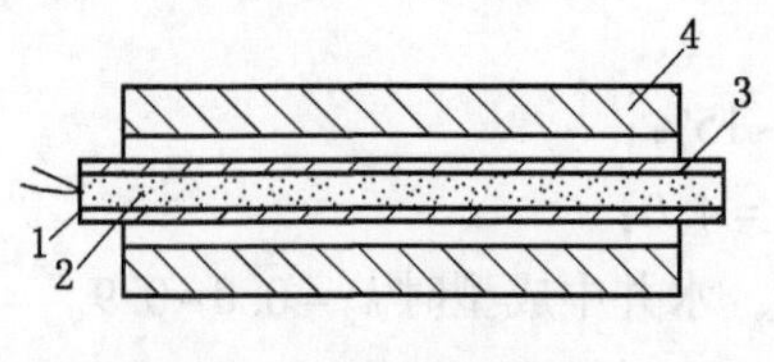

1—雷管；2—炸药；3—复管；4—基管

图 8-19　管焊接

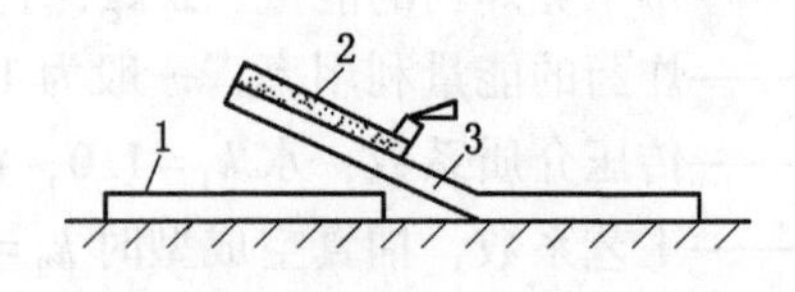

1—基板；2—炸药；3—复板

图 8-20　搭接焊接

爆炸焊接时，复板和基板的复合表面应做很好的清理。实验表明，初始表面的光洁度越高、越新鲜，连接性能就越好。

常用的表面清理方法有：①砂轮打磨，主要用于钢的表面清理；②喷砂、喷丸，用于要求不高的钢表面处理；③酸洗，常用于铜及其合金的表面清理；④碱洗，主要用于铝及其合金的表面清理；⑤砂布或钢丝刷打磨，主要用于不锈钢和钛合金的表面清理；⑥车、刨、铣、磨，用于要求较高的厚钢板以及异形零件的表面清理。

爆炸焊接与常规的金属连接方法相比，具有如下特点：

（1）爆炸焊接适用于广泛的材料组合，如熔点差别很大的金属（如铅和钽）、热膨胀系数差别很大的金属（如钛和不锈钢）以及硬度差别很大的金属（如铅和钢）等都可以用爆炸焊接的方法得到性质优良的复合板。

（2）爆炸焊接金属板的尺寸和规格不受设备条件的限制，复板的厚度范围为 0.025～25 mm，基板的厚度可以从 0.05 mm 到任意厚度。

（3）焊接质量和再加工性能好。爆炸焊接产品不但具有较高的结合强度和优良的应用性能，而且还具有良好的再加工性能。

2. 爆炸压接

爆炸压接是利用爆炸产生的强大压力，将两种金属材料压合、包裹在一起。机械压缩过程是爆炸压接的基本形式。爆炸压接最典型的例子是电力工业部门在野外架设高压输电线时，用它来连接电力线。图 8-21 是爆炸压接钢绞线的原理图。将两根电力线的线头，从相反方向插入压接管中。线头的连接方式有对接、搭接和插接等方式。在压接管外周敷设两层炸药，爆炸后即可完成压接。

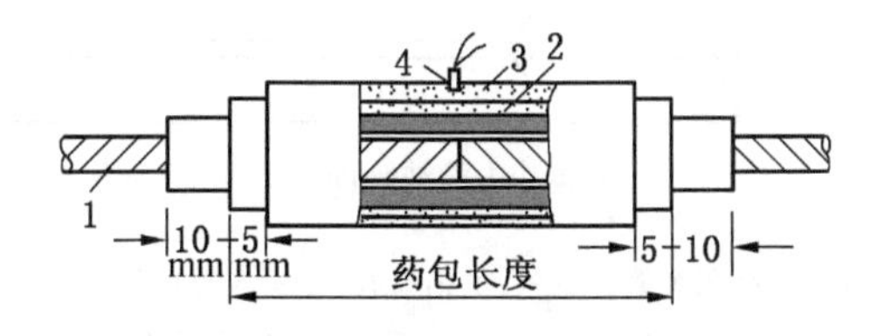

1—钢绞线（对接）；2—压接管；3—药包包裹两层；4—雷管

图 8-21　爆炸压接钢绞线原理图（尺寸单位：mm）

爆炸压接架空电力线的工艺过程是：按压接需要切割一定长度的压接管，用汽油或10%的碱水清洗管、线，在压接管的外表面与炸药接触的部位包缠保护层如橡皮、塑料袋等，根据压接长度和压接管的直径进行装药计算，并在压接位置上敷设药包，把需要压接的电力线的一端穿进压接管中。爆前和爆后对压接部位进行处理。爆炸压接前表面所需要的清理工作与爆炸焊接类似。

表 8-4 是我国供电部门在采用搭接式爆炸压接时所采用的管线规格、炸药装药结构和参数。

表 8-4　搭接式爆炸压接的管线规格和装药参数

钢芯铝绞线		压 接 管			装 药 参 数			
型号	导线外径/mm	型号	长度/mm		导线基准药包		引线基准药包	
			导线	引流线	长度×药厚/（mm×mm）	装药量/g	长度×药厚/（mm×mm）	装药量/g
LGJ-35	8.4	BYD-35	170		150×5	45		
LGJ-50	9.6	BYD-50	210		190×5	70		
LGJ-70	11.4	BYD-70	250		230×5	85		
LGJ-95	13.7	BYD-95	230	115	210×5	95	85×5	40
LGJ-120	15.2	BYD-120	270	130	250×5	125	85×5	40
LGJ-150	17.0	BYD-150	300	135	280×5	160	110×5	55
LGJ-185	19.0	BYD-185	340	150	320×5	185	115×5	75
LGJ-240	21.6	BYD-240	370		350×5	240	130×5	80

8.2.3　爆炸硬化

爆炸硬化是利用敷设在金属表面的一层板状炸药爆炸产生的冲击波使金属表层硬化的方

法。图 8-22 是金属爆炸硬化过程的示意图。目前，爆炸硬化工艺主要用于高锰钢铸件，例如铁道道岔、挖掘机斗齿、颚式破碎机的牙板等。经爆炸硬化的金属表层，一般硬度将提高 2~3 倍，抗拉强度提高 2 倍，屈服点可提高 4 倍左右。对爆炸硬化的高锰钢切片的显微观察表明，高锰钢表层在复杂的爆炸应力作用下，晶粒产生了高密度的位错、增值和滑移。塑性变形和强化的结果，表现为硬度的提高，这就是高锰钢在爆炸载荷作用下硬度提高的原因。

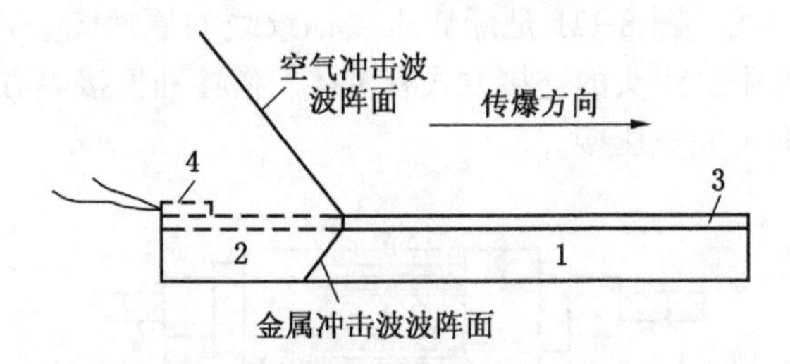

1—待硬化金属；2—已硬化金属；3—炸药；4—雷管

图 8-22　金属爆炸硬化过程示意图

爆炸硬化工艺以使用板状炸药操作最为简便。先根据零件要硬化的部位，将其展开面积做成样板，按样板把板状炸药裁切成一定形状，然后把药片直接贴在零件需要硬化的部分上，用雷管引爆。

炸药是影响爆炸硬化效果的主要因素，通常对用于爆炸硬化的炸药要求满足：①炸药的密度大、爆速和猛度高，传爆性能稳定，临界厚度小；②具有良好的柔软性和可塑性，便于裁剪和敷贴。目前国内已经研制成功的板状炸药均以黑索金炸药为主要成分，单位面积装药量为 0.3~0.5 g/cm^2。

使用同样的炸药，波阻抗越大的金属，其产生的冲击波压力峰值越高，硬化效果也越好，高锰钢爆炸硬化以后，表面硬度提高，相当于提高了表层金属的波阻抗。因此，采用小药量分次爆炸硬化的方法，比大药量单次爆炸效果显著。加大药量虽然也可以加大硬化层深度，但却不能使表面硬度有很大提高，如图 8-23 所示。

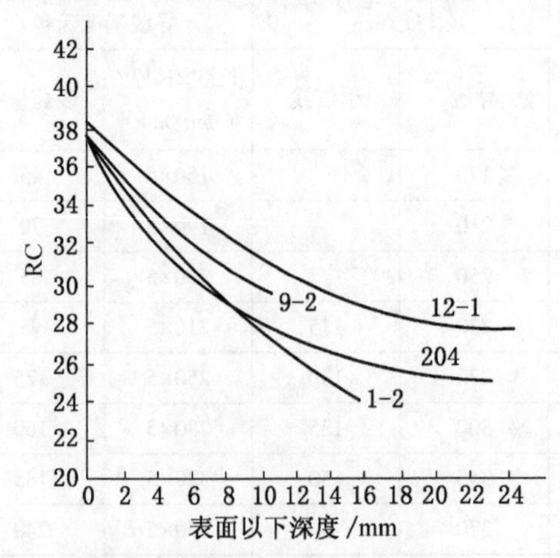

1-2—炸药厚度 3 mm，炸药硬化次数 1 次；204—炸药厚度 4 mm，爆炸硬化次数 1 次；
9-2—炸药厚度 5 mm，爆炸硬化次数 1 次；12-1—炸药厚度 6 mm，炸药硬化次数 1 次

图 8-23　药片厚度与硬化效果关系

实验资料表明，同样药量分两次爆炸时，与单次爆炸效果相比，无论表面硬度还是硬化层深度，都有明显改进。图 8-24 为药厚 4.0 m 时，一次爆炸与二次爆炸硬化效果的比较。当爆炸硬化的炸药厚度为 4 mm 时，重复爆炸两次效果最好。对于性质相同，编号为 204 和 206 的高锰钢铸件试件，试件 204 爆炸硬化一次，表面硬度可达 RC35～38，硬度在 RC32 以上的硬化深度约为 3～6 mm；试件 206 爆炸硬化二次后，表面硬度可达 RC40～43，硬度在 RC38 以上的硬化层深度为 3.5～4.0 mm，RC32 以上的硬化层深度则约为 16 mm。

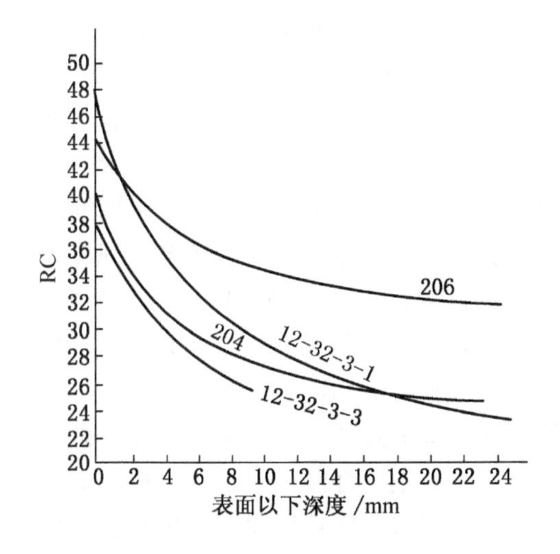

204—试件，爆炸一次；206—试件，爆炸二次；

12-32-3-3—试件，爆炸一次；12-32-3-1—试件，爆炸二次

图 8-24 药厚 4.0 mm 时，一次爆炸与二次爆炸硬化效果比较

8.3 爆炸合成新材料

8.3.1 概述

爆炸冲击波作用时产生高压和温升，其作用时间很短，在材料中产生很高的应变率，这样就会使由活性物质组成的混合物产生化学反应，也可能使纯物质发生相变。通过爆炸的方法合成新材料一直是一个前沿的热门研究课题，这方面研究最多和最成功的是一些超硬材料如金刚石和致密相氮化硼的爆炸合成。

最早通过爆炸冲击波合成的化学合成物是锌-铁素体。其后不久在具有理想配合比的钛碳混合粉末的爆炸烧结中观察到碳化钛的形成。随后发现当用三硝基苯甲硝胺对乙炔碳黑和钨或铝粉等的混合物进行爆炸压制后，生成了碳化钨或碳化铝等金属碳化物。形成碳化钨所用的炸药与粉末质量比 *E/M* 约为 5，碳化钨（α-W_2C 和 WC）的得率为 90%，形成 Al_4C_3 所用的 *E/M* 值为 16，Al_4C_3 的得率为 42.5%。

钛酸钡是广泛用来制造压力传感器的材料，对氧化钛（TiO_2）和碳酸钡（$BaCO_3$）的混合物进行爆炸冲击可以合成钛酸钡。通过爆炸冲击作用于相应组分还可用来合成超导化合物，如 Nb_3Sn 和 NbaSi 等，其合成所需的压力高达 100 GPa 左右。已有研究表明，爆炸合成的超导合金的转变温度比用普通方法制成的合金要低，而且爆炸合成的超导材料的转

变范围也要大一些。氮化硅是用于高温的一种非常重要的材料，它可以用来制造燃气轮机的涡轮叶片和轮盘等。在对氮化硅进行爆炸冲击时，也会发生相变。当冲击压力达到40 GPa时，α-Si_3N_4 会转变为 β-Si_3N_4。

同普通方法制成的材料相比，爆炸合成的材料具有独特的性质。比如，爆炸合成的粒度约 1 mm 的碳化钨颗粒的硬度为 HV3500 左右，而用普通方法制成的碳化钨为 HV2000。由 $CuBr_2$ 和 Cu 的混合物爆炸合成的 CuBr，其晶格常数 a 为 5643 Å，一般值为 5690 Å。爆炸合成的 CuBr 的密度和介电特性较强，CuBr 的闪锌矿向纤锌矿转变温度较低，只有375 ℃，而一般的转变温度为 396 ℃。将爆炸合成的 CuBr 在 400 ℃下热处理 0.5 h，其性质与普通 CuBr 制品类似。此外，爆炸合成的 BN、CaF_2，CdF_2 也有与常规方法得到的材料所不同的晶格常数。但退火处理后，这些物质的物理常数与常规方法得到的材料相同。

8.3.2 爆炸合成金刚石

由石墨高压相变合成金刚石已有多年的历史，主要包括静压法和爆炸冲击波动态加压法。爆炸法合成金刚石始于 20 世纪 50 年代初，1960 年美国斯坦福研究所在经爆炸冲击作用过的石墨中发现了微量金刚石的存在。经过多年的研究改进，于 1967 年首先由杜邦公司投入生产。随后其他国家，如波兰、西德、法国、英国和日本等相继采用爆炸法合成金刚石微粉。中国于 1971 年首次用爆炸法合成出金刚石微粉，随后又用爆炸法成功烧结出大颗粒金刚石聚晶。最早用爆炸法得到的金刚石是微米和亚微米微粉，这种金刚石纯度较高，具有很好的抗氧化性能及耐石墨化性能，同时还是烧结大颗粒聚晶的良好原料。1988 年出现了通过炸药爆轰方法制备纳米金刚石微粉的新技术，这种方法不用外加碳源，直接由炸药中的碳相变成金刚石，这种方法被称为金刚石合成技术的第三次飞跃。与静压法相比，爆炸法合成金刚石不需要大吨位压力机械设备，投资少，产量高，方法简便，成本低。根据爆炸作用及相变机理，可以进一步将爆炸法合成金刚石分为三种方法，即冲击波法、爆轰波法、爆轰产物法。

1. 冲击波法

冲击波法是指将冲击波作用于试样，使试样在冲击波产生的瞬间高温高压下相变成金刚石。试样包括石墨、灰口铸铁及其他碳材料。利用冲击波爆炸合成金刚石的装置有多种：一是平面飞片法，即利用飞片积储能量，然后高速拍打石墨试样获取高温和高压；二是收缩爆炸法，即利用收缩爆轰波，使大量爆炸能量集中于收缩中心区，造成很大的超压和高温，来提供石墨相变所需要的条件。图 8-25 所示为平面飞片法爆炸装置示意图。经平面波发生器及主装药产生的冲击波驱动金属飞片，高速驱动的飞片拍打试样，在试样中产生高温高压，使碳材料相变称金刚石。为了便于回收，也可以不用砧体而在沙坑中直接爆炸。

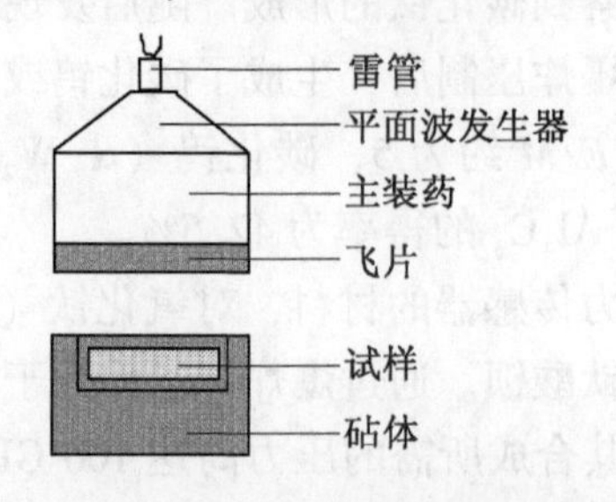

图 8-25 平面飞片法爆炸装置示意图

目前多采用收缩爆炸法爆炸装置。产生典型的柱面收缩方法有多种，如柱面收缩的炸药透镜法、对数螺旋面法、金属箔瞬时爆炸引爆法等。但这种装置或是辅助用药量较多，或者引爆技术比较复杂，或者附属设备投资较大，不适合于规模化生产。图 8-26a 所示为一种准柱面收缩爆炸装置。引爆头被激发后，爆轰波通过传爆药层使药柱上侧四周同时激发，形成一个向心和向下的准柱面收缩波。如果将这种装置和飞片法结合起来，就形成了如图 8-26b 所示的综合爆炸装置。由于从两个角度利用爆炸的能量。因而，同样药量下，金刚石的产量大致可以提高一倍。

在冲击波法合成金刚石中，为了提高转化率，防止逆向石墨化相变发生，通常在样品中混入金属粉如 Fe、Ni、Co、Sn 合金粉等，以降低样品温度，提高冲击压力和石墨样品的冷却速度。此外，也可采用水下冲击的方法，提高石墨样品的冷却速度。

一般认为冲击波条件下石墨向金刚石转变是非扩散直接相变。冲击波合成的金刚石是颗粒度在 0.1 μm 至几十微米之间的多晶微粉，含有大量的微观晶格缺陷，具有较高的烧结活性，多为立方晶型，纯度高，质量好，强度、硬度和绝缘性能明显比静压合成金刚石好。

解决冲击波合成大颗粒金刚石是当今国内外需要攻克的难题。冲击波压力、温度及作用时间是影响金刚石粒度和转化率的重要因素。其中，温度的作用更为明显，提高温度可以促进金刚石的成核和生长，但如果冷却措施不力，卸载后温度仍然很高，会使合成的金刚石发生石墨化。对于作用时间尚有不同的认识，有些学者认为冲击压力的持续时间是金刚石成核和生长的有效时间，但也有人认为真正起作用的是冲击波上升前沿这段时间。为增大金刚石粒度，可以采用多次冲击的方法合成聚晶金刚石，使金刚石聚晶粒度达100 μm以上，但随着冲击次数的增加，金刚石聚晶变脆。

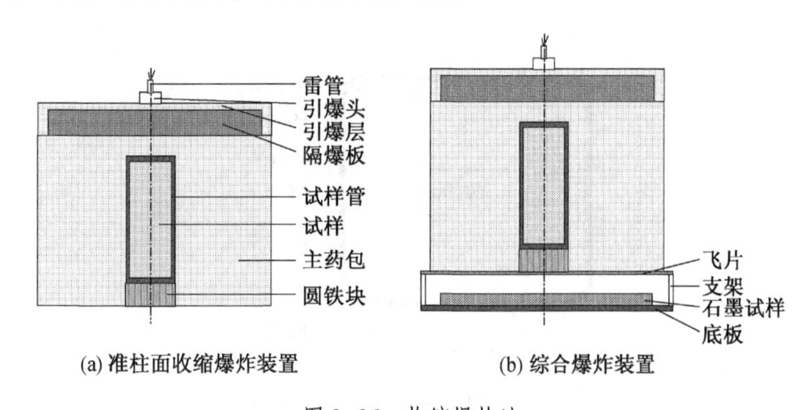

图 8-26　收缩爆炸法

2. 爆轰波法

1982 年，苏联首先提出采用爆轰波法合成金刚石，这种方法是指将可相变的石墨与高能炸药直接混合，起爆后利用炸药爆轰产生的高温高压直接作用于石墨，利用爆轰波的高温高压直接作用合成金刚石，爆轰波过后产物飞散而快速冷却得到金刚石。这种方法中，作用于石墨的不是一般的冲击波，而是带化学反应的爆轰波。爆轰波法与冲击波法比较相似。这两种条件下都是非扩散直接相变。

3. 爆轰产物法

利用炸药爆轰的方法合成纳米金刚石被誉为金刚石合成技术的第三次飞跃。爆轰合成超微金刚石（Ultrafine Diamond，简称 UFD）与冲击波法和爆轰波法不同，它是利用负氧平衡炸药爆轰后，炸药中过剩的没有被氧化的碳原子在爆轰产生的高温高压下重新排列、聚集、晶化而成纳米金刚石的技术，所以又称为爆轰产物法。由于爆轰过程的瞬时性决定了 UFD 的纳米小尺寸。目前，仅在陨石中发现有和 UFD 相似的物质。

UFD 的制备过程较为简单，图 8-27 为 UFD 爆炸合成装置示意图。负氧平衡的混合炸药在高强度的密闭容器中爆炸，为了减少爆炸过程中伴生物石墨和无定形碳等的生成，同时防止 UFD 发生氧化和石墨化，爆炸前在容器中充惰性保护气或在药柱外包裹具有保压和吸热作用的水、冰或热分解盐类等保护介质。爆炸后，收集固相爆轰产物（爆轰灰），先过筛去除杂物，然后用氧化剂进行提纯处理，除去其中的石墨、无定形碳等非金刚石碳相以及金属杂质等，经蒸馏水洗涤并烘干即可得到较纯净的 UFD。

虽然只用 TNT 可以生成游离碳，但由于 TNT 的爆轰压力不高，因而还不能生成金刚石。用 TNT 与 RDX 的混合物就可以生成金刚石。试验结果表明，TNT 含量在 50%~70% 时，金刚石的产率较高。爆炸需要在密闭的容器中进行，容器中要充填惰性介质以保护生成的金刚石不被氧化。作为惰性介质，开始时采用一些气体。实验结果表明，用 CO_2 的结果优于其他几种气体，而采用惰性气体（如氦、氩）时，几乎不生成金刚石。由此可以认识到，所用的惰性介质除起到保护生成的金刚石不被氧化的作用外，还起到冷却爆炸产物的作用，因而其比热越大越好，可以使爆炸产物迅速冷却，使其中的金刚石粉不会发生石墨化。基于此，试验中采用了不同的保护介质，包括水、冰及热分解盐（如 $NaHCO_3$ 和 NH_4HCO_3）等。试验结果表明，采用水作保护介质时，金刚石的得率最高，且操作工艺最简单，因而在实际生产中经常采用水作保护介质，国内外甚至发展了水下连续爆炸的方法。

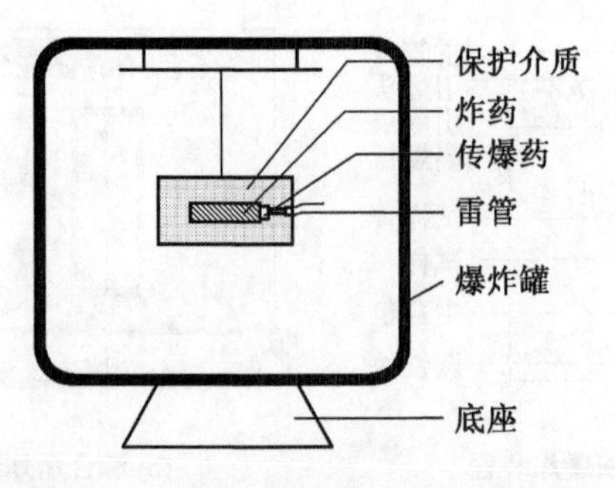

图 8-27　UFD 爆炸合成装置示意图

综上所述，在合成金刚石的过程中，TNT 之类的负氧平衡炸药主要提供碳源。按化学反应式计算，当使用 TN T/RDX（50%/50%）混合炸药时，游离碳的生成量最多为 14%，也就是说，即使全部游离碳都转化为金刚石（这实际上是不可能的），其收率也只能是炸药用量的 14%。为了探索提高金刚石收率的可能性，研究者们尝试向炸药中添加有机物的方法，试探过多种有机物，其中有一些可以使含金刚石黑粉的收率有所提高，因而金刚石收率也略有增加，但并不明显。有人认为，添加有机物后爆轰产物中游离碳的含量增加还具有保护金刚石的作用。金刚石收率提高不明显的原因是，添加惰性有机物后，炸药的爆轰压力下降，这对金刚石的生成是不利的。

人们还试探了用不同炸药合成金刚石，例如用爆轰压力更高的奥克托金 HMX 代替 RDX，但是金刚石收率并没有明显提高。其原因是，只要压力达到必要的水平，就可以使炸药中多余的碳全部解离成游离碳，再提高压力并不能进一步增加金刚石的收率。当使用爆轰产物温度更高的无氧炸药如 BTF 时，产物中金刚石的颗粒尺寸有显著增加，其原因是，当爆轰产物温度更高时，部分游离碳会熔化生成碳的液滴，然后晶化生成颗粒尺寸较大的金刚石粉末。还有人试过用爆炸性能与 TNT 相似而分子中没有 C—C 键的炸药 CH_3—$N(NO_2)$—CH_2—$N(NO_2)$—CH_3 代替 TNT 作为原料，这时金刚石的收率明显下降，其原因是在使用一般炸药时，爆轰产物的游离碳中含有 C_2、C_3 或更大的碳团簇，它们更容易转化为金刚石，而没有 C—C 键的炸药就不能生成这类团簇，因而使金刚石收率下降。爆轰法合成纳米金刚石的得率较高，以炸药用量计可达 8%～10%。表 8-5 列出了不同装药条件下爆轰灰及 UFD 的得率，表 8-6 列出了不同保护条件下爆轰灰及 UFD 的得率。

爆轰合成纳米金刚石属于纳米级微粉，只有立方金刚石，没有六方金刚石，UFD 大都呈规整的球形，粒径范围为 1～20 nm，平均粒径 4～8 nm，颗粒之间由于严重的硬团聚通常形成微米和亚微米尺寸的团聚体。其晶格常数比宏观尺寸金刚石大，具有较大的微应力。UFD 比表面积大，一般 300～400 m^2/g，最大可达 450 m^2/g，其化学活性高，具有很强的吸附能力，表面吸附有大量的羟基、羰基、羧基、醚基、酯基及一些含氮的基团，形成了相对疏松的表面结构。元素分析表明其元素组成：碳约 85%，氢约 1%，氮约 2%，氧约 10%。不同合成条件对 UFD 的晶粒尺寸、结构以及性质都有影响，可以根据不同的要求选择合适的合成条件，也可以通过表面处理对其进行物理、化学改性，以满足不同的应用要求。

纳米金刚石用途很广泛。例如，用作玻璃、半导体、金属和合金表面超精细加工抛光粉的添加剂；作为磁柔性合金成分制备磁盘和磁头；用作生长大颗粒金刚石的籽晶；用作强电流接触电极表面合金成分；制备半导体器件和集成电路元件（金刚石和类金刚石薄膜异向外延，金刚石半导体晶体管，可见和紫外波段发光二极管，蓝光和紫外光发光材料，集成电路的高热导率散热层）以及用于军事隐身材料等。

表 8-5　不同装药条件下爆轰灰及 UFD 的得率

	TNT	RDX	TNT/RDX (70/30)	TNT/RDX (50/50)	TNT/RDX (50/50)	NQ/RDX (50/50)	NM/RDX (40/60)
装药形式	注装	压装	注装	注装	压装	注装	注装
保护介质	N_2	N_2	N_2	H_2O	N_2	H_2O	H_2O
爆轰灰/%	27.2	8.0	21.0	21.9	18.0	8.7	24.1
UFD/%	2.8	1.1	7.5	9.1	3.5	0.4	0.3

表 8-6　不同保护条件下爆轰灰及 UFD 的得率

	N_2	水	冰	NH_4HCO_3
爆轰灰	19.0	21.0	22.0	NA
UFD	4.5	9.1	8.7	6.0

8.4 油气井爆破

8.4.1 概述

油气井爆破技术是利用炸药的爆炸能量，在井中通过特定装置实施的井下爆破作业技术。油气井爆破技术很好地促进了钻井和采油工艺的发展。1926年在石油钻探和开采中首先发明了子弹射孔方法；20世纪40年代聚能射孔试验成功；50年代提出无杵体药型罩，并于60年代后期开始装备试用；80年代套损井爆炸修复技术等得到了广泛的应用。

我国在石油钻探和开采中采用这一技术起步较晚，但发展迅速。1985年四川省石油管理局属下工厂研制成功5种射孔弹定型产品，近20年来中国工程物理研究院和中国兵器工业204研究所等单位分别在油气井特种爆破技术的研究和新产品的开发方面，做出了很大贡献。目前我国已开发一系列油气井工程专用的爆破器材、燃烧器材以及起爆和传爆器材。

油气井爆破与一般爆破工程不同，它是在油气井内特定环境中实施的爆破作业。爆破施工一般在套管内指定的油气层位中进行，如射孔、取芯、压裂、整形、切割等作业。我国陆地油田绝大部分井身采用 ϕ139.7 mm 的套管，壁厚分别有 6.2 mm、6.98 mm、7.72 mm、9.17 mm 和 10.54 mm 等，井内充满了井液。因此，在这种特定的条件下进行爆破作业，首先要求爆破器材及爆破装置能满足油气井施工的要求，同时要确保作业过程中的安全。

油气井爆破有以下主要特点：

（1）外部环境复杂，作业安全性要求高。对于陆上油井井场，有高压电网、各种施工设备和机械，常伴有感应电和杂散电流等不安全因素。对于海上油田，爆破作业是在固定式、自升式或半潜式钻井平台上作业，外部环境更为恶劣。

（2）对爆破器材的耐温耐压性能要求很高。我国油田的油层，大部分在1000~4000 m井深处，超深井井深可达6000~8000 m，这些部位井温高达250 ℃，泥浆压力可达140 MPa。爆破器材必须满足耐高温、高压的要求，并在一定时间内其发火感度、爆炸威力、热稳定等性能均应保持稳定。

（3）爆破装置应有良好的密封性能。油气井内充满了井液，而且压力很高，为保证爆破效果，装置应有良好的密封性能。

（4）起爆技术必须安全可靠。除常规的电起爆、导爆索起爆方法外，目前已开发安全电雷管、撞击起爆、压差起爆、定时起爆等新技术，以满足油气井作业的特殊要求。

8.4.2 射孔技术

所谓射孔就是根据勘探和开发需要，应用聚能射孔装置在油气层部位射孔，使井下套管和水泥环形成穿孔，沟通井眼与油气层，以便有效开采原油、天然气或实施井下注水作业。

聚能射孔装置的主体是射孔弹。图8-28是典型的油井聚能射孔弹结构示意图，弹体高44 mm、直径26.2 mm、药柱采用G炸药（质量15 g），药型罩用紫铜制作，60°锥角、厚0.7 mmn，爆炸后可穿透套管侧壁在岩层中炸出一个深80~104 mm、直径8 mm的小孔。图8-29为双侧聚能射孔装置，在钢壳中同时包着两个顶角相对的聚能药包，它既能增大穿透力、提高射孔密度，又简化了枪体结构。表8-7列出了中国工程物理研究院研制生产的 C379 型系列石油射孔弹的规格和性能。

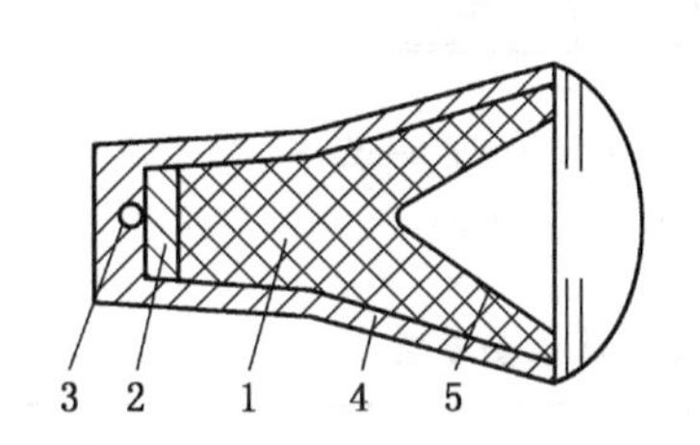

1—药柱；2—引爆药饼；3—导爆索孔；
4—外壳；5—金属药型罩

图 8-28 油井聚能射孔弹结构示意图

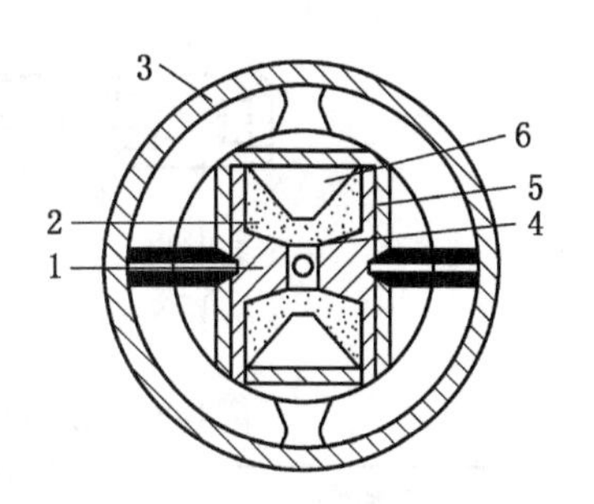

1—导爆索孔；2—炸药；3—枪壳；4—钢壳；
5—铝壳；6—聚能穴

图 8-29 双侧聚能射孔装置

表 8-7 C379 型系列石油射孔弹的规格和性能

型号	规格/(mm×mm)	装药量/g	耐温/	45 号钢靶		混凝土靶	
	直径×高度		(℃/48 h)	穿深/mm	孔径/mm	穿深/mm	孔径/mm
C379-89-1	46×46.5	24	170	150	13	450	14
C379-89-2	46×51	25	170	150	11	460	11
C379-89-3	46×51	25	170	145	10	550	10
C379-89-4	46×51	25	205	150	11	600	12
C379-127-1	58×64.5	39	170	160	14	750	16
C379-127-2	58×64.5	40	205	160	15	750	16

通常射孔弹都安装在专用的耐高温和高压的爆破装置——射孔器（枪）中。例如国内常用的 57-103 型射孔器，由电缆帽、枪身主体、发火机构和配重等组成。数个射孔弹按不同方向和高低位置同时装在枪身的筒架上，并与其射孔窗对正，用起吊装置把射孔器吊入井中油层需要射孔的部位，然后在地面通过特种导爆索引爆射孔弹。

8.4.3 聚能切割技术

在油田施工作业中，聚能切割器的切割对象主要是井下油管、套管、钻杆和钻铤，海洋油田平台的报废桩腿和导管架等。切割弹大多采用面对称环形装药结构，分为环形内切割和外切割两种弹体，如图 8-30 所示。前者放在管子内部，从管子内部向外切割管壁，采取中心起爆方式；后者套在管子外部，从外向内进行切割，采用侧向起爆方式。采用 X 光和高速摄影对 ϕ50 mm 内切割弹爆炸后金属射流形态的观察结果表明，其环状射流头部速度在 3137~3276 m/s 之间，可以满足切割要求。目前我国已开发出系列油井聚能切割弹，按用途主要可以分为 4 大类，即油管切割弹、钻杆切割弹、套管切割弹和钻铤切割弹。

图 8-30 为 SBG 型爆炸切割弹结构示意图，其主要参数列于表 8-8。使用这种切割弹能可靠地切断钻铤和钢管，切口平整，断头无膨胀及喇叭口现象，安全性能好，使用方便。目前在中原油田已广泛用来切割钻铤、分离钻头，并作为排除油气井及地质勘探中井下作业故障的有效工具。

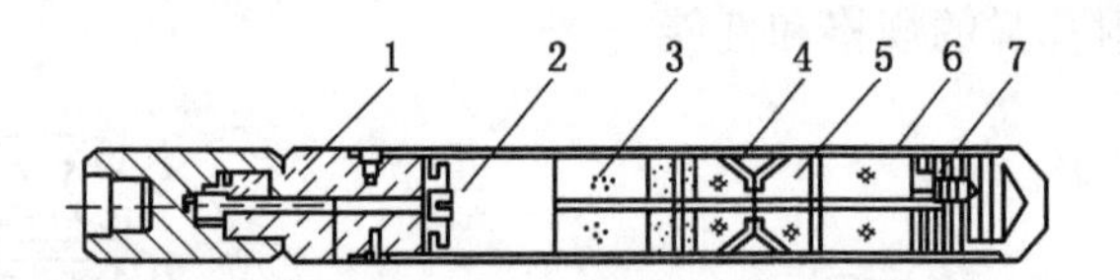

1—连接件；2—同步引爆器；3—炸药；4—聚能罩；5—异形炸药；6—壳体；7—扩爆管

图 8-30　SBG 型爆炸切割弹结构示意图

表 8-8　SBG 型爆炸切割弹的类型及主要参数

型号	装药密度/（$g \cdot cm^{-3}$）	装药长度/mm	弹长/mm	外径/mm	装药量/g	切断钻铤规格/in
SBG-Ⅰ	1.84	440	785	50	1116	7
SBG-Ⅱ	1.74	620	860	50	1526	6
SBG-Ⅲ	1.84	440	785	60	1448	8

注：1 in=25.4 mm。

8.4.4　爆炸整形与焊接技术

油气井套管变形（一般为凹陷变形）是套损井最常见的一种损坏变形。套管的爆炸整形与焊接技术是针对套管变形、轻微错断（横向位移不超过 30 mm）而发展起来的一种综合修复工艺技术，也称为爆炸修井技术。

套管损坏类型主要包括如下三种：

（1）径向凹陷变形。由于套管本身局部质量差、强度不够，或在固井质量不高及长期采注压差作用下，套管局部会发生缩径现象，如图 8-31 所示。

（2）弯曲变形。泥岩、页岩长期水浸后岩体会发生膨胀，产生巨大地应力。岩层相对滑移剪切套管，使套管沿水平方向弯曲，并在径向出现变形或严重变形（图 8-32）。

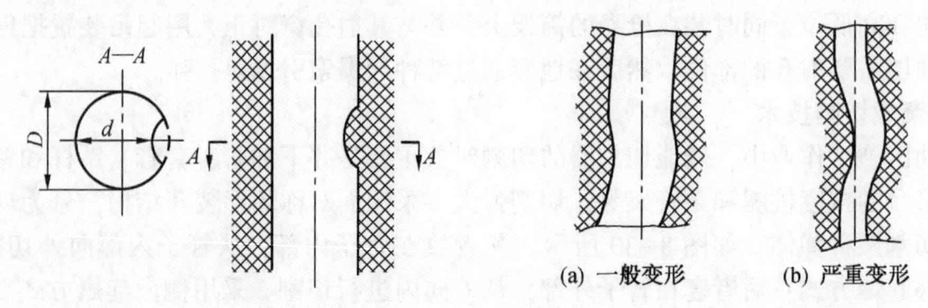

(a) 一般变形　(b) 严重变形

图 8-31　径向凹陷变形示意图　　图 8-32　弯曲变形示意图

（3）套管错断。油水井的泥岩、页岩层由于长期注水形成浸水域，导致岩体膨胀产生滑移。当地壳升降、滑移速度超过 30 mm/a 时，套管将被剪断且发生横向错位。这时，因套管在固井时受拉力及钢材自身的收缩力的作用，错位的上、下套管会产生轴向收缩，最后被拉断，如图 8-33 所示。

利用水的不可压缩性和爆炸近点作用原理，可以对套管的凹陷、弯曲和错断等变形进行爆炸整形。实践表明，只有当装药药柱接近向内凸起的一侧时，发生接触爆炸，才会使

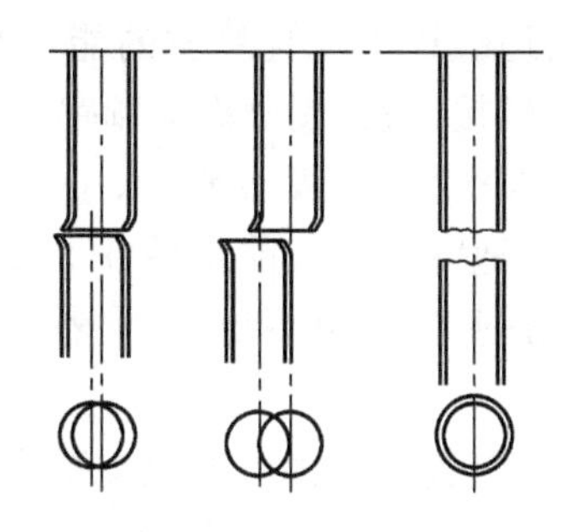

图 8-33 套管错断示意图

整形复位扩径效果最佳。爆炸整形主要选用综合性能良好的炸药（如 TNT、RDX 和 2 号岩石铵梯炸药），并将其装入一定形状的壳体中，形成一个扩径工具，且使用时能顺利、准确地输送到待整形的井下段位。

对于变形或错断通径小于 ϕ90 mm 的井况，采用常规的机械方法已很难实现整形。而对于爆炸整形法，只要通径大于 ϕ60 mm，能允许炸药药柱及装药结构通过的套损井，均能实施爆炸整形。

爆炸整形的过程如下：将整形弹用管柱或电缆输送到井下需整形复位（扩径）的井段，经校对深度无误后投入撞击棒或电缆车通接电源，引爆雷管和药包。炸药爆炸产生的高温高压气体及强大的冲击波通过套管中的井液传播，作用到套损部位套管的内表面时使其向外扩张，从而达到整形复位的目的。

爆炸焊接作业由焊接弹在井下完成，焊接弹的基本结构如图 8-34 所示。

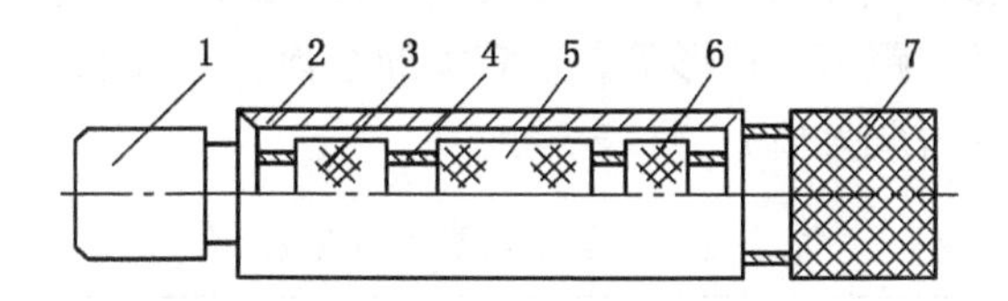

1—松扣装药；2—焊管；3—环焊套管；4—连接管；
5—扩径装药；6—环焊装药及引爆装置；7—排液发动机

图 8-34 焊接弹结构示意图

爆炸整形扩径复位后，用油管或钻杆将焊接弹送至加固井段。焊接弹主要由焊管及焊接装药系统、排液系统和点火引爆控制系统组成。三大系统通过小直径管节连接，入井到位后，引爆雷管、点燃火药，排液发动机中的固体燃烧剂燃烧并产生高温高压气体。燃烧室达到一定压力后，使喷嘴打开喷射气流，排开焊管与套管中的井液，在其局部区域内形成气体堵塞。然后两端的环焊炸药和中间扩径炸药爆炸，推动焊管完成两端的环形焊接与中间的扩径作用，从而完成全部爆炸焊接过程。

8.5 爆破安全

8.5.1 爆破振动

爆破地震效应是炸药在土岩、建筑物及其基础中爆炸时，引起的起爆区附近的地层振动现象。爆破地震与自然地震的不同之处在于：①自然地震震源深、释放的能量大，而爆破地震药包一般埋在地表浅层或地表以上，且释放的能量有限；②自然地震频率一般在2~5 Hz（与建筑物的自振频率比较接近），爆破振动频率一般在10~30 Hz；③自然地震的振幅大、衰减慢，影响范围和破坏力也大，爆破地震则振幅小，衰减快；④自然地震持续时间长，一般为10~40 s，而爆破地震一般仅能维持0.1~2 s。总的来说，爆破地震比自然地震的破坏程度要轻得多，若是建筑物能够抵抗一定烈度的自然地震，则与其相同级别的爆破地震也不会对其造成危害。

爆破地震衡量标准目前多用振动速度，国内外地震系统也有采用振动加速度的。大量实测资料表明，爆破振动速度的大小与炸药量、距离、介质情况、地形条件和爆炸方法等因素有关，它由三个互相垂直的分量组成，通常采用其中最大值作为判定标准。由于爆区附近的垂直振动比较明显，目前一般采用质点垂直振动速度值作为判定标准。

爆破振动速度的计算是爆破地震预测的主要依据。目前主要根据萨道夫斯基经验公式估算，这类公式的基本依据是爆破振速与炸药用量呈正比，与距离呈反比。其基本形式如下：

$$v = K\left(\frac{\sqrt[3]{Q}}{R}\right)^{a} \tag{8-3}$$

式中 v——介质质点振动速度，cm/s；

Q——药量，齐发爆破时取总药量，分段起爆时取最大一段的药量，kg；

R——爆源中心到观测点距离，m；

K——与介质特性、爆破方式和条件等有关的系数，岩石爆破中通常取50~350（硬岩取50~150，中硬岩取150~250，软岩取250~350）；

a——与传播途径、距离、地形等因素有关的系数，一般取1.3~2.0（硬岩取小值，中硬岩、软岩取大值），见表8-9。

表8-9　爆区不同岩性的K、a值

岩性	K	a
坚硬岩石	50~150	1.3~1.5
中硬岩石	150~250	1.5~1.8
软 岩 石	250~350	1.8~2.0

式（8-3）适用于硐室大爆破，对于钻眼爆破和药量非常分散的拆除爆破，其计算式偏大。可以酌情取$a=1.36\sim1.93$，$K'=(0.25\sim1)K$，K'为修正值。

在大多数钻眼爆破过程中常分成一系列小药包作毫秒延迟起爆，各药包爆炸时间和震波传播路径不同，导致不同震波类型波阵面相互重叠。然而，很多研究报告和测振资料表明，正是由于远距离上不同类型的震波开始分离，使得远距离和近距离的爆破震动衰减系数（K、a值）不同。实际上爆破地震波在土或岩石介质中传播衰减受到多种因素的影响，如介质的地形与地质条件以及物理力学参数、爆破的种类和方法、爆源的大小和形式等。对爆破地震波在各种介质中的传播特征及规律，目前主要通过实验和现场测试进行研究。通过对实测数据进行归整和合理剔除后，采用各种理论方法对幅值、时域和频率数据进行分析处理，得到地震波在介质中传播的特性和基本规律，同时根据实测数据回归拟合出用

于指导工程设计的经验计算公式。

爆破振动信号有很大随机性，它是一种复杂的振动信号，包括很多频率成分，其中有一个或几个频率的震波为主要成分。不同频率成分的震波对结构或设备的振动影响是很不相同的，有时差别非常显著。如在实际爆破工程中，同一条件下，相邻建筑物的反应可能极不相同，有的建筑物振动强烈（共振），而有的反应不大，其中一个重要原因就是由于爆破地震波中包含很多频率成分，当其中主要频率等于或接近某一建筑物的固有频率时，该建筑物就振动强烈，否则振动影响就弱。因此，在爆破振动分析中很有必要了解爆破振动信号的频率成分以及建筑物结构的固有频率特性。早在20世纪80年代国内外学者就将反应谱理论应用到爆破地震频谱特性研究中，利用频谱分析可求得爆破振动信号的各种频率成分和它们的幅值（或能量）及相位，这对研究爆破地震波的特性及结构的动力反应是很有意义的。

随着对爆破地震波分析的深入研究，近年来又开展了小波基变换分析法进行爆破地震波频谱特性研究。因为FFT法对平稳信号具有较好的效果和精度，而爆破振动波为非平稳信号，小波基变换可满足信号高频部分需较高时间分辨率，而低频部分需较高频率分辨率的要求，以有效应用于非平稳爆破振动信号的分析处理中。

1. 爆破地震安全控制标准

爆破地震波的作用可能引起地面或地下建筑物、构筑物的破裂、倒塌，或导致路堑边坡滑坡、隧道冒顶片帮等灾害的发生。目前国内外多采用爆破地震波垂直振动速度作为衡量爆破地震的破坏强度判别标准。安全振动速度是被保护物受到爆破振动作用而不产生任何破坏（抹灰掉落、开裂等）的质点垂直振动速度峰值。通常，安全振动速度应以被保护物的临界破坏速度除以一定的安全系数来求算，或根据实际统计资料确定。

爆破振动速度小于保护对象的安全振动速度，才能保证它不受爆破震灾损坏。根据《爆破安全规程》，不同保护对象的安全振动速度为：①土窑洞、土坯房、毛石房屋为1.0 cm/s，其中若窑洞、房屋年久失修则为0.5 cm/s；②一般砖房、大型砌块及预制构件房屋、构架建筑为2~3 cm/s；③钢筋混凝土框架房屋、修建良好的木房为5 cm/s；④隧洞为10 cm/s；⑤矿山巷道：岩石不稳定有良好支护为10 cm/s；岩石中等稳定有良好支护为20 cm/s；岩石坚硬稳定无支护为30 cm/s。此外，对于那些需特殊保护的建筑物、重点文物，安全振动速度应小于1~2 cm/s。

从爆源到被保护物的距离应保证被保护物不受到爆破振动作用的破坏，这段距离称为爆破地震安全距离。在需要保护对象的安全振动速度已如的条件下，可根据式（8-3）推导出计算爆破振动安全距离的公式：

$$R=\left(\frac{K}{v}\right)^{\frac{1}{a}}Q^{m} \tag{8-4}$$

式中，与爆破点地形、地质等条件有关的系数和衰减指数K、a可按表8-9选取，或由试验确定。

关于爆破振动安全允许距离仅考虑速度振幅影响是不够的，因为对于不同自振频率的各种结构，爆破震动损坏程度差异很大。

根据《爆破安全规程》（GB 6722—2014）评价各种爆破对不同类型建（构）筑物和其他保护对象的振动影响，应采用不同的安全判据和允许标准。地面建筑物的爆破振动判据，采用保护对象所在地点峰值振动速度和主振频率；水工隧道、交通隧道、矿山巷道、电站（厂）中心控制设备、新浇大体积混凝土的爆破振动判据，采用保护对象所在地质点峰值振动速度。爆破振动安全允许标准见表8-10。

表8-10 爆破振动安全允许标准

序号	保护对象类型	安全允许振速/($cm \cdot s^{-1}$)		
		<10 Hz	10~50 Hz	50~100 Hz
1	土窑洞、土坯房、毛石房屋 a	0.5~1.0	0.7~1.2	1.1~1.5
2	一般砖房、非抗震的大型砌块建筑物 b	2.0~2.5	2.3~2.8	2.7~3.0
3	钢筋混凝土结构房屋 a	3.0~4.0	3.5~4.5	4.2~5.0
4	一般古建筑与古迹 b	0.1~0.3	0.2~0.4	0.3~0.5
5	水工隧道 c	7~15		
6	交通隧道 c	10~20		
7	矿山巷道 c	15~30		
8	水电站及发电厂中心控制室设备	0.5		
9	新浇大体积混凝土 d： 龄期：初凝~3 d； 龄期：3~7 d； 龄期：7~28 d	 2.0~3.0 3.0~7.0 7.0~12		

注：1. 表列频率为主振频率，系指最大振幅所对应波的频率。

2. 频率范围可根据类似工程或现场实测波形选取。选取频率时亦可参考下列数据：硐室爆破<20 Hz；深孔爆破10~60 Hz；浅孔爆破40~100 Hz。

a. 选取建筑安全允许振速时，应综合考虑建筑物的重要性、建筑质量、新旧程度、自振频率、地基条件等因素。

b. 省级以上（含省级）重点保护古建筑与古迹的安全允许振速，应经专家论证选取，并报相应文物管理部门批准。

c. 选取隧道、巷道安全允许振速时，应综合考虑构筑物的重要性、围岩状况、断面大小、深埋大小、爆源方向、地震振动频率等因素。

d. 非挡水新浇大体积混凝土的安全允许振速，可按本表给出的上限值选取。

选取建筑物安全允许振速时，应综合考虑建筑物的重要性、建筑质量、新旧程度、自振频率、地基条件等因素。对于省级以上（含省级）重点保护古建筑与古迹的安全允许振速，应经专家论证选取，并报相应文物管理部门批准。隧道、巷道等选取安全允许振速时，应综合考虑构筑物的重要性、围岩状况、断面大小、深埋大小、爆源方向、地震振动频率等因素。对于非挡水用新浇大体积混凝土的安全允许振速，可按表8-10给出的上限值选取。

工程实际中，更多的情况是爆源与需要保护的建筑物之间的距离 R 一定，要求在爆破地震振动速度不超过建筑物的地震安全速度的前提下，求算齐发爆破允许的最大装药量或延期爆破药量最大一段的允许装药量。此时式（8-4）可以表示为

$$Q_{\max} = R^{\frac{1}{m}}\left(\frac{V}{k}\right)^{\frac{1}{\alpha m}} \tag{8-5}$$

需要指出的是，式（8-3）是用来求算埋置在地下的药包爆炸时，距爆源 R 处地面的

振动速度，如图 8-35 所示。对于建筑物拆除爆破（图 8-36），由于药包往往布置在建筑物上，药包小而分散，并且总装药量都比较少，爆破时产生的地震波是通过建筑物及其基础向大地传播的。当地震波传向大地时，强度已大幅衰减，因而引起距爆源 R 处地面质点的振动速度远小于式（8-3）的计算值。另外，爆破地震与天然地震相比，具有震动频率高、持续时间短和震源浅等特点，因此，不能用天然地震烈度来对比爆破地震效应的破坏情况。

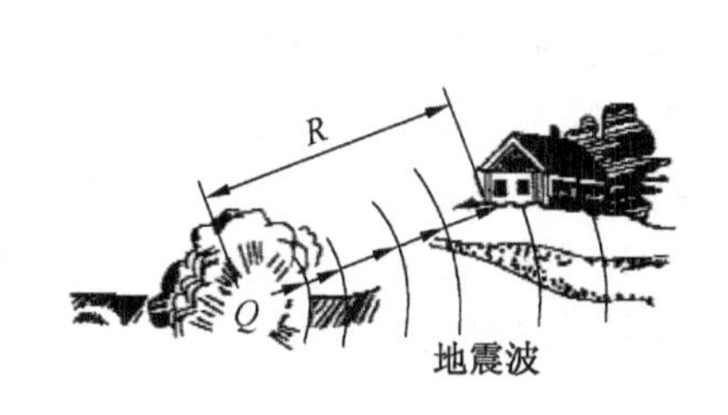

图 8-35　埋置在地下的药包爆破时地震波的传播及其对建筑物的影响

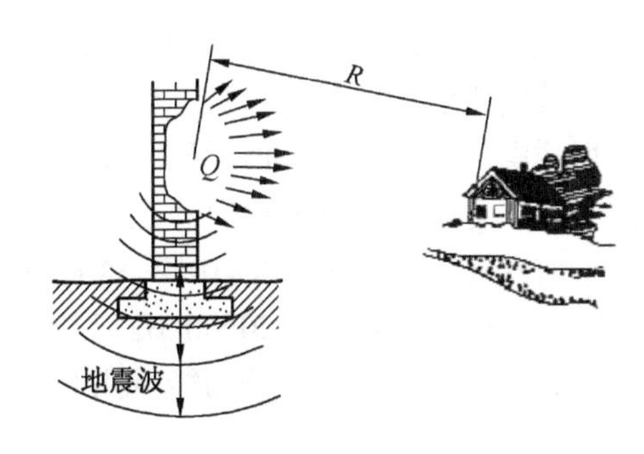

图 8-36　拆除爆破地震波的传播及其对建筑物的影响

2. 爆破地震预防措施

为了确保爆区周围人员和建筑物的安全，必须将爆破地震的危害严格控制在允许范围之内。目前行之有效的减震措施有如下几种：

（1）限制一次爆破的最大用药量。

（2）选用低威力、低爆速的炸药，实践证明炸药的波阻抗越大、爆破振动强度也越大。若将 2 号岩石炸药的爆速从 3200 m/s 降到 1800 m/s，则地震效应可降低 40%～60%。

（3）改变装药结构。装药越分散，地震效应越小。采取如下的装药结构均可不同程度地降低爆破振动：①不耦合装药；②硐室条形药包；③空气间隔装药；④孔底留空气垫层。

（4）采用毫秒延时爆破技术，限制延期爆破药量最大一段的装药量。在总装药量和其他爆破条件相同的情况下，毫秒延时爆破的振速比齐发爆破可降低 40%～60%。

（5）采取预裂爆破技术，或在爆源与需要保护的建筑物之间开挖减震沟槽。单排或多排的密集空孔也可以起到一定的减震作用。

（6）采用适当的爆破类型。爆破地震的强度随爆破作用指数 n 的增大而减小。抛掷爆破与松动爆破相比，振速可降低 4%～22%；而在最小抵抗线方向振动最小，反向最大，两侧居中。如采取宽孔距小抵抗线爆破可降低爆破地震效应。

（7）充分利用地形地质条件，如河流、深沟、渠道、断层等，都有显著的隔震、减震作用。除上述减震措施外，还应注意不同建筑物的动力响应也不同，建筑结构对其抗震性能影响很大。一般低矮建筑物的抗震性能比高大、细长的高耸建筑物要好得多。

8.5.2　空气冲击波

炸药爆炸所形成空气冲击波是一种在空气中传播的压缩波。由于空气冲击波以压缩区（波阵面）和稀疏区（波后）双层球面波的形式向外传播，压缩区内空气得到的压力远超过大气压力，所以也称为超压。而空气受到压缩向外流动所产生的冲击压力称为动压。由于空气冲击波具有较高的压力和较大的流速，不仅可以引起爆区附近一定范围内建筑物的破坏，而且还会造成人类器官的损伤和心理反应，严重的将导致死亡。

1. 爆破冲击波超压计算

药包在空气中爆炸时迅速释放出大量的能量，致使爆炸气体生成物的压力和温度上升。高压气体生成物在迅速膨胀时，急剧冲击和压缩周围的空气，形成压力陡峭上升的空气冲击波。随着爆炸气体生成物的继续膨胀，波阵面后面的压力急剧下降，由于气体膨胀的惯性效应所引起的过度膨胀，会产生压力低于大气压的稀疏波，从波阵面向爆炸中心传播。爆炸空气冲击波波阵面后压力变化情况如图 8-37 所示。随着传播距离增加，空气冲击波的波强逐渐下降变成噪声和次声波。空气冲击波与噪声和次声波的区别在于超压和频率。一般认为，超压大于 7×10^3Pa 为空气冲击波，超压低于此值为噪声和次声波；按频率划分，噪声的频率在 20~20000 Hz 范围内，低于 20 Hz 为次声波。当空气冲击波传播时，随着距离的增加，高频成分的能量比低频成分的能量衰减得要快。

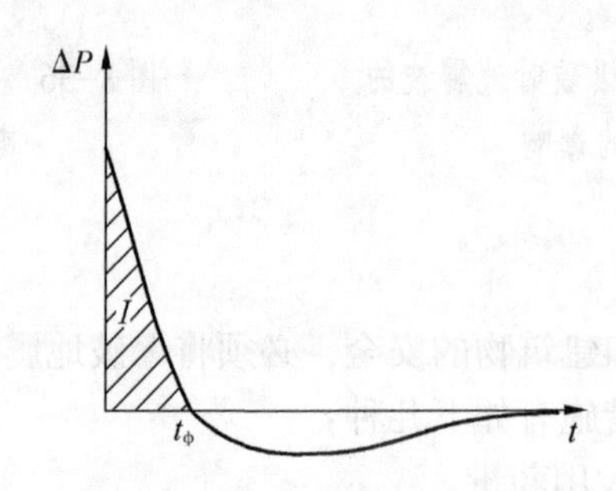

ΔP—波阵面超压；I—冲量，$I=\int_0^{t_\phi} P(t)\,\mathrm{d}t$；$t_\phi$—正压作用时间

图 8-37　爆炸空气冲击波波阵面后压力变化

由图 8-37 可知，爆炸空气冲击波由压缩相和稀疏相两部分组成。而在大多数情况下冲击波的破坏作用是由压缩相引起的。确定压缩相破坏作用的特征参数是冲击波波阵面上的超压值 ΔP：

$$\Delta P = P - P_0 \tag{8-6}$$

式中　P——冲击波波阵面上的峰值压力，Pa；

　　P_0——空气中的初始压力，Pa。

炸药在岩石中爆炸时，空气冲击波的强度取决于一次爆破的装药量、传播距离、起爆方法和堵塞质量。冲击波峰值压力可按下式计算：

$$P = H\left(\frac{Q^{\frac{1}{3}}}{R}\right)^{\beta} \tag{8-7}$$

式中　H——与爆破场地条件有关的系数，见表 8-11；

　　β——空气冲击波衰减指数，见表 8-11；

　　Q——药量，齐发爆破时取总药量，分段起爆时取最大一段的药量，kg；

　　R——爆源中心到观测点距离，m。

表 8-11 不同起爆方法的 H、β 值

爆破条件	H		β	
	毫秒起爆	齐发起爆	毫秒起爆	齐发起爆
炮孔爆破	1.43		1.55	
钻眼爆破破碎大块		0.67		1.31
裸露药包破碎大块	10.70	1.35	1.81	1.18

冲击波引起的破坏作用主要来自超压和冲量作用的结果。冲击波超压大于 2.0 kPa，建筑物上门窗玻璃将全部破坏，人员轻微挫伤；冲击波超压大于 50 kPa，轻型结构被严重破坏，砖结构房屋掀顶、土墙倒塌，人员内脏受到严重挫伤；冲击波超压大于 100 kPa，则砖结构房屋全部破坏，钢结构建筑物严重破坏，大部分人死亡。冲量引起的冲击风流更为严重。当动压峰值为 10 kPa 时，空气流速可达 100 m/s，相当于 12 级飓风的 2 倍；当动压为 100 kPa 时，空气流速为 300 m/s，此时人和建筑物都是无法承受的。

2. 爆破冲击波安全距离

露天进行裸露爆破或用爆炸法销毁爆破器材时，炸药能量转化为空气冲击波的比例较高，而且有害效应的影响范围也较大。因此，《爆破安全规程》规定：露天裸露爆破时，一次爆破的炸药量不得大于 20 kg，并应按下式确定空气冲击波对在掩体内避炮作业人员的安全距离 ：

$$R = K\sqrt[3]{Q} \tag{8-8}$$

式中 R——空气冲击波对掩体内人员的安全距离，m；

Q——一次爆破的炸药量，kg，秒延期爆破时 Q 按各延期段中最大药量计算，毫秒延期爆破时，Q 按一次爆破的总炸药量计算；

K——对于爆破作业人员，取 25；对于周围居民和其他人员，取 60；对于建筑物，取 55。

与裸露爆破相比，药包埋入介质中爆破所产生的空气冲击波超压，压力上升速率和冲量均显著减少，对人员和建筑物的危害远小于个别飞散物和爆破地震形成的危害。

空气冲击波沿隧道、井巷传播时，比沿地面半无限空间的传播衰减要慢，故要求的安全距离更大，具体的安全距离由施工单位所属的上级部门统一规定。对于地下大爆破的空气冲击波安全距离，应邀请专家研究确定，并经单位领导批准。

空气冲击波对人和对不同的建筑物的危害程度是不同的。空气冲击波的安全距离可按相应的爆破类型（空中、地面、水下或井巷内等）和被保护对象允许的冲击波超压值计算，也可由以下公式确定：

在钻孔和裸露药包爆破条件下，对于建筑物的安全距离可用下式确定：

$$R = K\sqrt{Q} \tag{8-9}$$

式中 R——最小安全距离，m；

K——系数，可按表 8-12 选取。

表 8-12 爆破作用指数 *K* 值表

建筑物破坏程度	爆破作用指数		
	3	2	1
完全无破坏	5~10	2~5	1~2
玻璃偶尔破坏	2~5	1~2	
玻璃破碎、门窗部分破坏、抹灰脱落	1~2	0.5~1	

8.5.3 爆破噪声

1. 爆破噪声控制标准

爆破噪声是爆破空气冲击波的继续，是冲击波引起气流急剧变化的结果。爆炸空气冲击波在传播过程中，能量逐渐耗损，波强逐渐下降而变成噪声。噪声的超压较低，一般用声压级别分贝表示，即

$$\text{dB}L = 20\lg\frac{\Delta P}{P_0} \tag{8-10}$$

式中 dB——级差，dB；

L——线性频率相应。

实践证明，在进行露天工程爆破时，在爆源近区形成空气冲击波，远区形成的声波即爆破噪声。随着爆破技术的不断推广，特别是在人口稠密的城市进行控制爆破时，爆破噪声对周围环境影响越来越引起了人们的重视。目前，各个国家提出的噪声控制标准还不统一。美国环保局曾提出以 85 dB 为标准；美国矿务局规定 128 dB 为安全限；美国杜邦公司认为，爆破噪声低于 115 dB 时只有少数人诉讼。我国湖北省爆破学会规定，在市区爆破时，距爆源 20 m 以外噪声应限制在 90 dB 以下。爆破噪声对建筑物的破坏列于表 8-13。

对爆破噪声的预防和爆破空气冲击波的预防措施基本相似，此外加强堵塞、反向起爆等也可起到一定作用。

表 8-13 爆破噪声对建筑物的破坏

声压级/dB	压力/MPa	建筑物破坏状况
177~180	0.15~0.2	窗框破坏
171	0.07	大多数窗玻璃破坏
161	0.02	玻璃部分破坏，屋瓦部分翻动，顶棚抹灰部分脱落
151	0.007	一些安装不好的玻璃破坏
141	0.002	某些大格窗玻璃破坏
128	0.0005	美国矿业局规定的安全值
120	0.0002	美国环保机构推荐的亚声安全值

2. 空气冲击波的防护

爆破作业时，为了确保人员和建筑设施等的安全，必须对空气冲击波加以控制，使之低于允许的超压值。如果作业条件不能满足爆破药量和安全距离的要求，可在爆源或保护对象附近构筑障碍物，以削弱空气冲击波的强度。常用的空气冲击波防护措施有如下几种：

（1）水力阻波墙。这种阻波墙多用于井下保护通风构筑物、翻笼井、人行天井等工业设

施。用充满水的水包与巷道四周紧密连接，为防止飞石破坏水墙，其前面可设置一些坚固材料做成的挡板。这种阻波墙可减弱冲击波 3/4 以上，此外还有利于降低粉尘和毒气含量。

（2）砂袋阻波墙。砂袋阻波墙是用砂袋、土袋等垛成的结构，在地面爆破和井下爆破中均可使用。对于较强的冲击波，可用铁丝网或铁索覆盖在表面并与地面和巷道壁牢固地连接起来。

（3）防波排柱和木垛阻波墙。在巷道内布置棋盘式分布的圆木排柱群或堆集木垛。

（4）防护排架。在城市控制爆破中，还可采用木柱或脚手架作支架、覆盖草帘、荆笆而构成的防护排架，由于它对冲击波具有反射、导向和缓冲等作用，因此可以有效地起到防护作用。一般单排就可降低冲击波强度 30%~50%。

除上述空气冲击波防护措施外，还可在爆源上加盖装有砂或土的草袋，胶皮帘、废轮胎帘等覆盖物。对于周围建筑物，可打开窗户或摘掉窗户。若要保护室内设备，可用厚木板或砂袋等密封门窗。

另外，从爆破技术上也可采取以下措施：避免使用裸露药包爆破；保证堵塞长度和堵塞质量，避免出现冲炮；当装药量较大时，可采用分次起爆或秒延期起爆。

8.5.4 爆破飞石

爆破飞石是指爆破时被爆物体中脱离主爆堆而飞散较远的个别碎块。因为这些个别碎石飞得较远，且飞行方向及距离难以准确预测，给爆区附近人员、建筑物和设备等的安全造成严重的威胁。特别是露天大爆破和二次破碎爆破造成的飞石事故更多，因此应加以严格控制和防范。在闹市和居民区进行爆破作业时，飞石安全问题更加重要。爆破飞石是爆破工程中最重要的潜在事故因素之一，必须引起足够的重视。

爆破产生个别飞石的距离与爆破参数、堵塞质量、地形、地质构造、气象（风向和风速）等因素有关。产生个别飞石的原因如下：

（1）单位炸药消耗量过大：致使在破碎预定范围的介质后，爆破产生的多余爆生气体能量作用于个别碎石上，使其获得较大的动能而飞散。爆破指数选择过大也会造成飞石。

（2）炮眼位置布置不当。由于对介质内部的断层、裂隙、软弱夹层或原结构的工程质量、构造和布筋情况等了解不够，而将炮眼或药室布置在这些薄弱部位，高压气体从这些薄弱位置冲击，则使其中所夹杂的个别碎块获得很大的初速度。被爆介质不均匀，如有软弱面、混凝土浇筑结合面、石砌体砂浆结合面或地质构造面时，会在这些软弱部位产生飞石。

（3）最小抵抗线由于设计或施工的误差导致其实际值变小或方向改变等，也会产生飞石。

（4）施工质量太差。如钻孔过深过浅，或偏离设计位置太多，致使最小抵抗线变小；又如堵塞不实，堵塞长度不足或误装药等，均会引起飞石。堵塞长度小于最小抵抗线，或堵塞质量不好，堵塞物沿堵塞通道飞出，形成飞石。

（5）起爆顺序不合理和延期时间过长，炮孔附近的碎石未清理或覆盖质量不合格，都可能产生飞石。

1. 爆破飞石安全距离

除抛掷爆破外，爆破时个别飞散物对人员的安全距离不得小于表 8-14 的规定。对设备或建筑物的安全距离，应由设计确定。

当爆破飞石接近地面时的动能大于 80 J 时，即可造成人员伤亡；当其达到几百焦耳时，可使建筑物破坏。人们根据大量的工程实践总结出许多经验公式。我国在计算抛掷爆破时，对个别飞石飞行最远距离的计算多采用以下经验公式：

$$R = 20kn^2W \tag{8-11}$$

式中 k——安全系数，与地形、风向等因素有关，一般取1.0~1.5；

n——爆破作用指数；

W——最小抵抗线，m。

以上公式对于拆除爆破仅能作为参考。在确定飞石安全范围时，如在高山陡坡条件下进行硐室爆破，还应考虑滚石的危害。

由于造成个别飞石的原因很多，情况也比较复杂，因此具体一次爆破作业飞石安全距离的确定应视其爆破条件、周围环境等因素，类比相似工程，综合考虑。

表8-14 爆破时个别飞散物对人员的安全距离

爆破类型	爆破方法	个别飞石的最小安全距离/m
露天岩石爆破①	爆破大块矿岩裸露药包爆破法②	400
	浅眼爆破法	300
	浅眼爆破	200（复杂地质条件下或未形成台阶工作面时不小于300）
	浅眼药壶爆破	300
	浅眼眼底扩壶	50
	深孔爆破	按设计，但不小于200
	深孔药壶爆破	按设计，但不小于300
	深孔眼底扩壶	50
	硐室爆破	按设计，但不小于300
河底疏浚爆破③	水面无冰时用裸露药包、浅眼、深孔爆破	
	水深小于1.5 m	与地面爆破相同
	水深大于6 m	不考虑飞石对地面或水面人员的影响
	水深1.5~6 m	由设计确定
	水面覆冰	200
	水底硐室爆破	由设计确定
破冰工程	爆破薄冰凌	50
	爆破覆冰	100
	爆破阻塞的流冰	200
	爆破厚度大于2 m的冰层或爆破阻塞的流冰一次用药量超过300 kg	300
爆破金属物	在露天爆破场	1500
	在装甲爆破坑中	150
	在厂区内的空场内	由设计确定
	爆破热凝结构	按设计，但不小于30
	爆破成型与加工	由设计确定
拆除爆破、城镇浅眼爆破及复杂环境深孔爆破		由设计确定

注：①沿山坡爆破时，下坡方向的安全距离应增加50%。

②同时起爆或毫秒延期起爆的裸露爆破装药量（包括同时使用的导爆索装药量），不应大于20 kg。

③为防止船舶、木筏驶进危险区，应在上下游的最小安全距离以外设置封锁线和信号。

2. 飞石预防措施

为防止人员或其他保护对象受到伤害，主要采取以下措施：

（1）采取控制爆破技术缩小危险区，合理确定爆破参数，特别注意最小抵抗线的实际长度和方向，避免出现大的施工误差；在爆破参数设计上，尽量减小爆破作用指数，选用最佳的最小抵抗线，合理选择起爆顺序和延时间隔。

（2）详尽地掌握爆区介质的情况，注意避免将药包放在软弱夹层或基础的结合缝上。

（3）采用不耦合装药反向起爆。

（4）装药前要认真复核孔距、排距、孔深和最小抵抗线等。如有不符合要求的情况，应根据实测资料采取补救措施或修改装药量，严禁多装药。

（5）在浅眼爆破时，尽量少用或不用导爆索起爆系统，以免因炮泥被炸开而产生飞石。

（6）做好炮眼堵塞工作，严防堵塞物中夹杂碎石。

（7）在控制爆破中，可对爆破装药部位进行严密的覆盖。

同时，也可以在爆区与被保护对象之间设置防护排架、挂钢丝网或胶管帘等以拦截飞石，或对被保护对象也进行严密覆盖；为必须在危险区内工作的人员设置掩体；使人员和可移动保护对象撤出飞石影响区域，以最大限度地防止飞石带来的破坏。

8.5.5 爆破有害气体

炸药在爆炸或燃烧后会生成 NO、H_2S、SO_2、CO 等有害气体，当这些有害气体的含量超过某一限值时，就会危害人的身体健康。因此，在爆破中，特别是在隧道掘进和地下采矿爆破中，应对爆破有害气体予以足够的重视。地下爆破作业点的有害气体允许浓度不得超过表 8-15 的标准。

表 8-15 地下爆破作业点的有害气体允许浓度

名　称	符号	最大允许浓度	
		按体积/%	按质量/($mg \cdot m^{-3}$)
一氧化碳	CO	0.0024	30
氢氧化物（换算成 NO_2）	NO_2	0.00025	5
二氧化硫	SO_2	0.0005	15
硫化氢	H_2S	0.00066	10
氨	NH_3	0.004	30
沼　气	CH_4	1.0	
二氧化碳	CO_2	1.5	

为减少爆破有害气体的危害，可采取以下措施：

（1）尽量采用零氧平衡或接近零氧平衡的炸药，减少爆破有害气体产生量；

（2）如果爆破点附近有井巷、隧道、排水涵洞及独头巷道时，要考虑有害气体沿爆破裂隙或爆堆扩散的可能性，加强防范，以免产生炮烟中毒；

（3）进行爆破时，要加强通风和爆破后有害气体的检测，以免炮烟熏人。

复习思考题

1. 简述聚能爆破的原理，列举出影响聚能药包爆破威力的主要因素。
2. 什么是爆炸加工？列举出常见的爆炸加工技术。
3. 举例说明在爆炸胀型中应如何设计药包形状及放置位置。
4. 简述爆炸焊接和爆炸压接的原理及特点，举例说明其应用。
5. 爆炸合成金刚石主要有哪几种方法，不同方法得到的金刚石性质有何不同？
6. 简述主要的油气井爆破技术。
7. 常见的爆破危害有哪些？有效控制手段有哪些？

参 考 文 献

[1] 杨军，陈鹏万，胡刚．现代爆破技术［M］．北京：北京理工大学出版社，2004.

[2] 刘殿书，李胜林，梁书峰．爆破工程（第二版）［M］．北京：科学出版社，2010.

[3] 杨小林，林丛谋．地下工程爆破［M］．武汉：武汉理工大学出版社，2009.

[4] 张志毅．中国爆破新技术（Ⅳ）［M］．北京：冶金工业出版社，2016.

[5] 王海亮．铁路工程爆破［M］．北京：中国铁道出版社，2001.

[6] 熊代余，顾毅成，等．岩石爆破理论与技术新进展［M］．北京：冶金工业出版社，2002.

[7] 于亚伦．工程爆破理论与技术［M］．北京：冶金工业出版社，2004.

[8] 欧育湘．炸药学［M］．北京：北京理工大学出版社，2006.

[9] 刘运通，高文学，刘宏刚．现代公路工程爆破［M］．北京：人民交通出版社，2006.

[10] 汪旭光．中国典型爆破工程与技术［M］．北京：冶金工业出版社，2006.

[11] 东兆星，邵鹏．爆破工程［M］．北京：中国建筑工业出版社，2005.

[12] 戴俊．爆破工程［M］．北京：机械工业出版社，2005.

[13] 蒋荣光，刘自锡．起爆药［M］．北京：兵器工业出版社，2005.

[14] 周传波，何晓光，郭廖武，等．岩石深孔爆破技术新进展［M］．武汉：中国地质大学出版社，2005.

[15] 庙延钢，王文忠，王成龙．工程爆破与安全［M］．昆明：云南科技出版社，2005.

[16] 王玉杰．拆除工程与一般土岩工程爆破安全技术［M］．北京：冶金工业出版社，2005.

[17] 郑炳旭，王永庆，李萍丰．建设工程台阶爆破［M］．北京：冶金工业出版社，2005.

[18] 郭兴明．爆破安全技术［M］．北京：化学工业出版社，2005.

[19] 于亚伦．工程爆破理论与技术［M］．北京：冶金工业出版社，2004.

[20] 郑炳旭，王永庆，魏晓林．城镇石方爆破［M］．北京：冶金工业出版社，2004.

[21] 邵鹏，东兆星，韩立军，等．控制爆破技术［M］．徐州：中国矿业出版社，2004.

[22] 庙延钢，张智宇，栾龙发，等．特种爆破技术［M］．北京：冶金工业出版社，2004.

[23] 刘自锡，蒋荣光．工业火工品［M］．北京：兵器工业出版社，2003.

[24] 史雅语，金骥良，顾毅成．工程爆破实践［M］．安徽：中国科学技术大学出版社，2002.

[25] 钟冬望，马健军，段卫东，等．爆炸技术新进展［M］．武汉：湖北科学技术出版社，2002.

[26] 冯叔瑜，吕毅，杨杰昌．城市控制爆破（第二版）［M］．北京：中国铁道出版社，2000.

图书在版编目（CIP）数据

现代爆破工程/杨国梁，郭东明，曹辉主编．--北京：煤炭工业出版社，2018（2019.8 重印）

ISBN 978-7-5020-6856-1

Ⅰ.①现… Ⅱ.①杨… ②郭… ③曹… Ⅲ.①爆破技术 Ⅳ.①TB41

中国版本图书馆 CIP 数据核字(2018)第 201504 号

现代爆破工程

主　　编　杨国梁　郭东明　曹　辉
责任编辑　徐　武　赵金园
责任校对　陈　慧
封面设计　王　滨

出版发行　煤炭工业出版社（北京市朝阳区芍药居 35 号　100029）
电　　话　010-84657898（总编室）　010-84657880（读者服务部）
网　　址　www. cciph. com. cn
印　　刷　北京建宏印刷有限公司
经　　销　全国新华书店

开　　本　787mm×1092mm $^1/_{16}$　**印张**　$15^3/_4$　**字数**　373 千字
版　　次　2018 年 10 月第 1 版　2019 年 8 月第 2 次印刷
社内编号　20180999　**定价**　46.00 元